智能科学与技术丛书

情感分析

挖掘观点、情感和情绪

（原书第2版）

[美] 刘兵（Bing Liu） 著

刘康 王雪鹏 译

SENTIMENT ANALYSIS

Mining Opinions, Sentiments, and Emotions, Second Edition

机械工业出版社
China Machine Press

图书在版编目（CIP）数据

情感分析：挖掘观点、情感和情绪：原书第 2 版 /（美）刘兵（Bing Liu）著；刘康，王雪鹏译 . -- 北京：机械工业出版社，2022.6
（智能科学与技术丛书）
书名原文：Sentiment Analysis: Mining Opinions, Sentiments, and Emotions，Second Edition
ISBN 978-7-111-70937-4

I.①情… II.①刘… ②刘… ③王… III.①自然语言处理 IV.①TP391

中国版本图书馆 CIP 数据核字（2022）第 096575 号

北京市版权局著作权合同登记　图字：01-2021-0683 号。

This is a Simplified-Chinese edition of the following title published by Cambridge University Press:

Bing Liu, *Sentiment Analysis: Mining Opinions, Sentiments, and Emotions*，*Second Edition*（ISBN：978-1-108-48637-8）.

© Bing Liu 2020.

This Simplified-Chinese edition for the Chinese mainland (excluding Hong Kong SAR, Macao SAR and Taiwan) is published by arrangement with the Press Syndicate of the University of Cambridge, Cambridge, United Kingdom.

© Cambridge University Press and China Machine Press in 2022.

This Simplified-Chinese edition is authorized for sale in the Chinese mainland (excluding Hong Kong SAR, Macao SAR and Taiwan) only. Unauthorized export of this Simplified Chinese translation is a violation of the Copyright Act. No part of this publication may be reproduced or distributed by any means, or stored in a database or retrieval system, without the prior written permission of Cambridge University Press and China Machine Press.

本书原版由剑桥大学出版社出版。

本书简体字中文版由剑桥大学出版社与机械工业出版社合作出版。未经出版者预先书面许可，不得以任何方式复制或抄袭本书的任何部分。

此版本仅限在中国大陆地区（不包括香港、澳门特别行政区及台湾地区）销售。

本书封面贴有 Cambridge University Press 防伪标签，无标签者不得销售。

本书主要从自然语言处理的角度全面介绍情感分析主题的研究技术和实用算法，以帮助读者了解通常用于表达观点和情感的问题及语言结构。涵盖情感分析的所有核心领域，如文档级情感分析、属性级情感分析、句子级主客观和情感分类、情感词典的构建等。还包括许多新兴的主题，如辩论与评论分析、意图挖掘、虚假评论检测、评论的质量，并提出了可用来分析和总结观点的计算方法。本书可以作为情感分析领域的入门教材和参考书，适合对情感分析和观点挖掘感兴趣的学生、研究人员阅读。

出版发行：机械工业出版社（北京市西城区百万庄大街 22 号　邮政编码：100037）
责任编辑：姚　蕾　　　　　　　　　　责任校对：殷　虹
印　　刷：三河市宏达印刷有限公司　　版　　次：2022 年 7 月第 1 版第 1 次印刷
开　　本：185mm×260mm　1/16　　　印　　张：21.25
书　　号：ISBN 978-7-111-70937-4　　定　　价：129.00 元

客服电话：（010）88361066　88379833　68326294　　投稿热线：（010）88379604
华章网站：www.hzbook.com　　　　　　　　　　　　　读者信箱：hzjsj@hzbook.com

前　言

　　自 2015 年本书第 1 版出版以来，深度学习技术得到飞速发展，并且在情感分析任务方面得到广泛应用。出版第 2 版的目的就是在第 1 版的基础上，补充介绍过去几年针对情感分析任务所提出的深度学习方法。除此之外，第 2 版也对第 1 版中许多章节的内容进行了更新。

　　观点、情感以及与之相关的许多概念，如评价、评估、态度、感情、情绪和心情，与我们主观的感觉和感受密切相关。这些是人类心理活动的核心要素，也是影响人们日常行为的关键因素。我们对于现实世界的感知和感受，包括我们做出的任何选择，在相当大的程度上都受到他人对当前世界的看法和观点的影响。也就是说，我们的观点易受他人观点的影响。每当需要做决定时，我们常常会征求别人的意见。这一现象不仅存在于人与人之间，也存在于组织机构之间。因此，从应用的角度来看，我们自然需要挖掘和分析人们对任何感兴趣主题的观点与情绪，这便是情感分析任务。更确切地说，情感分析，也称为观点挖掘，是一个旨在利用可计算的方法从自然语言文本中提取观点和情感信息的研究领域。

　　情感分析的兴起和快速发展是伴随着网络社交媒体（如：评论、论坛、博客与微博）的出现和广泛应用而发生的，这是因为在人类历史上我们第一次获得规模巨大的以数字形式记录的观点数据。这些社交媒体数据也被称为用户生成内容，能够帮助研究人员通过挖掘这些数据来发现有用的知识。因为人们在社交媒体平台上发布信息的主要目的是表达他们的意见和观点，所以，社交媒体中的用户生成内容蕴含了大量用户观点信息。要从中挖掘有用的知识，自然需要对情感分析与观点挖掘问题进行研究，这已经成为社交媒体分析的核心问题。自 2000 年以来，情感分析已成为自然语言处理领域最活跃的研究问题之一。在数据挖掘、网络挖掘和信息检索领域中，针对情感分析的研究也得到了广泛关注。事实上，由于这一研究对商业和整个社会而言十分重要，它已从计算机科学延伸到管理科学和社会科学领域。近年来，在工业界，情感分析的相关产业也蓬勃发展。许多初创企业不断涌现。除此之外，许多大公司（例如，微软、谷歌、脸书⊖、惠普、IBM、Adobe、阿里巴巴、百度以及腾讯）也已经研发了各自的情感分析系统。如今，情感分析系统在几乎每一个企

　　⊖　脸书（Facebook）公司现已改名为 Meta。——编辑注

业、卫生机构、政府乃至整个社会都有着广泛应用。

虽然目前还没有一个终极算法能够完美地解决情感分析问题，但多个已经研发的情感分析系统能够在实际应用中为人们提供有用的信息。因此，我认为现在有必要把我们已取得的研究成果，以及在实践中获得的实际经验进行梳理并整理成书。这并不是说我对工业界在情感分析领域所使用的方法了如指掌，因为多数企业并不发表或公开他们的核心算法。然而，我也曾开办一家研发情感分析系统的创业公司，在多个领域为客户涉及大规模社交媒体数据的项目提供了服务。同时，在过去的几年中，许多工业界的研发者也向我大致介绍了他们在其情感分析系统中所用的核心算法。因此，从这几点上来说，我对应用系统开发以及各个算法的实际性能有一定的了解，同时也具有大量解决实际问题的第一手经验。因此，在本书中，我将尽我所能详细介绍这些非机密信息、知识和经验。

在写作这本书时，除了介绍分析和总结观点的计算方法之外，我也试图从语言学角度看待和探讨情感分析问题，以帮助读者了解这一问题的基本结构、常用于表达观点和情感的语言表达方式。如同许多自然语言处理任务一样，在情感分析任务中，大多数已发表的可计算方法都采用文本特征结合机器学习或数据挖掘算法的基本处理范式。然而，现有的大多数机器学习算法都是黑箱的，模型对于结果缺乏可解释性。当出现错误时，我们很难知道原因，更不清楚如何进行修正。因此，如果我们只关注这一类可计算方法，将无法深刻理解情感分析问题，从而阻碍其研究进展。

在介绍语言学方面的知识时，我没有遵循语言学的传统写作方式。这是因为传统的语言学中的知识以及知识的表现方式主要是让人来理解，而不是以机器可处理的方式解决实际问题。虽然人类知识和计算机指令有大部分交叉，但是它们还是有很大区别的。例如，当面对条件句的观点挖掘任务时，我阅读了许多关于条件句的语言学书籍。然而，令人意外的是，我发现几乎没有语言学知识能被用来计算并解决这一问题。我认为部分原因是目前的计算技术不够成熟，还不足以拥有和人一样的理解能力，另一部分原因是大多数语言学知识不适用于计算机处理。

因此，本书的另一个特点是，它不仅仅是像传统语言学书籍一样研究语言本身，帮助人们理解语言；它也关注面向具体应用的实际需求，探讨从自然语言中挖掘情感和观点的实际方法，不仅要识别观点语句、情感以及情感极性（倾向性），而且要抽取与观点或情感相关的重要信息。例如，抽取与观点或情感相关的实体或主题。这些实体或主题通常也被称为观点（或情感）评价对象。在实际应用中，观点评价对象的抽取非常重要。例如，"我讨厌对穷人增税。"如果我们仅识别出作者在本句中表达了一种负面的情感或是厌恶的情绪，那么对于实际应用来说意义不大。但是如果我们能够发现该负面情感或情绪的表达对象是"对穷人增税"，那么这样的信息就变得十分有价值了。从这个角度来说，我希望这本书能够促使和帮助语言学家研究并建立有关观点、情感及相关概念的系统理论。

这本书可以作为情感分析领域的入门教材和研究参考书。在书中的诸多章节，我对入门知识或者已有研究方法进行了单独介绍。但是，在有些章节，我采用了混合介绍的方式。采用这种不同寻常的写作方式的主要原因是，虽然已有许多研究者试图解决情感分析任务的每一个子问题，但是目前仍然没有针对情感分析的成熟技术与算法。在许多情况下，我们可以从已发表论文结果的准确性看出，已有技术离实用化还为时尚早。

本书采用混合写作风格的另一个原因是：大多数已有的方法均利用机器学习与数据挖掘算法在抽取好的文本特征上直接进行应用。由于已经有许多著作对这些机器学习和数据挖掘算法进行了详细介绍，因此这些算法的细节不是本书介绍的重点。此外，对于一些语言学的基础知识和自然语言处理的基本技术，如词性标注、句法分析、浅层句法分析和语法，本书也不做详细介绍。虽然这些技术对情感分析十分重要，但是已有很多自然语言处理相关书籍对其进行了详细介绍。所以，本书假设读者了解机器学习和自然语言处理的基础知识。

在本书中，我试图系统性地介绍情感分析领域的主要研究进展。本书引用了来自主流会议与期刊的总共七百余篇论文和资料，从这一点上来说，本书涵盖的范围是十分全面的。本书的组织结构具体如下：

第 1 章对整本书进行概览，并介绍情感分析的研究动机。从本章中，我们可以看到情感分析在许多实际系统中都有应用需求。因此，这是一个令人着迷但充满挑战性的研究问题。

第 2 章给出情感分析任务的定义，并介绍与之相关的诸多概念。从这一章中，我们可以看到，情感分析虽然是一个自然语言处理问题，但它是基于结构化表示的。我们的目标是将非结构化文本转换为结构化数据。基于这一结构化数据，我们可以定义情感分析任务，对文本中的情感进行定性和定量的分析，这对实际应用尤为重要。另外，我们也可以看到，情感分析是一个由许多具有挑战性且相互关联的子问题组合而成的综合问题。

第 3 章介绍文档级文本的情感分类问题，这一子任务的目标是识别一篇文档（例如，一个产品评论）中所蕴含观点的倾向性：褒义或贬义。第 4 章介绍同样的观点倾向性分类问题，只不过处理对象是句子级文本。与其相关的观点评分预测、迁移学习和跨语言情感分类问题也在这两章中讨论。

第 5 章与第 6 章更进一步地从细粒度级别来介绍基于属性的情感分析问题，其中最重要的研究不仅包括如何对情感进行分类，还包括如何识别情感或观点评价的对象。绝大多数在工业界实际应用的情感或观点挖掘系统都需要在这一粒度上对文本进行分析。第 5 章着重介绍基于属性的情感分类任务和方法，第 6 章着重介绍所评价属性或对象的抽取方法。

第 7 章介绍情感词典构建的相关研究。情感词典是人们在表达褒义或贬义观点时常使用的词与短语（如，好的、惊人的、坏的、可怕的）列表。第 8 章介绍比较句中的观点表达问题。第 9 章介绍观点摘要与观点检索问题。第 10 章探讨另一种情感表达的类型，即在线辩论与讨论中的情感表达问题（赞同和反对），这类情感文本中包含了大量参与者之间的互动交流。第 11 章讨论基于文本的用户意图挖掘问题。

第 12 章介绍另一个不一样的问题：如何检测虚假或者具有欺骗性的在线观点信息。第 13 章介绍如何基于有用性对在线评论进行排序，基于这样的分析，用户可以首先看到那些最有用的评论。第 14 章对本书进行总结，并讨论一些未来可能的研究热点与方向。

本书适合对社交媒体分析和自然语言处理，特别是对情感分析和观点挖掘感兴趣的学生、研究人员和从业者阅读。消费者的情感倾向和公众的观点表达是许多管理科学和社会科学领域（例如，市场营销、经济学、传播学和政治学等）关心的核心问题。因此，本书不仅适合计算机科学领域的读者阅读，也适合管理科学和社会科学的研究人员或从业者阅读。此外，学校老师可以使用本书作为自然语言处理、社交媒体分析、社会计算、文本和数据挖掘等课程的教材。

ACKNOWLEDGEMENTS

致　谢

在撰写本书时，许多专家和学者给予了我技术上的帮助。没有他们的帮助，本书可能永远不会完成。首先，我要感谢我的在读和已经毕业的学生们多年以来为本书的完成贡献的大量研究思路和成果，他们是：Zhiyuan Chen、Junsheng Cheng、Xiaowen Ding、Geli Fei、Murthy Ganapathibhotla、Minqing Hu、Wenpeng Hu（北京大学）、Nitin Jindal、Zixuan Ke、Gyuhak Kim、Abhinav Kumar、Huayi Li、Guangyi Lv（中国科学技术大学的访问学生）、Nianzu Ma、Sahisnu Mazumder、Arjun Mukherjee、Ramanathan Narayanan（西北大学）、Qi Qin（北京大学）、Guang Qiu（浙江大学的访问学生）、Sathish Ramadoss、Lei Shu、Jianfeng Si（香港城市大学的访问学生）、Vivek Venkataraman、William Underwood、Andrea Vaccari、Hao Wang（西南交通大学的访问学生）、Shuai Wang、Hu Xu、Zhongwu Zhai（清华大学的访问学生）和 Lei Zhang。此外，与很多研究者的讨论对本书的完成也非常有帮助，他们是：Shuanhu Bai、Jim Blomo、Malu G. Castellanos、Dennis Chong、Umesh Dayal、Eduard Dragut、Boi Faltings、Ronen Feldman、Christiane D. Fellbaum、Zhiqiang Gao、Riddhiman Ghosh、Natalie Glance、Meichun Hsu、Joshua Huang、Minglie Huang、Jing Jiang、Birgit König、Xiao-li Li、Qian Liu、Boia Marina、Sharon Meraz、Tieyun Qian、Jidong Shao、Mehrbod Sharifi、Hao Wang、Jan Wiebe、Qiang Yang、Lixia Yao、Clement Yu、Philip S. Yu、ChengXiang Zhai、Fangwei Zhang、Yuanlin Zhang、Jun Zhao、Xiaoyan Zhu 和 Chengqing Zong。北京大学的 Xueying Zhang 在搜集参考资料的过程中也给予了我很大的帮助。除此之外，我也受惠于两位匿名的审稿人的帮助，尽管日程安排很忙，但他们仍然非常仔细地阅读了本书，并给予我许多极好的建议。在修订过程中，我仔细斟酌了每一条建议，并对本书进行了仔细的修改。另外，网络与社交媒体为我提供了大量极有价值的信息，这极大地方便了本书的撰写。

我还要感谢美国国家科学基金会、谷歌、惠普实验室、腾讯、华为、博世和微软公司对我这些年来的研究的大力支持。伊利诺伊大学芝加哥分校计算机科学系、武汉大学计算机学院、北京大学为本书撰写提供了计算资源和场地支持。第 2 版新材料的编写工作主要是在北京大学完成的。

在出版方面，与剑桥大学出版社的员工们一起工作非常愉快。感谢出版社编辑 Lauren Cowles（第 1 版）、Amy He 以及 Kaitlin Leach（第 2 版），我与他们有一段美妙的共事经历。另外，我要感谢文字编辑 Holly T. Monteith（第 1 版）和 Jill E. Hobbs（第 2 版），他们在文字表述方面给予了我极大的帮助。同样，我要感谢制作编辑 Sonika Rai（第 1 版）和 Mathew Rohit（第 2 版），他们帮助我完成了最后的制作环节。

最后，我要感谢我的父母、哥哥和姐姐，他们一直在背后给予我支持和鼓励。我要把最深切的感激献给我的家人——Yue、Shelley 和 Kate，是他们在各个方面帮助了我。我的妻子给予了我极大的包容，她照料了家里几乎所有的事情，使我能够投入大量时间撰写本书。我要把这本书献给他们。

CONTENTS

目　　录

第 1 章

引　言

情感分析，也称为观点挖掘，目标是从文本中分析出人们对于实体及其属性所表达的观点、情感、评价、态度和情绪。这些实体可以是各种产品、服务、机构、个人、事件、问题或主题等。这一领域涉及的问题十分广泛，包含很多相关研究任务，例如情感分析、观点挖掘、观点分析、观点信息抽取、情感挖掘、主观性分析、倾向性分析、情绪分析以及评论挖掘。这些任务从名称上看相互联系，任务设置略有区别，但是都可以统一在情感分析的任务框架之下。情感分析这一术语最早出现在 Nasukawa 和 Yi（2003）中，同一年，Dave 等人（2003）提出了观点挖掘这一概念。但是，与其相关的研究其实早已展开（Wiebe，2000；Das and Chen，2001；Tong，2001；Morinaga et al.，2002；Pang et al.，2002；Turney，2002）。甚至更早的一些研究工作，包括隐喻分析、情感形容词抽取、倾向性计算、主观性分析、论点和倾向性等（Wiebe，1990，1994；Hearst，1992；Hatzivassiloglou and McKeown，1997；Picard，1997；Wiebe et al.，1999），都可以被认为是与情感分析相关的研究。文本分类领域的一个早期专利也涉及情感分析任务，该专利把情感、适用性、幽默以及许多其他概念看作可能的文本类别标签（Elkan，2001）。

由于现有情感分析的研究和应用多是针对文本数据，因此这一研究问题逐步成为自然语言处理（Natural Language Processing，NLP）领域的一个重要研究方向。但是，其他相关研究领域，例如数据挖掘、网页挖掘、信息检索等，也涉及文本信息处理。因此，这一问题也被这些领域的研究人员广泛关注与研究。近年来，研究人员开始研究多模态情感分析，即使用图像/视频、文本和音频信息对人们的情感和情绪进行分类。我在这一领域上的第一篇论文（Hu and Liu，2004）就是 2004 年发表在数据挖掘领域的顶级学术会议 KDD（SIGKDD International Conference on Knowledge Discovery and Data Mining）上。在这篇论文中，我们给出了基于属性情感分析与摘要的概念与框架，同时提出了解决这一问题的一些新想法和算法。这些概念、框架和算法目前在学术领域和工业领域都有广泛的应用。

许多研究者和开发者一直搞不清楚情感和观点之间的区别，也搞不清楚为什么这一领域要称为情感分析或者观点挖掘。这并不奇怪，因为这一领域不是从语言学而是从计算机科学中派生出来的。在计算机科学领域中，很少有人会讨论情感和观点之间的差别。在韦氏词典中，情感指的是一种态度、想法，或者是感性的判断，而观点是一种论断、判断，或者是一种在人脑中形成的对于某一事物的评价。其实二者之间的相同之处非常多，差别很小。从其定义中我们可以看出，观点更多指的是一个人对于某一事物形成的具体看法，而情感更多指的是一个人内在的某种感受。例如，句子"I am concerned about the current state of the economy"表达的是一种情感，而"I think the economy is not doing well"表达的是一种观点。在一个对话场景中，假如对方说"I am concerned about the current state of the economy"，我们就可以回答"I share your sentiment"，但是假如他说"I think the economy is not doing well"，我们就应该说"I agree/disagree with you"。第一句话中表达的情感是由第二句话中表达的观点引起的，因此这两句话中的隐含意思是相关的。反过来看，从第一句话中我们可以推理出其隐含了对于经济不看好的观点，这正是第二句话所表达的意思。其实，在绝大多数情况下，观点信息都隐含着褒义或贬义的情感，但是也有例外，例如"I think he will go to Canada next year"。

工业界通常统一地把这个研究领域称为情感分析，但是在学术界，这个研究领域既被称为情感分析，也被称为观点挖掘。在本书中，我会交替地使用情感分析和观点挖掘这两个术语。其中，观点一词被用来整体描述情感、评价、评估、态度及相关信息（例如观点持有者和观点评价对象，规范定义请参见 2.1.1 节）。而情感一词用来描述观点中所蕴含的褒义或贬义的情感倾向。情感分析主要侧重于分析观点中所表达出的褒义或贬义的情感倾向，这种观点信息也称为正面观点或负面观点。这个对于观点类型的划分与社会心理学中的态度类型划分类似。例如，Eagly 和 Chaiken（1998，p.1）把"人们对某种特定事物喜欢或不喜欢时所产生的心理倾向"称为态度。但是在具体讨论褒义和贬义的情感倾向时，我们还需要考虑那些中性的情感，这类情感不包含任何倾向性。此外，除了情感和观点，我们还需要熟悉"情绪"这一概念，"情绪"也是意识的一种心理状态。在 2.3 节中，我们将对这种心理状态的自然语言表达进行深入介绍。

观点和情感本身就传递了主观信息。因此，相较那些陈述事实的客观性句子，可以将表达观点和情感的句子称为主观性句子。但是，由于作者在描述事实时通常会不可避免地带入个人感情色彩，因此在客观性句子中，有时也蕴含作者褒义或贬义的情感。例如，"I bought the car yesterday and it broke today"和"after sleeping on the mattress for a month, a valley has formed in the middle"，这两个句子尽管都是在陈述事实，但是显然都隐含了贬义的情感倾向。从中我们可以推理出作者不喜欢汽车（car）和床垫（mattress）。因此，情感分析还需要对这一类客观性句子进行研究与分析。

总之，情感分析或者观点挖掘的目标是从文本中识别出那些显式或隐式表达的褒贬观点或情感，以及这些观点或情感所描述的对象（例如，在上面的例子中，汽车和床垫就是两个观点描述对象）。2.1 节中将给出观点的规范定义。

尽管情感分析属于文本分析的范畴，但是在 2000 年之前，语言学以及自然语言处理领域中几乎没有相关的研究工作。其中的部分原因是在 2000 年之前很难获取包含观点信息的文本语料库。当然，纵观历史，口头和书面交流中从不缺少观点信息。最近二十年，随着互联网以及社交媒体的迅猛发展，情感分析的研究也随之飞速进步。这是由于我们现在能够从网络中轻易获取大量的观点数据，这对于现有研究起到了巨大的推动作用。毫无疑问，情感分析的研究发展是伴随在线社交媒体的发展而飞速发展的。

现如今，在线社交媒体系统已经构建了一个极好的平台，使所有受众可以方便地参与、分享与交流，这也产生了一种新的分享文化。从评论和博客到 YouTube、Facebook 以及 Twitter，人们以极大的热情加入到社交媒体当中。在这一平台上，人们可以跨越空间和时间的限制，自由地对任何事物表达他们的观点和看法。同时，人们也可以轻松互联、分享信息。这一网络分享以及交互方式的变革，彻底改变了整个社会以及我们每个人的生活。并且根据其特点，从中产生了两个研究领域——社交网络分析和情感分析。严格意义上讲，社交网络分析并不是一个新的研究领域，从 20 世纪四五十年代开始，管理学领域的研究者就开始研究社交主体（社交网络中的人）以及他们在社交网络中的交互行为和关系。在过去二十年里，社交媒体的出现使得针对这一问题的研究呈现爆炸式增长。相比较而言，情感分析实际上是在社交媒体之外成长起来的一个新的研究领域。

从 2002 年开始，针对情感分析的研究逐步增多。其中一部分原因是研究者可以从社交媒体上获得大量观点分析研究所需的数据。另一部分原因是观点对于几乎所有的人类活动都很重要，观点信息在很多实际应用中也十分必要。无论是个人还是机构，当我们进行决策时，通常会参考他人的观点意见，因此对观点信息进行分析具有十分广泛的实际意义。从 2006 年之后围绕情感分析衍生的产品和公司出现了爆炸式增长也就不奇怪了。一方面，这些围绕在情感分析周围的实际应用推动了这一领域的研究。另一方面，情感分析也牵引出大量具有挑战性、有价值且从未涉及和解决的研究问题。在本书中，我们将系统地介绍和讨论研究问题，同时给出一些目前最好的解决方法。

由于社交媒体的核心功能是让人们自由地表达他们的观点与意见，情感分析自然成为社交媒体研究的核心问题之一。众所周知，情感分析是从社交媒体中挖掘、分析信息的必备技术之一。一种观点认为社交媒体分析就是以情感分析为中心的数据分析，因为社交媒体中的信息挖掘往往是挖掘人们经常讨论的事物以及表达的观点，这恰恰就是情感分析的核心任务。甚至，我们可以认为在社交媒体中，那些人们不怎么去讨论、评价的主题、事件以及个人往往是不怎么有价值的。从人的本性来看，情况也是这样，那些能够触发我们内心情感或情绪，并促使我们对其进行评价并表达出观点的事物往往是十分重要的。

除了主题信息以及相关的观点信息之外，社交媒体还需要对用户进行分析。由于一个用户在社交媒体中发布的帖子往往体现了其关注的主题兴趣以及观点喜好，这些主题与观点信息的分布情况是对这个用户兴趣的描述，因此我们可以根据这些信息生成一个用户的情感画像。这些对用户兴趣的刻画在很多应用中都是十分有用的，例如，产品推荐、服务推荐以及政治选举预测等。除此之外，在社交媒体中，用户不仅仅是发布帖子，还与其他用户就某些问题进行讨论、辩论，这一过程中也包含了大量的情感信息，例如支持、反对（或主张）。挖掘这类信息十分重要。例如，容易引起争论的社会和政治事件、反对方的观点与意见都可以被用来制造政治话题或者预测政治选举结果。

由于观点在社交媒体中的重要性，一些水军会在社交媒体中发布虚假的评论和观点，以达到推广某款产品、服务甚至传播价值观的目的。对于这些虚假评论和观点进行检测也是十分重要的，这一任务极具挑战性，为新的研究界和应用提供了丰沃的创新土壤。

尽管情感分析起源于计算机科学领域，但是由于其在商业界乃至整个社会的重要作用，近些年，越来越多来自管理科学、社会科学领域的学者开始从事这方面的研究。因此，针对情感分析的研究不仅仅能够提升自然语言处理的研究水平，同时对于推进管理学、政治学、经济学，乃至与消费者评价信息、公众观点信息相关的所有领域的发展都有着重要作用。不难想象，对社交媒体进行情感分析将对这些领域的研究方向以及应用产生深远的影响。本书将对这一重要且有趣的研究问题进行深入浅出的论述，同时也将对这一领域中新的、具有代表性的方法进行系统的介绍。

1.1 情感分析应用

观点信息对于商家和厂家来说都是十分重要的，因为他们往往想及时知道消费者及公众对其产品和服务的评价和喜好。地方和中央政府也想知道公众对于已有政策和即将推出政策的观点和看法。通过这些观点信息的及时反馈，相关政府领导能够迅速反应并作出调整，以适应整个社会、经济以及政治环境的快速变化。在国际政治中，各国政府都试图通过其他国家的社交媒体来挖掘与发现这些国家中出现的重大事件及公众对于区域、国际的重大事务和事件的观点和倾向。这些信息对于外交、国际关系以及经济决策制定是非常有用的。除此之外，一般民众在进行决策之前，也想知道其他人对于自己所购买产品、服务和被选举人的观点评价信息，以帮助自己作出决定。

以前，当一个人想听取别人的观点时，往往求助于自己的朋友和家人。当一个机构或者商家想获取公众对某一事件或商品的看法时，他们往往采取调查问卷、民意测验和分组调研等方法获取信息。当一个政府想知道在其他国家发生的重大事件时，他们往往对目标国家的传统媒体（例如报纸、广播和电视等）进行监控，甚至派间谍去这些国家搜集重要信息。从市场推广、公众关系和政治竞选等角度来说，对这些重要信息进行自动获取与分析，有着巨大的商业需求。

如今，无论个人、机构还是政府部门，都逐步开始利用社交媒体上的信息辅助决策制定。当一个人想买一款商品时，他或她不再仅仅求助于家人和朋友，让他们给出参考意见，而是从互联网中获取大量的有关这款产品的评价、讨论等信息。对于机构来说，不必只通过调查问卷、民意测验和分组调研等方法获取公众对该机构所生产产品或所提供服务的评价，因为直接从互联网上就可以大量获取这样的信息。同样，对于政府来说，他们可以很轻松地获取公众对其所制定政策的反馈，同时也可以通过对其他国家社交媒体的监控，自动悉知该国家对于该政策的反应。

近些年来，通过在社交媒体中发表倾向性的观点，来重塑企业形象、引导公众情绪的例子层出不穷，这对我们的社会和政治生活产生了重大的影响。例如，这样的帖子鼓动民众进行政治改革，对区域政治格局变化产生了重大的影响。但是，由于网站的多样性，在互联网中找到这些表达观点信息的网站，对其进行监控，并从中抽取有用的信息不是一件容易的事情。从大量的长博客、论坛中获取大量的观点内容十分困难。靠人工方式在这些网站上对每一条帖子进行阅读，并从中抽取、总结出有用的观点信息极不现实。在这种情况下，自动情感分析系统就十分必要。

　　包含观点信息的文档不仅存在于互联网中（被称为外部数据），许多机构也存在大量内部数据，例如从电邮以及呼叫中心获取的用户反馈数据、内部生成的调研报告等。对于内部和外部这两种来源的数据进行分析是十分重要的，从中能够梳理出针对关键产品和服务的消费者评价信息。

　　近些年来，有关情感分析的应用与产品几乎适用于所有领域。从消费产品到健康医疗，再到旅游、医院、金融服务、社会事件，乃至政治选举，都能看到情感分析相关产品的实际应用。许多公司，包括初创小微企业、成熟的大企业，都试图或者已经开始构建自己的情感分析系统和相关应用，例如 Google、Microsoft、HP、Amazon、eBay、SAS、Oracle、Adobe、Bloomberg、阿里巴巴、腾讯以及 SAP 等。我自己也曾有一个创业公司，开发了一套情感分析系统 Opinion Parser，该系统涉及四十多个领域和主题，包括汽车、手机、耳机、打印机、冰箱、洗衣机、炉子、蓝光光碟、笔记本电脑、家庭影院、电视剧、电子书、导航仪、LCD 显示器、减肥产品、头发护理产品、咖啡机、床垫、油漆、旅游、餐馆、酒店、化妆品、流行用品、药物、软饮料、啤酒、白酒、电影、视频编辑软件、财务软件、搜索引擎、健康保险、银行、投资、绿色技术、新电影票房预测、夏季奥林匹克运动会投标、政府选举、总统选举、2008～2009 年金融危机时期的公众情绪检测等。

　　除了工业界对于情感分析这一技术非常关注之外，在政府机构中，情感分析也得到了广泛的应用。政府常常通过监控社交媒体来发现公众的情绪变化以及他们所关心的问题，而且这种监控越来越普遍。社交媒体目前已经成为大众向政府表达声音的一个最主要的渠道，通过这一渠道，普通群众可以对政府人员的腐败、性丑闻以及所有违规行为进行曝光。在日常生活中，社交媒体也是曝光负面事件的一个最快且最有效的途径。微博目前是中国最大的在线社交媒体。许多针对商业领域的微博监控工具已经得到应用，这其中的核心技术就是情感分析。在国外，政府构建了智能系统，对其他国家的社交媒体进行监控，从中挖掘出重点事物和事件，通过分析得到该国大众对于这些关键事物和事件的看法和观点。

　　除了实际应用系统，以应用为导向的相关研究论文也不断发表。例如，一些学者利用情感数据来预测一部新电影的票房。Mishne 和 Glance（2006）的研究成果表明，利用褒义的评价信息比利用简单的关键词特征更能有效地预测票房。Sadikov 等（2009）将情感信息和传统特征相结合进行票房预测，也得出了相同的结论。Liu 等（2007）给出了一种利用情感信息进行票房预测的方法，这一方法包含两个步骤。第一步，只利用电影评论中的情感词构建一个基于概率隐含语义分析（Probabilistic Latent Semantic Analysis，PLSA）的主题模型。这里情感词也被称为观点词，指的是语言中表达了说话者满意或者不满意状态的词语。例如，good、great、beautiful 是褒义词；bad、awful、dreadful 是贬义词。第二步，构建一个自回归模型，利用过去几天的票房以及从影评中抽取的基于情感的主题信息预测未来的票房走势。Asur 和 Huberman（2010）也采用类似的方法预测电影票房，不同的是，他们通过统计 Twitter 中提及该电影的推文的多少以及推文中的情感分布作为特征，从而构建预测模型。Joshi 等（2010）基于影评文本结合电影本身的元数据构建了一个线性回归模型来进行电影票房预测。我自己的研究组多年之前也曾利用推文中的情感信息进行电影票房的预测，我们发现这种方法虽然简单，但是效果比较精准。我们直接将开发的 Opinion

Parser 系统应用于电影评论文本，不需要使用太多复杂的模型和算法，就能够从中抽取褒义的评论和贬义的评论，并判断用户的观影意图。

在政治选举方面，已经有一些学者针对公众观点的情感分析问题展开了研究。例如，O'Conner 等（2010）简单地通过对于文本中的褒义词和贬义词计数来确定当前文本的情感得分，结果发现这一情感得分与总统选举、政治选举投票、消费信用调查等趋势相当吻合。Bermingham 和 Smeaton（2011）把 Twitter 中相关的推文发帖数、表达褒义和贬义的推文文本作为相互独立变量，把投票结果作为非独立变量，从而构建一个线性回归模型来预测选举结果。Chung 和 Mustafaraj（2011）和 Gayo-Avello 等（2011）讨论了当前使用 Twitter 数据预测政治选举的一些局限性，其中一个就是现有情感分析方法的精准性不足。Diakopoulos 和 Shamma（2010）和 Sang 和 Bos（2012）利用推文上的人工情感标注结果进行选举预测。Tumasjan 等（2010）的研究成果表明：在 Twitter 上，简单基于提及某一个党派的推文来预测选举结果都能得到一个非常好的结果。还有一些其他的相关工作，例如，Yano 和 Smith（2010）对政治博客的回帖量进行预测，Chen 等（2010）对政治观点进行研究，Khoo 等（2012）对有关经济政策和政治人物新闻报道中的观点和情感信息进行分析。

情感分析的另一个应用领域是股票市场预测。Das 和 Chen（2007）对股票交易信息板帖子中的观点信息进行识别，将每个帖子分成如下三类：看涨的（褒义倾向）、看跌的（贬义倾向）和中性的（既不看涨也不看跌）。识别后的打分结果被用来预测摩根斯坦利高科技指数。Zhang 等（2010c）不同于上一种方法，他们的方法没有基于专题论坛中看涨看跌情感的信息，而是通过识别 Twitter 数据中所包含的褒义的和贬义的观点信息来预测道琼斯工业平均（Dow Jones Industrial Average，DJIA）指数、标准普尔 500（S&P 500）指数和纳斯达克（NASDAQ）指数等股票市场指数的走向。他们的研究成果表明：在 Twitter 中，当公众的情绪指数非常高时，通常表达的是期盼、恐惧、担忧的情绪，这时道琼斯指数第二天往往会下跌。当公众没有表达期盼、恐惧、担忧的情绪时，道琼斯指数第二天往往会上升。同样地，Bollen 等（2011）利用 Twitter 上的公众情绪变化对 DJIA 指数的走向进行预测。他们对推文上的文本进行分析，并从中抽取出六种情绪：平静、警觉、肯定、阳光、友好和高兴，然后分析这六种情绪与 DJIA 指数的相关性并预测之后 DJIA 指数的变化。他们的结果表明：考虑部分类型的情绪变化，如平静和高兴，能够显著提升传统股票预测模型的精度，但是其他四种情绪变化对于股票预测没有影响。Bar-Haim 等（2011）没有全部分析所有相关 Twitter 作者的情绪变化，而是在 Twitter 中识别出过去对于牛市和熊市预测比较准确的专家用户，将这些专家用户的观点作为特征来训练股票价格预测模型。Feldman 等（2011）对股票相关文章的情感分析方法进行了有针对性的调研。Zhang 和 Skiena（2010）利用博客和新闻文本中的情感信息进行交易策略设计。Si 等（2013）将基于主题的情感时间变化序列与指数时间变化序列相融合，基于向量自回归模型，预测标准普尔 100（S&P 100）指数每天的变化趋势。他们所构建的基于主题信息的情感分析系统，首先利用非参数主题模型来识别每天与股票有关的主题信息，其次计算人们对于这些主题信息的情感倾向。

除了对上述三个方面的应用的研究之外，目前其他相关应用方面也发表了很多研究成果。例如，McGlohon 等（2010）通过分析产品评论，对产品和卖家进行排序。Hong 和

Skiena（2010）对美国橄榄球联盟博彩投注线与公众在 Twitter 以及博客上持有的观点信息之间的关系进行分析与研究。Miller 等（2011）对社交网络中的情绪流动与传播进行研究。Mohammad 和 Yang（2011）对男性的情感表达进行研究，试图挖掘男性与女性在情绪维度的差别。Mohammad（2011）还对小说和神话故事中的情绪进行分析与追踪。Sakunkoo 和 Sakunkoo（2009）研究了在线书评的社会影响。Groh 和 Hauffa（2011）利用情感分析来描绘社会关系。Castellanos 等（2011）对已有通用情感分析系统和一些实际应用案例进行了介绍。

1.2　情感分析研究

无处不在的实际应用为研究提供了强大的驱动力，但是单凭应用还不足以引起学术界对该领域的浓厚研究兴趣：研究者们还需要具有挑战性的技术问题。情感分析这一研究问题就包含了大量具有挑战性的技术任务。对研究者来说，很多任务无论是在自然语言处理领域还是语言学领域都是首次遇到。这些创新性的问题加上广泛的应用和社交媒体数据的可用性，吸引了大量研究者进入该领域。从 2000 年开始，情感分析领域快速成长，目前已经成为自然语言处理、数据挖掘和网络挖掘等领域内最活跃的研究问题之一，同时在管理学领域内也被广泛研究（Hu et al.，2006；Archak et al.，2007；Das and Chen，2007；Dellarocas et al.，2007；Ghose et al.，2007；Park et al.，2007；Chen and Xie，2008）。尽管如此，针对情感分析问题，不同领域学者的关注点以及研究角度不尽相同。例如，在管理学领域，学者们常常关注消费者的观点信息对于商业销售的影响，以及如何利用这些观点信息来改进商业实践。而自然语言处理和数据挖掘领域内的学者的研究目标往往是设计一套有效的算法和模型，使其能够从自然语言文本中抽取观点信息，并形成合适的文本摘要。

从自然语言理解的角度看，情感分析可以被认为是语义分析的一个重要子领域，因为它的目标就是识别人们谈论的主题以及针对主题所表达出来的观点倾向。在后面几个小节中，将对本书涉及的几个关键研究问题进行简要介绍，同时介绍如何把情感分析看成迷你的自然语言处理任务。

1.2.1　针对不同文本颗粒度的情感分析研究

根据所处理文本的颗粒度，情感分析研究可以被划为三个级别：文档级、句子级、属性级。下面对其进行简要介绍。

文档级。文档级情感分析的目标是判别整篇文档表达了褒义倾向还是贬义倾向（Pang et al.，2002；Turney，2002），这一任务也称为文档级情感分类。例如，给定一篇商品评论，系统需要判别出这篇评论对于目标商品总体上持褒义的情感倾向还是贬义的情感倾向。这一任务的基本假设是认为一篇文档只对一个实体（例如，一个商品或者服务）进行评价，这种假设与实际情况显然是不相符的。在现实中，很多文档都会同时对多个实体进行评价或比较。因此，我们需要对目标文档进行更细粒度的情感分析。在第 3 章，我们将对文档级情感分析进行详细介绍。

句子级。句子级情感分析的目标是判别一个句子是否表达了褒义、贬义或者中性的情感。注意，"中性情感"往往意味着没有表达任何观点。这一级别的情感分析与主客观分类任务密切相关（Wiebe et al.，1999），主客观分类任务就是判别一句话陈述的是事实性信息（客观句）还是表达的主观性信息（主观句）。但是句子是主观句不等于该句就是情感句或观点句，如我们前面所说的，一些客观句中也常常隐含了观点信息，例如："We bought the car last month and the windshield wiper has fallen off"。相反，主观句中也可能不包含任何观点。例如："I think he went home after lunch"。在第 4 章，我们将对句子级情感分析进行详细介绍。

属性级。无论是文档级还是句子级情感分析都无法确切知道用户到底喜欢或者不喜欢的是什么东西。换句话说，这两个级别的分析方法都无法获取观点评价的对象。例如：如果我们仅仅知道 "I like iPhone 5" 这句话中含有褒义的情感，这对于实际应用显然是不够的，我们更加需要知道用户是对于 iPhone5 表达了褒义的情感。如果我们假设一个句子中含有褒义的观点，就认为用户对于这个句子中提到的所有事物都表达了褒义的观点，这显然是不合理的，因为一个句子中可能包含多个不同情感倾向的观点。例如："Apple is doing very well in this poor economy"，很难说这句话应该被分成褒义情感还是贬义情感，因为在该句子中用户赞扬了 Apple 公司，但是吐槽了经济。因此，为了得到更细粒度的分析结果，我们需要进行属性级的情感分析。

这一级别也被称为要素级，如："要素级观点挖掘和摘要"（Hu and Liu，2004；Liu，2010），现在，这一任务被称为属性级情感分析。属性级情感分析直接关注的是观点以及观点的目标（观点评价对象），而不是文档、段落、句子、从句和短语等级别的语言单元。认识到观点评价对象的重要性可以帮助我们更好地理解情感分析这一问题。

让我们看一个例子："Although the service is not great，I still love this restaurant"。很明显，这个句子表达了褒义的情感倾向，但是我们很难说整句话都表达了褒义的情感倾向。我们只能说评论者在这句话中对 "restaurant" 表达了褒义情感，但对 "service" 表达了贬义情感。如果一个看重 "service" 的顾客，看到了这句评论，估计就不会去这家餐馆用餐。在实际应用中，观点评价对象（在前面的例子中为 "restaurant" 和 "service"）通常是一个实体（如 "restaurant"）或者该实体的属性（如 "service of the restaurant"）。所以，属性级情感分析的目标是挖掘与发现评论在实体及其属性上的观点信息。基于这样的分析，就能够生成有关目标实体及其属性的观点摘要。

在第 5、6 两章，我们将对属性级情感分析进行详细介绍。这里需要注意一点，在许多实际应用中，用户有时只关注发表在实体上的观点信息。在这种情况下，情感分析系统可以忽略掉所挖掘出的有关实体属性的观点信息。属性级情感分析在实际系统中有很强的应用需求，在工业界，几乎所有的情感分析系统都是在这个级别上进行分析的。

除了按照文本颗粒度对于情感分析进行划分之外，我们还可以根据观点类型的不同将其划分为：标准型观点和比较型观点（Jindal and Liu，2006b）。

- ❑ 标准型观点通常针对一个目标实体或者其属性表达情感倾向。例如在 "Coke tastes very good" 这句话中，评论者对于 "Coke" 表达了褒义的情感倾向。这是最常见的观点类型。

❑ 比较型观点对于多个实体的共同属性进行比较。例如："Coke tastes better than Pepsi"。在这句评论中，评论者将"Coke"与"Pepsi"在"taste"（属性）方面进行了比较，其中更喜欢"Coke"（见第 8 章）。

基于上述基础任务设定，研究者继续探索了观点摘要和观点搜索任务，我们将在第 9 章对其进行详细介绍。

1.2.2　情感词典以及研究问题

毋庸置疑的是，承载情感信息最重要的基本单元是情感词，也称为观点词。例如：good、wonderful、amazing 等都是褒义情感词；bad、poor、terrible 等都是贬义情感词。除了单词之外，短语和成语也能表达情感，例如 cost an arm and aleg。我们把这样的情感词和情感短语的集合称为情感词典，或者观点词典，其对于情感分析非常有用。近些年，研究者们已经设计了许多算法用以构建情感词典。我们将在第 7 章对于情感词典构建算法进行详细介绍。

尽管情感词和情感短语十分重要，但是仅仅依靠它们对于构建精准的情感分析系统远远不够。问题是多方面的，下面我们对几个关键研究问题进行简要介绍：

1. 一个情感词的倾向性会随着其应用领域以及所在上下文的变化而变化。这里情感词倾向包括褒义、贬义和中性。suck 这个单词通常情况下表示贬义的情感倾向，例如"This camera sucks"。但是在句子"This vacuum cleaner really sucks"中，suck 隐含了褒义的情感倾向。所以，我们认为情感词的情感倾向是跟领域密切相关的，依赖于情感词所在的上下文。

2. 一个句子中即使出现了情感词，这个句子也不一定会表达任何的情感，这一现象非常普遍。疑问句和条件句就是两种典型的例子。例如："Can you tell me which Sony camera is good?"以及"If I can find a good camera in the shop, I will buy it"。这两句话中都出现了情感词 good，但是这两个句子对 camera 都没有表达出任何的情感倾向。但是，这不等于说所有的条件句和疑问句都不表达观点或情感信息。例如："Does anyone know how to repair this terrible printer?"以及"If you are looking for a good car, get a Ford Focus"。我们们将在第 4 章中对于这两种句型进行详细讨论。

3. 讽刺句是一种很难处理的句式，无论其中是否出现情感词。例如："What a great car! It stopped working in two days."。在商品评论中，讽刺句不经常出现，但是在政治问题的讨论文本中却十分常见，这也是有关政治的观点信息非常难处理的原因。同样地，我们们将在第 4 章对讽刺句进行详细讨论。

4. 许多情况下，一个句子中可能不会出现任何情感词，这种句子一般都是在陈述事实，但是这些句子依然可能隐含作者的观点。例如："This washer uses a lot of water."，在这句话中，作者认为这台洗衣机太废水了，隐晦地表达了贬义的情感。再如"After sleeping on the mattress for two days, a valley has formed in the middle"，这句话对床垫的质量表达了贬义的情感。这句话很容易被误判为一个陈述句，因为它表面上看是在陈述一个事实，然而山谷（valley）是一个隐喻。上述的两个例子中都没有出现任何情感词，但是其中都对某些事物表达了贬义的情感倾向。

上述几点概要地给出了情感词典目前面临的主要挑战。由于篇幅的限制，实际上还有很多问题和困难在这里没有给出。我们将在第 7 章进行详细讨论。

1.2.3　辩论与评论分析

在社交媒体中，有两种类型的文本：单一型帖子，例如评论和博客；在线对话，例如辩论和讨论。相对于单一型帖子而言，在线对话具有交互性，通常有两个或多个参与者在其中进行互动。在线对话过程中包含了丰富的观点信息。除了前面所说的褒义的、贬义的和中性的情感之外，还包含支持、反对（或争论）等现象，这也被看成一种交互形式的情感或观点。进而，由于其具有交互性，我们需要对其进行特别分析。例如，我们需要自动发现辩论过程中每一方的立场，将参与者进行归类，挖掘支持和反对的观点，发现争论的焦点以及争论的核心问题（Mukherjee and Liu，2012）。由于在辩论和讨论过程中，辩论双方都试图通过观点交换以及理性推演达到共同目标，因此，我们可以试图研究每一个参与方的真实意图：是真正想交换想法，提出合理的论点和论据，还只是为了展现个人那些自以为是的论调。这些分析对于社会学家（例如在政治科学和传播领域的研究）非常有用（Mukherjee et al.，2013）。

评论是人们对于已发表的文章（例如新闻文本、博客以及评论等）、视频、图片或者音乐所发表的看法和观点。它们通常既包含单一型帖子，也包含对话的形式。基于针对网络文章的评论帖子，我们可以看到评论通常包含好几种类型。例如：文章的点评、针对文章作者或其他读者的问题、对于问题的回答，以及读者之间、读者与作者之间就某个问题的讨论。在第 11 章，我们将对这一部分内容进行详细介绍。

1.2.4　意图挖掘

意图就是一个人或者一群人试图进行的行动方针。从社交媒体中挖掘用户意图具有很强的应用需求，例如：推荐商品，在政治选举中发现可能的支持者等。尽管意图与情感是两个不同的概念，但是它们有许多相关点。第一，在一个含有意图的句子中，作者通常会表达对于某一事物或实体的情感或情绪，例如：" I am dying to see the Life of Pi"。在这句话中作者的意图透过表达情绪而展现。第二，当一个人非常想得到某一样东西的时候，他通常会对这个东西表达褒义的情感，例如：" I want to buy an iPhone 5"，从这句话中，我们不难看出作者对于 iPhone 5 有着良好的印象。从这两个例子中，我们可以归纳出一种新的情感：愿望。上面这两个例子都表达了积极的愿望。第三，有一些观点是通过描述意图的方式表达出来的，例如：" I want to throw this camera out of the window"以及" I am going to return this camera to the shop"。迄今为止，用户意图挖掘这一任务仍然没有引起学术圈太多的关注，但是我认为它对于实际应用来说是十分必要的。在第 11 章，我们将对意图挖掘的相关问题进行介绍，同时给出一种基于迁移学习的意图挖掘算法（Chen et al.，2013）。

1.2.5　垃圾观点检测与评论质量

社交媒体的一个关键特点就是允许每个人在任何时间、任何地点都能够以匿名的方式自由地表达自己的想法和观点，而不必泄露其真正身份，也不必担心这些言论会给自己招致麻烦。尽管这些观点和想法对于很多应用来说十分具有价值，但是这种匿名的方式是有代价的。代价就是使得那些存有不良目的或隐藏企图的人们可以通过发表虚假评论的方式欺骗情感分析系统，对某种产品、服务、机构和个人进行蓄意的夸奖或贬低，而不必暴露其真正的目的。这种发表虚假评论的个体被称为垃圾观点发布者（opinion spammer），这种行为被称为垃圾观点发布（opinion spamming）(Jindal and Liu，2007，2008)。

垃圾观点已经成为社交媒体的一个重要问题。不仅仅是个体用户在各种论坛和评论网站上编写垃圾观点，就连一些商业公司为了其商业上的需求也主动为它们的客户发表不实的、虚假的垃圾观点信息。靠垃圾观点获得高额回报的案例已经被多次报道（Harmon，February 14，2004；Kost，September 15，2012；Streitfeld，January 26，2012；Streitfeld，August 25，2012)。因此，为了保证网络来源观点信息的可信度，从大量评论文本中检测出这种虚假的垃圾观点信息十分必要。不同于之前提到的观点情感的判别，垃圾观点检测需要对用户行为进行分析，因此它不仅仅是一个自然语言处理问题，也是一个数据挖掘问题。目前，除了学术界，很多评论网站已经开始在它们的评论数据中进行垃圾观点信息检测与过滤，例如 Yelp.com 和 Dianping.com。第 13 章将对这一问题以及现在最新的检测算法进行介绍。

与之相关的一个任务是评估网络评论的质量与效果。这个任务的目标是识别出那些高质量的用户评论，并把它们展现在网页比较靠前的位置。这样的话，用户就能够首先读到这些评论文本，从而最大化地得到有用的信息。第 14 章将介绍相关问题及方法。

在本节结束之前，必须提到下面几本有关观点挖掘和情感分析的专著或者综述：*Computing Attitude and Affect in Text: Theory and Applications*（Shanahan 等（2006))、Pang 和 Lee（2008)出版的综述、Liu（2012)出版的综述以及 Cambria 和 Hussain（2012)所著的专著。这四本书为我写成本书提供了非常好的素材和参考。在前两本书出版之后，这一领域又有了一些重要进展。研究者们对于任务定义、问题划分以及核心问题又有了更深层次的理解，同时也提出了一些新的方法和模型。相关研究不仅向深度延伸，而且向广度持续挺进。早期的研究工作主要集中在文档级、句子级的情感或者主客观分类，这对于实际应用是远远不够的。在实际系统中，往往需要的是属性级的情感分析。尽管第三本书（作者也是我）比较新，但它仅仅是一篇研究综述。第四本书主要关注如何利用常识知识辅助观点挖掘。

相比较而言，本书内容更加全面和翔实。首先，本书介绍了情感分析领域中很多重要的算法，有兴趣的读者可以根据本书介绍的这些算法，很容易地搭建一个情感分析系统。第二，本书不仅介绍了针对单一型（或独立）帖子的分析方法，还涵盖了针对交互式社交媒体（例如辩论和评论）以及用户意图分析的分析与处理方法。加入这些方面的介绍极大地扩展了这个领域的研究范围，也使得本书内容更加全面。

1.3　情感分析是一个迷你自然语言处理任务

情感分析通常被看作自然语言处理的一个子领域。它引入了很多之前从未涉及和考虑过的有挑战的研究问题，不断扩展着自然语言处理的研究范围。从过去二十年对于情感分析的研究来看，它不仅仅是自然语言处理的一个子领域，我们可以把它看成自然语言处理的一个迷你版本或者特别形式。自然语言处理中的每一个子问题，在情感分析中都会遇到，反之亦然。这是由于情感分析涉及了自然语言处理领域中几乎所有的核心问题，例如：词汇语义、指代消解、词义消歧、语篇分析、信息抽取以及语义分析等。在后面的章节中，我会介绍相关的自然语言处理方法，主要是如何利用这些方法处理情感分析问题。从这个角度讲，情感分析为所有的自然语言处理研究者提供了一个良好的平台，在这个平台上，研究者们可以做出一些热点的、实际的前沿工作，在学术界和工业界都能够产生巨大影响。显然，要完全解决自然语言处理的诸多任务并不现实，但是解决一个自然语言处理的简化版本的问题还是可以预期的。相对来说，在这个简化问题上做出大的成果、取得显著进展也相对容易。自然语言处理领域的研究者切入这个领域也非常容易，他们不需要改变原来的研究方向，甚至只需要将原来处理的语料更换为观点信息相关语料即可。

总之，情感分析是一个语义分析问题。但是相较传统语义分析，情感分析更加聚焦，不需要"理解"句子或文档中的全部语义信息，只需要理解与情感观点有关的语义内容，例如：褒义和贬义的观点以及这些观点所评价的对象。由于情感分析具有这些特点，它不能简单地直接运用通用自然语言处理方法，而需要进行更深层次的语言理解和分析。由于通用的自然语言处理方法需要考虑多个方面的复杂问题，因此很难对情感这样的特定目标进行精准的分析与处理。尽管达到通用的自然语言理解离我们还很遥远，但是随着自然语言处理不同领域研究者的共同努力，我相信还是有可能解决情感分析这一特定任务的。同时，透过这一任务，我们对通用的自然语言处理也可以有更加深刻的理解。

通过本书，我希望自然语言处理其他领域的研究者在研究自身领域问题的同时，能够分析处理一下观点数据，这样对于直接或者间接地解决情感分析问题也许会有所帮助。

1.4 本书撰写方式

在本书中，我们对情感分析这个主题进行探索和讨论。尽管本书处理的是自然语言文本，称为非结构化数据，但是我们将以一种结构化的方式撰写本书。第 2 章将对情感分析问题的定义进行形式化的说明，这样读者就可以了解情感分析问题的整体框架。在定义中，我们将介绍情感分析都包含哪些核心任务，也将介绍针对每一个任务的现有解决方法。本书不仅讨论了关键的研究概念，还从实际应用的角度研究其中所包含的技术，使得读者在现实中能够读有所用。这些实战的经验是根据我多年研究、提供技术咨询以及个人创业的经历总结得到的。当本书中提到某个实际系统时，本着保密的原则，我不会提及系统和公司的名称。

尽管我试图在本书中将情感分析这一领域的所有主要解决思路和技术都进行介绍，但这显然是个不可能完成的任务。在过去十年间，研究者们针对情感分析任务发表了大量学术论文（也许超过了两千篇），其中大部分论文是在自然语言处理领域的会议和期刊上发表的，同时也有相当多的论文在相关领域发表，包括数据挖掘、网络挖掘、机器学习、信息检索、电子商务、管理学等领域。对每一篇论文都进行介绍显然是不可能的。如果一些优秀的理论和技术在本书中没有被提及，我要说声抱歉。

　　最后，如前所述，现在很多方法都是利用机器学习、数据挖掘领域的方法，结合自然语言处理得到的句法、语义特征来解决情感分析问题。如果读者具有以下领域的知识或者阅读过以下书籍，将对阅读本书很有帮助。包括自然语言处理（Manning and Schutze，1999；Indurkhya and Damerau，2010）、机器学习（Mitchell，1997；Bishop，2006）、数据挖掘（Tan et al.，2005；Liu，2006，2011；Han et al.，2011）、信息检索（Manning et al.，2008）等。需要说明的是，对于这些基础算法的细节，本书将不进行详细介绍。

17

第 2 章

情感分析概述

在这一章中，我们将对情感分析问题进行定义。通过这个定义，可以对情感分析及其相关子问题进行描述。人们常说如果我们不能给出一个问题的结构化定义，那么我们也许就不能完全理解它。给出这一定义的目标是从复杂且难以处理的非结构化自然语言文本中抽象出一个结构。基于这样的结构，能够将已有研究问题统一到一个任务框架中。研究者们基于所定义的任务框架中子问题间的关联关系，能够设计出更健壮、更准确的解决方法。从实际应用的角度出发，这些定义也能使相关工作者明确哪些子问题对于搭建一个情感分析系统是必须解决的，子问题之间如何关联，应该有怎样的输出结果。

与客观性信息不同，情感和观点有一个重要特征，就是它的主观性。主观性体现在很多方面。第一，不同的人有不同的经历，因此也就会产生具有不同情感倾向的观点。例如一个人买了一个特定品牌的相机，使用体验很好，她自然就会对这款相机表达正面的观点和评价。但是，另一个人也买了同样品牌的相机，却遇到一些问题，也许他只是运气不好买到了一台次品，但他会因此对该款相机持有负面的观点。第二，不同的人对相同的事物也会有不同看法，这是由于所有的事情都有两面性。例如当股价跌的时候，一个人也许会因为他在高点买入而不开心，另一个人却可能会为这个短期卖出以获利的好机会而高兴。第三，不同的人也许会有不同的兴趣和认知体系。

由于不同的人具有不同的经历、看法、兴趣以及认知体系，因此我们需要分析和研究多人的观点，而不是仅仅对一个人的单条观点进行分析。因为一个人的观点仅代表了他个人的主观看法，这对于做决策是不够的。有了大量的观点之后，我们需要将其归纳成某种形式（Hu and Liu，2004），而对情感分析问题的定义就是在说明要归纳的形式是什么样子的。另外，本章也会讨论情感、情绪、心情等重要概念。

在本章以及整本书中，我主要用产品评论中的句子作为例子来介绍相关的概念。但其中的基本思路和任务定义是通用的，可以应用于各种正式或非正式的观点文本处理中，例如新闻、推文（推特帖子）、论坛讨论、博客，以及 Facebook 中的帖子文本。它们也可以应用于许多领域，包括社会和政治领域等。产品评论中包含丰富的观点信息，且针对性很强，所以相对于其他形式的观点文本，我们可以更清楚地看到其中存在的各种问题。理论上，除了一些表面问题和处理难度差异之外，产品评论与其他类型的观点文本没有本质区别。例如，推文通常很短（至多 140 字）且不正式，而且经常包含大量的网络用语和表情。因为文字长度的限制，用户往往直切主题。因此，在推文上进行情感分析往往可以得到更高的情感分析准确率。评论文本也一样，它们只针对产品，而极少包含无关内容。论坛讨论或许是最难处理的，因为用户可以在其中讨论任何内容，相互之间也经常互动。

分析不同应用领域下的文本的难度也有差异。在产品和服务领域，观点通常是最容易处理的。相对来说，分析社会和政治领域中的观点信息就难得多，其中讨论的主题十分复杂且情感表达方式多样，且包含大量讽刺和反讽等语言现象。这些通常都需要针对性的分析，如果没有相应的本地信息和政治环境下的背景知识就会很难处理。所以，目前很多商业系统在产品服务领域可以达到很好的观点分析效果，对社会和政治类文本却束手无策。

2.1　观点定义

如同第 1 章所讨论的那样，情感分析主要研究那些表达或者暗示正面或负面情感的观点信息。基于这一前提，我们对这一问题进行定义。这里，观点是一个广义的概念，包括情感、评估、评价、态度，以及其他相关信息，例如观点持有者和观点评价对象，我们使用情感这个词表示观点中暗含的正面或负面倾向。基于大量的观点挖掘与分析的需求，我们在定义观点时，主要考虑两个粒度下的定义问题：单个观点和一组观点。在这一节中，我们主要对单个观点进行定义，并描述相关的观点挖掘任务。2.2 节将会关注于一组观点的定义问题，并定义观点摘要这一任务。

19

2.1.1　观点的定义

使用如下关于相机的评论（评论 A）对观点进行定义（每句话之前的编号是为了方便引用）：

Review A: Posted by John Smith
　Date: September 10, 2011
　(1) *I bought a Canon G12 camera six months ago.* (2) *I simply love it.* (3) *The picture quality is amazing.* (4) *The battery life is also long.* (5) *However, my wife thinks it is too heavy for her.*

从这条评论中，我们注意到如下概念。

观点、情感、目标。评论 A 中的观点包含了很多对于佳能 G12 相机的正面或负面的评价。句子 2 表达了对该相机整体的正面评价。句子 3 表达了对照片质量的正面评价。句子 4 表达了对电池续航的正面评价。句子 5 表达了对相机重量的负面情感。

从这些观点中，我们可以看出，一个观点有两个重要组成部分，一个是观点评价的对象或目标 g，另一个是针对该目标所表达的情感 s，它们组成一个元组 (g, s)，这里 g 可以是一个实体，也可以是所评价实体的某一个属性或一个侧面，s 是一个正面（褒义）、负面（贬义）或中立的情感倾向或者打分。正面（褒义）、负面（贬义）、中立则称为情感或观点倾向（极性）。例如，句子 2 中的观点评价对象是佳能 G12 相机，句子 3 中的观点评价对象是相机的照片质量，句子 5 的观点评价对象是相机的重量。也有研究者把观点评价对象称为观点的主题。

观点持有者。评论 A 中包括两个人的观点，他们被称为观点来源或观点持有者（Kim and Hovy，2004；Wiebe et al.，2005）。句子 2、3、4 的观点持有者是该评论的作者本人（"John Smith"），句子 5 中的观点持有者是评论作者的妻子。

观点时间。评论的日期是 2011 年 9 月 10 日，这个日期对于某些观点挖掘和分析应用很有用，因为一旦想知道观点的趋势或观点如何随时间变化，就需要日期信息。

通过这个例子，我们可以把观点定义为一个四元组。

定义 2.1（观点）：观点是一个四元组

$$(g,\ s,\ h,\ t)$$

其中 g 是观点评价对象，s 是观点针对对象 g 所蕴含的情感，h 是观点持有者（持有此观点的人或组织），而 t 是表达此观点的时间。

这四个要素都是重要且必需的，缺失任何一个都可能造成问题。时间要素在实际应用中一般非常重要，例如，一个两年前的观点往往与今天有很大的不同。缺失观点持有者也会有问题，例如，一个重要人物（VIP，比如美国总统）的观点可能比大街上的普通人的观点更重要，影响面更广。组织的观点一般也比个人的意见更重要，比如，"Standard & Poor's downgraded the credit rating of Greece" 这句话中所蕴含的观点就对国际金融市场甚至国际政治都非常重要。

在这个定义中，我们需要强调的是每一个观点都有所评价的对象（目标）。认识到这一点十分重要，原因如下：第一，一个句子如果有多个对象（通常是名词或者名词短语），我们就需要区分出针对每个对象所表达的不同观点分别是正面的还是负面的。例如 "Apple is doing very well in this poor economy"，这个句子就包含了一个正面情感和一个负面情感。正面情感所评价的对象是苹果公司，而负面情感所评价的对象是当前经济形势。第二，"good、amazing、bad、poor" 这些表达情感的词或短语，与观点对象之间经常会有一些特定的句法关系（Hu and Liu，2004；Zhuang et al.，2006；Qiu et al.，2011），通过这些句法关系，我们可以设计出一些情感表达和观点评价对象的协同抽取算法，而这二者正是情感分析的核心任务（见 2.1.6 节）。

本章所定义的观点只是一种常规型观点（regular opinion），例如 "Coke tastes great"。另一种观点类型是比较型观点（comparative opinion），例如 "Coke tastes better than Pepsi"，针对这种观点需要另外进行定义（Liu，2006，2011；Jindal and Liu，2006b）。2.4 节将进一步讨论不同类型的观点。第 8 章将详细定义比较型观点及相关的分析方法。本节余下的内容中，我们将主要关注常规型观点，为简单起见，我们称之为"观点"。

2.1.2 情感对象

定义 2.2（情感对象）：**情感对象**，又称为**观点评价对象**（目标），是观点所评价的实体、实体的一部分或实体的一个属性。

例如，评论 A 中的句子 3，尽管这个句子仅仅提到了照片质量，但是其评价对象实际是佳能 G12 相机的照片质量。如果我们不知道图片质量是 Canon G12 相机的一个属性的话，那么仅仅分析出这个句子的观点评价对象是照片质量就没有用处了。

一个实体可以被层次化地分解和表示（Liu，2006，2011）。

定义 2.3（实体）：实体 *e* 可以是一个产品、服务、主题、个人、组织、论题或者事件。它可以用一个对 *e*：(*T*, *W*) 来描述，其中 *T* 是一个层次关系，包含部件、子部件等，而 *W* 是 *e* 的一个属性集合。每个部件或子部件也有它自己的属性。

例如，一个相机型号就是一个实体，比如 Canon G12，它包含很多属性 [如图片质量（picture quality）、尺寸（size）、重量（weight）]，以及一系列部件 [如透镜（lens）、取景器（viewfinder）、电池（battery）]。电池也有它自己的一系列属性 [如电池寿命（battery life）和电池重量（battery weight）]。主题信息也可以作为实体，比如加税（tax increase），它的子主题或者部件可以包括对穷人加税（tax increase for the poor）、对中产阶级加税（tax increase for the middle class）和对富人加税（tax increase for the rich）等。

这个定义基于部分整体（part-of）关系对实体的层次结构进行描述。根节点是实体名，例如评论 A 中的 Canon G12，所有其他的节点都是该实体的部件或者子部件。人们可以针对任何节点和它的任何属性来表达观点。例如，在评论 A 中，句子 2 对 Canon G12 这个实体表达了整体上的正面观点，句子 3 关于相机照片质量这个属性表达了正面观点。显然我们可以对相机的任何组成部分或部件表达我们的观点。

在许多科研文献中，实体也被称为对象（object），实体属性也被称为特征（feature）(Hu and Liu，2004；Liu，2010)。本书中我们不用对象和特征这两个词来描述实体及其属性，因为"对象"可能与语法中的对象相混淆，"特征"可能与机器学习中表示数据的特征相混淆。近几年，属性（aspect）这个词逐渐被研究者广泛用来描述所评论实体的组件和属性（参考 2.1.4 节）。

在一些特定领域，实体也有其他名称和所指。例如在政治领域中，实体通常是候选人、议题和事件。没有适合描述所有领域观点评价对象的万能词汇。这里用实体是因为当前多数情感分析的应用所研究的观点信息，大多针对不同形式的命名实体，如产品、服务、品牌、组织、事件和个人。

2.1.3 观点中的情感

定义 2.4（情感）：情感是观点中所蕴含的感受、态度、评价或情绪。情感通常由一个三元组 (*y*, *o*, *i*) 表示，
其中 *y* 是情感类型，*o* 是情感倾向，*i* 是情感强度。

情感类型。情感可以分为不同的类型。有基于语言学、心理学、消费者调研等不同角度的划分方法。本书选择了基于消费者调研的分类方式，它简单而且易于实际操作。按此分类方法可将情感分为两种：理性情感（rational sentiment）和感性情感（emotional sentiment）(Chaudhuri，2006)。

定义 2.5（理性情感）：理性情感来源于理性推理、切实的信念和实用主义的态度，不包含任何主观情绪。

我们也把表达理性情感的观点称为理性观点。下面这两句话里的观点暗含了理性情感："The voice of this phone is clear" 和 "This car is worth the price"。

定义 2.6（感性情感）：感性情感存在于人们深度的心理状态之中，来自对实体的不可触及且情绪化的反应。

我们也把表达感性情感的观点称为感性观点。下面几句话的观点中包含了感性情绪："I love the iPhone""I am so angry with their service people""This is the best car ever""After our team won，I cried"。

感性情感比理性情感更强烈，且在实践中通常更为重要。例如在产品营销中，为了保证新产品受到市场的欢迎，需要积累大量来自消费者的感性的正面评价，而仅仅获得正面的理性情感对于产品的长期推广是不够的。

情感的类别可以更加细分。我们将在 2.4.2 节讨论一些理性情感的子分类，在 2.3 节讨论不同的情绪类别。其实，在实际应用中，用户可以自由设计情感类别。

情感倾向。情感倾向可以是正面（褒义）、负面（贬义）或中立的。中立通常意味着没有情感。一些研究文献也把情感倾向称为极性、语义倾向或者情感维度等。

情感强度。每种情感都可能有不同的强度。人们常用两种方式表达他们感情的不同强度。第一种是选择某种具有合适强度的情感表达（词或者短语），例如，good 就比 excellent 要弱一些，dislike 也要比 detest 弱一些。我们之前介绍过，情感词是语言中表达正面或负面情感的词汇，如 good、wonderful、amazing 都是正面情感词，而 bad、poor、terrible 都是负面情感词。第二种就是使用强调词或减弱词，它们都是改变情绪强度的词，强调词加强正面或负面表达，而减弱词则削弱表达的强度。常见的英语强调词有 very、so、extremely、dreadfully、really、awfully、terribly 等，而常见的英语减弱词有 slightly、pretty、a little bit、somewhat、barely 等。

情感评分。实际应用中我们常用一些离散化的评分来表达情感的强度。常常分为 5 档（如 1～5 星）。基于定义 2.5 和定义 2.6 节中的两种情感类型，这 5 档情感分级可以解释如下：

- ❑ 感性正向（+2 分或 5 星）
- ❑ 理性正向（+1 分或 4 星）
- ❑ 中立（0 分或 3 星）
- ❑ 理性负向（−1 分或 2 星）
- ❑ 感性负向（−2 分或 1 星）

当然，情感强度可以不止 5 档。但是由于自然语言非常主观，人们说的话语、写的文字往往不能完全匹配说话人的心理状态，因此仅仅依赖自然语言分析，很难对情感的强度进行细致化的区分。例如句子"This is an excellent phone"所表达的理性的评价就比"This is a good phone"要强得多，"I love this phone"则对手机表达了感性的情感评价。然而，我们很难说这两句话是否表达了不同的心理状态。实际上对大多数应用来说，将情感强度分为 5 档就已经足够了。如果这 5 档在一些实际应用中不够，可以分别把感性正向（+2 分或 5 星）和感性负向（−2 分或 1 星）再分为 2 档。具有这种需求的应用可能包括对社会或政治的事件及议题所持的观点情感，在这一场景下，人可能非常情绪化，需要更加细粒度的情感强度分级。

2.1.4　简化的观点定义

定义 2.1 中对观点的定义虽然简练，但是在实际中，特别是在对产品、服务和品牌的在线评论中的观点进行挖掘与分析时，仍然很难应用。我们先来看看情感（或观点）评价对象，其核心概念是实体，通常可以表示为由不同级别属性组成的一个具有层次结构的结构体。然而，对于实际应用来说，这种表示可能过于复杂。自然语言处理本身就是一个很困难的任务，要从文本中识别出实体不同层次上的部件和属性十分困难。其实在大多数应用中并不需要如此复杂的分析。因此，我们可以简化之前对观点评价对象的定义，将其层次结构简化为 2 层，同时使用属性或方面（aspect）这个词来指代目标实体的组件和属性。在这棵简化的树中，根节点依然是实体本身，第二层（即叶子层）的节点是该实体的不同属性。

〔24〕

定义 2.4 中对于情感的定义也可以进行简化。在很多应用中，正向（+1）、负向（−1）、中立（0）三个倾向就已经足够了。在几乎所有应用中，将情感倾向划分为 5 档也足够了，比如 1～5 星。这两种情况下每一种情感倾向都可以用一个数值来表示。三元组中的其他两个成分（类型和强度）也可以融合在这个数值中。

上述简化的定义框架在实际的情感分析系统中被广泛使用。我们现在重新定义观点（Hu and Liu，2004；Liu，2010）。

定义 2.7（观点）: 观点是一个五元组

$$(e, a, s, h, t)$$

其中 e 是观点评价的目标实体，a 是实体 e 中被评价的一个属性，s 是对实体 e 的 a 属性的观点中所包含的情感，h 是观点持有者，t 是观点发布时间；s 可以是正向（褒义）、负向（贬义）、中立或者一个 1～5 星的打分。当观点是针对整个实体进行评价时，一般使用一个特定的属性（GENERAL）来表示。这里 e 和 a 共同表示观点评价的对象。

基于此定义的情感分析（或观点挖掘）常被称为基于属性的情感分析（aspect-based sentiment analysis），或者如 Hu 和 Liu（2004）以及 Liu（2010）更早时给出的名称：基于特征的情感分析（feature-based sentiment analysis）。我们认为这一定义是情感分析的核心定义。基于这一定义，我们可以对细粒度的情感分析任务进行扩充，对提出观点的原因和条件进行分析，我们将在下一节中介绍这一概念。

但是，我们应当注意到，由于定义的简化，上述基于五元组的观点表示会导致一些信息的丢失。例如，墨水（ink）是打印机（printer）的一部分。一个关于打印机的评论也许会说："The ink of this printer is expensive"，这句话并没有说打印机很贵，实际上 "expensive" 在这里评价的是 "price" 这一属性。但是如果不关心墨水的相关属性，按照上述五元组的定义，则只能分析出这个句子给出了关于墨水的贬义评价（墨水是打印机的一个属性）。然而，如果想要知道关于打印机墨水不同属性的观点，就需要把墨水当作单独的实体。上述五元组的表示显然会带来信息的丢失，虽然依然可用，但是需要加入额外机制来记录墨水和打印机之间的归属关系。当然，理论上我们可以把上述平的五元组扩展为一种嵌套结构，从而使其具有更强的表示能力。但正如我们之前所指出的那样，太复杂的定义将导致其在实践中难以得到应用。除此之外，定义 2.7 中已经包含了有关观点的大部分重要信息，这

〔25〕

对大多数应用来说已经足够了。

在一些应用中，很难明显区分实体和属性，我们甚至没有必要去区分它们。这种情形经常在社会和政治议题讨论中出现，例如，"I hate property tax increases"。我们可以用两种方法来处理这个问题。第一，我们可以把"property tax increases"当成一个一般性的议题，它不属于任何实体，因此就可以把它当成一个有 GENERAL 属性的单独实体。第二，我们可以把"property tax"当成一个实体，"property tax increases"是它的一个属性，从而构成一个层次化的结构。实际上，选择采取哪种处理方法，是把一个议题或主题当成属性还是当成一个单独的实体应该依具体情况而定。例如，在一个关于地方政府的评论中，有人说："I hate the proposed property tax increase"。因为征税的是地方政府，所以可以把地方政府看成一个实体，而"the proposed property tax increase"就是它的一个属性。

不是所有应用都需要上述观点定义中全部五个组件的信息。在一些应用中，用户可能不需要属性的信息。例如在品牌管理场景中，用户通常只对关于产品品牌（即实体）的观点感兴趣。这种类型的分析有时也称为基于实体的情感分析。在另一些应用中，用户可能不需要知道观点持有者或者观点的发布时间，在这种情况下，这些组件就可以省略。

定义 2.7 给出了一个把非结构化文本转换为结构化数据的基本框架。这个五元组实际上是一个数据库框架（schema），基于这个框架，抽取出来的观点信息可以存入数据库的结构化表中。之后，对于观点的定性、定量和趋势的分析就可以使用整套数据库管理系统工具，或者在线分析处理（Online Analytical Processing，OLAP）工具去完成。

2.1.5 观点的原因和限定条件

我们实际上可以对观点做十分精细化的分析。以"This car is too small for a tall person"为例，它表达了对汽车的尺寸方面的负面评价。但是仅分析出负面情感还不够，还需要知道引起这种负面情感的原因。在这句话中，我们把"too small"称为对汽车尺寸产生负面情绪的原因。另外，这句话没有说这辆车对所有人都太小，而仅仅是对高个子来说太小了。我们把"for a tall person"称为这个观点的限定条件。

定义 2.8（观点的原因）：观点的原因就是引起或触发这个观点的缘由，或是对观点的解释。

在实际应用中，搞清每个正面或负面观点的原因非常重要。因为根据原因，用户可以采取某种行动弥补当前的状况。例如，评论"I do not like the picture quality of this camera"对于用户来说就不如"I do not like the picture quality of this camera because the pictures are quite dark"这句评论更有用。第一个句子没有给出关于照片质量的负面情感的原因，因此对于相机制造商来说，想要进行改进并提升照片质量就比较困难。第二个句子提供了更多信息，因为它给出了产生负面情感的原因，相机制造商就可以使用这个信息来改进相机的图片质量。在大多数工业应用中，这些原因被称为问题（problem）或者槽点（issue）。当商家知晓了这些问题之后，就可以处理它们。在这方面，推特可能不是商家们最好的观点分析数据来源，因为推特中的推文长度都是受限的，这让人们难以在其中详细地表达观点的原因。

在很多应用中，系统试图挖掘观点背后的原因。然而在很多场景下，做到这一点并不容易。在评论文本中，很多用来修饰评价对象的形容词和情感表达可以被看作正面或者负面观点的原因。例如：太小了（too small）、照片不清晰（blurry picture）、低分辨率（low resolution）等。为了得到观点原因，一个方法是从评论文本中抽取情感表达以及所对应的评价对象，并且以下面的形式输出：

$$（情感表达，评价属性，情感）$$

例如，对于句子"The resolution is too low"来说，我们可以抽取出（low, resolution, negative）。如果抽取出的结果是给人看而不是给机器进行分析，则可以省略输出的情感极性，因为情感的原因往往暗含了极性信息，这样上述输出结果可以简化为（low, resolution）。

定义 2.9（观点的限定条件）：观点的限定条件可以限制和约束观点中的含义。

了解观点的限定条件在实际应用中非常重要，因为这样的条件限定了观点的应用范围。例如："This car is too small for a tall man"并没有说这辆车对所有人都小，而仅仅是对高个子来说太小，对个子不高的人这个观点就没用了。

但是正如上面所说，并不是每个观点都显式地提及其原因或者条件。"The picture quality of this camera is not great"就没有给出原因或者条件。"The picture quality of this camera is not good for night shots"就有一个夜景限定词，但是没有给出负面情绪的原因。"The picture quality of this camera is not good for night shots as the pictures are quite dark"就既给出了负面情绪的原因（the pictures are quite dark），又给了限定词（for night shots）。有时观点的限定条件和原因不一定会出现在同一个句子中，或者会表达得很隐晦。例如："The picture quality of this camera is not great. Pictures of night shots are quite dark"，以及句子"I am six feet five inches tall. This car is too small for me"，这两句话中，观点的原因和限定词都很难识别和提取。这是由于在评论的句子中，同一段文本可能包括了多个要表达的内容。例如，前面句子中的"too small"既指出了所评价的属性为汽车的尺寸，也包含了针对尺寸的负面情感，同时也暗含了该负面观点的原因。

如果考虑观点的原因和限定条件这两个因素，可以把观点的定义扩展成为如下的七元组：

$$(e, a, s, r, q, h, t)$$

这里 r 表示原因，q 表示限定条件。

2.1.6　情感分析的目标和任务

基于 2.1.1～2.1.5 节中对于观点的定义，我们就可以给出（基于属性的）情感分析的核心目标和关键任务了。

情感分析的目标。给定一个包含观点信息的文档 d，找出 d 中所有的观点五元组（e, a, s, h, t）。对于更高级的分析需求，还要找出每个观点五元组对应的情感原因和限定条件。

情感分析的关键任务。情感分析的关键任务与五元组（定义 2.7）中的各个要素密切相关。第一个要素是实体，因此情感分析的第一个任务是抽取实体，这个任务与信息抽取中的命名实体识别（Mooney and Bunescu，2005；Sarawagi，2008；Hobbs and Riloff，2010）比较类似。但是，如定义 2.3 所述，它们的不同之处在于，在情感分析中，一个实体可以是一个事件、议题或主题，这些都不是命名实体。例如，在句子"I hate tax increase"中，实体是"tax increase",这是一个议题或主题。在这种情形下,实体抽取大致和属性抽取(aspect extraction)任务类似,其中实体和属性之间的差别甚微。在一些应用中,实际上没有必要对它们进行严格区分。

由于人们针对同一个实体会用多种表达,因此我们还需要对抽取出的实体进行归一化。例如,Motorola 就可能被写成 Mot、Moto 或者 Motorola,我们需要识别出这些词都是指向同一个实体。我们将在 6.7 节详细讨论这一问题。

定义 2.10(实体类别和实体表达):实体类别指的是一个唯一特指的实体,然而**实体表达**或**实体提及**是段落中实际表示一个实体类别的词或短语。

每个实体或者实体类别在一个特定应用中都应当有唯一的名称。把实体表达聚合或组合为实体类别的过程叫作实体消解(entity resolution)或者归一化(grouping)。

对于实体的属性,所遇到的问题和实体基本相同。例如 picture、image、photo 都表示相机的同一属性,因此我们也需要抽取属性在文本中表达,并对它们进行消解。

定义 2.11(属性类别和属性表达):实体的**属性类别**指的是这个实体的唯一特定的属性,而**属性表达**或**属性提及**是段落中实际表示一个属性的词或短语。

每个属性或属性类别在一个特定应用中都应该有唯一的名称。我们把具有相同语义但不同文本表达的属性表达归一化到一个属性类别的过程称为属性消解或属性归一化。

属性表达通常是名词和名词短语,但也可以是动词、动词短语、形容词、副词以及其他类型的词或短语,它们可以是显式的也可以是隐式的(Hu and Liu,2004)。

定义 2.12(显式属性表达):在观点文本中以名词、名词短语形式出现的属性表达称为**显式属性表达**。

例如,"The picture quality of this camera is great"中的"picture quality"就是一个显式属性表达。

定义 2.13(隐式属性表达):不是名词或名词短语但也指明了某个属性的文本表达称为**隐式属性表达**。

例如,"This camera is expensive"中的"expensive"就是一个隐式属性表达,它暗含了相机价格这一属性。大部分隐式属性表达都是形容词和副词,用来描述或修饰某些特定的属性,例如"expensive"(价格)、"reliably"(稳定性)等。它们也可以是动词和动词短语,例如"I can install the software easily"和"This machine can play DVDs, which is its best feature"。这里"install"表示"安装"这一属性,而"play DVDs"指出了"播放 DVD"这一功能属性。隐式属性表达不仅仅是形容词、副词、动词和动词短语,它们可以是任意复杂的文本表达方式。例如"This camera will not easily fit in my pocket","fit in my pocket"表示"尺寸(或者形状)"这一属性。句子"This restaurant closes too early"中"closes too early"暗含了"餐厅关门时间"这一属性。在这两种情形下,识别实体的属性需要常识知识。

属性抽取是一个很有挑战性的任务,尤其是当它涉及动词和动词短语的时候,有时甚至人也很难识别和标注它们。例如,在一条有关吸尘器的评论中,有人写道"The vacuum cleaner does not get the crumbs out of thick carpets",这句话似乎描述了一个特殊的属性,即"get the crumbs out of thick carpets"。但实际上也许把它分成两个属性对于实际应用来说会更有用，即（1）"get the crumbs"和（2）"thick carpets"。属性 1 表示吸尘器吸走面包屑的吸力，而属性 2 表示其对于厚地毯的吸力。这两个属性都很重要且有用，因为用户可能会想知道吸尘器是否能吸走面包屑，以及它是否能在厚地毯上工作。

观点定义中第三个要素是观点情感。我们需要采用情感分类或者回归的方法，以确定所对应的相关属性或者实体的观点倾向或情感得分。第四个和第五个要素分别是观点持有者与观点的发布时间，它们也和实体、属性一样有对应的文本表达及类别（这里不再重复定义）。需要注意的是观点持有者（Bethard et al.，2004；Kim and Hovy，2004；Choi et al.，2005）也称为观点来源（Wiebe et al.，2005）。对于产品评论和博客来说，观点持有者通常是帖子的发布人，该信息很容易抽取。而对于新闻文本来说，作者通常会在文章中显式地写出持有观点的人或组织，对其进行提取一般会相对困难一些。

基于前面的讨论，我们现在可以对观点中的实体和包含观点的文档进行建模（Liu，2006，2011），并对主要的情感分析任务进行总结。

实体模型。实体 e 由它自己的整体，以及它的一个有限的属性集合 $A=\{a_1, a_2, \cdots, a_n\}$ 来表示；在文本中，实体 e 可以由实体表达的有限集合 $\{ee_1, ee_2, \cdots, ee_s\}$ 中的任一元素来表示。实体 e 的每个属性 $a \in A$ 也可以由属性表达的有限集合 $\{ae_1, ae_2, \cdots, ae_m\}$ 中的任一元素来表示。

观点文档模型。观点文档 d 包含针对有限实体集 $\{e_1, e_2, \cdots, e_r\}$ 及其属性子集的观点信息。这些观点由有限的观点持有者 $\{h_1, h_2, \cdots, h_p\}$ 在特定时间点 t 给出。

给定一个观点文档集合 D，情感分析主要包括如下 8 个任务：

任务 1（实体抽取和消解）。抽取 D 中所有实体表达，并把相似实体表达聚类为一些实体簇（或类别）。每个实体表达簇都对应一个确定语义的实体 e。

任务 2（属性抽取和消解）。抽取这些实体的所有属性表达，并把这些属性表达聚合为类。每个属性表达类代表该实体的一个特定属性 a。

任务 3（观点持有者抽取和消解）。从文本或结构化数据中抽取观点的持有者描述，并将这些描述进行聚类。具体的任务类似于任务 1 和任务 2。

任务 4（时间抽取和标准化）。抽取每个观点的发布时间并标准化不同的时间格式。

任务 5（属性的情感分类和回归）。确定关于属性 a（或实体 e）的观点是正面（褒义）、负面（贬义）或中立的（看成一个分类任务），或者给这个属性（或实体）赋予一个数值化的情感得分（看成一个回归任务）。

任务 6（生成观点五元组）。使用任务 1～5 的结果构造 D 中所有的观点五元组（e, a, s, h, t）。这个任务看起来简单，但如以下面的评论 B 为例，在很多情况下，实际上是非常困难的。

对于更多高级的观点分析，我们可以做如下两个类似于任务 2 的任务：

任务 7（观点原因抽取和消解）。抽取每个观点原因的文本表达，并把所有的原因表达聚成簇。每个簇表示这个观点的一个原因。

任务 8（观点限定条件抽取和消解）。抽取每个观点限定条件的文本表达，并把所有限定条件的文本表达聚为簇。每个簇表示这个观点的一个观点限定条件。

尽管观点的原因和限定条件都十分有用，但是对它们的抽取和聚类却非常有挑战性。

目前还没有什么相关的研究。

我们用一个评论样例来说明上述任务（每个句子都被赋予了一个句子编号）和分析得到的结果。

Review B: Posted by bigJohn
Date: September 15, 2011
(1) I bought a Samsung camera and my friend brought a Canon camera yesterday. (2) In the past week, we both used the cameras a lot. (3) The photos from my Samy are not clear for night shots, and the battery life is short too. (4) My friend was very happy with his camera and loves its picture quality. (5) I want a camera that can take good photos. (6) I am going to return it tomorrow.

任务 1 应当从评论文本中抽取出实体表达 Samsung、Samy、Canon，并把 Samsung 和 Samy 聚在一起，因为它们表示同一个实体。任务 2 抽取属性表达 picture、photo、battery life，并把 picture 和 photo 聚在一起，因为它们对相机这个产品来说是同义词，指的是同一属性。任务 3 应当识别出句子 3 的观点持有者是 bigJohn（博客作者），并且识别出句子 4 的观点持有者是 bigJohn 的朋友。任务 4 的目标是找出博客发布时间"September 15, 2011"。任务 5 的目标是发现句子 3 对三星相机的照片质量（picture quality）给出了负面评价，也对它的电池续航（battery life）给出了负面评价。句子 4 对佳能相机（Canon Camera）及它的照片质量（picture quality）均给出了正面评价。句子 5 表面上似乎表达了正面的观点，但实际上没有。

要从句子 4 中抽取所定义的观点五元组信息，我们还需要进行指代消解，即知道 his camera 和 its 指代的是什么。任务 6 应当最终生成如下观点五元组：

1.（Samsung, picture_quality, negative, bigJohn, Sept-15-2011）

2.（Samsung, battery_life, negative, bigJohn, Sept-15-2011）

3.（Canon, GENERAL, positive, bigJohn's_friend, Sept-15-2011）

4.（Canon, picture_quality, positive, bigJohn's_friend, Sept-15-2011）

对于更高级的观点挖掘和分析，我们要找出观点的原因和限定条件。下面 none 表示未标明。

1.（Samsung, picture_quality, negative, bigJohn, Sept-15-2011）

观点原因：picture not clear

观点限定条件：night shots

2.（Samsung, battery_life, negative, bigJohn, Sept-15-2011）

观点原因：short battery life

观点限定条件：none

3.（Canon, GENERAL, positive, bigJohn's_friend, Sept-15-2011）

观点原因：none

观点限定条件：none

4.（Canon, picture_quality, positive, bigJohn's_friend, Sept-15-2011）

观点原因：none

观点限定条件：none

2.2　观点摘要定义

与事实性信息不同，观点通常是主观的（尽管它们可能并不在主观句子中表达出来）。仅仅分析一个人的观点通常是不够的。在几乎所有的实际应用中，用户都需要分析大量的用户观点。然而，逐条去看并不现实，因此观点摘要尤为重要。然而观点摘要应该是什么样的？表面上一个观点摘要应该类似于多文档摘要，因为观点摘要任务需要对多个观点文档（如评论）进行总结、摘要。但是这一任务又和传统的多文档摘要不太一样。尽管已有许多工作对于传统的多文档摘要任务进行了非形式化的描述，但这一任务从未被正式定义过。对于传统的多文档摘要任务来说，任务定义会根据特定的摘要生成算法而变化。不同的算法会生成不同形式的摘要结果。基于这些不同的摘要形式，我们很难对其进行公平的评测。 [32]

相反，观点摘要的结果形式是基于之前提到的观点五元组，我们可以很容易地对其结果进行评测。也就是说，所有观点摘要算法都应当以生成相同的摘要结果为目标。尽管不同精度的算法会生成不同的结果，但是这些算法的总体目标是一致的。这种形式的观点摘要被称为基于属性的观点摘要（aspect-based opinion summary）或者基于特征的观点归纳（feature-based opinion summary）（Hu and Liu，2004；Liu et al.，2005）。

定义 2.14（基于属性的观点摘要）：对于实体 e，**基于属性的观点摘要**结果具有如下形式：

总　体：对实体 e 持正面观点的人数

　　　　对实体 e 持负面观点的人数

属性 1：对实体 e 的属性 1 持正面观点的人数

　　　　对实体 e 的属性 1 持负面观点的人数

　　　　……

属性 n：对实体 e 的属性 n 持正面观点的人数

　　　　对实体 e 的属性 n 持负面观点的人数

其中"总体"表示实体 e 本身，n 表示 e 的属性总数。

这个观点摘要定义的关键特点在于，它基于每个实体及其所有属性的正面和负面观点。其结果反映了用户针对目标实体及属性所持有正面或负面观点的数量或者比例。因此，观点摘要的结果是可以量化的，这一点在实践中非常重要。例如，有 20% 的人对产品持正面看法与有 80% 的人对产品持正面看法就大不一样。

为了更加清楚地解释观点摘要的结果形式，我们在图 2-1 中给出了对于同一款数码相机评论的摘要结果。有别于对由一个或多个长文本生成的短文档的传统文本摘要，图 2-1 的摘要结果是一种结构化摘要（structured summary）。如图所示，其中有 105 条评论对相机本身（用"总体"表示）表达了正面的看法，另有 12 条评论表达了贬义的观点。照片质量和电池续航是相机的两个属性。有 75 条评论对相机的照片质量表达了正面的观点，有 42 条评论表达了负面的观点。我们也添加了 <详细评论> 这一项，它是指向句子或全部详细观点评论的链接（Hu and Liu，2004；Liu et al.，2005）。基于这个结构化摘要，人们就能很方便地看出现有用户是如何看待这款相机的。如果对某个特定属性或更多细节感兴趣，可以点击 <详细评论> 链接看到实际的观点句子或评论。 [33]

```
数码相机 1：
    属性：总体
        正面评价：105  ＜具体评论文本＞
        负面评价：12   ＜具体评论文本＞
    属性：照片质量
        正面评价：75   ＜具体评论文本＞
        负面评价：42   ＜具体评论文本＞
    属性：电池续航
        正面评价：50   ＜具体评论文本＞
        负面评价：9    ＜具体评论文本＞
    ⋯
```

图 2-1   一条基于属性的观点摘要

要进行更复杂的分析，我们可以对观点原因和观点限定条件进行摘要。依我的经验看来，观点限定条件在文本中并不多见，但是观点原因在文本中却经常出现。为了实现这一目标，需要进行更高级别的观点摘要。例如，在图 2-1 中，我们也许要从＜具体评论文本＞中找出照片质量差的原因，并进行摘要。我们会发现有 35 个人认为照片亮度不够，有 7 个人认为照片成像模糊。这样的归纳在实践中非常有用，因为不论厂商还是个人消费者都想知道一个产品的主要槽点。但是，因为观点的原因通常是一个短语、从句甚至是一个句子，所以，要获取这个详细程度的细节信息是非常困难的。

面对基于属性的观点摘要任务，研究者们已经提出了很多针对性的算法，摘要结果被拓展为其他形式。我们将在第 9 章详细讨论具体内容。

2.3   感受、情绪、心情

这一节我们将讨论情绪类型的情感（emotional sentiment），包括感受（affect）、情绪（emotion）和心情（mood）。这几个概念在不同领域（例如心理学、哲学和社会学）已经有了很多相关研究。但是，这些研究却很少关注那些表达情绪和感情的语言词汇。这几个领域的研究主要关注的是如下问题：人们的心理状态，对感受、情绪和心情的理论化定义；什么构成了基本情绪；情绪所引起的生理反应（例如心跳变化、血压、出汗）；不同情绪对应的面部表情、手势和姿势；以及这些精神状态所产生的影响。目前，利用精神状态辅助销售、经济、教育等领域的应用已经非常广泛。

但是，尽管已经有了这些应用研究，上述概念依然让人困惑，因为不同的理论研究者对情绪、心情和感情的定义也不完全统一。例如，不同的理论研究者认为人类有大概 2～20 种基本情绪，甚至有的研究者根本不同意有所谓的"基本情绪"这种东西（Ortony and Turner，1990）。但是，在绝大数情况下，情绪和感受被认为是同义词，当然这三者有时可以互相替换。感情这个词常常被用作一个通用词，可以用来表述所有与情绪、心情和感情相关的话题。更糟糕的是，一些应用研究者和开发者随意地使用这些概念且不给出任何定义。因此当遇到情绪、心情、感受这样的词时，人们往往非常困惑作者想要表达的意思是什么。在很多情形下，每个词的定义会用到一个或者多个其他词，导致循环定义，从而带来更多的困惑。然而，对自然语言研究者和开发者而言，在实际的情感分析应用中我们通常不需要太关注这些未确定的问题。实际上，我们可以在实践中根据应用的需求选取合适的情绪定义。

在这一节中，针对自然语言处理任务以及情感分析任务，我们先对这些概念和它们之间的关系进行解释。然后再在具体情感分析场景中讨论如何处理这些不同的情绪和情感。除此之外，还将介绍一些在已有情感分析研究中不常关注的其他类型的人的感受。

2.3.1　心理学中的感受、情绪、心情

我们先从词典中对于感受、情绪、心情的定义开始讨论[⊖]。这里加入了感觉的定义，因为这三个概念都是关于人类感觉的。从下面的定义中，我们可以看到解释或者清晰地表达出这些概念本身就十分困难。

❑　感受（affect）：感觉或者情绪，尤其指那些由面部表情或肢体语言所表达的情感。

❑　情绪（emotion）：下意识的而不是通过意识作用产生的一种精神状态，常伴有生理变化。

❑　心情（mood）。思维或情绪活动的一种状态。

❑　感觉（feeling）。一种意识的情感状态，例如从情绪、情感或渴望中产生的状态。

从科学的角度看，上述这些定义并不明确，我们很难从它们的定义中看到不同概念之间明确的区别。因此，我们转向心理学领域，期望能够找到关于它们更好的定义。过去的 20 年中，理论学者们的观点和想法逐步趋于相同，这给了我们一个可操作框架，能够对上述概念进行区分。

感受在神经生理学中被定义为一种状态，它是心情和情绪最简单而原始（未经反射）的一种直觉反应（Russell，2003）。其中的关键点在于，这种感觉是最原始的，而不是针对某个特定物体的直觉反应。例如，当你在看一部恐怖片时，如果你受到了氛围的感染，那么电影就会打动你，你也会体验到受惊吓的感觉。这时，你的意识会深入处理这种感觉，并将其向你自己以及周围的环境进行反馈。这种感觉之后会变为一种情绪，例如哭泣、惊吓、尖叫等。

情绪是感情的一种表现。通过认知处理，情绪是对于某一特定事物（如一个人、一件事、一个东西或一个话题）的一种综合（相对于原始直觉反应）感受。它针对某一事物且表现得很强烈，但持续时间比较短。

心情与情绪类似，也是感觉或感受的一种状态，但它通常会比情绪持续的时间长，不具有针对性且比较发散。心情的强烈程度也要比情绪稍弱。例如，你可能醒来后就感到愉快并且这种感觉会持续整整一天。

简单说来，情绪是快速而强烈的，心情是散漫而较久的感受。例如，我们可以瞬间变得火冒三丈，但一般不会持续愤怒很久。但愤怒的情绪也可以降为一种烦躁的心情而持续很长时间。情绪常常由某个事件引起，这意味着情绪往往是针对某个特定对象的。在这个意义上说，情绪属于理性的情感或者观点范畴。心情则相反，可以由很多事件引起，有时

⊖　http://www.thefreedictionary.com/subjective。

也没有特定的原因或特定的指向。心情通常包含对于未来的预期，可以是对于未来的愉快或疼痛的预期，也可以是对于未来的正面或负面情感的预期（Baston et al.，1992）。

因为情感分析并不专注于对上面所定义的感受进行分析。所以在本书后面的章节中，我们更多关注心理学范畴中的情绪和心情。下面先从情绪开始。

2.3.2 情绪

情感分析中对情绪进行了广泛的研究。因为情绪往往会针对一个目标或者实体（或对象），它自然就属于情感分析的内容。几乎所有有关观点和情绪的实际应用都会关注观点评价和情绪抒发的对象与实体。

心理学的理论研究者们已经把情绪分门别类了。然而，如同我们上面提到的那样，理论研究者们对基本的（或原始的）情绪划分仍然没有达成一致。在 Ortony 和 Turner（1990）中，作者给出了不同研究者所定义的基本情绪，从中我们可以看出不同的学者对其定义完全不同，具体详见表 2-1。

表 2-1　不同理论研究者所定义的基本情绪

来　源	基本情绪
Arnold（1960）	Anger, aversion, courage, dejection, desire, despair, fear, hate, hope, love, sadness
Ekman et al.（1982）	Anger, disgust, fear, joy, sadness, surprise
Gray（1982）	Anxiety, joy, rage, terror
Izard（1971）	Anger, contempt, disgust, distress, fear, guilt, interest, joy, shame, surprise
James（1884）	Fear, grief, love, rage
McDougall（1926）	Anger, disgust, elation, fear, subjection, tender emotion, wonder
Mowrer（1960）	Pain, pleasure
Oatley and Jobnson-Laird（1987）	Anger, disgust, anxiety, happiness, sadness
Panksepp（1982）	Expectancy, fear, rage, panic
Plutchik（1980）	Acceptance, anger, anticipation, disgust, joy, fear, sadness, surprise
Tomkins（1984）	Anger, interest, contempt, disgust, distress, fear, joy, shame, surprise
Watson（1930）	Fear, love, rage
Weiner and Graham（1984）	Happiness, sadness
Parrott（2001）	Anger, fear, joy, love, sadness, surprise

除了基本情绪，Parrott（2001）还给出了二级乃至三级等更细粒度的情绪（见表 2-2）。因为基本情绪的颗粒度相对比较粗糙，这些二、三级情绪在一些情感分析应用中会比较有用。例如，在我曾做过的一个应用中，用户尝试挖掘金融市场中的乐观程度。在已有的理论研究中，没有任何一个理论学家把乐观列作基本情绪，但在表 2-2 中它被列为一个表示欢乐（joy）的二级情绪。这里需要注意的是，表 2-2 中的词描述了不同情绪或心理状态，但是它们也可以作为情感分析系统中表达不同情绪的情感词典的一部分。当然，要得到一个合理且完整的情绪词典，还需要对它们进行同义词或短语扩充。事实上已经有研究者编

篡好了一些词典，我们将在 4.8 节进行讨论。

表 2-2　Parrott（2011）定义的主要情绪、二级情绪、三级情绪

主要情绪	二级情绪	三级情绪
Anger	Disgust	Contempt, loathing, revulsion
	Envy	Jealousy
	Exasperation	Frustration
	Irritability	Aggravation, agitation, annoyance, crosspatch, grouchy, grumpy
	Rage	Anger, bitter, dislike, ferocity, fury, hatred, hostility, outrage, resentment, scorn, spite, vengefulness, wrath
	Torment	Torment
Fear	Horror	Alarm, fear, fright, horror, hysteria, mortification, panic, shock, terror
	Nervousness	Anxiety, apprehension (fear), distress, dread, suspense, uneasiness, worry
Joy	Cheerfulness	Amusement, bliss, gaiety, glee, jolliness, joviality, joy, delight, enjoyment, gladness, happiness, jubilation, elation, satisfaction, ecstasy, euphoria
	Contentment	Pleasure
	Enthrallment	Enthrallment, rapture
	Optimism	Eagerness, hope
	Pride	Triumph
	Relief	Relief
	Zest	Enthusiasm, excitement, exhilaration, thrill, zeal
Love	Affection	Adoration, attractiveness, caring, compassion, fondness, liking, sentimentality, tenderness
	Longing	Longing
	Lust/sexual desire	Desire, infatuation, passion
Sadness	Disappointment	Dismay, displeasure
	Neglect	Alienation, defeatism, dejection, embarrassment, homesickness, humiliation, insecurity, insult, isolation, loneliness, rejection
	Sadness	Depression, despair, gloom, glumness, grief, melancholy, misery, sorrow, unhappy, woe
	Shame	Guilt, regret, remorse
	Suffering	Agony, anguish, hurt
	Sympathy	Pity, sympathy
Surprise	Surprise	Amazement, astonishment

38

　　对于情感分析任务而言，我们并不需要关注不同理论研究者对于基本情绪定义上的分歧。对于一个特定的应用，我们可以选择符合实际应用的情绪，并不需要担心它们究竟是主要情绪、二级情绪，还是三级情绪。

　　人机情绪交互网络（Human-Machine Interaction Network on Emotion，HUMAINE）提出的情绪标注和表示语言（Emotion Annotation and Representation Language，EARL）（HUMAINE，2006）将 48 种不同的情绪分为正面和负面的倾向或不同的情感维度（表 2-3）。这对我们很有用，毕竟情感分析的主要目标就是对带正面或负面倾向或极性（又称情感维度）的文

本表达进行分析。但是，我们也要注意到一些情绪是没有正面或负面倾向的，比如 surprise 和 interest。一些心理学家认为，由于这两者没有正面或负面的情感倾向，不能将它们看作情绪（Ortony and Turner，1990）。因此，它们也不会被应用在实际的情感分析任务当中。

表 2-3　HUMAINE 情绪极性标注

负面且强烈	负面且被动	平静且正面
Anger	Boredom	Calm
Annoyance	Despair	Content
Contempt	Disappointment	Relaxed
Disgust	Hurt	Relieved
Irritation	Sadness	Serene
负面且不受控制	**积极向上**	**关怀性**
Anxiety	Amusement	Affection
Embarrassment	Delight	Empathy
Fear	Elation	Friendliness
Helplessness	Excitement	Love
Powerlessness	Happiness	
Worry	Joy	
	Pleasure	
负面思想	**正面思想**	**反应性**
Doubt	Courage	Interest
Envy	Hope	Politeness
Frustration	Pride	Surprised
Guilt	Satisfaction	
Shame	Trust	
忧　虑		
Stress		
Shock		
Tension		

2.3.3　心情

接下来我们讨论心情。心情的类型类似于情绪的类型。它们的区别仅仅是心情持续时间更长，只存在一瞬间的情绪通常不是心情，例如 surprise 和 shock。因此，用来表达心情的词汇与表达情绪的相似。但是，由于心情持续时间长、无固定的针对目标，比较发散，故而难以识别，除非得一个人明确说明，例如"I feel sad today"。我们也可以监测一个人一段时间的写作来分析出他这段期间内的心情，这样有助于发现个人的慢性精神问题或其他疾病（如慢性抑郁），甚至自杀或犯罪倾向。

分析一般人群的心情变化同样很有意义，如公众情绪、组织或国家间的关系等。例如在一段时间内监控新闻媒体或社交媒体来发现美国和俄罗斯之间的关系走向。

Desmet et al.（2012）基于 Watson and Tellegen（1985）的研究对情绪进行了细致的讨论。他们根据大量研究，依据自我报告的情绪（Watson, Clark, and Tellegen, 1988）给出了两个因子来描述和解释情绪，即情感维度 [快乐（pleasure）、不快乐（displeasure）] 和激动维度 [兴奋（high energy）、平静（low energy）]。依据这两个因子，可以产生四种基本心情类别（图 2-2）。

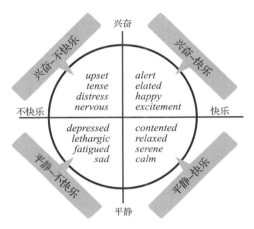

图 2-2　Watson 和 Tellegen（1985）所给出的四类基本情绪，圆圈中给出的心情例子来自 Russell（1980）和 Barrett 和 Russell（1999）

兴奋 – 快乐（energized-pleasant）类别表示一个人的心理状态是热情的、主动的、机敏的。顾名思义，这种类型包含兴奋且快乐的状态。相反，平静 – 不快乐（calm-unpleasant）类型表达了平静且不快乐的状态。兴奋 – 不快乐（energized-unpleasant）类别表示一个人的心理状态是紧张的、焦虑的、伤心的，这是一种伤心或者不快乐的状态。相反，平静 – 快乐（calm-pleasant）类型表达了安详且平静的状态。这四种类型基本上涵盖了 1/2 到 2/3 的心情类型（Watson and Tellegen, 1985; Watson, 1988）。

Desmet et al.（2012）对于上述心情类别进行了细化和简化，他总共定义了两大类、八小类心情类别，参见表 2-4。这一划分将上述四种心情类别进行细化，同时对于不同心情类别之间的区别和边界进行了平衡。尽管这一心情类别仍然不是很完整，但是基本上包含了人的大多数心情种类。

表 2-4　基于四种心情类别划分的八种心情类型（Desmet et al.，2012）

	快乐（pleasant）	不快乐（unpleasant）
兴奋（energized）	(1) excited-lively (2) cheerful-happy	(3) tense-nervous (4) irritated-annoyed
平静（calm）	(7) calm-serene (8) relaxed-carefree	(5) sad-gloomy (6) bored-weary

2.3.4　感觉

尽管情感分析主要关注的是用户的感受、情绪、心情中的感觉，但是人类的其他感觉对于一些实际应用来说也非常有用。感觉其实是一种生理或身体在心理、感知层面的表达（LeDoux, 2012; Damasio and Carvalho, 2013; Nummenmaa et al., 2014），它反映的是中枢神经系统内在的（例如：心理过程）和外在的，以及环境的状态。所以，除了感受、情绪和心情这几个概念之外，感觉还包含其他心理或者生理状态。Siddharthan et al.（2019）给出了感觉的类别，包括生理 / 身体状态、动作、期望、激动、社交、享乐（快乐）、享乐（痛苦）、意图（方法）、意图（中立）、意图（回避）、总体幸福感（正面）、总体幸福感（负面）、自我及其他。Siddharthan et al.（2019）还进一步描述了每一个类别的细节，具体如下。

生理 / 身体状态（physiological or bodily state）：与生理 / 身体状态（例如：饥饿、温暖、恶心）密切相关的状态包含心理功能状态（例如：晕眩、健忘）、精力状态（例如：亢奋、劳累）。但是这一类别与激动程度（例如：激动、放松）不相关。这种生理状态的感觉在医疗领域非常常见，例如，病人会说："我肌肉非常疼""我非常困惑和劳累""我不能说出有完整意义的句子""我的身体好像果冻，我的头抽疼，我感觉我的脸好像被迈克泰森打了一拳"。情感分析通常不把这一类感觉看成观点，但是它们确实对于理解病人非常重要。

吸引和排斥（attraction and repulsion）：有关吸引（例如：爱、吸引、勾引）或者排斥（例如：讨厌、厌恶）的感觉。

注意（attention）：与专注、注意力、兴趣（例如：有兴趣的、好奇的）或者缺少注意力、专注度、兴趣（例如：不感兴趣的、不好奇的）有关的感觉。

社交（social）：社交过程中某一个人对于其他人的感觉（例如：接纳、忘恩负义的）；社交过程中其他人对于某一个人的感觉（例如：感激、仰仗、信任）；或者一个人对待其他人的感觉（例如：同情、怜悯），这种感觉独立于其他类别（不包含生气、害怕、吸引和排斥）。

行动和期望（action and prospect）：关于目标、任务和行动的感觉（例如：目的、鼓励），包括有关行动计划或者目标计划的感觉（例如：野心）；对于已有计划行动的准备和能力的感觉（例如：准备就绪、毫不畏惧）；关于不同激动程度的感觉，包括心跳、血压和警觉力的变化；安静和激动时候的生理和心理的状态（例如：放松、安静、激动）；关于某一人的方法、进展，或者在环境中规划任务 / 目标的感觉（例如：有组织的、夸大的、惊讶的、警觉的）；以及对未来期望的感觉（例如：害怕、着急、悲观、乐观、有希望的、紧张的）。

享乐（hedonic）：与愉快、痛苦的感觉和状态有关的感觉，这里愉快包括舒适和愉悦的感觉（例如：舒适的、安抚的），痛苦除了伤痛之外还包含不舒适和受苦的感觉（例如：受苦的、不舒适的）。

绝大多数上述感觉在一些特定应用中已经作为情感分析任务被分析和抽取。即使是生理或者身体的状态，在很多有关健康和医疗的应用场景中，抽取这类感受也会非常有用。

需要说明的是，上述感觉类别非常详尽。尽管如此，感觉的类别也可以从其他角度进行定义。例如，我们可以使用 Willcox（1982）给出的类别定义，即感觉转轮。这一定义包含 3 层：中心层、中间层和外圈层。中心层包含 6 类感觉类别：疯狂的、令人害怕的、有趣的、有力的、安静的、伤心的，中间层把这 6 类感觉进行了细化，外圈层进一步细化。该定义总共包含 72 类感觉，但是并未包含前面提到的"生理 / 身体状态"这一类别。

2.3.5　情感分析中的感受、情绪和心情

前面的讨论只针对人的意识状态，这属于心理学家的研究内容。但是，对于情感分析任务来说，我们需要知道这些感觉在自然语言中是如何表达的，以及该如何把它们识别出来。这要求我们对感受、情绪和心情的语言学进行研究。心理学家把感受定义为没有目标的原始响应或感觉，这种定义对我们没有意义，因为几乎所有书面文本、面部表情及其他可见信号所表达的情绪或心情都已经经过了人脑的部分认知处理，成为情绪或心情。但是，我们需要说明的是，感受这个词在语言学及其他领域中依然被广泛用来表达情绪和心情。

维基百科中有个页面很好地描述了语言学意义上的情绪和心情。人类通常有两种主要表达方式：说话和写作。这两种方式除了要选择语法和词汇以外，演讲者通常会用辅助语言（paralinguistic）的方式表达情绪，如在说话时会用到语调、面部表情、肢体动作、生物物理信号，或者变化、手势和姿势等。在书写时，使用特殊的标点（如连续的感叹号 !!!!）、大写一个单词的所有字母、使用表情符号、加长一个字母（如 sloooooow），等等，这些表达方式在社交媒体会中尤其常见。

在语法和词汇层面，人们通常有如下几种表达情绪和心情的方法：

1. 使用如 love、disgust、angry、upset 等描述情绪和心情的情感词。

2. 描述情绪相关的行为，例如："He cried after he saw this mother"和"After he received the news，he jumped up and down for a few minutes like a small boy"。

3. 使用强度词。如我们在 2.1.3 节所说，常用英文强度词有 very、so、extremely、dreadfully、really、awfully（例如：awfully bad）、terribly（例如：terribly good）、never（例如："I will never buy any product from them again"）、the sheer number of、on earth（例如："What on earth do you think you are doing?"）、the hell（例如："What the hell are you doing?"）、a hell of a 等；为了进一步强调情绪，强调词可能重复，例如"This car is very very good"。

4. 使用最高级。许多最高级形式也表达了情绪，例如"This car is simply the best"。

5. 使用贬义词（例如"He is a fascist"）、褒义词（例如"He is a saint."），以及表示反讽的词（例如"What a great car，it broke the second day"）。

6. 使用咒骂、诅咒、侮辱、责怪、指责和威胁性质的文本表达。

依据我个人的经验，利用这些线索已经足够识别文本中的情绪和心情信息。尽管在语言学中，转折词、敬语、疑问词、名言警句等也可以用来表达情绪感受，但在实际文本中，它们出现的频率较少且难以识别。

在 3.6 节和 4.8 节，我们将对面向文本的情绪识别或分类方法进行研究。要设计新的情绪发现算法，除了要考虑前面所提到的几个线索之外，我们还应考虑人的真实心理状态和他们在表达这种状态时所使用的语言之间的认知差距。存在认知差距的原因非常多（例如：想要表现得很礼貌，但是却不想让别人知道他们的真实感受）。因此，语言并不能完全代表说话人真实的心理活动。例如，当一个人说"I am happy with this car"时，虽然他用

了 "happy" 这样的情绪词, 但他可能对车没有任何情绪上的反应。并且, 在书面文字中情绪和心情很难区分 (Alm, 2008)。我们通常情况下不对它们进行区分。当提到情绪时, 我们可以指情绪, 也可以指心情。

因为每个情绪表达都有目标, 且大多数时候情绪都带有正面或负面的情感, 因此, 我们可以用与表示和处理理性观点类似的方法对文本中的情绪进行操作。尽管理性观点强调的是人对一个实体的评价, 而情绪强调的是由实体引发的个人的感受, 但是情绪本质上可以看作很强的情感 (见 2.1.3 节)。如果一个人情感很强, 则这个人会变得非常情绪化。例如, "The hotel manager is not professional" 表达的是一个理性观点, 然而 "I almost cried when the hotel manager talked to me in a hostile manner" 则表示作者的情感已经达到了难过或愤怒的情绪等级。情绪的情感倾向自然地继承了情绪的极性, 例如, sad、anger、disgust、fear 都表达了负面的情绪, love 和 joy 则表达了正面的情绪。显然, 在情绪维度上, 情感变得更加精细。就像我们之前讨论的一样, 识别文字中的不同情绪需要更多的处理机制。

由于情绪和理性观点本质上具有相似性, 我们依然可以利用已定义的观点四元组或五元组 (定义 2.1 和 2.7) 来表示情绪。但是, 如果想更加精确, 我们可以基于四元组 (定义 2.1) 或五元组 (定义 2.7) 的形式对情绪给出一个独立的定义, 因为其中一些元组成分的定义与观点中的不完全一样, 毕竟情绪关注的是人的感受, 而理性观点关注的是对外部实体的评价。

定义 2.15 (情绪): 情绪是一个五元组

$$(e,\ a,\ m,\ f,\ t)$$

其中 e 是目标实体, a 是 e 的属性, 也是情绪所抒发的目标, m 是情绪的类型或者一个情绪类型与强度等级所组成的元组, f 是情绪的接受者, t 是情绪的表达时间。

比如, 对于句子 "I am so upset with the manager of the hotel" 中所表达的情绪来说, 实体是 "the hotel", 属性是 "the manager of the hotel", 情绪类型是愤怒, 情绪的接受者是 "I" (说话人)。如果我们知道表达这个情绪的时间, 就可以把它加到这个五元组中。再举一例, "After hearing his brother's death, he burst into tears", 实体是 "his brother's death", 这是一个事件且没有属性可言, 情绪的类型是悲伤, 情绪的接受者是 "he"。

在实际应用中, 我们应当把针对理性观点的分析和针对情绪的分析相结合, 包括对于每个情绪的情感倾向或极性的分析, 即它对情绪接受者来说是正面的 (期望的) 还是负面的 (不期望的) 情感。如果需要, 还可以把定义 2.14 中所定义的情感成分加入对情绪的定义当中, 构成一个六元组。

情绪的起因。在 2.1.5 节中我们讨论了观点的原因。与之类似, 情绪往往是由一些内在或外在的事件引起的, 因此情绪也有起因。这里我们使用起因而不是原因, 是由于情绪是由某种起因 (通常是一个事件) 产生的, 而不是来自为了支持某观点的证明或解释。在前一个句子中, "his brother's death" 既是目标实体又是起因。然而, 在很多情形中, 目标和情绪的起因是不同的。例如句子 "I am so mad with the manager of the hotel because he refused to refund my booking fee", 目标实体是 "the hotel", 属性是 "the manager of the hotel", "mad" 情绪的起因是 "he refused to refund my booking fee"。

这里，"his brother's death"和"he refused to refund my booking fee"有一些不同。后一句表达了"he（the manager of the hotel）"的行为使作者产生了悲伤情绪。"he"是这个不期望的行为的起因。这句话对酒店经理所表达的是负面情感，是一种显式的表达。在"his brother's death"这个例子中，"his brother"或"death"本身都不是情绪表达的目标。只有合起来的整个事件才是目标，也是悲伤情绪的起因。

与理性观点不同的是，很多描述情绪和心情的句子中，作者都没有明确指出与该情绪对应的实体（例如命名实体、主题、议题、行为和事件），例如"I felt a bit sad this morning"和"There is sadness in her eyes"。这是因为表述理性观点的句子往往会同时关注观点目标和针对目标的情感，而观点持有者的信息往往被省略（例如"The pictures from this camera are great"）。然而，表达情绪的句子往往关注的是说话人的感受（例如"There is sadness in her eyes"）。这意味着理性观点句子往往会明确给出情感和对应的对象，但不一定会给出观点持有者。而表达情绪的句子总会包括情绪接受者以及情绪的文本表达，却不一定会指明情绪抒发的目标或者造成某种情绪的起因（例如"I love this car"和"I felt sad this morning"）。但是，这并不意味着句子中就不包含情绪的目标或起因。它们确实有，但可能出现在之前的句子中或者隐含在上下文之中，这使得对其进行抽取变得十分困难。面对针对文本中心情的分析时，心情的起因往往是隐含的甚至根本不存在，不会在文本中出现。

2.4　观点的不同类型

观点的类别可以从不同角度进行划分。本节将对其中的一些主要分类进行讨论。

2.4.1　常规型观点和比较型观点

在之前的章节中，我们把已经定义的观点叫作常规型观点（regular opinion）（Liu，2006，2011），另一种类型则是比较型观点（Jindal and Liu，2006b）。

常规型观点。常规型观点在文献中常简称为观点，主要包括如下两类（Liu，2006，2011）：

直接观点。直接观点是直接针对某一实体或实体属性表达的观点，例如"The picture quality is great"。

间接观点。间接观点是间接地对某一实体或实体属性表述的观点，而这一评价是在对其他实体的评价过程中间接产生的。这种情况经常出现于医药领域。例如句子"After injection of the drug, my joints felt worse"，它描写了药物对"my joints"产生了不良的影响，间接对这一药物表达了负面观点或情感。这种情况下，实体是药物，实体属性是"effect on joints"。间接观点也在其他领域出现，尽管出现的频率不是很高。在这些情形下，间接观点通常会描述目标实体带来的好处（正面评价）或问题（负面评价），例如，"With this machine, I can finish my work in one hour, which used to take me five hours"和"After switching to this laptop, my eyes felt much better"。在产品营销中，产品或服务带来的好处通常被当作卖点进行大肆宣传，因此提取这些对于产品优点的描述有很大的实际需求。

46

已有的研究工作主要针对直接观点，它们处理起来比较容易。相对来说，间接观点通常较难处理。例如，在医药领域，系统需要知道使用的药物起到了期望效果还是没有效果。在句子"Since my joints were painful, my doctor put me on this drug"中，由于疼痛发生在用药之前，因此这句话没有表达任何关于药物的观点。

比较型观点。比较型观点，顾名思义是对两个或更多实体之间的相同或不同点进行比较，表达了观点持有者对其中一个实体或者某一个实体属性的偏好（Jindal and Liu，2006a，2006b）。例如，句子"Coke tastes better than Pepsi"和"Coke tastes the best"表达的就是比较型观点。比较型观点通常会通过形容词或副词的比较级或最高级进行表达，但也有一些例外（例如 prefer）。2.1 节和 2.2 节中的定义不包括比较型观点。比较型观点也有很多类型，我们将在第 8 章进行讨论。

2.4.2　主观和隐含在事实中的观点

观点和情感本质上就是主观信息，因为它们表达的都是人主观的看法、评价、评估以及感觉。但观点不一定只出现在主观句子中。人们也会用客观或表述事实的句子来表达他们的快乐和不快乐的情感，因为所描述的事实可能是说话人期望的或者不期望的。相反，不是所有主观句子都表达了正面或负面的情感，例如"I think he went home"就只是一个想法而不含有任何情感倾向。我们可以按观点所在文本的主观性把观点分为两种，主观观点（subjective opinion）或隐含在事实中的观点（fact-implied opinion）。具体定义如下。

47

主观观点。主观观点是在主观陈述中表达的一般型观点或比较型观点，例如，

"Coke tastes great."

"I think Google's profit will go up next month."

"This camera is a masterpiece."

"We are seriously concerned about this new policy"

"Coke tastes better than Pepsi."

我们大体上把主观观点分为两种：理性观点和感性观点（见 2.1.3 节）。2.3 节描述了不同的情绪，但理性观点也可以继续细分。这里我们讨论的分类体系是基于 Martin 和 White（2005）的评价系统，它将观点（他们称为态度）分为三类：感受（affect）、判断（judgement）和欣赏（appreciation）。感受关注于情绪，判断则关注于智能实体（如社会学和伦理学中的人）的观点，而欣赏关注美学意义上的非智能实体。我们在这里只讨论判断和欣赏类型的观点。

判断型观点可以进一步分为正常、能力、可靠、可信、礼貌等。

- ❏ 正常型用来描述一个人的正常程度。它包括如 lucky、fortunate、cool、predictable、fashionable、celebrated 等正面观点，以及 unlucky、odd、eccentric、unpredictable、obscure 等负面观点。

- ❏ 能力型用来描述一个人所具备能力的程度。它包括如 powerful、vigorous、insightful、clever、accomplished 等正面观点，以及 weak、unsound、crippled、silly、foolish、ignorant 等负面观点。

- ❏ 可靠型表示一个人可依赖的程度。它包括如 brave、cautious、dependable、adaptable

等正面观点，以及 cowardly、rash、impatient、undependable、stubborn 等负面观点。

❏ 可信型评价一个人诚实的程度。它包括如 truthful、honest、credible、frank、candid 等正面观点，以及 dishonest、deceitful、lying、deceptive、manipulative 等负面观点。

❏ 礼貌型形容一个人的道德程度。它包括如 moral、ethical、law abiding、fair、modest、polite 等正面观点，以及 immoral、evil、corrupt、unfair、arrogant、rude 等负面观点。

欣赏型观点可以分为反应型、组合型和价值型。反应型和组合型分别包含两种子类。

❏ 反应（影响）型关注"它吸引我吗？（Did it attract me?）"这一问题。它包括如 arresting、engaging、fascinating exciting、lively 等正面观点，以及 dull、boring、tedious、uninviting、unremarkable 等负面观点。

❏ 反应（品质）型回答的是"我喜欢它吗？（Did I like it?）"这一问题。它包括如 fine、good、lovely、beautiful、welcome 等正面观点，以及 bad、yuk、plain、ugly、repulsive 等负面观点。

❏ 组合（平衡性）型与问题"是否可以合在一起？（Did it hang together?）"这一问题相关。它包括如 balanced、harmonious、consistent、logical、curvaceous 等正面观点，以及 unbalanced、discordant、uneven、contradictory、distorted 等负面观点。

❏ 组成（复杂性）型与问题"是否难理解？（Was it hard to follow?）"相关，它包括如 simple、pure、elegant、intricate、precise、detailed 等正面观点，以及 ornate、extravagant、byzantine、plain，monolithic、simplistic 等负面观点。

❏ 价值型与问题"有多大价值？（Was it worthwhile?）"相关。它包括如 deep、profound、innovative、valuable、priceless、worthwhile、timely、helpful 等正面观点，以及 shallow、fake、conventional、pricey、worthless、shoddy、dated、useless 等负面观点。

在实际应用中，我们可以根据应用需求来选择使用这些类别。由于现在并没有一种公认的、权威的分类方式，我们也可以自主设计分类体系。Asher 等人（2009）就另外提出了基于语言学的观点类型分类体系。但这种通用的分类体系对于实际应用而言太过粗糙，我们在实际应用中还需仔细选择。例如，根据上述对于价值型的定义，下面四个句子表述的观点都属于价值型观点。

"This camera is pricey."

"The cost of this camera is very high."

"This camera is innovative."

"This camera is useless."

但是，这四个句子针对不同的评价对象目标说了不同的事。在绝大多数应用里，它们不应该被归为一类，因为它们所谈论的对象完全不同。其中，只有前两句在说价格（或花销），后两句的评价对象则完全不一样。

隐含在事实中的观点。 隐含在事实中的观点通常是隐藏在一个客观或事实陈述中的标准型或比较型的观点。这个客观事实陈述通常表达了陈述人期望达到或不期望达到的事实或动作。这种观点可以进一步分为两种：

1. 隐含在个人事实中的观点。暗含这种观点的事实陈述是关于某人的个人经历的，例如，

"I bought the mattress a week ago, and a valley has formed in the middle."

"I bought the toy yesterday and I have already thrown it into the trash can."

"My dad bought the car yesterday and it broke today."

"The battery life of this phone is longer than my previous Samsung phone."

尽管这些句子都是在描述事实，但其中也透露了观点持有者对这款产品的正面或负面看法，或者他对不同产品的偏好。因此，这类隐含在事实句子中的观点与主观型观点并无二致。

2. 隐含在非个人事实中的观点。这种类型与上一种类型完全不一样，它不暗含任何个人看法。这种类型的观点常见于事实报道之中，而被报道的事实中也不含有任何人的任何观点，比如：

"Google's revenue went up by 30%."

"The unemployment rate came down last week."

"Google made more money than Yahoo! last month."

与个人事实类型不同，上述句子并不表达任何个人的经验或评价。例如，上述第一个句子没有表达任何有关谷歌用户对于谷歌产品满意或者不满意的观点，只是给出了一些事实信息。由于没有给出个人观点，尽管可以找到信息的来源，但是这个句子通常没有观点持有者的信息。例如，第一个例句的信息来源可能是谷歌自己，但它是一个事实，并不是谷歌表达的主观型观点。

但是，基于如下两个原因，我们依然可以把它们当作一种类型的观点：

1. 从常识角度来看，每个句子都暗示了对所涉及实体和话题（例如谷歌、雅虎、失业率）的期望或不期望的意愿。

2. 发布这些句子的人也许在暗示针对某实体的正面或负面的观点。例如，把第一个句子发布到 Twitter 上的人也许对谷歌有正面情感，否则，他可能不会发布这个事实。这样的情形在 Twitter 上经常出现，用户会从传统媒体上选一些头条新闻在 Twitter 上发布，很多用户又会转发这些推文。

如我们所见，区分个人事实和非个人事实对于观点分析非常重要，因为在非个人事实陈述中的观点代表了一种完全不同的观点类型，因此需要进行一些特殊处理。该如何处理则视情况而定。我的建议是基于常识来看这句子是否对相应的实体（比如谷歌）描述了期望或不期望的事实，从而判定它是否包含正面或负面的观点倾向。情感分析系统的用户应当了解这个机制，以便在应用中恰当使用这些观点信息。

有时发布这类客观信息的作者也会给出明确的观点，例如，

"I am so upset that Google's share price went up today."

从句部分"谷歌今天的股价上涨"给出了一个隐含在非个人事实中的观点，但作者对其持有贬义的观点。我们把这种观点称为元观点，即对于观点的观点。我们将在 2.4.4 节讨论元观点。

如果我们把上述陈述句变为主动句，整句的意思就会大不相同，比如，

"I think that Google's revenue will go up by at least 30% in the next quarter."

"The unemployment rate will come down soon."

"I think Google will make more money than Yahoo!"

这几个句子仅表达了个人观点。

主观型观点一般会比较容易处理，因为在主观型观点句子中，可以表达主观感受的词和短语的数量是有限的。但事实暗含型的观点却不是这么回事，其中可能有无数种表达期望事实和非期望事实的方式，而每个领域中的表达方式又不一样。但是，我们仍然可以设计出一些模板，从而从事实中推断出观点信息。对于这一问题，我们将在第 5 章进行详细讨论。目前，绝大多数已有研究是面向主观型观点的，对于隐含在事实中的观点类型，只有一些有限的研究（Zhang and Liu，2011b）。

2.4.3　第一人称和非第一人称观点

在一些应用中，需要区分当前观点是作者自己的观点，还是作者对别人观点所表达出的一种认可。例如，在政治选举中，投票人基于自己对每个候选人对议题所持立场的认可度而投票，而不是根据每个候选人真正的立场进行投票，候选人表达出的立场和其真正的立场可能一致，也可能不一致。

1. 第一人称观点。这种观点表达了一个人对一个实体的态度。它可能来自一个人、一个团体的代表或者一个机构等。例如下面这些句子表达的就是第一人称观点：

"Tax increase is bad for the economy."

"I think Google's profit will go up next month."

"We are seriously concerned about this new policy."

"Coke tastes better than Pepsi."

注意不是每个句子都需要使用第一人称代词我（I）、我们（we），或者显式地提到某一机构的名称。

2. 非第一人称观点。这种观点是由一个人转述他人的观点来表达的，即相信他人会持有某种观点，例如：

"I think John likes Lenovo PCs."

"Jim loves his iPhone."

"President Obama supports tax increase."

"I believe Obama does not like wars."

2.4.4　元观点

元观点是针对观点的观点。也就是说，元观点评价的对象也是一个观点，而被评价的观点常常包含于从句当中。从句中的观点可以是隐含在事实中的观点，也可以是主观型观点。让我们看几个例子：

"I am so upset that Google's profit went up."

"I am very happy that my daughter loves her new Ford car."

"I am so sad that Germany lost the game."

这些句子看起来和前面的观点句子很不一样，但它们依然遵循定义 2.7 所给出的观点定义。只是主句中元观点评价的对象是一个从句中的观点。例如，第一句话中作者对

"Google's profit went up" 持负面的观点，"Google's profit went up" 其实是本句中元观点所评价的对象，因此元观点属于负面的情感。但是，它评价的对象是一个关于 "Google's profit" 的普通的隐含在事实中的观点。在实际处理时，应该区别对待这两种观点类型。因为元观点很少见，针对这方面的研究也非常少。

2.5　作者和读者视角

我们可以从两个角度审视一个观点：发布观点的作者（观点持有者）的角度，以及读者的角度。因为观点是非常主观的，作者和读者不一定会用相同的方式看待同一件事情。我们以下面两个句子为例进行说明：

"This car is too small for me."

"Google's profits went up by 30%."

因为第一个句子的作者或观点持有者感觉这辆车太小，情感分析系统应当针对汽车大小输出负面的观点结果。但是，这并不意味着这辆车对所有人都小。读者也许喜欢小一点的汽车尺寸，会觉得它的大小很合适而持正面的观点。这就会带来问题，如果系统仅仅输出关于尺寸的负面观点，读者就不会知道它究竟是太小还是太大，因此就不会看到对他而言是优点的那些属性。幸运的是，这一问题可以通过挖掘和分析观点的原因（见 2.1.5 节）来解决。这里，对于尺寸来说，too small 不仅仅蕴含着负面的观点，同时也是这一负面观点的原因。通过这一原因，读者可以更加全面地看到观点信息，这可以帮助读者进行更准确的决策。Greene 和 Resnik（2009）的工作与这一问题相关，他们对于隐含观点表述的句法方式进行了研究。例如，对于同样一个故事，不同的新闻标题可能会暗含不同的观点倾向性。

第二个句子表达了一个隐含在非个人事实中的观点。如 2.4.1 节所讨论的那样，发布这个事实的人可能对谷歌持有正面的观点。但是，读者可能会有不同的感受。对谷歌金融有兴趣的人会觉得高兴，但谷歌的竞争者就不会开心。在 2.4.2 节中，我们认为这个观点持有正面的情感，因为我们的常识表明这个事实是谷歌所期望的。在实际应用中，用户可以根据他们的需求决定该如何使用这类观点。

2.6　小结

本章主要对于观点和情感的概念进行了定义，同时介绍了情感分析的主要任务、观点摘要的基本框架。这些定义从复杂的非结构化自然语言文本中抽取出了一个结构，这不仅是这个研究领域的基础，也是将其他相关研究方向统一的任务框架。

我们也可以看出，情感分析是一个多方面的问题，多个子问题相互交叉，而不单单只是一个单独的问题。研究者们可以利用这些问题间的相互联系设计更健壮和准确的情感分析解决方案，应用者也可以从中发现构建情感分析系统所需的元素。本章也讨论了不同的观点类型，可能需要使用不同的技术来分别分析处理它们。

同时本章还介绍并定义了如感觉、情绪、心情等重要概念。它们与传统的理性观点密切相关，但也不尽相同。观点强调对评价对象、事件或议题等目标（本章称为实体）的评价或评估，情绪强调人由这些实体引起的自身感觉。在几乎所有情形中，情绪被看作引发人内部或基本感受的强烈情感。情绪有很多类型，它们比包含正面或负面倾向性的观点精细得多。也有一些情绪不带正面、负面倾向，例如惊讶。尽管一个人可以受到正面或负面的惊吓，但他也可能仅仅是受到惊吓而不带正面或负面的情感极性。我们在 2.3 节还提到，目前依然没有一个得到统一共识的基本情绪类型的集合，但心理学家之间在概念层面上的分歧并不会影响我们的研究，我们可以根据具体应用，选择部分合适的情绪或心情类别作为目标，然后按照处理其他观点信息的方法处理它们。

　　读完本章后，你可能会同意我的观点，一方面情感分析是一个涉及多任务多视角且极富挑战性的研究领域，另一方面，它也是非常主观的，因此我并不期望你会完全同意我在本章中所持的所有观点。本章并没有涵盖情感和观点领域所有的重点内容，我的目标是合理并精确地定义情感分析（或观点挖掘）及其相关概念、问题和任务，希望我在一定程度上做到了这一点。

54

第 3 章

文档级情感分类

从本章开始，我们将介绍情感分析中的主要研究问题以及针对各个研究问题的解决算法。文档级情感分类（document sentiment classification）或称为文档级别的情感分析（document-level sentiment analysis）可能是情感分析领域（尤其是早期）迄今为止研究最为广泛的任务了（参见 Pang and Lee，2008a；Liu，2010）。这一任务的目标是将一篇包含观点的文档（如产品评论）按所持观点为正面或负面进行分类，观点的正负面也称为情感倾向性或极性。这个任务是在文档级别对观点信息进行分析，它并不研究文档中观点评价的具体实体或属性，也不研究针对这些实体的观点倾向，而是将一篇文档看作一个整体，分析其整体的观点倾向性。尽管这一任务在情感分析领域被广泛研究，但是它本身的局限使得在实际应用中更加需要细粒度的情感分析，即基于属性的情感分析（Hu and Liu, 2004）（第 5、6 章）。

文档级情感分类是最简单的情感分析任务，因为它把情感分类当作传统的文本分类问题，只是待分类类别是情感倾向性或者极性。因此，任何一个监督学习算法都可以直接应用到这个问题上来。在大多数情况下，文档级情感分类所使用的特征与传统文本分类使用的特征类似。由于问题定义简单，且与文本分类等价，这一任务是情感分类中其他任务的基础任务。类似于传统文本分类任务，文档级情感分类任务也扩展为跨语言和跨领域的情感分类。

为确保这一任务的实用性，已有的文档情感分类的方法大都基于如下假设（Liu，2010）。

假设 3.1：文档级情感分类假设文档 d（如一篇产品评论）表达的观点仅针对一个单独实体 e，且只包含一个观点持有者 h 的观点。

因此，严格来说，文档级情感分类只能用于一种专门类型的观点文档。我们在下面的任务定义中明确这一假设。

定义 3.2（文档级情感分类）：给定针对一个实体的观点文档 d，这一任务的目标是判断观点持有者对这一实体的整体观点倾向性 s。换句话说，基于 2.1.4 节对于观点五元组的定义，对 GENERAL 属性表达的情感进行分类：$(\_, GENERAL, s, \_, \_)$，其中实体、观点持有者以及观点的时间都假定是已知的或者与任务无关的。

文档级情感分类可以按照 s 的取值类型分为如下两种常见任务类型。如果 s 取值为类别（例如正面情感和负面情感），则这一任务就是一个分类问题。如果 s 取值为数值或给定区间上的有序值（例如 1～5 星），那个问题就变成了回归问题。

基于之前的讨论，我们会发现这个任务的假设其实具有很大的局限性，因为一篇文档中往往会包含多个观点，可以对于多个实体进行评价，其中针对每个实体的观点倾向也可以不一样。观点持有者也许对其中一些实体持正面的态度而对另一些持负面的态度。在这种情形下，文档级情感分类意义就不大了，因为对整个文档赋予一个情感基本没有什么用处。类似地，这一任务对于单个文档中存在多人观点的情况也没有什么意义，因为不同人的观点也可以不一样。例如句子 "Jane has used this camera for a few months. She said that she loved it. However, my experience has not been great with the camera. The pictures are all quite dark."。

假设 3.1 对产品和服务的在线评论是适用的，因为在在线评论中，每则评论通常针对一个产品或服务，且通常是由一个人写的。但是，这个假设对论坛讨论或者博客就不成立了，因为一篇博客里作者可以对多个实体表达多个不同观点并加以比较，这也是大多数研究者都使用在线评论来做情感分类或回归任务的原因。

我们将在 3.1 节和 3.2 节中讨论情感分类问题，在 3.3 节中讨论预测情感评分的回归问题。文档级情感分类中大多数现有技术都是基于监督学习的，也有一些使用非监督学习的方法。对于情感回归任务来说，目前主要的方法是采用监督学习的技术。当然，还有一些拓展性的研究，目前主要集中在跨领域情感分类（或领域适应）和跨语言情感分类，我们将在 3.4 节和 3.5 节分别对其进行讨论。

尽管本章会在介绍方法时提到很多细节，但是由于本章涉及的方法都是已发表的文章，故仍然以综述的形式进行介绍。目前来看，大多数方法都是特征工程加机器学习算法在实际中的直接应用，但还没有对于这些既有方法的有效性和准确性进行全面的、独立的评测和比较的方法。

3.1　基于监督的情感分类

情感分类常被当作一个二类分类问题，即将给定文本分为正面和负面的情感。所用的训练和测试数据就是普通的产品评论。因为在线评论都有评论者发布的评分，比如 1～5 星，依据这些评分，我们可以很容易地得到正负例样本。有 4 星或 5 星一般就是正面（褒义）评论，而 1 星到 2 星就是负面（贬义）评论。大多数研究为了简便起见，并不使用中性类别（3 星评论）。

情感分类本质上还是一个文本分类问题。但是，传统的文本分类主要是把文档分为不同主题，比如政治、科技或者体育类。在这种分类中，主题词是重要的特征。然而在情感分类任务中，指示了正面或负面情感倾向的观点词或情感词更为重要，比如 great、excellent、amazing、horrible、bad、worst 等。这一节我们会提到两类分类方法：一类是基于标准的监督机器学习算法进行情感分类；另一类是专为情感分类设计的分类方法。

3.1.1 基于传统机器学习算法的情感分类方法

因为情感分类是一个文本分类问题，任何监督学习方法都可以在这一任务上直接应用，比如朴素贝叶斯分类（Naïve Bayes，NB）或支持向量机（Support Vector Machine，SVM）（Joachims，1999；Shawe-Taylor and Cristinanini，2000）。在本节中，我们主要关注基于传统监督学习的情感分类方法。在3.1.3节中，我们将介绍基于深度学习的文档级情感分类方法。

Pang等人（2002）利用监督学习方法处理电影评论文本的情感分类任务。她们尝试了多种特征，但发现使用unigram（词袋）作为特征进行分类，无论分类器选取朴素贝叶斯还是SVM效果都非常好的。在后来的研究中，众多研究者尝试了很多不同的特征和学习算法。和大多数监督学习应用一样，情感分类的关键还是抽取有效的特征。下面列出了一些特征样例：

词和词频。这些特征包括带有词频信息的单独的词（unigram）及与其相关的n-gram，这一特征在传统的基于主题的文本分类中也经常使用。信息检索领域的TF-IDF权重也可以应用在特征权重的计算中。和传统文本分类一样，这些特征在情感分类中非常有效。

词性。这类特征指的是每个词的词性（Part of Speech，POS）信息。研究表明形容词是观点和情感的主要承载词，因此一些研究者把形容词当作专门的特征进行特别处理。当然，我们可以把词性特征和n-gram特征混合使用。本书中我们使用标准宾州树库（Penn Treebank）作为词性标记集，如表3-1所示（Santorini，1990）。宾州树库的网址是 http://www.cis.upenn.edu/treebank/home.html。

表 3-1 宾州树库定义的词性标记集

标 记	描 述	标 记	描 述
CC	并列连词 and	MD	情态词 can, could, will
CD	基数词 one	NN	名词，单数 desk
DT	限定词 the	NNP	专有名词，单数 John
EX	there be 存在结构 there is	NNPS	专有名词，复数 Vikings
FW	外来词 les	NNS	名词，复数 desks
IN	介词 at, of, in	PDT	预限定词 both
JJ	形容词 good	POS	所有格结束符 friend's
JJR	形容词，比较级 greener	PRP	人称代词 I, he, it
JJS	形容词，最高级 greenest	PRP$	物主代词 my, her, his
LS	列表标记词 1), 2), 3)	RB	副词 usually, here

（续）

标　记	描　述	标　记	描　述
RBR	副词，比较级 better	VBG	动词，现在分词 being
RBS	副词，最高级 best	VBN	动词，过去分词 been
RP	助词 give up	VBP	动词，非第三人称单数 are, am
SYM	符号 ^&/[]	VBZ	动词，第三人称单数 is
TO	动词不定式 to go	WDT	Wh-限定词 which
UH	叹词 uhhuhhuhh	WP	Wh-代词 who, what
VB	动词，基础形式 be	WP$	物主 Wh-代词 whose
VBD	动词，过去式 was	WRB	Wh-副词 where, when

　　情感词和情感短语。情感词是那些在语言中表达了正面或负面情感的词语，对于情感分类任务来说这些词自然是一种显著的特征，例如，good，wonderful，amazing 是褒义词，而 bad，poor，terrible 是贬义词。大多情感词都是形容词或副词，但名词（如 rubbish，junk，crap）或动词（如 hate，love）也可以表达情感信息。除了单个词，也有一些情感短语或习语可以作为特征，比如，cost someone an arm and a leg（贵得要命）。

　　观点规则。除了情感词和情感短语之外，也有很多文本结构或语言成分可以用来表达或暗含情感和观点，我们将在 5.2 节列举和讨论一些它们的表达方式。

　　情感转置词。有的文本表达可以反转情感倾向，例如把正面的情感倾向改变为负面的情感倾向。否定词是最重要的情感转置词，比如在句子"I don't like this camera"中，尽管"like"是一个正面情感词，但是由于否定词的存在，整句话的情感倾向是负面的。也有一些其他类型的情感转置词，我们将在 5.2 节、5.3 节、5.4 节中进行讨论。对于情感转置词，我们需要小心处理，并不是一旦出现这类词，句子的情感倾向就一定发生变化，比如"not only...but also"中的"not"就不会改变原句的情感倾向。

　　句法依存关系。现有研究者也曾尝试将通过句法分析得到或从句法依存树中取得的词之间的依存关系作为特征。

　　目前已经发表了大量关于这个问题的文章，我们这里只简要介绍一部分。

　　Gamon（2004b）对顾客的反馈数据进行分类，这类反馈数据相比评论信息来说常常会更短且含有更多的噪声。他们研究发现深层语言特征同 n-gram 类似，有助于提升分类效果。另外，特征选择非常重要。通过使用微软研究院的一项 NLP 工具：NLPWin，他们获得了短语结构树并抽取了深层语言特征。这些特征包括基于 POS 的 trigram，特定文本成分的长度信息（句子、从句、形容词性和副词性短语、名字短语等的长度），句法树中每个成分的基于上下文无关短语结构模式表示的成分结构（如 DECL：：NP VERB NP 表示

58

一个由名词短语、动词、名词短语依次组成的声明句),带语义关系的词性信息(如"Verb-Subject-Noun"表示一个动词谓语接名词主语)以及 NLPWin 工具提供的逻辑形式特征,如谓语的及物属性以及时态信息。

Mullen 和 Collier(2004)介绍了一些可以和 n-gram 相结合的复杂特征。这些新特征被分为三类:利用词和短语的点互信息(Pointwise Mutual Information,PMI)值(Turney,2002)计算出情感值特征;基于 Osgood 等人(1957)提出的三个因子对形容词计算得分;对于提及目标实体的句子,在它周围的句子或本句中出现,且属于 1、2 类因子的词或短语的情感值。Osgood 提到的三个因子是:强度(强还是弱)、主动性(主动还是被动)和评价(好还是坏),取值可从 WordNet 所定义的语义关系中导出(Kamps et al.,2002)。这些新增特征比词根化后的 unigram 特征更加有效。我们将在 3.2.1 节中讨论 PMI 的详细情况。

除 unigram 特征之外,Joshi 和 Penstein-Rosé(2009)设计了依存关系特征及相关衍生特征,并将其应用到分类任务中。句子的依存句法分析结果是一组三元组,每个都包括了句子中的两个词及这两个词之间的句法关系:$\{rel_i, w_j, w_k\}$,其中 rel_i 是词 w_j 和 w_k 之间的依存关系。w_j 通常指首词(head word),w_k 通常指修饰词(modifier word),由这样的依存关系可以得到 RELATION_HEAD_MODIFIER 形式的特征。基于这种形式的特征,我们可以基于标准的词袋式二元特征,或基于计算频率选择特征或者计算特征值。比如"This is a great car",在 great 和 car 之间有一个形容词修饰(amod)句法关系,因此得到特征 amod_car_great。但是,这个特征太具针对性,只能用在汽车领域内。我们可以对这一特征进行泛化,只使用首词的词性标签获取 amod_NN_great,就得到一个更通用的特征,该特征可用到任意名词上。

Xia 和 Zong(2010)把这个方法更进一步推广,使用 N 来代替 NN、NNS、NNP、NNPS 和 PRP;用 J 来代替 JJ、JJS 和 JJR;用 R 来代替 RB、RBS 及 RBR;用 V 代替 VB、VBZ、VBD、VBN、VBG 和 VBP;用 O 代替其他词性标签。同时,也不使用 rel_i,因此 amod_car_great 就变成了两个特征 N_great 和 car_J。他们对传统的 bigram 词也采用同样的泛化策略。另外,对于分类模型,他们提出了一种集成模型(ensemble model),提升了分类效果。

Ng 等人(2006)在早期的工作中也使用了依存关系(形容词 – 名词、主语 – 谓语,动词 – 宾语)作为特征,但他们并未对特征进行泛化。他们使用的特征有 unigram、bigram、trigram、情感词和评价对象词等。他们也发现,计算每个特征的加权对数似然率作为特征权重,对于特征选择有较好的效果。

Mejova 和 Srinivasan(2011)比较了不同类型的特征定义和特征选择策略。他们先测试了词干化(stemming)、词频和二元加权、基于否定的特征、n-gram 或短语的效果,然后尝试利用词频、词性以及词典对于特征进行选择。在不同大小的三个产品和影评数据集上,实验表明一些技术在大数据集上比在小数据集上更有用。对于大数据集,用互信息对特征进行排序,仅仅选用那些互信息值较高的少量特征训练出的分类器要比使用所有特征训练出的分类器得到的效果好,但是对小数据集就不是这样了。

在 Cui 等人(2006)的早期工作中,他们对几个分类算法和高阶 n-gram(最高到 6 阶)

特征进行了评价。他们用了一个基于卡方检验的特征选择算法，并证明高阶的 n-gram 能获得更高的分类准确率。Bespalov 等人（2011）的工作中也使用了高阶 n-gram，并使用深度神经网络的方法构建了一个统一的判别式分类框架。Abbasi 等人（2008）提出了一个基于遗传算法的特征选择算法，用于不同语言的情感分析。除了普通的 n-gram 特征之外，他们还用了文本风格特征，比如词汇丰富度和是否用到了功能词等。

对于微博情感分类，Kouloumpis 等人（2011）使用了 4 种特征：n-gram；多角度问答库（Multi-Perspective Question Answering，MPQA）中的主观性词典（Wilson et al., 2009）；动词、副词、形容词、名词和其他词性的数量统计；二元特征，包括是否出现了表达正面、负面、中性的表情符号、是否出现缩写、是否出现强调（如全部大写或字母重复）信息等。

对于情感分类任务，Pang 和 Lee（2004）没有把一篇评论中全部文本作为特征，而是只将每条评论的主观部分作为特征。这些主观部分更可能包括观点和情感。为了找出评论中的主观成分，一个简单的办法是用一个标准的分类算法，把评论中的每个句子分为主观或客观，并独立对待每条句子。但是，文档中临近的句子具有一定的语义关系。考虑句子间的相近关系就可以让算法捕捉到文本的一致性：相邻的文本片段可能表达同样的主观性信息（主观或客观），在其他方面，相邻句子间也具有一致性。

为了考虑这种句间相近关系，他们用图来表示一篇评论文档中的句子。设评论中的句子序列为 $x_1, \cdots, x_n$。每个句子要么属于 C_1（主观），要么属于 C_2（客观）。算法还用到下面两种信息：

- 个体的主观性得分 $\text{ind}_j(x_i)$。基于每个 x_i 内部的特征，判断其他属于 C_j 的非负估计得分。
- 联合得分 $\text{assoc}(x_i, x_k)$。对于 x_i 和 x_k 属于同一类的可能性的非负概率得分。

61

使用这些信息，他们构造了一个无向图 G，包括顶点 $\{v_1, \cdots, v_n, s, t\}$，其中 $v_1, \cdots, v_n$ 表示所有句子，s 和 t 分别表示正类和负类。算法向图中添加了 n 条边 (s, v_i)，每条边都有权重 $\text{ind}_1(x_i)$，以及另外 n 条边 (v_i, t)，每条边上的权重为 $\text{ind}_2(x_i)$。最后他们加入了 $\binom{n}{2}$ 条边 (v_i, v_k)，每条权重为 $\text{assoc}(x_i, x_k)$。

分类任务就变为寻找这张图上的一个最小割的优化问题。个体的主观性得分 $\text{ind}_j(x_i)$ 由一个句子级主客观分类器（例如 Naïve Bayes）给出。分类器可以输出当前句子属于每个类的概率，概率为 $\text{ind}_1(x_i)$ 和 $\text{ind}_2(x_i)$（$=1-\text{ind}_1(x_i)$）。联合得分 $\text{assoc}(x_i, x_k)$ 则基于两个句子的距离计算得到。最终的评论情感分类只使用最小割算法所得到的主观句。这种分类方法比使用所有评论得出的分类结果更准确。

沿着同样的思路，一些工作利用标注者给出的原因或证据改善情感分类的效果。情感证据是指文档中由标注者或自动系统加上高亮的文本段，这段文本是支撑该文档中正面或负面情感的证据，也是表征主观信息的部分。Zaidan 等人（2007）使用标注者来标注这一信息，而 Yessenalina 等人（2010a）使用基于情感词典的方法来自动识别情感的证据信息。Yessenalina 等人（2010b）也试图找出带观点的句子或主观句子用于文本情感分类。他们用一个基于结构化 SVM（Yu and Joachims, 2009）的两级联合分类模型（句子级和文档级），并直接针对文档级分类进行优化。该方法将情感句级的情感标签作为隐变量，因此在训练数据中不需要对句子的情感类别进行标注。McDonald 等人（2007）也做了相似的工作，但他们的方法需要事先对训练集合中句子的情感信息进行标注。

Liu 等人（2010）针对博客和评论情感分类任务，比较了不同的语言学特征。他们发现对博客数据的分类效果要比对评论文本的分类效果差很多，这是因为评论常常针对一个实体进行评价，而博客可以评论多个实体。其中对一些实体的观点可以是正面的，对另一些又可能是负面的。随后，他们又研究了两种提升博客文本的情感分类准确性的办法。一种是基于信息检索的方法，在每篇博客中找出与给定主题相关的句子，分类时不考虑那些与主题不相关的句子。另一种方法是采用简单的领域适应技术。该方法先从评论领域训练几个分类器，然后利用训练得到的分类器对博客文本进行分类，并把结果作为额外特征加入博客数据的训练过程中。这种类型的扩展使得在博客数据上的分类准确性得以提升。

Becker 和 Aharonson（2010）从面向人类的心理语言学和心理物理学的实验角度进行分析，认为情感分类应当更加专注于文本的最后一部分（例如评论的最后一句），但是这一观点并没有通过实验的结果得以证明。

现有方法大都使用 n-gram（通常是 unigram）特征，并使用信息检索领域中不同的方法来计算特征权重。Kim 等人（2009）比较了不同的权重计算方法组合的效果，包括：PRESENCE（看是否出现某种特征）、TF（词频）、VS.TF（向量空间模型（VS）中的归一化词频）、BM25.TF（BM25 中的归一化词频（Robertson and Zaragoza，2009））、IDF（逆文档频率）、VS.IDF（向量空间模型（VS）中归一化的 IDF 值）、BM25.IDF（BM25 模型中归一化的 IDF 值）。结果显示 PRESENCE 类型的特征效果非常好。最好的组合是 BM25.TF 和 VS.IDF，但此组合需要进行参数调整，并且其效果并没比 PRESENCE 好多少（大约提升了 1.5%）。

Martineau 和 Finin（2009）设计了一种新的特征权重计算策略，叫作 Delta TF-IDF，实验表明该方法能够得到很好的结果。在这一方法中，词 t 和文档 d 对应的特征值（$V_{t,d}$）并不是该词在训练语料中的 TF-IDF 值，而是用下面的公式计算出来的：

$$V_{t,d} = tf_{t,d} \times \log_2 \frac{N^+}{df_{t,+}} - tf_{t,d} \times \log_2 \frac{N^-}{df_{t,-}} = tf_{t,d} \times \log_2 \frac{N^+}{df_{t,+}} \frac{df_{t,-}}{N^-} \tag{3-1}$$

其中 $tf_{t,d}$（词频）是词 t 在文档 d 中出现的次数，$df_{t,+}$ 是训练集中包含 t 的正例文档数，N^+ 是训练集中总的正例文档数，$df_{t,-}$ 是训练集中包含词 t 的负例文档数，N^- 是总的负例文档数。这个词频变换增强了正负例中不均匀分布的词的重要程度，而削弱了正负例中均匀分布的词的重要程度，更好地代表了文档中的词在情感分类时的重要程度。

Paltoglou 和 Thelwall（2010）做了一系列的全面实验，对不同的特征权重计算方法的有效性进行评估。所比较的方法包括 SMART 系统中基于 TF 和 IDF 的计算方法（Salton，1971）、基于 BM25 的计算方法（Robertson and Zaragoza，2009）、SMART 系统中基于 Delta TF-IDF 的计算方法和 BM25 模型中基于 Delta TF-IDF 的计算方法。在每一个特种权重计算方法中，作者都使用了平滑技术。结果显示带平滑的 Delta 版本取得的效果最好。

Li 等人（2010f）利用对第一人称（我、我们）和非第一人称（它、这件产品）的句子分别进行处理，从而提升情感分类效果。准确来说，他们把第一人称句定义为句子的主语是（或者指代）一个人，而非第一人称句的主语则不是（或者不指代）一个人。他们分别使用第一人称句、非第一人称句、所有句子训练了 f_1、f_2、f_3 三个分类器。这三个基本分类器分别使用它们的后验概率将其结果进行加权合并，用于最终类别的判别。

Li 等人（2010d）研究了否定词和其他情感转置词的处理方法，并将其用于改进文档级情感分类任务。他们用的方法与我们将在 3.2.2 节讨论的 Kennedy 和 Inkpen（2006）的做法不同，该方法并不是基于词典的，而是基于监督学习的。该方法不用明确识别单个具体的情感转置词，而是把文档中的句子分为有情感转置和未被转置两种。这里的分类并不需要人工标注数据，它仅仅利用了原始的文档级情感标签，以及一个特征选择方法。接着用这两种句子分别构造两个单独的情感分类器，然后再合并起来产生最终结果。Xia 等人（2013）也提出了一个使用否定词进行情感分类的方法。

Qiu 等人（2009b）将基于词典和自学习的方法相结合（词典方法将在 3.2.2 节进行讨论）。简单来说，基于词典的方法使用已给定情感词和情感短语来判别当前文档或句子的情感倾向。Qiu 等人（2009b）使用的算法包括两个步骤。第一步使用基于词典的迭代方法，先初步用情感词典对一些评论进行分类，再用正负类样例的比例控制来迭代地判别其他评论的类别。第二步训练分类器的时候，利用第一步得到的分类结果作为训练数据，再用这个分类器修正第一步中的分类结果。这个方法的优点在于它不需要标注数据，所以它实际上是一个使用监督技术的非监督方法，因此可以用到任何领域中。而基于训练语料的分类方法需要在所有领域中为训练所需的正负例进行人工标注。

Li 和 Zong（2008）尝试用多领域的训练数据来进行情感分类。他们用了两种融合方法。第一种是对多个领域内训练数据的特征进行融合。第二种则是对不同领域内训练得到的分类器进行融合。他们的结果表明分类器级别的合并要比单领域分类器（仅使用该领域的训练数据）的效果好。

Li 等人（2009）提出了一个用于情感分析的非负矩阵分解模型。在这个模型中，$m \times n$ 的词－文档矩阵被近似分解为三个因子，这三个因子规定了词和文档在第 k 个类中的近似归属关系，即 $X \approx FSG^T$。F 是一个 $m \times k$ 非负矩阵，表示词在语义空间中的映射，即 F 的第 i 行代表第 i 个词属于第 k 个类的后验概率。G 是一个 $n \times k$ 的非负矩阵，表示文档在语义空间中的映射，即 G 的第 i 行表示文档 i 属于第 k 个类的后验概率。S 是一个 $k \times k$ 的非负矩阵，表示 X 的主成分分析后的状态。在二分类的情形下，$k=2$。我们可以通过分解得到 G 和 F 矩阵。G 告诉我们每篇文档的分类情况，F 告诉我们每个词的情感分类情况。因为不带任何初始知识，这其实是一个非监督模型。他们也做了一些监督实验，比如使用少量情感词和少量文档标签来训练分解模型。如果词 i 是一个褒义词，模型就设定 $(F_0)_{i1}=1$，而如果是贬义词则设定 $(F_0)_{i2}=1$。其中 F_0 是初始 F 矩阵。分解是一个基于三条更新规则的迭代过程。一些已知文档标签也可以采用类似的方法，如果第 i 个文档标记了正面情感的标签，则设定 $(G_0)_{i1}=1$，否则设定 $(G_0)_{i2}=-1$。这种半监督的分类方法也可以产生很好的分类效果。

Bickerstafe 和 Zukerman（2010）等人则研究了更加一般性的问题，即对目标文档进行离散的、有序的情感多级打分，也就是对每个评论预测其评分星级的问题。因为类别是有序的，算法在分类时也考虑了情感类别间的相似度。

64

其他文档级别的情感分类工作包括半监督学习和主动学习（Dasgupta and Ng，2009；Zhou et al.，2010；Li et al.，2011b），只标注特征而不需要对文档进行标注（He，2010），使用词向量捕捉词语的隐含语义，以改善分类效果（Maas et al.，2011），对新闻陈述的褒贬进行分类（Scholz and Conrad，2013），以及先进行词聚类降低特征稀疏度，再用聚好的词类作为特征构建分类模型（Popat et al.，2013）。Li 等人（2012b）使用主动学习，对非平衡的训练数据进行情感分类。Tokuhisa 等人（2008）研究了文本对话数据中的情绪分类问题。他们先进行三类（正面、负面、中性）情感分类，然后把得到的正面和负面言论分为十种情感类别。Aly 和 Atiya（2013）等人爬取了大量的阿拉伯文书籍评论（63 257 条），并对其做了一些基本的情感分类和打分预测工作。

65

3.1.2 使用自定义的打分函数进行情感分类

除了使用标准的机器学习方法之外，研究者们还提出了一些专项技术，用于评论文本的情感分类。Dave 等人（2003）提出了一种打分函数，他们基于评论文本中出现的词进行打分，在此基础上对情感进行分类。这一方法主要包含如下两步。

第一步。用下面的公式计算训练集中每个词（unigram 或 n-gram）的得分：

$$\text{score}(t_i) = \frac{\Pr(t_i \mid C) - \Pr(t_i \mid C')}{\Pr(t_i \mid C) + \Pr(t_i \mid C')} \tag{3-2}$$

其中 t_i 是一个词，C 是一个类别，C' 是它的补集，即不属于 C 类的词组成的集合；$\Pr(t_i|C)$ 是词 t_i 属于 C 类的条件概率，通过词 t_i 在属于 C 类的文档中出现的次数除以属于 C 类的所有文档中词的个数计算得到。一个词的得分就是这个词偏向某个情感类别的度量，取值范围为 $-1 \sim 1$。

第二步。将一个新文档 $d_i = t_1 \cdots t_n$ 中所有词的情感倾向性得分加起来，根据得分求得这篇文档的分类：

$$\text{class}(d_i) \begin{cases} C & \text{eval}(d_i) > 0 \\ C' & \text{其他} \end{cases} \tag{3-3}$$

这里

$$\text{eval}(d_i) = \sum_j \text{score}(t_j) \tag{3-4}$$

实验使用了包括 7 种产品超过 13 000 条评论的数据集。结果显示选用 bigram（两个连续词）和 trigram（三个连续词）特征能够达到最高的准确率（84.6%～88.3%）。实验中也没有使用词干归一化或移除停用词的特征处理。

作者试验了一些其他分类方法，比如朴素贝叶斯、SVM、其他不同的打分函数。除此之外，作者也尝试了多种词替换策略以提升分类模型泛化能力，比如，

- ❏ 产品名称用"_productname"符号替换。
- ❏ 罕见词用"_unique"符号替换。
- ❏ 类别专有的词用"_producttypeword"符号替换。
- ❏ 数字符号用"NUMBER"替换。

66

作者也尝试利用 WordNet 从语言学的角度对评论中的词进行处理，例如：词干归一化、否定词处理、搭配词处理等。但是实验结果表明这些操作并不那么有效，反而会降低分类的准确性。

3.1.3　基于深度学习的情感分类

近些年，随着深度学习逐步成为人工智能的主流技术，许多深度学习和神经网络模型已经应用于情感分类任务。本节将对这一技术方向的代表性方法进行介绍。这一部分的内容主要是基于我们关于深度学习的情感分类方法的综述（Zhang, Wang and Liu, 2018）。

利用深度学习进行情感分类或者其他分类任务的关键是表示学习。在传统方法中，面对自然语言处理和文本挖掘任务，主要利用词袋子（Bag of Words, BoW）模型和 TF-IDF 方法对目标文本进行表示。早期的神经网络方法也采用这种表示策略。

但是，词袋子模型存在很多不足。首先，它忽略了词之间的顺序关系，即只要两篇文档具有相同的词，则认为它们是相同的。即使是基于 n-gram 的词袋子模型（Bag-of-n-gram），也仅仅是在一个很小的范围内（n-gram）考虑了词的顺序问题。并且词袋子模型不可避免地会遭遇数据稀疏以及特征空间维度过高的问题。其次，词袋子模型几乎不能对词的语义信息建模。例如，词"smart""clever""book"在词袋子模型中具有相同的距离，但是在语义层面，"smart"显然比"book"距离"clever"更近一些。

为了处理词袋子模型的这一问题，研究者们开始利用基于神经网络的词向量技术（Mikolov et al., 2013b）学习词的语义表示。每个词可以被转换为一个稠密向量（或者低维向量），这个向量可以建模词的语义和句法特征。将词的词向量结果作为输入，文档也可以被表示为一个稠密向量。

这里需要注意的是，除了上面提到的两类方法（词袋子模型和基于词向量的文档稠密向量学习方法），也可以基于词袋子模型直接学习文档的稠密向量表示。我们在表 3-2 中列出了各类方法。

表 3-2　利用深度学习进行文档级情感分类的代表性方法

研究工作	文档/文本的表示模型	神经网络模型	是否用到了 Attention	与情感信息联合建模的其他信息
Moraes et al. (2013)	词袋子模型	ANN（人工神经网络，Artificial Neural Network）	没有	—
Le and Mikolov (2014)	句子、段落、文档级的稠密向量	段落向量（paragraph vector）	没有	—
Glorot et al. (2011)	基于词袋子模型学习稠密文档向量	SDA（堆栈去噪自编码器，Stacked Denoising Autoencoder）	没有	在目标领域（利用迁移学习）基于非监督学习数据表示
Zhai and Zhang (2016)	基于词袋子模型学习稠密文档向量	DAE（去噪自编码器，Denoising Autoencoder）	没有	—
Johnson and Zhang (2015)	基于词袋子模型学习稠密文档向量	BoW-CNN 和 Seq-CNN	没有	—
Tang et al. (2015a)	基于词向量学习稠密文档向量	CNN/LSTM（学习句子表示）+GRU（学习文档表示）	没有	—

（续）

研究工作	文档 / 文本的表示模型	神经网络模型	是否用到了 Attention	与情感信息联合建模的其他信息
Tang et al. (2015b)	基于词向量学习稠密文档向量	基于 CNN 的 UPNN 模型（面向用户产品的神经网络）	没有	用户信息和产品信息
Chen et al. (2016a)	基于词向量学习稠密文档向量	基于 LSTM 的 UPNN 模型（面向用户产品的注意力网络）	有	用户信息和产品信息
Dou (2017)	基于词向量学习稠密文档向量	记忆网络（memory network）	有	用户信息和产品信息
Xu et al. (2016)	基于词向量学习稠密文档向量	LSTM	没有	—
Yang et al. (2016)	基于词向量学习稠密文档向量	基于 GRU 的序列编码器	层级注意力	—
Yin et al. (2017)	基于词向量学习稠密文档向量	输入编码器和 LSTM	层级注意力	商品属性和评价对象信息
Zhou et al. (2016)	基于词向量学习稠密文档向量	LSTM	层级注意力	跨语言信息
Li et al. (2017)	基于词向量学习稠密文档向量	记忆网络	有	跨领域信息

如果一篇文档能够被很好地表示，那么我们就可以在传统监督学习设置下，利用不同的神经网络模型处理情感分类任务。除此之外，神经网络也可以只被用来抽取文本特征或者学习文本表示。而学习到的特征可以直接输入到一个非神经网络模型中（例如，SVM），以得到最终的全局优化分类器。在这种情况下，神经网络和 SVM 可以相互弥补，充分利用各自的优势。

除了上述复杂的文档 / 文本表示之外，研究者们还尝试利用目标数据本身的特点进行情感分类。对于商品评论来说，一些研究者发现将情感信息与其他信息（例如用户信息和产品信息）联合建模，有助于提升情感分类的效果。此外，一般情况下，一篇文档中词之间的长依赖现象广泛存在，因此很多方法尝试利用注意力机制捕捉这种关系。表 3-2 中列出了一些代表性方法。下面，我们对这些方法进行简要介绍。

Moraes 等人（2013）面对文档级情感分类任务，对 SVM 模型和人工神经网络（ANN）进行了比较。实验表明，ANN 相对 SVM 来说在许多数据中取得了更好的效果。

为了克服词袋子模型的缺陷，Le 和 Mikolov（2014）给出了段落向量模型。这是一种非监督学习算法，能够自动学习句子级、段落级和文档级的文本向量表示。该方法通过从段落中采样得到的文本片段中预测上下文词这一任务学习其向量表示。文档的向量表示则被用来进行分类。

Zhai 和 Zhang（2016）给出了一种基于半监督学习的自编码器，这一方法能够在学习表示过程中考虑文档的情感信息，从而得到更好的文档向量表示。得到的向量可以用来进行文档级的情感分类。更具体地，该方法通过在自编码器中定义一个基于 Bregman 散度的损失函数，同时设计另一个判别式损失函数计算与文本表示情感标签的相关度。基于这两个损失函数，该模型能够学习到面向情感分类任务特定的文本表示。

Johnson 和 Zhang（2015）给出了一种基于 CNN 的模型，命名为 BoW-CNN。这一方

法在卷积层利用词袋子进行转换。他们同时给出了一个新模型，命名为 Seq-CNN。这一模型将多个词的词向量拼在一起，从而保存词序信息。

Tang 等人（2015a）给出了一种学习文档的向量表示的神经网络，这一方法能够考虑句间关系。这一模型首先利用 CNN 或者 LSTM 模型从词向量中学习句子的向量表示。其次，利用 GRU 模型自适应地编码句子的语义。由于 GRU 模型是一种序列模型，因此句间关系能够被天然建模。

Tang 等人（2015b）利用用户表示和商品表示进行评论情感分类。其基本思想是，用户和商品的表示能够用来建模用户的喜好信息以及商品的整体质量信息，这些信息能够提供较好的文本表示。

Chen 等人（2016a）同样也在分类过程中考虑了用户和商品信息。不同的是，他们分别使用了词级别和句子级别的注意力机制，该方法能够在词层面以及语义层面考虑全局的用户喜好和商品特点等信息。同样地，Dou（2017）利用深层记忆网络捕获用户和产品信息。他们的模型包含两部分。在第一部分，他们利用 LSTM 模型学习文档的表示。在第二部分，利用一个包含多层（多跳）计算层的深层记忆网络来预测目标评论文本的情感得分。

Xu 等人（2016）给出了一种基于缓存的（cached）LSTM 模型，该模型能够捕捉长文本的完整语义信息。模型中的记忆模块被分成很多组，每组具有不同的遗忘能力。其背后的基本思想是利用具有较低遗忘率的记忆模块捕捉全局的语义特征，而那些具有较高遗忘率的记忆模块用来学习文档中局部语义特征。

3.1.4　基于终身学习的情感分类

终身学习是近些年新出现的机器学习范式。在终身学习中，将输入一连串的任务，在老任务中学习到的知识能够被保留且应用于新任务的学习过程中。相比较下，传统的机器学习范式只能够基于单一数据集进行学习，并且无法利用先验知识，也没有知识保留机制，这种学习范式被称作孤立单任务学习。终身学习其实是在模仿人类的学习过程：人类总是在不断学习和积累知识，并且能够利用学习到的知识帮助以后的知识学习和问题解决。人类从来不是只学习单一任务或者任何学习都是从零开始。想了解有关终身学习的细节，可以参考我的另一本书（Chen and Liu 2016, 2018）的第 1 版和第 2 版。

面对情感分类任务，我们的任务是对任意一种商品的评论文本进行分类。而基于情感分类的终身学习就是从针对每一种商品的情感分类任务中学习并积累情感相关的知识，并利用这些知识提升新任务上的情感分类效果。

定义 3.3（终身学习）：终身学习（Lifelong Learning, LL）是一个连续的学习过程。在任一时间点，学习器已经面向 N 个任务 $T_1, T_2, \cdots, T_N$ 进行了学习。这些已经学习过的任务称为前序任务，相对应的数据集为 $D_1, D_2, \cdots, D_N$。当学习第 N+1 个任务 T_{N+1}（称为当前任务，数据集为 D_{N+1}）时，学习器需要利用已有知识库（Knowledge Base, KB）中已经学习到的知识，帮助学习第 N+1 个任务 T_{N+1}。这里 KB 中存储的是在前序任务中已经学习到的知识。经过在任务 T_{N+1} 上的学习，KB 中的知识也会被更新。

Chen, Ma 和 Liu（2015）针对文档级情感分类任务，给出了一种基于终身学习的情感分类（Lifelong Sentiment Classification, LSC）方法。假设我们已经在前序的领域中（每一

70 个商品都可以称为一个领域，在后面我将交替使用领域和任务这两个词，对它们不做区分，它们指的是同样的意思）利用监督学习方法进行了学习。学习到的知识存储在一个知识库 KB 中。这个 KB 被用来提升在新的领域或目标领域训练数据集 D^t 上的情感分类学习效果。学习之后，新学到的知识将嵌入当前 KB 中。

Chen, Ma 和 Liu（2015）所给的方法中利用朴素贝叶斯模型作为基准分类器。朴素贝叶斯模型天然适用于终身学习任务，因为已经学习到的参数可以作为新任务上的先验知识。

这里有两个问题需要明确。第一，当前任务已经标注了训练数据集，为什么前序学习任务对于当前任务仍然有用？这是由于样本存在抽样偏差问题（Heckman, 1979; Shimodaira, 2000; Zadrozny, 2004）或者训练数据集规模较小（Chen et al, 2015）的研究中，即当前任务的训练数据集中很难充分表征测试数据。例如，针对情感分类任务，在测试集中出现的一些情感词并未在当前的训练集中出现，但是这些情感词有可能出现在之前任务所处理的评论文本中。因此，前序任务学习到的知识可以作为当前情感分析任务的先验知识。

第二，即使前序任务的数据所在的领域非常宽泛，也可能与当前任务所在的领域不相似，为什么在前序任务中学到的知识仍然有用？这是由于在情感分类任务中，很多情感词与情感表达都是与领域无关的。即这些通用情感词的极性（正面或负面）在很多领域都是一样的。因此，通过前序任务的学习，模型可以学到很多正面和负面的情感词。需要注意的是，仅仅从一个或两个领域中学习情感知识存在低覆盖率的问题，这些知识对于当前任务来说可能不够。

Chen, Ma 和 Liu（2015）给出了一种方法，能够从前序任务学习到两类知识：文档级知识和领域级知识，这些知识用于新情感分析任务上的模型学习。其中一个关键技术在于发现对于新任务有用的老知识。如果学到的老知识对于新任务来说没有用，则应用这些知识对模型是有害的。Chen, Ma 和 Liu（2015）给出了一种基于频率统计的方法。他们的实验结果表明，在 20 个领域（或者任务）上训练得到的知识有助于新任务上的模型训练。

Wang 等人（2019b）对上面的方法进行了改进。他们的方法不仅仅能在新的任务上具有较好的效果，而且可以保证在不利用前序任务的数据进行重新训练的条件下，在已有老

71 任务上也具有较好的效果。这说明学习所用到的训练数据在学习之后就没必要保存了，他们的方法不仅能够提高正向的模型学习效果，还能提高反向的模型学习效果。其主要思路是，朴素贝叶斯是一种生成式模型，包含着大量参数。从这些参数中，我们可以挖掘对于后续任务有用的知识，这些知识可以用来调节目标任务的模型参数。这里，目标任务可以是一个新的任务，也可以是前序任务。值得说明的是，对于每一个任务的生成式模型都与其他任务独立，从每一个任务中学习得到的模型参数都被保存下来。所以，当我们想要提高前序任务的模型效果时，并不需要重新训练，只需要调节参数。

Lv 等人（2019）基于深度学习给出了一种终身学习方法，叫作基于所保存知识的情感分类（Sentiment Classification by Leveraging Retained Knowledge, SRK）方法。这一方法可以解决终身学习的灾难性遗忘问题（Catastrophic Forgetting, CF）从而提升分类效果。灾难性遗忘问题是一系列任务学习过程中的主要挑战，即在学习新任务之后，新学到的参数将会覆盖之前任务中学习到的模型参数，这会使得前序任务的模型性能变差。不解决这个问题，就很难在终身学习中采用神经网络方法。

　　SRK 的模型架构如图 3-1 所示，SRK 主要包含两个网络：一个是特征学习网络，另一个是知识保留网络。除此之外，SRK 还有一个网络融合模块。

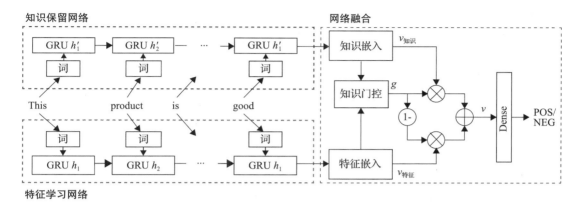

图 3-1　SRK 的模型架构

　　特征学习网络（Feature Learning Network，FLN）：FLN 用于学习文档的语义表示以进行分类。如图 3-1 所示，这个网络是基于传统的循环门机制（Gated Recurrent Unit，GRU）构建的（Chao et al. 2014）。

　　知识保留网络（Knowledge Retention Network，KRN）：KRN 用于从前序任务中学习并保留领域知识。与 FLN 类似，这个网络也是基于 GRU 的，网络输入也是 x，输出状态是 $\{h_1', h_2', \cdots, h_l'\}$。状态变量 h_l' 用来存储知识向量 $v_{知识} = h_l'$。为了保留知识，他们给出了另一个学习方法，称为部分更新（partial update），具体内容将在下面进行介绍。

　　网络融合模块（Network Fusion Component, NFC）：NFC 是一个知识门控，用来集成分别从 FLN 和 KRN 学习到的语义表示，进而产生最后的语义表示。具体地，通过这个知识门控，将在上面两个网络中学习到的与当前任务相关的知识信息选择性地进行融合，进行最后的决策。

　　SRK 的核心是 KRN，为了支持所有情感分类任务序列，KRN 从任务序列上的每个任务中学习并保存领域知识。然而，传统的神经网络很难处理这一问题，这是由于它们一直存在灾难性遗忘问题。从实验中，研究者们发现即使是神经网络模型，也都倾向于学习多个任务之间共同的知识，而往往忽略那些任务特有的特征或知识。由于灾难性遗忘问题，这些模型更加容易记住在最后任务中学习到的知识。因此，提出了一种部分更新机制来解决这一问题。其基本思路是基于对神经网络中激活行为稀疏性的观察，即在神经网络隐层中，仅仅有很少一些隐层节点易于激活，大部分神经网络隐层节点处于休眠状态。这种现象随着模型参数的增多而更加明显。

　　这一现象表明我们可以利用这种激活稀疏性来从多个任务中学习和共享知识。具体来说，针对任一任务（D_i, T_i）的任何网络模型，我们计算其每一层上的统计信息。例如图 3-2，与不易激活的神经元（神经元 2 和 3）相对应的输出权重表示其与任务（D_i, T_i）不相关。相对应的，那些与经常激活的神经元（神经元 1、4 和 5）相对应的输出权重表示这些权重参数中存储了与任务相关的知识。我们很容易理解在矩阵乘法 $y = Wh$ 中，当 h_2 和 h_3 具

72

有较小的值时，任何对矩阵 W 的第 2 列和第 3 列的修改对于最后的输出 y 产生的影响都较小。所以，当我们训练如 RNN 的网络模型时（其训练计算过程就是矩阵相乘的过程），则可以保留重要知识在矩阵中对应的列，只更新不重要知识在矩阵中对应的参数列。

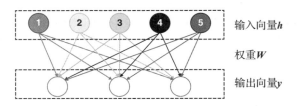

输入向量 h

权重 W

输出向量 y

图 3-2　一个神经网络中不同层的例子。输入层节点的颜色深浅程度表明该节点的激活程度。节点颜色越黑，表明该节点更容易被激活

所提出的部分更新机制包含两个步骤：自由神经元检测和梯度遮盖。自由神经元检测的主要目标是发现那些在前序任务中不重要的神经元。梯度遮盖的目标是在新任务学习过程中，尽量不更新非自由神经元所对应的权重。对此感兴趣的读者可以参考 Lv et al.（2019）。

在 20 个领域（或者产品类别）的评论文本上的实验结果如表 3-3 所示。其中，LSC 是 Chen 等人（2015）的终身学习方法。单独 RNN（Isolated RNN, I-RNN）是单独在每一个任务上进行训练的经典 RNN 模型，它并没有用到各个任务之间共享的知识。FLN 模型仅仅用到了 SRK 中的 FLN 部分。2-FLN 用了两个相同的 FLN 模型（即用另一个 FLN 模型替代 KRN 模型）。EWC 是一个经典的终身学习算法，它可以用来处理灾难性遗忘问题（Kirkpatrick et al., 2017）。从表 3-3 中，我们可以看出，SRK 显著优于其他方法，这说明终身学习对于情感分类任务是有效的。

表 3-3　所有比较模型的平均性能结果

模　型	准确率（%）	模　型	准确率（%）
LSC	86.68	2-FLN	88.44
I-RNN	83.86	EWC	86.29
FLN	87.73	SRK	89.85

3.2　无监督情感分类

情感分类的结果往往依据情感词或情感短语进行判别，因此我们不难想到可以利用这些情感词，采用无监督的方式进行情感分类。这里主要讨论两种方法。一种是基于 Turney（2002）的方法，用那些可能表示观点的固定句法模板来进行情感分类。另一种方法是利用包含褒义词和贬义词的情感词典进行分类。

3.2.1　基于句法模板和网页检索的情感分类

在 Turney（2002）所给的方法中，每个句法模板都是一个带约束的词性标签序列（表 3-4）。具体算法包括三步。

第一步。按照表 3-4 中所给的基于词性标记的模板在评论文本中抽取符合模板的两个连续的词。比如，模式 2 表示要抽取的两个连续词中第一个是副词，第二个是形容词，且后面跟着的词（不抽取）不能是名词。例如，在句子" This piano produces beautiful sounds（这台钢琴发出了美妙的音乐）"中，" beautiful sounds（美妙的音乐）"就是要抽取的词，因为它满足模式 1。之所以用这些模式是因为具有 JJ、RB、RBR、RBS 词性标签的词经常会用于表达观点和情感。名词或副词作为上下文，是因为在不同的语境中，JJ、RB、RBR、RBS 等词表达的情感也可能不同。比如形容词（JJ）" unpredictable（不可预测的）"在一个汽车评论中可能暗含负面情感，例如" unpredictable steering（不可预测的操控）"，但在影评中又可能表示正面的情感，比如" unpredictable plot（令人惊奇的情节）"。

表 3-4   用于抽取两个词的短语的基于词性标签的模板

	第一个词	第二个词	第三个词（不抽取）
1	JJ	NN 或 NNS	任意
2	RB、RBR 或 RBS	JJ	非 NN 或 NNS
3	JJ	JJ	非 NN 或 NNS
4	NN 或 NNS	JJ	非 NN 或 NNS
5	RB、RBR 或 RBS	VB、VBD、VBN 或 VBG	任意

第二步。用点互信息（PMI）来估计所抽短语的情感倾向性（Sentiment Orientation，SO）：

$$\mathrm{PMI}(\mathrm{term}_1, \mathrm{term}_2) = \log_2\left(\frac{\mathrm{Pr}(\mathrm{term}_1 \wedge \mathrm{term}_2)}{\mathrm{Pr}(\mathrm{term}_1)\mathrm{Pr}(\mathrm{term}_2)}\right) \tag{3-5}$$

PMI 用来衡量两个词在统计上的依存程度。此处 $\mathrm{Pr}(\mathrm{term}_1 \wedge \mathrm{term}_2)$ 是词 term_1 和 term_2 的真实共现概率，如果这两个词之间相互独立，则 $\mathrm{Pr}(\mathrm{term}_1)\mathrm{Pr}(\mathrm{term}_2)$ 是两个词的共现概率。一个短语的情感倾向得分 SO，是用它与正面情感词 excellent 和负面情感词 poor 间的关联度计算得到的。

$$\mathrm{SO}(\mathrm{phrase}) = \mathrm{PMI}(\mathrm{phrase}, \text{"excellent"}) - \mathrm{PMI}(\mathrm{phrase}, \text{"poor"}) \tag{3-6}$$

可以通过将这两个词作为 query 提交给搜索引擎并统计返回文档数的方法计算概率值。对于每个查询，搜索引擎会给出相关文档的数目，我们称之为命中数。因此，通过合起来搜索两个词，以及分别搜索每个词，就能统计式（3-5）中的概率。Turney（2002）在其方法中使用了 AltaVista 搜索引擎，因为它有一个 NEAR 操作符，可以将两个词在文档中的间隔距离限制在 10 个词以内。将命中数记为 hits（query），则式（3-6）可以写为：

$$\mathrm{SO}(\mathrm{phrase}) = \log_2\left(\frac{\mathrm{hits}(\mathrm{phrase\ NEAR\ "excellent"})\mathrm{hits}(\text{"poor"})}{\mathrm{hits}(\mathrm{phrase\ NEAR\ "poor"})\mathrm{hits}(\text{"excellent"})}\right) \tag{3-7}$$

第三步。给定一个评论，计算所有短语的 SO 值，如果所有短语的平均 SO 值为正，则该评论的情感为褒义，反之为贬义情感。

最终该方法在不同领域内具有不同的情感分类准确率。最高为汽车评论领域内的 84%，最低为电影评论领域内的 66%。

Feng 等人（2013）使用不同语料比较了 PMI 和其他三种相关度计算方法。这三种

指标分别为 Jaccard、Dice 和归一化的谷歌距离。所用语料为谷歌的索引页面、谷歌 Web
1T 5-gram 数据集、维基百科和推特。他们的实验结果表明在推特语料上计算 PMI 的效果
最好。

3.2.2　基于情感词典的情感分类

另一种无监督的方法是基于词典的情感分类方法。该方法基于一个包含已标注的情感
词和情感短语的词典进行分类，这个词典称为情感词典或观点词典，其中包括了情感词和
情感短语的情感倾向性和情感强度。除此之外，每篇文档的情感得分还需要结合情感加强
词和否定词来进行计算（Kennedy and Inkpen，2006；Taboada et al.，2006，2011）。这种
方法之前用于属性级情感分类（Hu and Liu，2006）和句子级情感分类（Kim and Hovy，
2004）任务。情感词可以是形容词、名词、动词或副词。具体的，该方法为每个表达了正
面情感的文本表达（词或短语）都赋予一个正的 SO 得分，而为每个表达了负面情感的文本
表达都赋予一个负的 SO 得分。

这类方法的基本形式是将文档中所有情感表达的 SO 值求和。若和的值为正，则该文
档就被判定包含正面的情感，若和的值为负，则该文档就被判定为包含负面的情感，若
和的值为 0，该文档就被判定包含中性的情感。该方法有很多改进方法，它们的主要区别
在于：每个情感的表达被赋予什么样的值？否定词如何处理？是否考虑新增信息等。Hu
和 Liu（2004）以及 Kim 和 Hovy（2004）的方法类似，为每个正面情感表达赋值 +1，每
个负面情感表达赋值 −1。如果出现否定词，如 not 和 never 等，则将 SO 值取反。例如
good 的情感 SO 值是 +1，而 not good 的 SO 值是 −1。Polanyi 和 Zaenen（2004）证明了
除否定词外的其他因素也会影响特定情感所表达倾向的正负性，这些因素又叫情感转置
词（sentiment shifter）或价转移词（valence shifter，Polanyi and Zaenen，2004）。情感转置
词是可以改变另一个本文表达的 SO 值的词。实际上的情感转置词要比 Polanyi 和 Zaenen
（2004）列举的多得多。我们将在 5.2 节、5.3 节和 5.4 节中对这一问题进行详细讨论，并
介绍情感表达之外传递或暗示情感的方式与方法。

Kennedy 和 Inkpen（2006）实现了 Polanyi 和 Zaenen（2004）等人的部分想法。除了
改变或反转情感的否定词外，他们也研究了前面提到的情感加强词和减弱词。这些词可以
改变所表达情感的强度。情感加强词会增加正面或负面情感的强度，而减弱词会削弱强度。
例如句子" This movie is very good"，短语" very good"就比" good"具有更强的情感，
而句子" This movie is barely any good"中，" barely"就是一个减弱词，使得句子表达了
十分负面的情感。为了考虑加强词和减弱词，这篇文章将所有的正面情感都赋值为 2。如
果前面在同一从句中出现加强词，就赋值为 3。如果前面在同一从句中出现减弱词，值就
为 1。同样，负面情感词的默认情感得分为 −2，如果前面有减弱词或加强词就分别赋值 −1
或 −3。

Taboada 等人（2011）对于上述方法进行扩展，进一步考虑更精细的情形。每个情感
表达的 SO 值范围是 −5（极度否定）到 +5（极度肯定），0 值除外。每个加强词和减弱词都
有一个或正或负的权重百分比。例如，slightly 是 −50，somewhat 是 −30，pretty 是 −10，
really 是 +15，very 是 +25，extraordinarily 是 +50，而（the）most 是 +100。如果 excellent

的 SO 值为 5，那么 most excellent 的 SO 值就为 5×(100%+100%)=10。加强词和减弱词从最靠近情感的表示开始，顺序地逐步加入 SO 值的计算：如果 good 的 SO 值为 3，则 really very good 的 SO 值就为 (3×[100%+25%])×(100%+15%)=4.3。情感加强和减弱的形式主要有两种：一种是有 SO 值的形容词带副词修饰（例如 very good），另一种是有 SO 值的名词带形容词修饰（例如 total failure）。除了副词和形容词之外，Taboada 等人（2011）还用到了其他词性的加强词和减弱词：数量词（a great deal of）、全部字母大写、感叹号标记、语篇连接词 but（标识出更显著的信息）。 [77]

在很多情况下，当遇到否定词时，简单反转 SO 值会有问题。比如 excellent 是一个 SO 值为 +5 的形容词；而如果其与否定词搭配就变成 not excellent，其 SO 值为 -5，这与 atrocious 大相径庭。实际上 not excellent 看起来比 not good 还要偏向正面的情感倾向，给一个 -3 之类的值就可以。为了捕获这样的实际感觉，SO 值会向着相反极性方向移动一个固定值（比如 4）。因此当一个情感倾向值为 +2 的形容词遇到一个否定词时，其情感倾向会被否定到 -2。但当一个 SO 值为 -3 的形容词（比如 sleazy）遇到否定词时，其 SO 值只会变得稍微正面（即 +1）。下面给出一些例子：

It's not terrific (5-4=1) but not terrible (-5+4=-1) either. [它并不极好（5-4=1）但也并不太差（-5+4=-1）。]

I have to admit it's not bad (-3 + 4 = 1). [我必须承认这并不差（-3+4=1）。]

This CD is not horrid (-5 + 4 = -1). [这张 CD 不那么难听（-5+4=-1）。]

其背后的基本思想是：在某种程度上，如果我们没有暗示得到了一个弱正面情感的表达，的确很难确定否定词是否对一个强正面词的情感倾向进行了反转。因此，否定词从某种意义上说也变成了一个情感减弱词。

Kennedy 和 Inkpen（2006）还注意到，基于词典的情感分类器通常会偏向正面的情感倾向。为了抹平这种误差，Taboada 等人（2011）为所有负面表达的最终 SO 值（计算过其他修饰词之后）增加了 50%，从而为相对少见的负面词赋予更多的权重。

也有很多标志词表明句子中的一些词不适合做情感分析。这类词一般暗示上下文是不真实的，又被称为虚拟标志词。这些标志词包括：情态动词、条件标志词（if）、负面词如 any 和 anything、确定性（主要是强度）动词（expect、doubt）、疑问句、引号中的词（可能是主观性的词，但不一定会反映作者的观点）。在分析过程中，在这些虚拟词作用范围外（即在同一从句中）的词的 SO 值将不会被考虑，这种策略称为虚拟阻断。这并不是说这些句子或从句就不带情感，实际上很多这类句子确实含有情感，例如 " Anyone know how to repair this lousy car?（有谁知道怎么修理这辆糟糕的车吗？）" 然而，要可靠地区分这类句子是否表达了情感十分困难。因此很多情况下这类现象被忽略了。我们将在讨论句子级和属性级情感分类时进一步讨论这些问题。

此外，除了上述方法之外，针对一些特定应用，人们也提出了一些人工的方法。比如 Tong（2001）提出了一种生成情感时间轴的系统。这个系统追踪在线的电影讨论，展示一个正面和负面评论（Y 轴）随时间（X 轴）变化的图。评论的消息根据特定短语进行匹配，从而对这些消息进行分类，之后我们可以获得作者对某一部电影的观点倾向性，比如 great acting、wonderful visuals、uneven editing、highly recommend it 等。这些短语通常是人工 [78]

编纂的。因此所得词典只是针对特定领域，当面对一个新领域时，开发者需要人工编纂一个新词典。

我们发现，如果一个领域有大量标注数据，监督学习通常会有更好的分类准确性，因为这类方法能够自动学习特定领域的情感表达。用基于词典的情感分类方法识别特定领域的情感表达就没那么容易，除非有一个可以发现这些表达并自动确定其倾向性的算法。已经有一些这方面的工作（Zhang and Liu，2011a，2011b），但还远未成熟。监督学习也有它的弱点，最主要的就是用一个领域数据训练得到的分类器不能用到另一个领域（见 3.4 节）。因此，每个应用领域都需要训练数据才能获得精准的分类。这时，由于基于词典的方法不需要训练数据，相对于监督学习的方法就更具优势。

3.3　情感评分预测

对有的应用来说，只把观点的倾向性二分为正面或负面是不够的，用户还需要看到正面情感和负面情感的强度。为此，研究者们尝试了一些预测评论打分（比如 1～5 星）的研究（Pang and Lee，2005）。由于情感的打分是序数，因此这个问题一般被形式化为一个回归问题。但并不是所有研究者都采用回归的方法解决这一问题。Pang 和 Lee（2005）尝试了 SVM 回归、基于一对多（One-Versus-All，OVA）策略的 SVM 多类分类，以及被称作度量标注的元学习方法。结果显示基于 OVA 的分类比其他两者效果差得多。这一结论也比较容易理解，毕竟数值化的打分并不属于独立的类别。

Goldberg 和 Zhu（2006）对这个方法进行了改进，他们将评分预测问题建模为基于图的半监督学习问题，模型在标注数据和未标注数据上进行训练。未标注数据是需要进行预测打分的评论。在他们所构建的图中，每个节点都是一个评论文档，两个节点之间连接的权重是两个文档的相似度。相似度很高表明两个文档的评分很相近。作者尝试了不同的相似度度量方法。他们还假设在算法初始化时，一个单独的学习者已经对未标注的文档预测了评分。这个图方法通过求解优化问题，基于初始的评分以及图上边的权重，对文档的评分进行修正，从而使得整个图上的评分更平滑。

Qu 等人（2010）修改了传统的词袋表示，引入了文档的观点袋（bag-of-opinions）表示，以捕获观点中 n-gram 的情感强度。他们认为每个观点都是一个三元组，包含情感词、修饰词和否定词。例如在 " not very good " 中，good 是情感词，very 是修饰词，not 是否定词。观点修饰词对于两类情感分类不太重要，但对于评分预测就很有用了，否定词也是一样。他们利用有约束的岭回归（ridge regression）算法在领域无关语料中学习观点强度或情感得分。其中关键点是对已有观点词典和评论评分的运用。为了把训练好的回归模型用到一个新领域的应用当中，他们基于观点评分设计了一些统计量，并将其作为额外特征与标准的 unigram 一起进行新领域内评论的评分预测。

在这之前，Liu 和 Seneff（2009）等人在通过句法分析所得到的句子的层次化语义结构表示的基础上，提出了一个抽取 "副词 – 形容词 – 名词" 短语（例如 " very nice car "）的方法。他们没有用到机器学习的方法，而是用了一个启发式的算法，基于已计算的每个词、短语的情感得分，通过计算形容词、副词、否定词等对于整句的情感得分的贡献，获得整篇评论的情感得分。

Snyder 和 Barzilay（2007）没有对整篇评论进行情感得分预测，而是研究了评论中提及的每个属性的评分预测问题。我们可以简单地用回归和分类的算法来研究这个问题，但这个方法没有用到不同用户针对不同属性的观点之间的依赖关系，而这一信息往往对提升预测准确率非常有用。针对这一问题，这篇文章提出了两个模型：一个基于属性的模型（作用于每个属性）和一个基于一致性的模型（用于建模属性间评分的一致性）。学习过程中同时考虑了这两个模型。其中训练所用特征是每个评论的 unigram 和 bigram 之类的词汇特征。

Long 等人（2010）用了与 Pang 和 Lee（2005）类似的方法，但他们使用了贝叶斯网络分类器来预测每个属性的评分。为了得到较高的准确率，他们没有对每一篇评论都进行预测，只针对那些对于属性进行了充分评价的评论进行预测，而忽略那些没有包含足够的信息的评论。评论的选择是基于 Kolmogorov 复杂度的信息度量方法。然后利用机器学习算法对所选评论的属性进行评分预测，训练用到的特征仅来自于属性相关的句子。属性的抽取采用与 Hu 和 Liu（2004）类似的做法。 80

近些年，人们提出了一些基于深度学习的评论评分预测方法。例如，Yang 等人（2016）针对评论文档级情感评分预测问题提出了一种基于层级注意力机制的神经网络方法。他们的方法包含两个级别的注意力机制：一个是在词级别计算，一个是在句子级别计算。这个方法能够使模型分别在词、句子级别分别挑选重要的词和句子，以此来构造整篇文档的语义表示。Yin 等人（2017）将文档级属性 – 情感得分预测任务建模成一个阅读理解问题，同时他们给出了一种层级交互注意力模型。具体地，文档与伪属性相关的问题相互交互，能够针对属性评分预测任务学习属性牵引的文档语义表示。

3.4　跨领域情感分类

情感分类对训练数据所属领域非常敏感。一个领域的观点文档所训练得出的分类器用到别的领域效果通常都很差，这是因为不同领域的词甚至语言构成可能都大不一样。更糟的是一个词在不同领域可能连情感倾向性都不一样。因此需要使用领域适应（domain adaptation）或者迁移学习（transfer learning）技术进行跨领域情感分类。

针对这一问题，已有研究主要基于两种前提条件，一种需要新领域内有少量标注数据（Aue and Gamon，2005），另一种则不需要新领域内有标注数据（Blitzer et al.，2007；Tan et al.，2007）。有标注数据的原始领域一般称为源领域，待测试的新领域叫作目标领域。

Aue 和 Gamon（2005）在目标领域缺少大量标注数据的条件下，给出了一种情感迁移分类算法。他们尝试了 4 种策略：混合其他领域的标注数据用于训练，然后在目标领域测试；像策略 1 一样训练分类器，但是仅使用目标领域中存在的特征；使用多领域分类器的集成（ensemble），并在目标领域测试；结合使用目标领域的少量标注数据和大量未标注数据（即传统半监督学习设置）。前 3 种策略使用 SVM 作为分类器。第 4 种策略使用期望最大化（Expectation Maximization，EM）的半监督学习（Nigam et al.，2000）。他们的实验表明第 4 种策略的效果最好，这是由于这一策略使用了目标领域的标注和未标注数据。 81

Yang 等人（2006）提出了一种基于特征选择的简单策略，用于句子级情感分类的迁移学习任务。他们先用了两个领域内充分标注的数据来选出在两个领域中都有效的特征，这些特征被视为领域无关的，用它们构造的分类器能用到任何目标领域。Tan 等人（2007）提出了另一个简单的方法，先用源领域数据训练一个基本分类器，再用它标记一些目标领域中有代表性的样本。基于这些目标领域内选出的样本，再训练一个分类器用于目标领域的分类。

Blitzer 等人（2007）针对领域自适应提出了一种方法，名为结构化对应学习（Structural Correspondence Learning，SCL）（Blitzer et al.，2006）。给定源领域的标注数据和未标注数据，以及源领域和目标领域的未标注数据，SCL 算法先选择了两个领域都频繁出现的 m 个特征，它们对源领域的预测效果最好（在文章中就是源标签互信息具有最大值的那些特征）。这些中轴特征代表两个领域共享的特征空间。其次，SCL 计算每个中轴特征和每个领域的非中轴特征的相关性，得到相关矩阵 W。它的第 i 行是表示第 i 个中轴特征对每个非中轴特征的相关度向量。直观上说，相关数为正就表示在该领域的非中轴特征与中轴特征正相关，这就建立起两个领域的特征对应关系。之后使用 SVD（Singular Value Decomposition）分解计算 W 的一个低维线性近似 θ（前 k 个特征向量的转置）。最终用来训练和测试的特征就是原始特征 x 及变换后的 θx，即 k 个实值特征。基于这一特征集和源领域的标记数据所构建的分类器可以在源领域和目标领域都取得很好的结果。

Pan 等人（2010）在更高级别提出了一个与 SCL 相似的方法。这个算法的前提是源领域只有标记数据，而目标领域只有未标记数据。它通过谱特征对齐（Spectral Feature Alignment，SFA）算法来将不同领域的领域有关词聚为多个簇，簇之间通过领域无关词连接。领域无关词与 Blitzer 等人（2007）所用的中轴词相似，因此可以用与其相似的办法选取。SFA 先构造了领域无关词和领域有关词之间的二部图。领域有关词若与领域无关词在文档或窗口中共现，则它们之间有一条边，边上的权重是它们的共现频率。接下来用谱聚类算法在二部图上将领域有关词和领域无关词聚为特征簇。这里的想法是，如果两个领域相关词与很多相同的领域无关词相连，它们就可能聚为一类。同样，如果两个领域无关词与很多相同的领域相关词相连，则它们也应该聚为一类。在最终的跨领域训练和测试中，这些簇和原始特征集相结合组成新的特征集，所有的样本都用新的特征集来表示。

82

基于同样的想法，He 等人（2011）使用联合主题建模来识别两个领域的观点主题（与前面说的簇相似），并建立不同主题的链接。所得话题涵盖了两个领域，被直接当作新增特征来扩充原始的特征集合。Gao 和 Li（2011）也用了主题建模，试图基于两个领域的词对应关系和词共现信息来找到两个不同领域之间的一个共同语义空间。基于这个语义空间就可以训练出一个面向目标领域的分类器。

Bollegala 等人（2011）提出了一种方法，该方法可以用多个源领域的标注和非标注数据，构造一个基于情感信息的同义词库，这样便于找到不同领域中具有相似情感的词之间的联系。这个同义词库可以用来扩展原始特征向量，从而训练出一个两类情感的分类器。

Yoshida 等人（2011）通过识别领域相关、领域无关的情感词，给出了一种从多个源领域到多个目标领域的情感迁移方法。Andreevskaia 和 Bergler（2008）使用了两个分类器的集成进行领域迁移。第一个分类器使用词典构造，第二个使用少量领域内数据训练得到。

Wu 等人（2009a）提出了一种基于图的方法，主要是基于相似度图上标签传播的思想

（Zhu and Ghahramani，2002）来进行领域迁移。这个图中的每个文档都是一个节点，每条边表示文档间的相似度，边上的权重可以用余弦相似度进行计算。每个源领域的文档标签值初始化为 +1（正面）或 –1（负面），每个目标领域的标签值则可以基于一个普通情感分类器训练得到。之后算法进行迭代，针对每个目标领域 i，通过找出其源领域的 k 个最近邻和新领域的 k 个最近邻，将这些邻居的标签得分进行线性组合，以此来更新当前样本 i 的标签值。当标签值收敛时，整个算法停止迭代。目标领域的情感倾向标签依据它们的文档标签得分来确定。Ponomareva 和 Thelwall（2012）对基于图的方法和其他几个现有最好方法进行了比较。结论显示，基于图的方法在领域适应问题上给出了很有竞争力的结果。

Xia 和 Zong（2011）发现在不同领域，一些词性标签特征常常是领域相关的，而另一些是领域无关的。基于这个观察，他们提出了一个基于词性的组合模型来结合不同的词性标签，以改善分类性能。

Glorot 等人（2011）给出了一种基于堆栈去噪自编码器（stacked denoising autoencoder）的深度学习系统来解决跨领域情感分析任务。这一自编码器基于 ReLU 激活函数，采用标注数据和非标注数据进行无监督训练，能够更好地学习到跨领域特征表示。

Li 等人（2017）针对跨领域情感分类任务，给出了一种对抗记忆网络。在他们的网络模型中，分别来自源领域和目标领域的数据被融合在一起。他们的方法分别训练了两个网络，一个负责情感分类，一个负责领域区分（即，这个分类器用来区分当前文档是来自源领域还是目标领域）。

3.5 跨语言情感分类

跨语言情感分类就是对多种语言的观点文档进行情感分类。这一任务主要有两个动机。第一，不同国家的研究者希望能建立针对本国语言的情感分析系统。但是，已有的大部分研究工作都是针对英语的，其他语言没有太多可以利用的资源或工具以迅速建立一个不错的情感分类器。于是就有了一个很自然的想法，是否可以利用机器翻译和现有的英语情感分析系统资源和工具，来构建其他语言的类似系统。第二，很多公司都希望了解和比较不同国家的消费者对他们产品的观点。如果他们有一个英语的情感分析系统，那么他们希望通过翻译手段，尽快建立一个其他语言的情感分析系统。

很多研究者都研究过这个问题。很多现有工作都主要关注文档级别的情感分类，以及句子级别的主观性和情感分类。除了 Guo 等人（2010）的研究之外，目前针对属性级别的研究工作还不多见。这一节我们主要关注文档级别的跨语言情感分类任务。4.6 节会研究句子级别的跨语言情感分类任务。

Wan（2008）利用英语的情感资源做中文的评论分类。第一步是用多个翻译引擎把每条中文评论都翻译为英文，得到多个不同的英语版本。之后他们用基于词典的情感分类方法对每份英语翻译版本进行分类。情感词典包括正面情感表达（词和短语）、负面情感表达、否定的文本表达、情感加强词。最后把评论中考虑了情感加强和情感否定之后的所有情感表达的情感得分加起来，若最终分值小于 0，则该评论的情感就是负面的，否则就是正面的。然后，他们用不同的组合方法对每个评论不同翻译版本的得分进行组合（平均、最大值、加权平均、投票等）以获取该篇评论的情感分类结果。如果有中文情感词典，那也能对原始中文评论使用同样的基于词典的情感分类办法，以获取该评论的所属情感类别，且可以和英文翻译的结果进行结合。他们的结果显示组合技术非常有效。Brooke 等人（2009）也尝试了用一个英语到西班牙语的翻译引擎获取该评论的西班牙语翻译结果，再用基于词典或机器学习的办法对目标语言文档进行情感分类。

Wan（2009）提出了一种用英语标注语料进行协同训练的方法，通过监督学习的手段进行中文评论分类，而该方法没有使用任何中文资源。在训练时，输入为一组有标注的英文评论和一组未标注的中文评论。有标注的英文评论会被翻译成中文，而未标注的中文评论会被翻译成英文。于是每条评论都有一个英文版本和中文版本。英文特征和中文特征被看作同一评论的两个独立而冗余的不同表示。之后该方法使用基于 SVM 的协同训练方法训练出两个分类器，再合并为一个分类器。测试时每条未标注的中文评论都先被翻译为英文，再用上述训练得到的分类器将其分为正面的情感或负面的情感。Wan（2013）使用了协同回归的方法预测跨语言评论的打分。该方法也用了协同训练的想法。

Wei 和 Pal（2010）用了一个基于迁移学习的方法进行跨语言情感分类。因为机器翻译经常出错，为了降低翻译所引入的噪声，他们提出了一种基于 SCL 方法（Blitzer et al., 2007），选出两种语言（中文和英文）所共有的核心特征的方法。为了降低数据和特征的稀疏性，他们向搜索引擎提交查询，试图找到那些和核心特征相关的特征，然后用这些新发现的特征构建更多伪样例用以训练分类器。

Boyd-Graber 和 Resnik（2010）对有监督的 LDA（Supervised Latent Dirichlet Allocation，SLDA）主题模型（Blew and McAulife，2007）进行扩展，用于预测多语言评论的打分。SLDA 可以在主题建模时考虑用户打分。这个扩展模型（又叫 MLSLDA）同时从多语言文档中挖掘主题信息，所得到的主题在多个语言里具有一致性。为了把不同语言的主题词关联起来，这个模型还用到了不同语言的已对齐的 WordNet 以及词典信息。

Guo（2010）使用一个基于主题模型的方法把多语言属性的不同表达进行聚类，从而对不同国家中面向同一属性的评论文本进行情感分析后的结果比较。

Duh 等人（2011）针对跨语言情感分类问题进行了研究，他们的分析认为，领域不匹配不是由机器翻译的错误引起的。哪怕机器翻译结果完全正确也会造成跨语言分类准确率下降。他们还认为跨语言的自适应问题和其他（单语言的）自适应问题有着本质不同，因此应当考虑新的自适应算法。

Zhou 等人（2016）针对文档级跨语言情感分类任务，给出了一种基于注意力机制的 LSTM 模型。他们建立了两个基于注意力机制的 LSTM 模型，分别用于双语文本的语义表示，其中每个 LSTM 模型都是一个层级模型。通过他们的方法，该模型可以有效地将来自富资源语言（英语）的情感信息迁移到贫资源语言（中文）当中，帮助提高贫资源语言下的情感分类效果。

3.6 文档的情绪分类

现在我们考虑情绪分类问题，这一任务相对于情感分类任务要难得多。这是因为：情绪有更多的类别，即情绪和心情的类型；不同类型的情绪和心情有非常多的相似之处，难以区分。由于写作时难以对情绪和心情进行区分（Alm，2008），在本节中，我们不对它们进行区分。

现有的文档级情绪分类大多都采用监督学习的方法。例如 Mishne 和 de Rijke（2006）就针对来自 LiveJournal.com 的博客数据进行情绪分类。在 LiveJournal.com 上，博客主可以为他们的博文加上心情标签，因此这些博文就能用于监督学习。主要特征是那些可代表每种情绪的词（词或 n-gram）。这些词可以这样计算：对每种情绪类型 m，生成两种概率分布 θ_m 和 $\theta_{\neg m}$。θ_m 是所有标记了情绪类型为 m 的博文中词的分布，而 $\theta_{\neg m}$ 是剩余博文中词的分布。θ_m 中的所有词都用它们的对数似然值进行排序，并与 $\theta_{\neg m}$ 中该词的对数似然值进行比较，这样就得到了针对情绪类型 m 的特征词的有序列表。当对每种情绪都完成了这一操作，就可以选出每个有序列表的前 N 个词，构成针对每种情绪的代表性特征集。其他类型的特征也有所使用，比如博文发布于一天中的时间、发布日期、是否是在周末发布等。对于模型构建，该方法用了 pace 回归算法（Wang and Witten（1999））。

Lin 等人（2007）用雅虎提供的中文新闻文章进行情绪识别。在雅虎的新闻网页中，读者可以基于自己感受到的情绪对其进行投票。基于这样的数据，算法使用 SVM 进行监督学习，总共用到了四种特征集。第一种是基于汉字字符的 bigram 特征。第二种包括中文分词后产生的所有词。第三种是文章的元数据，比如新闻记者、新闻分类、新闻事件地点、发布时间、新闻社名称等。第四种集合是词的情绪类别，词的情绪类别从作者之前构造的情绪词典中获得（Yang et al.，2007）。

Strapparava 和 Mihalcea（2008）也用到了监督学习方法，他们使用的是朴素贝叶斯分类。另一种是基于流形学习的监督学习方法（Kim et al.，2013）。这里的学习算法与前面那些文章提到的学习算法的不同之处在于，它们的方法把情绪预测任务看作一种有离散标签的多分类问题。这篇文章假设数据满足连续的情绪流形，故他们的方法在本质上是不同的学习范式。

其他的情绪研究工作主要与情绪词典的构建有关，比如 WordNet-Afect（Strapparava and Valitutti，2004）就是基于 WordNet 构建的，而 Mohammad 和 Turney（2010）所构建的词典则是通过众包的方式构建的。Mihalcea 和 Liu（2006）以及 Mohammad（2011）也针对不同种类的在线文本做了一些情绪分析工作（不是情绪分类）。

3.7　小结

文档级情感分类的目标是检测整篇文档的整体观点和情感。已有很多研究者对其做了广泛的研究。但是，在这个级别上进行分类有如下两个缺陷：

- ❑ 它不考虑情感或观点所评价的对象。尽管对评论文本来说这种方法已经足够，但这是因为一条评论通常只评价一个实体。对非评论如论坛讨论、博客、新闻等数据，这种方法就捉襟见肘了。因为这些帖子会同时评价多个实体，并使用比较句对提到的每个实体进行比较。因为论坛帖子不像评论，它可能会给出一些产品描述，而不管对该实体持有什么样的观点，所以很多时候难以确定一篇帖子是不是评价了用户感兴趣的实体，或者是不是表达了观点。文档级情感分类不能完成如此精细的任务，这需要深度的自然语言处理，而不仅仅是进行文本分类。实际上，因为几乎所有在线评论都有一个用户评的分数，因此这一类评论数据并不需要情感分类。在实际应用中，需要情感分类的往往是论坛讨论和博客，以便确定人们的观点。

❑ 即使知道一篇文档只评价了一个实体，在大多数应用中，用户还是想知道更多细节，比如消费者喜欢产品的哪方面、不喜欢哪方面。在一篇典型的包含观点的文档中，都会有这些细节，但文档级情感分类不能为用户提取这些内容，这些细节也可能对用户做决策非常重要。比如一款获得了全好评的相机（4 星到 5 星），但一些评论者提到它的电池续航时间短。如果一个潜在的消费者需要更长的续航时间，哪怕每篇相机评论都是正面的，他可能也不会买。

88

第 4 章

句子级主客观和情感分类

如同第 3 章已经讨论过的，文档级情感分类对实际应用来说还是太粗糙了。这一章，我们开始关注句子级情感分类方法。其目标是识别每个观点文档（如产品评论）中的句子所包含的情感倾向，判断每个句子包含的是正面、负面还是中性的情感。这离实际的情感分析应用更进一步，即提取针对每个评价对象的观点信息。句子级情感分类和文档级情感分类大体相同，这是因为我们可以把句子视为短文档。但因为句子太短，其包含的信息也少得多，因此，句子级情感分类要更加困难。大多数文档级别的情感分类论文都忽略了中性这一情感类别，主要是因为进行准确的三类分类（褒义、贬义、中性）太难了。但是，对于句子级情感分类，中性类就不可以忽略了，因为一篇包含观点的文档中确实可能含有很多中性的句子。这里需要说明的是，中性的句子通常指的是那些不表达任何观点或情感的句子。

句子级分类有个潜在的假设是一个句子只表达了一个观点，即只含有一种情感。我们以下面的评论为例：

I bought a Lenovo Ultrabook T431s two weeks ago. It is really light, quiet, and cool. The new touchpad is great, too. It is the best laptop that I have ever had, although it is a bit expensive.

第一句没有表达任何观点信息，仅仅陈述了一个事实。因此它是一个中性的句子。其他句子都表达了情感信息。因此，句子级情感分类定义如下：

定义 4.1（句子级情感分类）：给定句子 x，判断 x 表达的是正面、负面还是中性（无）观点。

从上面的定义，我们可以看到，句子级情感分类和文档级的一样，不考虑观点所评价或情感所表达的对象目标。但大多数情况下，如果系统输入是实体和它们的属性集合，句子中对这些实体及其属性所表达的情感可以代表该句子的情感倾向。当然，这并不是绝对的。例如，"Trying out Chrome because Firefox keeps crashing"，句子中就没有针对 Chrome 发表观点。上述定义也不能处理带有相反观点的句子，比如"Apple is doing well in this bad economy"，这个句子一般被认为包含了混合观点。因此，就像文档级情感分类一样，句子级情感分类并不考虑观点评价对象，因此具有一定的局限性，不能处理很多种句子类型。但这一任务本身也很有用，因为在实际中，大多数句子确实表达了单一的观点或情感。

定义 4.1 没有使用五元组（e, a, s, h, t）对句子级情感分类任务进行定义，因为句子级情感分类只是整个情感分析任务的一个中间步骤，这一任务并不注重于对观点评价对象、观点持有者和观点发布时间等信息进行抽取与识别，所以无法用上述五元组进行定义。

句子级情感分类可以看作一个三类分类问题或者两个单独的两类分类问题。在后一种情形下，第一个问题（或说第一步）是判别当前句子是否包含了观点信息。第二个问题（或说第二步）的目标是识别句子中观点的倾向性，判别其是正面的观点还是负面的观点。第一个问题在已有文献中被称为主客观分类，即判断句子是否表达了主观信息或客观（事实性）信息（Hatzivassiloglou and Wiebe, 2000；Riloff and Wiebe, 2003；Yu and Hatzivassiloglou, 2003；Wiebe et al., 2004；Wilson et al., 2004；Riloff et al., 2006；Wilson et al., 2006）。许多研究者把文本的主观性和情感当作同一个概念，这一理解是有问题的。正如我们在 2.4.2 节讨论的那样，客观句子中也可能暗含观点，许多主观句子也可能不包含任何正面或负面的观点倾向。因此，先识别句子中是否含有观点的做法要更合适一些（Liu，2010），而不是考虑它是一个主观句还是一个客观句。

定义 4.2（含观点的）：一个句子若表达或暗含了正面或负面情感，则这个句子是含观点的。

定义 4.3（不含观点的）：一个句子若不表达也不暗含任何正面和负面情感，则它是不含观点的。

但是，在实践中仍然会使用主客观分类这个词汇。接下来，我们先讨论主观性这一概念（见 4.1 节），然后介绍句子级主客观分类和情感分类的结果（见 4.3 节）。

同第 3 章一样，这一章也将用综述形式来介绍。在这一领域已经发表了不少学术文章，它们中大多都基于监督机器学习方法，因此这些方法也多注重于特征工程方法。目前还没有单独且全面的实验比较，对现有技术和特征的有效性进行综合评价。

4.1　主观性

主观性的概念在情感分析中被广泛使用，也引起了一些研究者的困惑。在很多文章中，具备主观性和具有情感被看成等价的，但实际上它们并不相同。我们先在这里对句子的主观性进行定义，因为这一概念依赖于主观和客观的定义，首先给出这两个词的词典释义[⊖]：

定义 4.4（主观性）：存在于人的主观意识中，而不是存在于客观世界中。

定义 4.5（客观性）：真实或现实存在的。

基于这两个定义，我们对句子主观性的定义如下：

定义 4.6（句子主观性）：客观句表达的是事实性的信息，而主观句表达的是个人感受、观点、判断或信仰。

　⊖　http://www.thefreedictionary.com/

比如"The iPhone is an Apple product"就是一个客观句的例子。而"I like the iPhone"就是一个主观句的例子。区分一个句子是主观还是客观的任务叫作主客观分类（Wiebe and Riloff，2005）。但是，这里我们需要注意两点：

❑ 主观句也可能不表达任何正面或负面的情感。文本的主观表达可以表达出观点、评价、评估、指责、愿望、信念、怀疑、猜测以及态度（Wiebe，2000；Riloff et al.，2006）。这些概念有的会带有正面或负面情感，而有的不会。例如"I think he went home"就是一个主观句，因为它表达了一种信念，但它并不表达亦不暗含正面或负面情感。句子"I want to buy a camera that can take good photos"也是主观的，甚至还包含了情感词"good"，但它依然没有表达对任何事物的正面或负面观点。它只是表达了一个期望或意图（我们将在第 11 章讨论意图挖掘）。

❑ 客观句也可以暗含观点或情感，因为事实可能是期望发生或不期望发生的（Zhang and Liu，2011b）。例如下面两个句子陈述了一些事实，但其中明显暗含了对产品负面的情感，因为这些事实并不是人们所期望的：

"The earphone broke in two days."
"I bought the mattress a week ago and a valley has formed in the middle."

除了正面和负面情感之外，人们还研究过很多其他主观性句子的类型，其中有些类型并不富含情感信息。比如评价、情绪、心情、判断、感谢、猜测、回避、视角、争论、赞同和反对、政治态度等（Lin et al.，2006；Medlock and Briscoe，2007；Alm，2008；Ganter and Strube，2009；Greene and Resnik，2009；Somasundaran and Wiebe，2009；Hardisty et al.，2010；Murakami and Raymond，2010；Neviarouskaya et al.，2010；Mukherjee and Liu，2012）。其中很多类型也会暗含情感和观点。我们在 2.3 节中已经对感情、情绪、心情等问题进行了讨论。我们也将在第 10 章讨论争论、赞同、反对和立场等问题。

总之，尽管主观性和情感有很多交集，但它们的定义是不相同的。大多数人都会同意这样的观点，从心理学的角度看，情感是一种主观感受，主观性概念包括情感这一概念，情感只是主观性的一种。但是，人们并不总需要用主观句表达情感，因为我们可以根据在实际交流中的常识和经验，在特定上下文中判别出有些事实是我们期望的，有些事实不是我们期望的，因此有些事实描述也暗含作者的主观意愿。

4.2　句子级主客观分类

主客观分类任务就是把句子分为主观和客观两类（Wiebe et al.，1999）。早期研究把主客观分类当作一个独立问题来进行研究，并没有与情感分类任务相结合。直到最近，研究者才把这一任务当作句子级情感分类的第一步，用来移除那些被认为不含情感的客观句。按我们之前的讨论，这种情况下的主观和客观的分类实际上应该指的是对含观点的和不含观点的句子进行划分。

大多数现有主客观分类方法都是基于监督学习的。比如，Wiebe 等人（1999）的早期工作就使用朴素贝叶斯分类器来进行主客观分类，其中用了一组二值特征，比如代词、形容词、基数词是否出现，除 will 以外的情态动词是否出现，除 not 之外的副词是否出现等。

后来的其他相关研究也使用了其他学习算法，并设计了更加复杂的特征。

Wiebe（2000）使用了一个非监督学习方法来进行主客观分类。他通过句子中是否含有主观的文本表达来判断句子的主观性。因为没有这种文本表达的完整集合，他从一些种子词出发，然后使用分布相似度（distributional similarity）（Lin，1998）来找出与种子词相似的词，这些词就有可能是表示主观信息的词。但是这样找出来的词具有精度较低、召回较高的特点。然后他用 Hatzivassiloglou 和 McKeown（1997）的方法及 Hatzivassiloglou 和 Wiebe（2000）提出的可分级性概念，对错误的主观性表达进行过滤。我们将在 6.2 节讨论 Hatzivassiloglou 和 McKeown（1997）的方法。

可分级性（gradabilty）是一个语义属性，它表示一个词是否可以用于比较结构中，并且用加强词或减弱词进行修饰。可分级形容词描述了一种强度可变的属性，并与显式提及或隐式表达的被修饰名词相关（例如，a small planet is usually much larger than a large house）。可分级形容词能够通过人工编纂的副词和名词短语（例如 a little、exceedingly、somewhat、very 等）种子集合扩展得到，这些种子词是经常出现的。这些可分级形容词可以用来很好地识别主观性句子。

Yu 和 Hatzivassiloglou（2003）使用句子相似度和朴素贝叶斯分类器来进行主客观分类。句子相似度方法的基本假设是主观性句子与其他观点句子在语义上相似，而与客观性句子的语义不相似。他们利用 Hatzivassiloglou 等人（2001）的 SIMFINDER 系统来衡量句子间的相似性。该方法主要利用句子间共享的词、短语和 WordNet 中的义项（synset）来计算句子间的语义相似度。而在用朴素贝叶斯分类时，他们用到的特征有词（unigram）、bigram、trigram、词性、有无情感词、情感词序列的极性级数（比如"++"表示两个连续正面情感词），还有带情感信息的词性数（比如"JJ+"表示正面的形容词）。他们也将首动词、主语和近邻的修饰词中可能的情感编码作为特征。他们还进行情感分类，以此来判断一个主观句子中的情感倾向是正面的还是负面的。对于这一问题，我们将在下一节进行讨论。

使用监督学习的一大瓶颈就是需要人工标注大量数据。为了减少人工工作，Riloff 和 Wiebe（2003）给出了一种基于自举（bootstrapping）策略的方法来进行数据的自动标注。算法首先用两个具有高准确度的分类器（HP-Subj 和 HP-Obj）来自动发现一些主观句和客观句。这两个高准确度的分类器简单地使用明确表达了主观性的词典（单个词或 n-gram）进行主客观的判别。在 HP-Subj 分类器中，当一个句子包含两个或更多的主观词时，这个句子将被认为是一个主观句。而在 HP-Obj 分类器中，当一个句子不包含任何主观成分时，这个句子将被认为是一个客观句。这两个分类器准确率非常高，但召回较低。进行初步分类后，该方法把提取出的句子加到训练集中，接着用训练得到的模板对更多主观句和客观句进行分类，再把这些句子加入训练集，进行算法的下一次迭代。

对于模板的学习，他们用了一些语法模板来限制模板的种类。下表为一些语法模板和样例：

语法模板	样　例
<subj> passive-verb	<subj> was satisfied

（续）

语法模板	样　例
<subj> active-verb	<subj> complained
active-verb <dobj>	endorsed <dobj>
noun aux <dobj>	fact is <dobj>
passive-verb prep <np>	was worried about <np>

　　Wiebe 和 Riloff（2005）使用这些模板作为规则，生成主客观分类的训练数据。基于这些规则，如果一个句子中包含两个或更多强主观性的线索，则该分类器把当前句子识别为主观句，否则就不对该句子进行标记。相反，如果一个句子中没有包含任何强主观性的线索，且满足了一些其他条件，则分类器将该句子识别为客观句。这个系统还用了信息抽取系统 AutoSlog-TS（Riloff，1996），基于一些固定的句法模板来学习新的客观句模板。这些基于规则的分类器所产生的数据可以进一步用来训练朴素贝叶斯分类器。Wiebe 等人（2004）做了一些相关的研究，使用了更全面的特征集和主观性线索进行主客观分类。

　　Riloff 等人（2006）研究了不同特征的关系。他们定义了 unigram、n-gram、词汇化句法语法模板之间的从属关系。如果一个特征归属于另一个特征，则就可以忽略这个特征，这样可以去掉一些冗余特征。

　　Pang 和 Lee（2004）提出了一个基于最小割算法来进行主客观分类。算法需要构造一个观点文档的句子图。构造这个图用到了局部标签一致性（用以产生两个句子的关联性得分），以及传统分类器输出的句子主观性的概率（用以产生每个句子的主观性得分）。局部标签一致性是指临近的两个句子较有可能拥有相同的类别标签（主观或客观）。最小割算法则可以用局部标签一致性来改进基于单个句子的主客观分类。这个工作的目的是将客观句移除，以改善文档级情感分类。

[94]

　　Scheible 和 Schütz（2013）也用了类似的技术。但他们的分类目标并不是分为主观的和客观的，而是分为含观点的还是不含观点的句子，他们将其分别称为情感相关和情感无关。他们所用的特征集也不一样。

　　Barbosa 和 Feng（2010）针对推文（推特上的文本）进行主客观分类。除了用到传统特征之外，也用了针对推特的特征，比如转发、标签、链接、大写词、表情符号、感叹号和问号等。针对主观性推文的情感分类也使用了同样的特征。

　　有趣的是，Raaijmakers 和 Kraaij（2008）在传统的基于词的 n-gram 特征之外，发现了基于字母的 n-gram 特征，这些特征能够很好地用于情感和主客观分类。比如句子"This car rocks"中包含的字母 bigram 就有 th、hi、is、ca、ar、ro、oc、ck、ks。Raaijmakers 等人（2008）与 Wilson 和 Raaijmakers（2008）比较了基于词的 n-gram、基于字母的 n-gram、基于音素的 n-gram 对主客观分类任务的效果。他们用了 BoosTexter（Schapire and Singer，2000）作为学习算法。令人惊奇的是，他们证明基于字母的 n-gram 效果最好，而基于音素的 n-gram 和基于词的 n-gram 效果则差不多。

　　Wilson 等人（2004）指出，一个句子可以既包含主观从句又包含客观从句。区分出这些从句及其主观性强度对于整句的主客观分类会很有用。他们提出了一个自动主客观分类，把句子中从句的主观性划分为四种强度（中性、低、中、高）。因此，强度分类也涵盖了句子的主观性和客观性分类。他们用了监督学习进行分类，特征包括主观性的词、短语及通过依存句法分析所得的语法特征等。

　　Benamara 等人（2011）进行了四类的主客观分类，即 S、OO、O、SN。其中 S 表示主观且有评价的（情感可以是正面或负面的），OO 表示客观句或其片段中暗含主观或客观观点，O 表示没有观点的客观句，SN 表示主观但没有评价的（没有正面或负面情感）。这个分类与我们在 4.1 节和 2.4 节中的讨论一致，即主观句不一定是有评价的，而客观句也可能暗含情感。

　　也有一些主客观分类工作是针对阿拉伯语（Abdul-Mageed et al.，2011）和乌尔都语（Mukund and Srihari，2010）的，他们用了不同的机器学习算法，同时也利用了通用的或针对具体语言的特征。

4.3　句子级情感分类

　　我们现在开始讨论句子级情感分类任务，即对一个主观的或者含观点的句子，我们要判断它是否表达了正面或负面的观点。和文档级情感分类任务相似，这个问题依然可以用监督学习的方法来处理，也可以用基于词典的方法进行处理。如果一个应用需要获取针对某个具体目标实体或实体属性的观点，系统可以简单地认为每个句子中所包含的整体的情感就是针对该句中的目标实体的情感信息。但是，这种假设可能会有问题，我们将在 4.3.1 节进行详细讨论。

4.3.1　句子级情感分类的前提假设

　　正如本章开始时讨论的，针对句子级情感分类问题，已有方法通常基于如下假设。但是，这些假设在已有研究论文中常常不明确指出。

　　假设 4.7：一个句子中只表述了一个观点或情感。

　　句子级情感分析也和文档级一样，不考虑观点所评价的对象。这个假设使得句子级情感分类受到一些限制，难以应用到一些复杂的句子中：

　　1. 这个假设只适用于仅包含一个情感的简单句（主谓宾结构），例如 "The picture quality of this camera is amazing"。上述假设对包含多个情感的简单句就不适用，比如 "Lenovo is doing quite well in this poor PC market"，同样，它对复合句或复杂句式常常也难以适用，这些句子在一句话中通常表达了多个情感。例如，"The picture quality of this camera is amazing and so is the battery life，but the viewfinder is a little small for such a great camera"，这句话同时表达了正面和负面的观点，对于 "picture quality" 和 "battery life" 表达的观点是正面的，但对于 "viewfinder" 所表达的观点就是负面的。它还对 "camera" 整体给出了正面评价（即 2.1 节中提到的 GENERAL 方面）。由于这类混合情感的存在，有的研究者把这类句子看成一种持有混合情感的类型，并使用一个单独的 MIXED 类别来标示它们。但是，这类混合类别的句子在实际应用中很难处理。

　　2. 这个假设可能只能判别句子整体层面是正面或负面的情感，会忽略细节，而这些细节对于应用来说往往是非常有用的。例如，很多研究者都把下面的句子当作正面的，并且希望分类器也这么分（Neviarouskaya et al.，2010；Zhou et al.，2011）："Despite the high unemployment rate，the economy is doing well"，这个句子整体上的确是正面的，作者也强调了她对"the economy"方面持有褒义的观点，但这并不意味着这个句子对所有提到的东西的观点都是正面的。它对"unemployment rate"的观点就是负面的，这一点我们不能忽略，因为实际应用也经常需要知道观点和其所评价的目标。如果我们在应用中直接给"unemployment rate"简单赋予了和整个句子相同的正面情感，就会产生错误。相反，如果我们考虑属性级情感分析，并且在分析观点信息时，考虑每个观点所评价的对象，这个问题就能得到解决（见第 5 章）。

3. 句子级情感分类任务只适用于那些表达常规型观点的句子，而不能用于表达比较型观点的句子。例如"Coke tastes better than Pepsi"。这个例句明确地表达了一个观点，但我们不能简单将其分为正面、负面或中性的情感。我们需要用不同的方法来抽取和分析比较型观点，因为其中所包含的语义是不同的（见第 8 章）。

4.3.2 传统分类方法

对于主观句的情感分类任务，Yu 和 Hatzivassiloglou（2003）使用了和我们在 3.2 节所讨论的 Turney（2002）相似的方法。但 Turney（2002）只用了正面和负面各一个种子词，而他们用了一个较大的形容词种子集合。同时他们使用一个修正的对数似然率（log-likelihood ratio）取代了 PMI，来确定每个形容词、副词、名词和动词的正负倾向性。他们用词的平均对数似然得分，并用训练数据学习两个阈值，以此确定每个句子是否有正面、负面或中立的情感倾向。Hatzivassiloglou 和 Wiebe（2000）使用表达情感强度的形容词研究了同样的问题。

Hu 和 Liu（2004）用了一个基于词典的算法进行属性级情感分类，但这个方法也可以用于确定句子的情感类别。他们用自举（bootstrapping）策略，通过给定的正负情感种子词以及 WordNet 中的同义词和反义词关系，得到一个情感词典。我们将在第 6 章讨论各种生成情感词典的方法。一个句子的情感倾向可以通过求和句中所有情感词的倾向得分得到。他们将一个正面词的情感得分定为 +1，负面词则为 –1，同时也考虑了否定词和转折词（比如 but 和 however 等）的情况。

Kim 和 Hovy（2004）使用了一个相似的方法，构造情感词典的方法也差不多。但他们是通过将所有句中情感词的得分相乘来判定句子倾向。他们也试验了其他两种聚合情感得分的方法，但效果都比较差。

Kim 和 Hovy（2004，2007）与 Kim 等人（2006）用了监督学习的方法来发现一些特别的观点类型。Nigam 和 Hurst（2004）使用了一个领域相关的词典和一个浅层 NLP 方法来判断句子的情感倾向。

Gamon 等人（2005）使用了一个半监督学习算法，从一个小的有标注训练数据集和一个大的无标注数据集中学习分类器。该算法基于 EM 算法，并用朴素贝叶斯作为基分类器（Nigam et al.，2000）。他们的目标是进行三分类，包括正面、负面和"其他"（无观点或有混合观点）。

McDonald 等人（2007）使用了一个类似条件随机场（Conditional Random Field, CRF）（Laferty et al.，2001）的层次序列标注模型，来联合学习并同时判别句子和文档中所蕴含的情感。训练数据集中的每个句子都有情感标注，每条评论也有一个情感标注。他们的结论显示，同时在两个级别进行学习，能够同时提升两个级别的情感分类准确性。Täckström 和 McDonald（2011b）进一步提出一个仅仅依据文档级情感标签构建句子级和文档级情感分类器的学习方法。Täckström 和 McDonald（2011a）则将一个完全监督学习模型和一个部分监督学习模型进行融合，用于多个级别上的情感分类任务。

Hassan 等人（2010）提出了一个算法来标示在线讨论的每个参与者的态度。因为作者只关注讨论中的接收者，该算法只用了有第二人称代词的句子片段作为处理目标。算法的第一步使用监督学习找出带有态度的句子，所用特征由马尔可夫模型生成。第二步使用基于词典的方法来判断句子的情感倾向，该方法与 Ding 等人（2008）的方法相似。不同之处在于，对于包含了相矛盾情感词的句子，他们用了依存树上的最短路径来判断其情感倾向，而 Ding 等人（2008）则用了词的距离信息（见 5.1 节）。

最后，许多研究者还尝试了面向推文的情感分类任务。因为一条推文很短，可以将其看作一句话。例如，Davidov 等人（2010）研究了推文的情感分类问题，他们用了传统的 n-gram 特征，并使用了如标签、表情符号、标点、惯用模式等推特特有的特征。他们发现这些新增特征对于推文的情感分类任务特别有效。Volkova 等人（2013）研究了不同性别在使用主观性或带观点语言、表情符号、标签等上的不同。实验表明考虑了性别的分类效果要比不考虑性别的分类效果好。Hu 等人（2013）提出了一种在微博情感分类中使用社交关系的监督学习方法，主要用来处理微博中的高级别噪声。

还有其他一些有趣的研究工作，例如，利用情感词典对莎士比亚戏剧中角色所持的情感进行研究（Nalisnick and Baird，2013），使用从产品的视频评论中抽取的言论进行多模态情感分类（Perez-Rosas et al.，2013），用于分类的特征包括由声音转写成的文本、声学信号和视频中人物的面部表情等。

4.3.3　基于深度学习的分类方法

同文档级情感分类任务一样，利用神经网络进行句子的表示对于句子级情感分类任务同样重要且有效。除此之外，相对于文档来说，句子文本长度更短，因此，在句子级情感分类中需要利用更多的句法和语义信息（例如：句法树、观点词典和词性标签等）。同样地，也需要利用一些额外信息，例如评论打分、社交关系以及跨领域信息等。例如，在面向推文的情感分类任务中，社交关系这一特征就被大量使用。

在早期基于神经网络的句子级情感分类方法研究中，句法树（可以提供语义和句法信息）与原始词一起作为神经网络的模型输入。因此，组合的情感信息可以被更好地推断出来。近几年，CNN 和 RNN 是深度学习领域的流行方法，它们不再需要句法信息，而是直接从原始文本中学习句子的语义特征。CNN 和 RNN 的输入是原始词的词向量，其中已经蕴含了一些句法和语义信息。另外，CNN 和 RNN 的模型结构也支持捕捉一个句子中词之间的语义关系。下面我们介绍一些代表性方法。

Socher 等人（2011a）首先提出了一个基于半监督学习的递归自编码网络（Recursive

Antoencoders Network, RAE），这一方法能够自动学习一个句子的低维向量表示。Socher 等人（2012）后续又提出了一个矩阵 - 向量递归神经网络（Matrix-Vector Recursive Neural Network, MV-RNN）。每个词在词向量之外都可以用一个树结构上的矩阵表示，这个树结构可以利用另外的句法分析器得到。Socher 等人（2013）提出了一种递归神经张量网络（Recursive Neural Tensor Network，RNTN），这里基于张量的组合函数可以用来捕捉句子中每个成分之间的相互关系。Qian 等人（2015）提出了两个更高级的模型。一个是标签牵引的递归神经网络（Tag-Guided Recursive Neural Network, TG-RNN），这一方法可以根据一个短语的词性标签选择特定组合函数。另一个是标签嵌入的递归神经网络 / 递归神经张量网络（Tag-Embedded Recursive Neural Network/Recursive Neural Tensor Network, TG-RNN/RNTN），这一方法能够学习词性的语义表示，并将词的语义表示和词性的语义表示进行合并。

Kalchbrenner 等人（2014）提出了一种动态 CNN（Dynamic CNN, DCNN）模型，用以学习句子的语义表示。DCNN 模型使用动态 K-Max 投票算子作为非线性下采样函数。神经网络产生的特征图能够捕捉词间关系。Kim（2014）利用 CNN 模型进行句子级情感分类，也给出一些 CNN 模型的不同变化，并进行实验比较。这些方法是：CNN-rand（其中每个词的词向量是随机初始化的）、CNN-static（其中每个词的词向量是经过预训练且固定不变的）、CNN-non-static（其中每个词的词向量是经过预训练并在训练过程微调的）、CNN-multichannel（其中每个词使用多个词向量）。Wang 等人（2016c）给出了一种基于 CNN 和 RNN 的联合模型，并用于短文本上的情感分类任务，该模型能够利用 CNN 捕捉到的粗粒度局部特征，也可以利用 RNN 捕捉句子中词之间的长距离依赖关系。Huang 等人（2017）提出一种基于树结构的 LSTM 网络模型，用于句法知识（例如：词性标签）的语义编码，该方法可以提高短语和句子的语义表示。Dahou 等人（2016）利用词向量和一个 CNN 模型，对阿拉伯语中的句子进行情感分类。

Santos 和 Gatti（2014）提出了一个字符来句子化 CNN（CharSCNN）模型。CharSCNN 使用两个卷积层来从任意大小的单词和句子中提取相关特征，以执行短文本的情感分析。Wang et al.（2015）在合成过程中通过模拟单词之间的交互，并利用 LSTM 来进行 Twitter 情感分类。通过门结构的单词嵌入间的乘法运算用于提供更大的灵活性，并产生比单个 RNN 中的附加结果更好的合成结果。类似于双向 RNN，单向 LSTM 可以通过在隐藏层中允许双向连接扩展到双向 LSTM（Graves and Jurgen，2005）。

Guan 等人（2016）针对句子级情感分类任务（也可以应用于属性级情感分类）提出了一种基于弱监督的 CNN 网络模型。这一方法包含两个步骤，该方法首先利用评论文本的整体打分，通过弱监督学习获得句子的语义表示。然后用句子级情感标签（属性级情感标签）对模型进行分类和微调。Wu 等人（2017）、Angelidis 和 Lapata（2018）分别提出了不同的弱监督学习方法，该方法能够利用文档级别的评论打分进行句子级情感分类。Wang 等人（2019a）提出了一种方法，能够对训练数据中的噪声进行滤除，从而提升句子级情感分类的精度。

[100]

Teng 等人（2016）针对情感分类任务，提出了一种基于上下文感知的词典方法。该方法利用双向 LSTM 学习句子的情感强度、增强以及否定现象，然后利用一种简单的权重加和模型组合得到句子的情感值。Qian 等人（2017）给出了一种融合语言学知识的正则 LSTM 模型，该方法可以在 LSTM 网络中融入语言学资源，例如情感词典、否定词和程度词等。该方法能够更好地捕捉句子中的情感信息。

Zhao 等人（2017）针对推文情感分类任务，给出了一种循环随机游走网络（recurrent random walk network）学习方法，该方法能够利用推文文本的深度语义表示以及目标用户的社会关系共同确定情感类别。Mishra 等人（2017）利用 CNN 从读者在阅读文本过程中的眼动（或者关注轨迹）数据中学习到认知特征，并利用这类特征辅助已有文本特征进行情感分类。

此外，Yu 和 Yang（2016）针对跨领域句子级情感分类任务，研究了领域通用的句子表示学习方法。他们的方法是一个联合学习模型，包含两个独立的 CNN 网络，能够相互影响，分别学习标注数据和未标注数据的语义表示。Guggilla 等人（2016）给出了一种基于 LSTM 和 CNN 的神经网络模型，该方法针对感受分类任务（将给定句子分为陈述句或者包含感受的句子），能够利用 word2vec 和语言学词向量。Wang 等人（2016a）给出了一种区域 CNN-LSTM 模型，该方法包含两部分，一个是区域 CNN 网络，另一个是 LSTM 网络，该方法能够预测给定文本的倾向性得分。Akhtar 等人（2017）给出了一种基于多个多层感知机的集成模型，该方法能够针对金融领域博客和新闻文本进行细粒度的情感分类。

深度学习模型目前也已经在低资源语言（相对于英文）文本上的情感分类任务中得到了应用，并且取得了不错的效果。例如，Akhtar 等人（2016）报告了基于 CNN 的混合模型在一种低资源语言（印地语）上进行句子级和属性级情感分类的效果。

但是，Wang 等人（2018b）在研究属性级情感分类（Aspect Sentiment Classification，ASC）任务时发现了一个重要问题：在记忆网络（Memory Network，MN）中，只使用注意力机制并没有什么用。这说明属性级情感是与目标相关的情感信息，上下文的情感极性信息与给定的目标相关，不能仅仅从上下文就学习到。为了解决这一问题，Wang 等人（2018b）给出了一种目标感知的记忆网络（Target-sensitive Memory Network，TMN）模型。后续很多方法都是基于 TMN 的改进方法。

4.4 处理条件句

现有的句子级主客观分类或情感分类方法主要关注通用的分类问题，很少考虑不同的句子类型应该采用不同的处理与分析方法。Narayanan 等人（2009）认为不太可能存在一种可以解决所有问题的万能技术。因为不同类型的句子表达情感的方式很不一样，这也许需要一个能关注不同句子类型的分治处理策略。他们的论文主要关注的是条件句的处理方法。条件句有一些特有的特征，使得现有情感分类系统难以识别其中所蕴涵的情感倾向。

条件句通常会包含一些暗含意思、假设情形及其对应结果。通常情况下，一个条件句会包含相互依赖的两个从句：条件从句和结果从句。它们的关系对于判别句子所表达的情感是正面还是负面的有很大的影响。仅仅有情感词（例如 great、beautiful、bad）是不能区分句子中是否带有观点信息的，比如"If someone makes a reliable car, I will buy it"和"If your Nokia phone is not good, buy this Samsung phone"。第一个句子中"reliable"是一个褒义词，但这个句子并未对任何汽车表达情感。第二个句子对三星手机表达了正面情感，但没有对诺基亚手机表达观点（尽管诺基亚手机的拥有者对它的观点可能是负面的）。因此，已有的适用于非条件句的情感分类方法在条件句上就失效了。Narayanan 等人（2009）

使用了监督学习方法来处理这个问题，他们选择了一些语言学特征，如情感词或短语及其位置信息、情感词词性、时态模式、条件连词等。

我们下面列出一些有趣的条件句模式，它们通常都会指示情感信息。这些模式对于产品的评论、在线讨论、博客文本等都很有用，但是在其他领域的文本中并不常见。每个模式都必须出现在结果从句中，而条件从句通常会表达要买特定类型产品的一种有条件的意愿，比如"If you are looking for a great car""If you are in the market for a good car"和"If you like fast cars"等。模式如下所示：

102

POSITIVE	::=	ENTITY is for you
	|	ENTITY is it
	|	ENTITY is the one
	|	ENTITY is your baby
	|	go (with | for) ENTITY
	|	ENTITY is the way to go
	|	this is it
	|	(search | look) no more
	|	CHOOSE ENTITY
	|	check ENTITY out
NEGATIVE	::=	forget (this | it | ENTITY)
	|	keep looking
	|	look elsewhere
	|	CHOOSE (another one | something else)
CHOOSE	::=	select | grab | choose | get | buy | purchase | pick | check | check out
ENTITY	::=	this | this ENTITY_TYPE | ENTITY_NAME

POSITIVE 和 NEGATIVE 是情感类别。ENTITY_TYPE 是产品类型，比如汽车或者电话。ENTITY_NAME 是一个命名实体，比如 iPhone 或 Motorola。这里没有包括否定词，可以用标准的办法来处理否定词，我们将在 5.3 节讨论这种情况。大多数情形下，实体名称不会在这些句子里被提及，即它们要么在更早的句子中被提到了，要么就是当前正在评论的产品。但是，观点所评价对象的属性则会在条件从句中被频繁提到，比如"If you want a beautiful and reliable car, look no further"，这个句子就对汽车的外观和可靠性两方面的属性给出了正面观点。

尽管这些模式对于发现条件句中的情感很有用，但是对于非条件句可能就不适用了。因此在针对非条件句进行情感分析时，就不应使用这些规则。显然，还有其他类型的条件句可以表达观点或情感，比如"If you do not mind the price, this is a great car"。这个句子表达了两个观点，一个是对价格的负面观点，一个是对汽车的正面观点。但是大多数带有情感词的条件句并不表达观点，要识别它们依旧很难。顺便提一句，使用 if 或者 whether 表达不确定性的句子通常都不含正面或负面情感，比如"I wonder if the new phone from Motorola is good or not"。这里的 wonder（想知道）可以换成其他的词或短语，比如：am not sure、am unsure、am not certain、am uncertain、am not clear、am unclear。

另一种难以处理的句子是疑问句。例如，"Can anyone tell me where I can find a good Nokia phone?"就显然没有对任何特定手机表达观点。但是"Can anyone tell me how to fix this lousy Nokia phone?"就对诺基亚手机持有负面观点。许多修辞疑问句也是带观点的，比如"Aren't HP Minis pretty?"和"Who on earth wants to live in this building?"。据我所知，还没有什么关于这个领域的相关研究。

总之，我相信要获得更准确的情感分析结果，我们一定需要用不同方法处理不同类型的句子。这个方向还需要更多深入的研究。

4.5　处理讽刺句

讽刺是一种复杂的语言行为，说话人或作者会说出或写出与他们表达意义相反的内容。讽刺在语言学、心理学和认知科学里都有相关研究（Gibbs，1986；Kreuz and Glucksberg，1989；Utsumi，2000；Gibbs and Colston，2007；Kreuz and Caucci，2007）。在情感分析领域，讽刺是指当一个人表达正面观点时，他实际持有的是负面的观点，反之亦然。讽刺句在情感分析中很难处理，因为需要用常识和语篇分析才能识别。近年来有一些对讽刺句的初步研究（Tsur et al.，2010；González-Ibáñez et al.，2011），但从我们的角度来看，目前研究仍然处于初步阶段，讽刺句处理起来仍旧十分困难。依我的经验来看，讽刺句在产品和服务的评论中并不常见，但在在线讨论以及政治相关的报道中经常出现。

Tsur 等人（2010）使用了一种基于半监督学习的方法识别文本中的讽刺现象。这篇文章还给出了很多评论中常出现的典型的讽刺性标题的例子，比如

1. "[I] Love The Cover"（书）
2. "Where am I?"（GPS 设备）
3. "Be sure to save your purchase receipt"（智能手机）
4. "Are these iPods designed to die after two years?"（音乐播放器）
5. "Great for insomniacs（失眠者）"（书）
6. "All the features you want. Too bad they don't work!"（智能手机）
7. "Great idea，now try again with a real product development team"（电子阅读器）

例句 1 没有评价书的内容而是评价了其封面，所以是讽刺。用这句话作为标题显然作者对书的观点是负面的。例句 2 需要理解上下文（是一条对 GPS 设备的评论）。例句 3 看起来像是介于讽刺和好的建议之间，但是和第一句一样，把它当作标题毫无疑问说明它是一句讽刺。它在暗示手机质量不好，也许需要退货。例句 4 中的讽刺来源于看似简单的疑问，它在质疑商品使用时间。例句 5 中想要理解讽刺需要常识（失眠→乏味）。例句 6、例句 7 中则用明确的矛盾表达方式进行讽刺，并且例句 7 表达了一个明确的正面情感（Great idea），而例句 6 中的正面情感并不明显。从这些例子我们可以看出，处理讽刺非常困难。

Tsur 等人（2010）提出了讽刺检测算法，他们的方法用到了少量有标注的句子（种子），但没有用未标注数据。该方法通过网页搜索自动地扩展种子集。作者假设讽刺句会在文本中和其他讽刺句频繁共现，于是把种子集中的每个句子当作查询词进行网页搜索，保存每次搜索引擎返回的前 50 条网页摘要，并将其加入训练集中。这个扩展之后的训练集用

来学习和分类。学习时使用的特征包括两类：基于模板的特征和基于标点的特征。模板是一个高频词的有序序列，类似于数据挖掘中的序列模板（Liu，2006，2011）。他们共设计了两个准则来移除那些太宽泛和太特殊的模板。基于标点的特征则包括了叹号、问号和引号等的数量，以及句中首字母大写和全大写的单词数量。然后，他们用了一个基于 k 近邻的方法进行分类。但是，这一研究并没有涉及情感分类，它只是用来识别讽刺和非讽刺句。

　　González-Ibáñez 等人（2011）用推特数据研究了直接表达正负面观点的讽刺和非讽刺的推文（不考虑中立言论）。他们采用了基于 SVM 和逻辑回归的监督学习方法。特征为 unigram 和一些基于词典的信息，基于词典的特征包括词类别特征（Pennebaker et al.，2007）、基于 WordNet 的特征（WordNet-Affect，WNA）（Strapparava and Valitutti，2004）、感叹词特征（如 ah，oh，yeah）和标点符号特征（如 !，?）等，他们也用到了表情符号和回复标记（表示一条推文是对另一条的回复，由 <@user> 触发）。三类分类（讽刺、正面、负面）的实验结果显示，这个问题很有挑战性，最好的方法准确率仅有 57%。他们的工作同样没有识别讽刺句中所包含的情感倾向为正面情感还是负面情感。

　　Riloff 等人（2013）提出了一种自举方法来检测特定类型的讽刺推文，这种类型的讽刺推文由一个正面情感后面接一个负面情感组成。比如，句子"I love waiting forever for a doctor"中，love 表示一个正面情感，而 waiting forever 表示一个负面情形。他们发现这种类型的讽刺在推特上非常常见。作者还做了进一步的限制，仅关注表达正面情感的动词短语和表语（包括谓语形容词和谓语名词），以及动词短语的否定补足语的情况。他们的自举学习过程基于如下假设：一个表达正面情感的短语会出现在否定短语的左边，并且靠得很近（通常是相邻的，但也不一定），即

[+ VERB PHRASE] [– SITUATION PHRASE]

　　基于自举学习的算法从唯一的一个正面情感种子词 love 开始。算法通过人工标注的讽刺和非讽刺语料，首先抽取出一些候选的否定短语，都是在 love 右边出现的 n-gram。算法也抽取出特定形式的动词补语，将之定义为基于词性的 bigram 模板。之后就基于人工标注数据，对每个候选短语打分，超过一定阈值的就加入到否定短语集合中。自举学习过程中，交替地学习正面情感和负面情感短语，直到不能抽取出更多的短语时停止。最终得到的正面情感短语和否定短语就可以用来识别讽刺类型的推文。

　　近些年，很多方法开始利用深度学习技术解决讽刺检测任务。Zhang 等人（2016a）针对推文的讽刺检测任务给出了一种深度神经网络模型。他们的方法利用双向 GRU 模型来获取推文当前的句法和语义信息，然后利用投票神经网络从当前推文的历史推文中自动抽取上下文特征，该方法利用这两类特征进行讽刺检测。Joshi 等人（2016b）针对讽刺检测任务研究了词向量特征的有效性。他们在四种已有讽刺检测算法中加入了扩展后的词向量特征，实验结果表明加入词向量特征能够取得不错的检测效果。Poria 等人（2016b）给出了一种基于 CNN 模型的讽刺检测算法（该方法的目标是检测推文中的讽刺和非讽刺文本），该算法能够将一条推文中通过预训练得到的情绪、情感、个人特征以及文本特征联合建模在统一的模型中。Peled 和 Reichart（2017）基于一个 RNN 神经翻译模型，给出了一种可解释的推文讽刺检测算法。Ghosh 和 Veale（2017）针对推文上的讽刺检测任务给出了一种

105

CNN 和双向 LSTM 的混合模型，该方法可以对语言学、心理学的上下文进行建模。Mishra 等人（2017）利用 CNN 从读者在阅读文本过程中的眼动（或者关注轨迹）数据中学习认知特征，并将其应用于讽刺检测任务。词向量也已经被应用于英文推文的反讽识别任务（Van Hee et al. 2016）以及争论中的争论词识别任务（Chen et al. 2016b）。

4.6 跨语言主客观和情感分类

如同文档集主客观分类和情感分类任务，研究者们也已经在句子级别研究过这一问题。这方面的研究同样使用大量的英语资源和工具，通过自动翻译系统，帮助在其他资源较少的语言上建立情感分析系统。现有研究主要提出了三种处理策略：

1. 把目标语言的句子翻译为源语言，再使用在源语言上训练得到的分类器进行分类。
2. 把源语言的训练语料翻译为目标语言，然后为目标语言构建一个基于语料的分类器。
3. 把源语言的情感或主观性词典翻译为目标语言，再为目标语言构建一个基于词典的分类器。

Kim 和 Hovy（2006a）试验了第一种策略，他们把德语的电子邮件翻译为英语，并利用英语的情感词来判断目标文本中的情感倾向。他们也试验了第二种策略，把英语情感词翻译为德语，再用翻译得到的德语情感词来分析德语的邮件。

Mihalcea 等人（2007）也尝试把英语主观词和短语翻译到目标语言。他们实际上尝试了两种翻译策略。一种策略是，用英语主观性词典翻译得到一个目标语言（罗马尼亚语）的主观性词典，然后用与 Riloff 和 Wiebe（2003）中所给出的基于规则的主客观分类器相似的做法，把罗马尼亚语的句子分为主观的和客观的。这种方法准确率还不错，但是召回很差。另一种策略是，基于一个人工翻译好的平行语料，构建一个带主观性标注的数据。他们先用现有工具将英语语料自动分为主观和客观类，再将分类标签投影到已对齐的罗马尼亚语的句子上。再用监督学习的方法得到一个罗马尼亚语的主观性分类器。他们发现，这种策略的结果比第一种要好。

Banea 等人（2008）报告了三组实验结果。第一，他们把源语言（英语）的标注语料自动翻译为目标语言（罗马尼亚语），并把源语言的主观性标签映射到目标语言的译文上。第二，自动将源语言文本标记出主客观类别，然后将其翻译为目标语言。在这两种情形下，带主观性标签的译文都被用来训练目标语言的主观性分类器。第三种则是把目标语言翻译为源语言，然后应用一个主客观分类器对这些自动翻译文本进行分类。分类之后的类别标签则映射回到目标语言中，再为目标语言训练一个主观性分类器。这三种策略的最终分类性能相当接近。

Banea 等人（2010）做了一个句子级别的跨语言主观性分类的大范围实验，他们将标注后的英语语料翻译为五种其他语言。第一，他们表明用翻译后的语料做训练效果较好，并且针对五种语言的分类结果来看，可以得到同样的结论。同时，将所有不同语言的翻译文本与原本的英语文本合为一个数据集，也可以提升原本只用英语数据进行主观性分类的结果。第二，这篇文章还显示，通过多数投票的方式合并多语言分类器的预测结果，有可能得到一个高精度的句子级主客观分类器。

Bautin 等人（2008）也将目标语言文档翻译为英文，然后用一个基于英文词典的方法判断每个带实体句子的情感倾向。这个技术实际上也可以用于基于属性的情感分析任务。这种情感分类方法与 Hu 和 Liu（2004）的方法很类似。

Kim 等人（2010）引入了一个叫作多语可比性（multilingual comparability）的概念，来评价多语言的主客观分类系统的性能。他们使用一组含有主观性信息的文本的多语言版本，根据其分类结果的一致程度来衡量多语言的可比性。他们用平行语料研究了源语言和目标语言的分类结果，利用 Cohen's kappa 统计量衡量结果的一致性。他们尝试了多个现有的基于翻译的跨语言主客观分类方法，以进行目标语言的分类。结果显示用英语翻译而来的语料进行训练，所得分类器在主客观分类和多语可比性两方面都有较好的效果。

Lu 等人（2011）研究了一个略微不同的问题。他们假设源语言和目标语言都有一定量的情感标注数据，并且也有一批未标注的平行语料。他们基于最大熵的 EM 算法，把未标注的平行语料中的情感标签看作未观测的隐变量，基于已标注的数据，以及需要在平行语料中推断出的情感标签，最大化它们的正则化联合似然函数，联合学习出两个多语言情感分类器。在学习中他们还考虑到，两个平行的句子或文档（比如相互的译文）应当表达相同的情感。他们的方法可以同时提升两种语言的情感分类效果。 |108|

深度学习方法也已经应用于句子级别的跨语言情感分类任务。例如，Singhal 和 Bhattacharyya（2016）针对多语言句子级情感分类任务给出了一种解决方法，他们在多个语言上进行了实验测试，包括印地语、马拉地语、俄语、荷兰语、法语、西班牙语、意大利语、德语和葡萄牙语。他们利用翻译引擎将这些语言的文本翻译成英文，然后利用英文词向量、情感词典信息以及一个 CNN 模型进行分类。Joshi 等人（2016a）针对印地语 – 英文混合句子，基于 LSTM 模型学习子词级别的语义表示，并将其用于句子级情感分类任务。

4.7　在情感分类中使用语篇信息

现有的情感分类工作，无论是文档级还是句子级，大都没有用到句子间或从句间的语篇信息。但是，在很多情形下这类分析是很有必要的，比如如下文本片段：

"I'm not tryna be funny, but I'm scared for this country. Romney is winning."

如果没有任何句子间语篇分析，我们就不知道说话人对 Romney 持有负面观点。现在的语篇分析研究还比较初级，还不能处理这种情形。

Asher 等人（2008）和 Somasundaran 等人（2008）研究了语篇级别的情感标注任务。Asher 等人（2008）使用了 5 种修辞关系：对比、修正、支持、结果和连续，与表达了情感信息的文本表达一起进行情感信息和修辞关系的标注。Somasundaran 等人（2008）提出了一种称为观点框架（opinion frame）的概念。这一框架包含观点及观点与观点评价对象之间的关系。

Somasundaran 等人（2009）基于观点框架标注，使用 Bilgic 等人（2007）提出的协同分类算法进行情感分类。该算法我们会在 6.2.2 节进行详细描述。协同分类在一个图上进行，其中，图中的节点是待分类的句子（或其他表达），边则是它们之间的关系，在这里也就是与情感有关的语篇关系。这些关系可以用来生成用于学习的关系特征。每个节点还能自己产生一组局部特征。在协同分类的框架中，关系特征可以使一个节点的分类结果影响其他节点的分类。

Zhou 等人（2011）则利用了一个复合句中的语篇信息来辅助该句子进行情感分类。比如，"Although Fujimori was criticized by the international community, he was loved by the domestic population because people hated the corrupted ruling class"，这个句子所包含的情感是正面的，尽管其中有很多负面的观点词（见 4.7 节）。在该文章中，作者使用了模板挖掘方法来挖掘出用于分类用的语篇模式。

Zirn 等人（2011）提出了一个对语篇片段进行分类的方法。其中每个语篇片段都表达了一个单独的（正面的或负面的）观点。他们采用马尔可夫逻辑网络来分类，该方法既利用了情感词典，也利用了局部的 / 临近的语篇上下文信息。

4.8　句子级情绪分类

和文档级一样，句子级情绪分类也要比句子级情感分类难得多。大多已有研究的分类准确性都不到 50%，这是由于情绪分类任务包含了太多的类别，不同类型的情绪之间具有相似性或相关性。情绪是非常主观的，这使得人工标注也十分困难。和句子级情感分类一样，情绪分类也有基于监督学习和基于词典这两种方法。我们先介绍一些基于监督学习的现有研究。

Alm 等人（2005）使用监督学习对少儿童话中的句子进行了情绪性分类。他们的分类方法是一个基于 Winnow 算法的变种算法。所用的特征并不是传统的基于 n-gram 的词特征，而是基于文档中每个句子及其上下文的 14 组二值特征。目标类别只有两个：中性的和带情绪的。

Alm（2008）做了更进一步的研究，他们把每个不同的情绪作为独立的类别标签。Aman 和 Szpakowicz（2007）对句子也只进行二分类。他们尝试将情感词、情绪词以及所有词分别作为特征。结果显示用所有词作为特征能够在 SVM 分类时得到最好的结果。

Mohammad（2012）则利用推特的情绪词标签标注了一个情绪分类的推特数据集，在这个数据集上，他们用 SVM 及基于 unigram 或 bigram 的二元特征进行分类。Chaffar 和 Inkpen（2011）则比较了不同分类方法（即决策树、朴素贝叶斯和 SVM）在文档级和句子级的数据集上的分类效果。结果显示 SVM 在各个数据集上都取得了较好的分类效果。

下面讨论一些基于词典的方法。Yang 等人（2007）先构建了一个情绪词典，然后用它做句子级情绪分类。他们提出了一种方法，利用只具有一种情绪标签的句子来构建情绪词典。他们用一个类似 PMI 的指标衡量每个词与每个情绪标签的关联强度。得分最高的词很可能指示相应的不同类型的情绪。在进行句子级情绪分类时，他们试了两种方法。第一种与基于词典的情感分类很像。对于每个句子，算法通过多种投票策略，用词和标签的关联强度来决定句子的情绪类型。第二种方法使用了基于 SVM 的监督学习方法。特征仅是得分最高的 k 个表达情绪的词。结果显示，采用基于 SVM 的监督学习方法效果更好。

Liu 等人（2003）提出了一种复杂的基于词典的方法。算法先用一个包含了 6 种情绪类型的小的情绪词典（即高兴、悲伤、愤怒、害怕、厌恶、惊讶（Ekman，1993）），从一个叫作 Open Mind Common Sense（OMCS）（Singh，2002）的常识库中抽取句子。再利用一些基于常识的关联规则，把词典中的词及对应句中的情绪值扩展到句中其他的关联词上。之后再用一组规则（他们称为模型）和这个扩展后的词典进行情绪分类。

Zhe 和 Boucouvalas（2002）也给出了一种基于词典的方法，但他们用到了一组规则来特别处理不同类型的句子或语言构成。Neviarouskaya 等人（2009）采取了另一种类似策略，他们用一组更精细的规则来处理不同语法层次上的语言结构。尤其他们还遵循组合性原则（compositionality principle），并构建了一个基于规则的情绪分类算法。在单个词的级别上，算法使用情绪词典和一些表达情绪的特征，比如表情、缩写、首字母缩略词、感叹词、问号和叹号、重复的标点、大写字母等。在短语级别上，他们设计了一些规则来处理形容词短语、名词短语、动词 + 副词短语、动词 + 名词短语，以及动词 + 形容词短语等文本表达。在句子级别上，他们设计了一些规则，用于处理句子中那些不隐含情绪的线索，比如含有如 think、believe、may 以及条件句等表达的文本片段。为了将句子分为某种情绪类型，他们也设计了另一组规则，来把特定词后面句子成分的情绪得分聚合起来，生成该句子的情绪得分。对于从博客中抽取的句子，这一方法有很高的情绪分类准确率。

　　许多深度学习技术已经应用于情绪分类和表达情绪的从句识别任务。Wang 等人 [111]（2016f）对于多语言混合文本，构建了一个基于双语注意力的网络模型。他们首先利用一个 LSTM 模型学习每一篇帖子的文档级语义表示，然后利用注意力机制分别从单语言上下文和多语言上下文获取文本中重要的词。Abdul-Mageed 和 Ungar（2017）首先利用远距离监督方法，针对情绪检测任务自动构建了一个标注数据集，然后利用一个 GRU 网络进行细粒度的情绪检测。Felbo 等人（2017）利用在社交媒体中大量出现的表情信息来训练一个神经网络，进而学习能够更好体现情绪的文本语义表示。

　　Xia 和 Ding（2019）面向情绪原因抽取任务，给出了一种基于深度记忆网络的问答方法。这一方法能够识别文本中所表达情绪的原因。他们进一步给出了一种联合模型，能够对文本中的情绪信息以及情绪原因进行联合抽取。

　　Zhou 等人（2018）面向对话系统给出了一种情绪分类方法。众所周知，对话场景中包含大量的情绪表达。为了构建一个人机对话系统，系统能够根据用户的情绪变化给出相同情绪的文本回复是十分重要的。Zhou 等人（2018）首先感知用户的输入文本中的情绪，然后给出相对应的回复。据我了解，目前在很多公司实际的客户支持系统中，尽管它们并没有利用深度学习方法构建回复生成模块，但是很多对话系统已经实现了这一功能。

4.9　多模态情感和情绪分类

　　近些年，很多方法已经开始利用多模态数据，包括文字、图像、语音等数据，进行情感分析。这些数据可以作为传统文本特征的补充。由于深度学习模型能够有效地将输入映射为低维空间中的语义特征表示，因此，它们可以用来将多模态数据映射在低维语义空间中，并进行融合（例如，使用向量首尾拼接、联合隐空间、更复杂的融合策略）。目前，利用深度学习进行多模态信息处理已经逐步成为研究热点。

　　Yang 等人（2017a）基于条件概率神经网络给出了两种算法，用于分析图片中的情感。Zhu 等人（2017）面向视觉情绪识别任务给出了一种基于 CNN-RNN 的统一网络模型。该方法利用多层 CNN 网络，在多任务学习框架中抽取不同级别的特征（颜色、文本、目标），然后利用一个双向 RNN 网络对多个 CNN 模型产生的特征表示进行集成。You 等人（2017） [112]

将注意力机制应用于视觉情感分析任务。他们的方法可以发现相关的局部图像区域，同时也可以在这些相关局部区域上构建一个情感分类器。Bertero 等人（2016）针对人机对话系统，面向语音数据构建了一个基于 CNN 模型的情绪和情感识别模型。

Poria 等人（2015）给出了一种基于 CNN 内部隐层的激活值从短文本中抽取特征的方法。其主要思想是首先利用一个深度 CNN 网络从文本中抽取特征，然后利用多核学习（Multiple Kernel Learning，MKL）方法对融合异质多模态的特征向量进行分类。Poria 等人（2017）面向视频情感分析任务进一步给出了一种深度学习方法，该方法基于视频中的对话序列以及上下文判别其中蕴含的情感信息。Fung 等人（2016）介绍了一种虚拟交互对话系统，该系统能够利用深度学习模型在对话系统中融合情感、情绪以及个性化信息。

Wang 等人（2016b）面向图片中的情感分类任务，给出了一种结构化的深度 CNN 网络模型，称为深度形容词和名词耦合（Deep Coupled Adjective and Noun，DCAN）神经网络络。该方法的基本目的是利用图像的形容词和名词的文本描述，将其看作学习情感表示的两个（弱）监督信号。这两种学习到的语义表示被对接在一起，联合用于图像的情感分类。

Tripathi 等人（2017）面向多模态数据集 DEAP 给出了基于深度 CNN 网络的情绪分类模型。在 DEAP 中，多模态数据包含了脑电图、外围生理和视频信号。Zadeh 等人（2017）将多模态情感分析问题形式化为模态间和模态内的动力学建模问题，他们给出了一种全新的神经网络模型（称为张量融合网络）来处理这个问题。Long 等人（2017）提出了一个基于注意力的神经网络模型，用于句子级情感分类任务，这个模型是通过眼动追踪数据训练得到的。他们的模型中构建了一个基于认知的注意力（Cognition-Based Attention，CBA）层，用于神经情感分析。

Wang 等人（2017a）提出了一种选择附加学习（Select-Additive Learning，SAL）方法，来解决多模态情感分析任务中的困惑因子问题。该方法移除了由神经网络（例如 CNN）学习的独立特有的隐层表示。为了达到这个目标，该方法包含两个步骤，第一个步骤识别困惑因子，第二个步骤去掉这些因子。

4.10 小结

句子级主观性分类、情感分类以及情绪分类和文档级分类相比，离分析观点所评价的对象和针对该对象的情感都更接近了。但我们前面也说过，因为它们依然没有直接关注观点所评价的对象，所以在实际应用时，依然存在一些不足：

- ❑ 在大多数应用中，用户需要知道观点是关于什么的，即人们喜欢或讨厌的到底是哪个实体或其属性。文档级和句子级的情感分析并不识别观点所评价的实体和它们的属性，也不识别关于它们的观点，而这却是实际应用中的关键问题。

- ❑ 尽管我们会说一旦我们知道观点所评价的对象（比如实体、属性、主题），我们就能把所识别句子的情感倾向赋予这个对象，但是这也是有问题的。像我们在 4.3.1 节讨论的那样，句子级情感分类只适用于仅有一个观点的简单句，对组合句和复杂句就不再适用了，比如 "Trying out Chrome because Firefox keeps crashing" 以及 "Apple is doing very well in this poor economy"。在这些句子中，对不同对象的观点具有不同的情感倾向。即使是整体上只表达一个单独情感的句子，其不同部分也可能表达不同的观点。比如句子 "Despite the high unemployment rate，the economy is doing well"，它整体上持有一种正面情感，但它对 unemployment rate 的观点却是有点负面的。

❑ 句子级分类方法并不能处理比较句中的观点或情感，比如 "Coke tastes better than Pepsi"。尽管这类句子明确地表达了一个观点，但是我们不能简单地将其归为正面、负面或中性。由于它们的语义和一般观点很不相同，因此我们需要采用不同的处理方法。

要解决上述这些问题，我们需要进行属性级情感分析，即按照 2.1 节所给出的完整定义来进行情感分析。我们会在第 5 章和第 6 章讨论属性级情感分析方法，在第 8 章讨论比较型观点的分析方法。

114

第 5 章

属性级情感分类

第 3 章和第 4 章主要介绍了文档级和句子级情感分类任务,按理说,本章应该介绍更细粒度文本表达层次上的情感分类任务,如词汇级、短语级。我们把这一问题留在第 7 章进行讨论。而本章和下一章则主要讨论属性级情感分析(或观点挖掘)问题,从而能够按照 2.1 节所给出的观点的结构化定义,对文本中的观点内容进行完整分析与抽取。该任务包括情感信息的抽取和分类,以及观点评价对象的抽取。

如我们在第 3、4 章所讨论的问题,仅仅识别一篇文档或者一个句子的情感倾向对于很多应用来说是不够的。在实际场景中往往还需要识别观点或者情感所评价的对象,以及针对这些对象的观点倾向。在很多场景下,即使我们知道一篇文档在描述某一个实体,并且也知道这篇文档对这个实体表达了正面的观点,但是这并不意味着作者对于这个实体的每一个属性或者每一个侧面都持有正面的观点。相反,一篇持有负面观点的文档也不意味着作者对文档中提到的所有事物都持有负面的观点。为了得到更完整的分析,我们需要从文本中发现或抽取评价的对象、属性或者主题信息,并依据当前文本判别针对每一个属性所表达出的正面、负面或中性的情感倾向。为了达到上述目标,我们需要按照 2.1 节所给的定义,研究属性级情感分析。这一任务在 Hu and Liu(2004)中,也被称为基于特征的观点挖掘。

在 2.1.1 节中,定义 2.1 把观点定义为一个四元组(g,s,h,t),其中 g 是观点对象,s 是针对观点对象所表达的情感倾向,h 是观点持有者,t 是给出观点的时间。然而,通常观点对象可以细分为实体及其属性。所以观点可以由一个五元组(e,a,s,h,t)表示,这里 e 是实体,a 为实体的属性。当观点作用于实体而不是其属性时,我们可以用 "GENERAL" 表示属性,例如 "I love the iPhone",实体是 "iPhone",属性为 "GENERAL"。但是在例子 "The iPhone's voice quality is great" 中,实体是 "iPhone",属性则为 "voice quality",此时,观点不是关于 "iPhone" 整体,而是关于 "voice quality" 的。

在不同的应用领域,基于属性的情感分析任务会有不同的名称。例如,有些领域会称之为基于主题的情感分析,这里的主题描绘的是事物的一个侧面。在另外一些应用场景中,用户情感分析的目标往往是实体，这一任务则会被称为基于实体的情感分析。在之前对于观点定义的结构化五元组中，观点评价对象包含实体和属性两类信息。因此，基于实体的情感分析属于基于属性的情感分析的范畴。除此之外，有些研究人员称这一任务为基于目标的情感分析。在本书中，我们将其统称为基于属性的情感分析。

　　要实现基于属性的情感分析，需要完成 2.1.6 节所定义的 6 个基本任务。这需要对文本进行深度的自然语言分析与处理，这一任务极富挑战性。目前，在这 6 个基本任务中，属性抽取和属性级情感分类两个任务受到了极大的关注，近些年逐步成为研究热点。

- ❑ 属性抽取。这一任务的目标是从文本中抽取所评价的实体和属性。例如“The voice quality of this phone is amazing”，从这一句中，我们应该抽取“this phone”为实体，“voice quality”为“this phone”的一个属性。为了简化表述，在后面的讨论中，我们会忽略实体部分，而专注于属性部分。但是讨论属性时，我们应该明白当前属性属于哪个实体，否则仅仅抽取属性毫无意义。所以，属性抽取包含实体抽取。在上面的例子中，“this phone”并不是表征整体（GENERAL）这一属性，因为在这句话中，用户对“voice quality”进行了评价，而不是手机整体。而句子“I love this phone”对整个手机进行了评价，因此在这句话中，“this phone”指的就是整体属性（GENERAL）。

- ❑ 属性情感分类。这个任务的目标是确定句子中针对不同属性所表达的观点倾向是正面、负面还是中性。在第一个例子“The voice quality of this phone is amazing”中，评论者对“voice quality”表达了正面的观点。在第二个句子“I love this phone”中，评论者对于整体属性“GENERAL”也表达了正面的观点。

　　本章主要关注第二个任务。下一章将讨论属性抽取任务，同时，我们也会讨论 2.1.6 节所提到的其他抽取任务以及相关的研究工作。

5.1　属性级情感分类概述

　　同文档级和句子级情感分类一样，属性级情感分类通常也包含两类方法：基于监督学习的方法和基于词典的无监督学习方法。但是由于在属性级情感分类时需要考虑观点评价的对象，因此这些方法与其在句子级或文档级情感分类任务中有一定差异。在接下来的三个小节中，我们将具体讨论这两类方法及其优缺点。　　　　　　116

5.1.1　基于监督学习的方法

　　同句子级和从句级情感分类方法相比较，虽然都是用相同的机器学习算法（如 SVM、朴素贝叶斯分类器等），但是在之前任务中所使用的特征在处理属性级情感分类任务时不再有效。主要的原因是这些特征没有考虑观点评价对象（实体或属性）的信息，无法指示当前观点针对哪个对象。为了解决这个问题，我们在学习时需要考虑观点评价对象，但这并不是一件容易的事情。目前，针对这一问题主要有两类方法。第一类方法主要是生成依赖于评价对象（实体或属性）的特征。显然这些特征不同于句子级或文档级情感分类中所使用的特征，那些特征都是不依赖于评价对象的特征。第二类方法是确定句子中每处情感表达的作用范围，从而判别当前情感表达是否包含目标实体或属性。例如，"Apple is doing very well in this bad economy"，情感词"bad"的作用范围仅仅涵盖"economy"，并不包括"Apple"（即"bad"并不修饰"Apple"）。但是，这种方法需要假设系统已经知道句子中每一处情感表达。

目前基于监督学习的属性级情感分类方法主要属于第一类，但是有时候也会采用第二类方法。例如，Jiang 等人（2011）基于句法分析树，生成依赖于观点评价对象的特征集合。这类方法假设表征观点评价对象的目标实体和属性已经被事先识别出来或者已经给定，而上述特征用来表征这些目标实体、属性词和其他词语之间的句法关系。假设用 w_i 表示词语，T 表示目标实体或属性，下面给出一些 Jiang（2011）论文中所用到的依赖于观点评价对象的特征。如果 w_i 是及物动词，T 是宾语，则可以产生特征 w_i_arg2，这里 arg 表示论元。举例说明：如果 iPhone 是一个目标实体，句子"I love the iPhone"可以产生特征 $love\_arg2$；如果 w_i 是及物动词，T 是主语，则可以产生特征 w_i_arg1；如果 w_i 是不及物动词，T 是主语，则会产生 $w_i\_it\_arg1$；如果 w_i 是形容词或者名词，用来修饰 T，也会产生特征 w_i_arg1。当然，除了这些以及其他类型的依赖于观点评价对象的特征之外，第一类方法通常也会用到传统的句子级、文档级情感分类所用到的与观点评价对象无关的特征。

[117]   Boiy 和 Moens（2009）给出了一种方法，基于该词和目标实体、属性的距离，计算每一个特征词的权重。在他们的方法中，基于如下特征定义了三种权重：

1. 深度差异（depth difference）：特征权重与特征词和目标实体在句法树中的深度差异成反比。

2. 路径距离（path distance）：如果句法分析树被看作一个图，特征词的权重与该特征词和目标实体在深度优先搜索时的距离成反比。

3. 简单距离（simple distance）：特征词的权重与该特征词与目标实体在句子中的距离成反比，在计算这一距离的过程中，不需要对句子进行句法分析。

近些年，研究者们针对这一任务提出了很多深度学习方法。其核心挑战在于如何处理目标属性词与周围其他词之间的语义关联。在上下文中，不同的词对于句子中针对该目标属性的情感倾向具有不同的影响。因此，当我们用神经网络构建这类模型时，需要利用神经网络捕捉目标属性词与上下文的语义联系。

利用神经网络解决属性级情感分类任务主要要解决如下三个重要问题。首要任务是学习上下文的语义表示，这里的上下文指在句子和文档中位于属性词周围的那些词。我们可以利用文档级和句子级情感分类任务中的文本表示方法来解决这一问题。第二个任务是表示目标属性，从而在神经网络模型中与上下文进行交互。一个通用的做法是采用类似于词向量学习的方法来学习目标属性词的语义表示。第三个任务是识别特定属性词中重要的情感上下文（词）。例如，在句子"The screen of the iPhone is clear but the battery life is short"中，"clear"是对于"screen"来说重要的上下文词，"short"是对于"battery life"来说重要的上下文词。现有方法通常采用注意力机制来解决这一问题。尽管人们针对这一任务提出了很多深度学习方法，但是没有一种方法被证明是完全有效的。这里我们将提及一些代表性的研究。

Dong 等人（2014）针对基于评价对象的推文情感分类任务，给出了一种自适应递归神经网络（Adaptive Recursive Neural Network AdaRNN）。该网络模型基于句法结构以及上下文信息，将上下文中词的情感信息聚合到句子中的评价对象上，然后将学习到的根节点的语义表示输入到 softmax 分类器，以此获得针对该评价对象的情感极性预测。

Vo 和 Zhang（2015）通过非监督学习自动获取文本的特征表示，再与原始特征一起，用于面向推文的属性级情感分类任务。他们的文章中显示，多种向量表示、多种投票函数以及情感词典都能够提供丰富的特征信息，这有助于提高分类性能。 [118]

LSTM 网络能以一种更加灵活的方式捕捉评价对象和上下文词之间的语义关系。因此，Tang 等人（2016b）给出了一种对象依存 LSTM（Target-Dependent LSTM，TD-LSTM）网络模型和一种对象连接 LSTM（Target-Connection LSTM，TC-LSTM）网络模型。他们将目标对象作为特征，将其与上下文中其他词的语义表示进行拼接，然后用于属性级情感分类。

Ruder 等人（2016）给出了一种基于层级的双向 LSTM 模型。该方法能够捕捉句子内部、句子之间的语义关系。该方法仅利用了一篇评论中句子及结构间的依存关系，这说明该方法可适用于多种语言。具体地，评论文本的词向量作为输入进入一个句子级双向 LSTM 网络，LSTM 正向和反向的最后输出被拼接在一起，并被输入到一个评论级双向 LSTM 网络中。在该网络中，LSTM 每一个时刻的正向和反向输出也被拼接在一起，并被输入到最后一层，从而得到关于该评论情感类别的概率分布。

Dong 等人（2014）、Vo 和 Zhang（2015）的方法都存在一个问题，他们的模型中的投票函数没有显式地对推文级语义信息进行建模。针对这一问题，Zhang 等人（2016b）提出了一种句子级神经网络模型。该模型包含两个门控神经网络。首先，一个双向门控神经网络被用来连接推文中的词，投票函数作用在隐层而不是词上，这样可以获得更好的关于评价对象和上下文的语义表示。其次，一个三通路的门控神经网络被用来分别建模评价对象和上下文之间的交互关系、推文的语义和句法信息、上下文和评价对象之间的交互关系。经证明，门控神经网络可以通过更好的梯度传递方式，减少标准循环神经网络中序列末端的偏置问题。

Wang 等人（2016e）提出了一种基于注意力的 LSTM 方法，该方法能够基于评价对象的词向量，利用注意力机制，使得神经模型在学习句子语义表示的过程中只关注与评价对象相关的部分。注意力机制能够让模型只关注与给定属性相关的重要句子部分。同样地，Yang 等人（2017b）提出了两个基于注意力的双向 LSTM 网络模型，他们的方法能够提升分类性能。给定一个评价对象属性，Liu 和 Zhang（2017）分别计算了该属性左边上下文和右边上下文的注意力，从而扩展注意力模型并用多个门控来控制不同注意力权重对模型的贡献。 [119]

Tang 等人（2016a）针对属性级情感分类任务给出了一种端到端记忆网络。给定一个目标属性，他们利用外部记忆和注意力机制来捕捉每一个上下文对于该属性的重要度。该方法显式地识别上下文中每个词的重要度，并以此推断针对该属性的情感极性。重要度和文本表示通过多层网络计算，每一层由一个构建在外部记忆模块的注意力神经网络构成。

Lei 等人（2016）给出了一种神经网络方法，用来从评论文本中抽取文本片段，以此作为评论打分的解释（原因）。他们的模型包含一个生成器和一个解码器。编码器将任何文本都编码成与给定对象相关的语义向量，而生成器则给出可能解释（抽取文本）的概率分布。对于多属性情感分析，目标属性向量的每一个维度表示针对该属性的反馈或评分。

Li 等人（2017）将评价对象识别任务融入情感分类任务，该方法能够更好的建模属性 – 情感间的交互关系。他们给出了一种端到端模型，通过一个深度记忆网络交替处理这两个子任务。基于这种方式，评价对象识别结果能够给情感极性判别提供线索。反过来，情感极性的预测结果也会影响评价对象的识别。

Ma 等人（2017）提出了一种交互式注意力网络（Interactive Attention Network，IAN），该网络能够考虑评价对象和上下文之间的相互影响。具体地，他们利用两个注意力网络分别交互地检测对于评价对象表达重要的词、所有上下文中重要的词。

Chen 等人（2017）提出了一种循环注意力网络，能够更好地在复杂上下文中捕捉到文本的情感信息。他们的模型采用了一种循环 / 动态注意力结构，并且采用 GRU 模型对注意力计算结果进行非线性聚合。

Tay 等人（2017）设计了一种二元记忆网络（Dyadic Memory Network，DyMemNN），对属性和上下文之间的双向交互进行建模。该网络利用神经张量组合或者全息组合进行记忆选择操作。

Tang、Qin 和 Liu（2016）基于记忆网络和注意力机制给出了一种属性级情感分类方法。该方法能够针对给定的评价对象属性显式地在上下文中捕捉重要词，并且利用这些信息构建句子级的特征表示。Chen 和 Qian（2019）给出了一种基于胶囊网络的方法。

我们可以看到，大部分已有利用深度学习的属性级情感分类方法都依赖于注意力机制。 [120] Wang 等人（2018b）表明简单地改进这一注意力机制远远不够。这是由于对于评价对象敏感的情感分类任务来说，（待检测的）上下文中包含与给定评价对象相关的情感极性信息并不能只从上下文中推断出来。为了解决这一问题，他们提出了一种评价对象敏感的记忆网络（Target-sensitive Memory Network，TMN），同时他们给出了一些实现 TMN 的不同技术。

Wang 等人（2016e）也提到了评价对象和情感信息的依存问题。他们设计了一种属性到句子的注意力机制，来从句子中挖掘给定目标属性的重要部分。他们的方法与 Wang 等人（2018b）在处理依存问题时所采用的策略并不相同，相较而言他们的方法更具扩展性和适用性。

Wang 等人（2018a）给出了一种可以利用大量未标注数据集的终身学习方法。其基本思想是利用记忆网络从来自多个领域（在终身学习中看作前序任务）的未标注数据中学习知识，然后将学到的知识应用于新的任务学习过程中。在他们的方法中，主要学习了两类知识：属性 – 情感的注意力、上下文 – 情感的影响。

5.1.2　基于词典的方法

虽然都称为基于词典的情感分类方法，但是这里提到的方法与文档级、句子级的情感分类方法有很大的不同。同上述基于监督学习的方法类似，主要的差异在于本节中的方法需要考虑观点评价对象，而文档级、句子级的情感分类方法则不需要考虑这一点。为了达到这一目标，我们可以使用 5.1.1 节所提到的两种方法。首先，我们可以在用情感聚合函数计算目标观点评价对象的情感倾向时，考虑情感表达词（词或者短语）与目标实体或属性在句子中的距离。其次，我们也可以通过计算每个情感表达词的作用范围，来判断当前情感词是否作用于目标实体或属性。这一过程需要利用情感表达词和观点评价对象之间的句法关系。此外，我们也可以将这两种方法结合起来。

基于词典的属性级情感分类方法所需的基本处理模块或资源包括：包含情感词、短语、俚语、组合规则（5.2节）的情感表达词典；处理不同语言和句子类型（如情感转换（sentiment shifter）和but从句（but-clause））的规则集；情感聚合函数，或者情感词与目标观点评价对象间的句法关系集合。基于这两种集合，我们能够识别出针对每个目标实体或属性所表达出的情感倾向（Ding et al.，2008；Liu，2010）。这些资源和模块也可以用来进行比较句中的情感分析，我们将在8.2节对其中的细节进行详细介绍。 [121]

下面我们将介绍一个简单的基于词典的属性级情感分类方法（Ding et al.，2008），Hu和Liu（2004）对Ding的方法进行了改进。假定已经指定或者通过抽取方法得到目标实体和属性（具体的属性抽取的方法将在第6章讨论），则该方法主要有如下四个步骤。

1. 标记情感表达（词或短语）。这一步骤的目标是在句子中找出每一处情感表达，并判别其情感倾向，每处情感表达可能包含一个或多个属性（包括实体）。每个正面的情感表达得分 +1，负面的情感表达得分 –1。如 " The voice quality of this phone is not good，but the battery life is long"。由于 " good" 是一个正面情感词，因此通过这步操作后，句子变成 " The *voice quality* of this phone is not good [+1], but the *battery life* is long"（句子中观点评价对象被标记为斜体）。句子中的 " long" 在词典中不是情感词，因此在本句中它没有被标记为情感表达，但是我们可以通过后续的上下文推断出它在本句中是一个情感词。事实上，" long" 是一个与上下文相关的情感词，对于这一概念，我们将在第7章进行讨论。

2. 处理情感转换词。情感转换词，也称为价转移词（Polanyi and Zaenen，2004），指的是能改变情感倾向的词或短语，它包括很多类型。否定词，如 not、never、none、nobody、nowhere、neither，以及 cannot 就是最常用的否定词类型。在上述例句中，由于含有否定词 " not"，在这步操作后，情感分析结果就变为 " The voice quality of this phone is not good [–1], but the battery life is long"。我们将在5.3节讨论其他类型的情感转换词，例如 " not only…but also…"。事先需要通过给定好的词典检测并标记出来这些情感转换词，在情感分析过程中则不需要考虑它们的情感贡献，只考虑它们对情感转换的作用。

3. 处理but从句。转折词或短语通常会改变情感倾向，需要进行专门处理。英语中常用的转折词是but。包含转折词的句子可以通过如下规则进行处理：出现在转折词前的观点与出现在转折词后的观点通常具有相反的情感倾向，如果一边的观点倾向还不确定，而另一边的观点倾向已经确定，则可以用这个规则来识别还不确定的那一边的观点倾向性。这里的假设很重要，因为but并不是在所有情况下都意味着观点倾向的转折，如 " Car-x is great, but Car-y is better"。在这句话中，but前后的观点的倾向性都已经确定，因此，but在本句中就起不到转折的作用。通过本步处理，1、2中的例句变为 " The voice quality of this phone is not good [–1], but the battery life is long [+1]"。同时，我们可以推断出 long 作为正面情感词，可以用来修饰 battery life。除了 but 之外，类似的词和短语还有 however、with the exception of、except that、except for。但是，并不是所有包含 but 的情 [122]况都这样处理，如 " not only…but also" 含有 but，但不属于 but 从句类型。这需要预先在词典中进行定义，以便在具体处理时跳过。

4. 聚合情感得分。最后一步，用情感或观点聚合函数来得到情感得分，从而确定句中针对每个属性的情感倾向。设句子 s 包含属性集合 $\{a_1, \cdots, a_m\}$，情感表达集合 $\{se_1, \cdots, se_m\}$ 以及通过上述 1～3 步得到的每个情感表达的情感得分。则句子 s 中每个属性 a_i 的情感倾向可以通过下面的聚合函数得到：

$$score(a_i, s) = \sum_{ow_j \in s} \frac{se_j.ss}{dist(se_j, a_i)} \tag{5-1}$$

这里，se_j 是句子 s 中所包含的一个情感表达，$dist(se_j, a_i)$ 是句子 s 中属性 a_i 和情感表达 se_j 的词距离，$se_j.ss$ 是 se_i 的情感得分，分母表示距属性 a_i 越远的情感表达对该属性的情感倾向贡献越低。如果最终得分为正，则表明句子 s 中关于属性 a_i 的观点是正面的，若最终得分为负，则句子 s 中关于属性 a_i 的观点是负面的，否则为中性。

这种简单的方法在实际应用中表现相当好。它能够处理"Apple is doing very well in this bad economy"这种类型的句子。此外，也有其他聚合函数。Hu 和 Liu（2004）给出了一种方法，简单地对整句或句段中所出现情感表达的倾向得分进行加和。Kim 和 Hovy（2004）使用了一种涉及词的情感得分乘积的方法，Wan（2008）和 Zhu 等人（2009）后来也使用了相同的方法。但是相比较而言，公式（5-1）所给的方法效果更好。

为了使这种方法更有效，我们可以通过确定情感表达的作用范围，而不是用词距离来确定当前情感表达是否与目标实体和属性匹配。一个直接的做法是利用情感表达和它们所评价对象之间的语义关系，具体包括：

1. 依存句法关系。这一关系类型通常包含形容词－名词、动词－副词的依赖关系。如"This camera takes great pictures"，我们可以利用形容词（great）和名词（pictures）之间的句法关系，确定目标实体（pictures）与情感表达（great）之间的语义关系。再看一个形容词－名词的例子，"The picture quality is great"，这里"picture quality"由"great"修饰。另一个是动词－副词的例子，"I can install this software easily"，副词（easily）和动词（install）之间的依存关系说明该句中的情感表达用来评价软件的安装属性（the installation aspect of the software），这里动词"install"暗示了属性。我们将在 6.2 节讨论如何使用这些关系抽取属性。

2. 情感词自身是目标属性。很多情况下，情感词既表达情感，又指示属性。很多形容词都属于这类词。通用的形容词，如 great、good、amazing 以及 bad 等可用来描述任何事物。除此之外，更多的形容词是与评价对象强相关的，即被用来描述特定的实体属性。如"expensive"通常指的是"price"，"beautiful"指的是"appearance"。"price"和"appearance"被称为形容词"expensive""beautiful"的属性名词。例如"BMW is expensive"，这里"expensive"除了表达情感倾向之外，还指示当前属性是"price"——即情感或观点所评价的对象。"BMW"是目标实体，在本句中与"expensive"有句法依存关系（见 6.2 节）。我们将在 6.4 节深入讨论形容词及其属性名词。

3. 语义关系。语义关系通常很难被识别，这是由于语义关系常常与单个词或短语的意思以及使用方式密切相关。如"John admires Jean"，"admires"表达正面的情感，它的观点评价对象是"Jean"。这里针对"John"没有表达任何的观点倾向。在这句话中，

"John" 是观点持有者。但是如果将"admires"换成"murdered",观点评价对象就变成了"John",这句话就变成了一个隐含在事实中的观点类型。为了识别这些语义关系,已有方法设计了很多情感组合规则,具体细节将在 5.2 节进行讨论。总的来说,语义关系的复杂性说明观点以及观点评价目标之间的语义表达是十分复杂的。

想要充分利用这些语义关系(除了第二类),首先需要对句子进行句法分析,构造当前句子的句法树。当然,实际中也可采用浅层句法分析器来大致地识别句子中的词和词之间的句法关系。除了基于句法分析的方法之外,Liu 等人(2012)提出了一种词对齐方法来识别情感词与观点目标之间的评价关系(见 6.2.1 节)。然后,Yang 和 Cardie(2013)提出了一种监督学习方法来构建情感和观点目标之间的语义关联(见 6.3.2 节)。

一种提升基于词典的情感分类方法的有效途径是自动地发现那些上下文依赖情感词的情感倾向(如之前提到的"long")。Ding 等人(2008)提出了解决这一问题的有效算法,将在第 7 章详细讨论。

[124]

其他相关工作包括,Blair-Goldensohn 等人(2008)将基于词典的分类方法和监督学习方法相结合。Kessler 和 Nicolov(2009)用 4 个不同的策略确定每个目标属性和情感词之间的对应关系,并使用大量人工标注数据,对链接情感词和其评价对象这一任务困难的原因进行有趣的统计分析。虽然先前提到的方法不是在比较型句子中发展起来的,但把它们用在比较型句子中并不困难。事实上,Ganapathibhotla 和 Liu(2008)与 Ding 等人(2009)已经做了这些工作,我们在第 8 章进行详细讨论。

沿着属性级情感分类的相关研究工作,一些学者也研究了基于属性的评分预测任务。但是,这方面的工作与属性抽取任务以及主题模型密切相关,因此我们将在第 6 章对其方法进行详细介绍。

5.1.3 两种方法的优缺点

接下来,我们来讨论基于监督学习和基于词典的属性级情感分类方法各自的优缺点。基于监督学习的情感分类方法的关键优势是:学习算法可通过优化的手段从各种特征中自动学习出有效的分类模型。而这些在学习算法中所习得的特征,在大部分情况下很难应用于基于词典的分类方法。这是由于基于词典的方法与基于监督学习的方法在处理框架上有很大的不同,它难以对统计学习中所使用的特征进行有效利用。此外,基于监督学习的方法依赖于训练集,需要针对不同领域人工标注训练数据。如 3.4 节提到的,基于某一个领域内的标记数据训练得到的分类器很难应用于其他领域,这是因为不同领域数据的分布、类别标记的分布都具有很大的差异性。虽然已有研究者开始研究领域自适应问题和终身学习,但现有算法离实际应用还有很远的距离。目前在情感分析领域,针对领域自适应问题和终身学习的研究主要集中在文档级情感分类任务。这是由于文档一般比较长,相比单个句子包含了更多的分类特征,这样在领域自适应时分类器才能充分利用特征的分布信息。由于监督学习对领域内的标记数据过分依赖,现有基于监督学习的情感分类方法很难实现大规模、多领域的实际应用,也不能够有效处理低频长尾数据。

相对而言,基于词典的分类方法能够有效避免上面提到的大部分问题,并且在很多实际应用场景中已经展现出很好的效果。在工业界,很多实际系统都使用这类方法。其关键优点是非常鲁棒，领域独立，不用像监督学习一样需要为每一个领域手动标记大规模的训练数据。这类方法也便于算法的扩展和提升。当错误产生后，可以通过简单地修改已有规则或者增加新的规则进行及时修正。而对于监督学习方法，只有错误问题频繁出现后，已有算法才能学到正确的模式或特征，这不便于系统及时更新和扩展。

当然，基于词典的情感分类方法也有缺点。构建分类所需的知识库（包括词典、模板、规则等）需要消耗大量的人力与物力。接下来的几个小节将介绍我这些年积累的一些模板、规则。这些知识应该能帮助程序员很轻松地构建一个基本的情感分析系统。虽然基于词典的分类方法具有领域独立性，但是在面对一个新领域的情感分类任务时，依然需要执行一些操作来处理新领域所特有的语言现象。然而，在研究了大量领域之后，研究每个新领域时所需的附加操作会越来越少，主要是对那些情感倾向依赖于领域和上下文的情感词及短语进行处理。如" suck"大部分情况下是表示负面的情感，但是在被用来评价吸尘器时，"suck"说明该吸尘器具有较强的吸尘能力，表达了正面的情感。尽管研究者们已经提出了一些数据挖掘方法，来对这类词及其情感倾向进行发现与挖掘，但现有方法的效果仍然不佳。这是一个非常值得研究的问题，如果能够在这个问题上取得突破，则能显著提升情感分类的精度。

综上所述，尽管机器学习方法存在各种不足，但我认为它在未来具有巨大的潜力。这里提到的机器学习不仅仅局限于已有基于监督学习的分类方法和非监督的聚类方法。事实上，目前已有的方法不太可能在这个领域取得显著进步。面对情感分析任务，随着数据集的规模越来越大，人们需要设计更复杂的机器学习算法自动学习通用和领域特有的知识。从这个角度来讲，终身学习将是未来提升情感分析性能的一个可期待的技术方向。

5.2   情感组合规则

除了上面提到的情感词和短语，还有很多不同类型的语言构成方式能够表达情感信息。它们大部分都很难处理。本章将对其中的部分内容进行介绍，这些语言构成方式在我们之前的文章 Liu（2010）中统称为观点规则。为了强化情感表达的语义的组合性和复杂性，本书称之为情感组合规则。这里，我们还在 Liu（2010）的规则列表中增加了一些新的规则。为了保持规则的完整性，我们将单个的情感词和情感短语也统称为规则。

这些规则可以用于基于词典的和基于监督学习的情感分类方法，识别文本的情感倾向。

1.情感组合规则可以与情感分析词典共同，作为词典的核心构件，用以属性级情感分类任务。如前所述，这种使用策略灵活且与领域无关，因此已经广泛用于商业情感分析系统当中（尽管在不同领域中，算法的复杂度和细节各不相同）。

2.上述情感组合规则可以作为特征支撑基于监督学习的情感分类算法。目前，一些商业系统也使用了人工标注数据训练的基于监督学习情感分类方法。

总的来说，情感组合规则是一种判别情感倾向的有效方案。我们可以简单地根据单个情感词确定情感倾向，也可以根据复杂的文本短语来确定目标文本的情感倾向，这需要用到相关的领域知识。从下述规则中，我们可以看出为什么情感分析任务本身是十分困难的，并且仅仅利用情感词典对于情感倾向的判别远远不够。

本节将从概念层面解释这些情感组合规则。通常情况下，这些规则是与语言无关的。本书原版是用英文写的，因此，我们将列出英文中常用来表达情感信息的组合规则。这样不仅有助于读者深入理解，也能帮助开发者用这些规则直接开发实用的英文情感分析系统。对于其他语言，我们可以根据目标语言将这些规则中的词和短语实例化，使得这些规则在不同语言中同样适用。例如，尽管不同语言的实际表达是显著不同的，我们可以毫不费力地将这些规则应用于中文下的情感分析任务。

我们可以从组合语义学（Montague，1974；Dowty et al.，1981）的角度阐述这些规则。组合语义学认为：文本组合语义是其组成部分的语义信息与各部分组合起来所使用的句法规则所构成的一个函数。一些研究人员已经开始研究基于上下文的情感分析中的语义组合特性。然而，已有表示体系（见5.2.6节）远远不足以表示这里所列出的情感组合规则。由于已有语法体系的复杂性和多样性，我没有找到合适的方法来规范地表示这些规则。下面，我们先不考虑在实际系统中规则是如何表示的，而是首先从定义的角度对这些规则进行描述。然后研究否定词、情感词、并列连词（如but）对文本中情感倾向的影响。在5.7节中，我们将给出一种表示体系，该体系从文本表达的层面对上面提到的情感组合规则进行表示，使其能够应用于实际的情感分析系统。

除了指示文本的情感倾向之外，很多规则也能够指示出观点评价的对象（实体、属性）。这些信息特别有价值：我们可以使用这些情感规则进行观点对象（实体、属性）抽取，这一部分内容将在第6章进行具体讨论；还可以确保系统能够正确地将观点信息与相对应的目标进行关联。如"The doctor forced me to take the medicine"，其中负面的观点不是关于medicine，而是关于doctor的。在5.7节中，当我们在文本表达层对规则进行描述时，我们将讨论观点对象归一化的方法，使其可以直接应用于实际情感分析系统。

5.2.1　情感组合规则概述

本节我们将用类似于Backus-Naur Form（BNF）的描述语言对这些规则进行形式化描述。使用伪BNF语言是为了方便地对规则中的可变概念进行描述，这使得我们能够直接理解规则中所蕴含的核心思想，避免过多陷于细节问题。具体内容将在5.7节进行深入讨论。由于有大量的情感组合规则，为便于阅读，这里只讨论其中一部分，其余部分将在附录中给出。为了帮助理解，我们将分类介绍这些规则。同时为了节省空间，我们在规则中将只列出词的词根形式。词根是可以作为词典条目的词。词在不同语法角色（例如：过去时态）下呈现的形态称为词的形态，如词"solve"，它的形态有"solve""solves""solving""solved"。这些规则对于各种词根和词的形态具有不同的形式。

1.一般性情感规则。这是最上层的、最具通用性的规则。利用这些规则可以确定每个情感表达的情感倾向。一般性规则可以通过一些后继规则进行扩展，细节内容将在后面几个小节进行详细讨论。利用这些规则所构建的应用通常情况下是上下文相关的。

POSITIVE	::=	PO
	|	NEGATION NE
	|	MODAL NE
	|	# BUT NE

（续）

		NE BUT #
NEGATIVE	::=	NE
		NEGATION PO
		MODAL PO
		# BUT NE
		NE BUT #
NE	::=	N
PO	::=	P

POSITIVE 和 NEGATIVE。这是针对目标实体或属性所表达的情感倾向的表示符。

P 和 PO。这是正面情感表达的两种非终结符。P 代表原子正面情感表达，可以是情感词典中出现的词、短语或俚语。PO 可能是 P，也可能是下面所定义的混合型正面情感表达。正面情感词典的定义为：

P ::= amazing | beautiful | excellent | expensive feel | expressive look | good |
make someone special | stand above the rest | stand out | ...

N 和 NE。类似于 P 和 PO，分别代表两种负面情感表达。对 NE 的表示将在后面的规则中进行定义。因此，负面情感词典定义如下：

N ::= bad | cheap feel | cheap look | cost an arm and a leg | pain | painful |
poor | smell a rat | take a beating | terrible | ugly | ...

NEGATION NE（或 PO）。这种模式代表对负面（正面）的情感表达的再否定。否定（negation）的话题将在 5.3 节进行详细讨论。

MODAL NE（或 PO）。这种模板表示情态助动词与负面（正面）情感表达的组合。如 "This car should have a better engine"。同样地，情态动词和情感表达也是一个复杂的话题，5.4 节会讨论这一问题。

BUT NE（或 PO）。这类模板表示情感表达与关联词 but（也称为反转词）相关。"#" 代表句段位于 but 前，规则 "POSITIVE：：-#BUT NE" 表示正面情感只在 but 前，but 和情感词的交互作用更复杂，5.5 节会讨论这一内容。

NE（或 PO） BUT #。与 # BUT NE（或 PO）相似，但是这里的情感表达出现在 but 之后的句段。

下面所提到的规则（包括附录中的规则）定义了 PO 和 NE，全大写表示非终止符，小写表示终止符。

2. 减弱或增强情感表达（PO 或 NE）的强度。这组规则说的是减弱或增强情感表达（通常是名词或名词短语）的强度，能够改变句子的情感极性。如 "This drug reduced my pain significantly"，"pain" 是一个负面情感词，对于 "pain" 的 "reduction" 表达了对药物的正面评价。

PO ::= DECREASE NE | INCREASE PO
NE ::= DECREASE PO | INCREASE NE

有多种词和短语可以表达情感的增强和减弱，我们将在 5.2.2 节进行详细讨论。

需要指出 INCREASE PO 和 INCREASE NE 不改变情感的极性，但是会增强情感强度。在句子中，情感增强和减弱的文本表达可以出现在 PO/NE 前，也可以出现在 PE/NO 后面。例如

"My pain has subsided after taking the drug."
"This drug has reduced my pain."
"This earphone can isolate noise."

这类句子常用动词表达情感增强与减弱的含义。但是，也能用其他词性的词表达同一含义。例如，与"decreasing"具有同样意思的词有"disappeared"和"remove"。例如：

"My pain disappeared after taking the drug."
"My pain has gone after taking the drug."
"After taking the drug, I am now pain free."
"After taking the drug, I am now free of/from pain completely."

从上述例子中，我们可以看到观点评价对象或属性就体现在 NE、PO 中的名词或名词短语中。这些句子都通过属性（pain）隐含地表达了情感信息。

3. 减少或增加潜在正面属性（Positive Potential Item, PPI）或潜在负面属性（Negative Potential Item, NPI）的数量。对于一些评价对象，增加（或减少）它们的数量意味着表达正面（或负面）的情感，如：

"Lenovo has cut its revenue forecast."
"Lenovo has increased the battery life of its laptops."
"This song has climbed the chart by several places."

这里的 revenue，battery life，chart places 被称为 PPI，增加它们的数量意味着表达正面的情感。然而也有一些词，增加（或减少）它们的数量，意味着表达负面（或正面）的情感，如：

"Sony has increased the price of the camera."

这里的 price 被称为 NPI，因为顾客不希望商品的价格高。有时候，这些事实性的句子也会隐含观点信息（见 2.4.2 节）。

下面的规则表达了这一信息：

PO	:: =	DECREASE NPI | INCREASE PPI
NE	:: =	DECREASE PPI | INCREASE NPI
PPI	:: =	access | answer | budget | benefit | choice | class | color | connection | credit | diversity | developed | dividend | durability | economy | efficiency | feature | functionality | GDP | growth | help | insurance | opportunity | option | profit | quality | revenue | yield | reliability | security | selection | solution | spirit | strength | usefulness | standard | ...
NPI	:: =	charge | cost | duplicate | effort | expense | fee | hesitation | jobless | maintenance | price | repair | spender | the need | tax | unemployment | ...

同样，"减弱"这一概念可以扩展到"消失""移除"，如：

"My hope has gone."
"The fee has been waived."
"After the action, all duplicates disappeared."

PO/NE 和 PPI/NPI 的不同之处在于 PPI/NPI 自身不表达任何情感，PO/NE 则表达情感倾向。我们可以从不同的领域中对 PPI/NPI 进行抽取，这也意味着 PPI/NPI 具有领域依赖性。例如，在经济领域中，growth 和 budget 属于 PPI，但是在贷款领域中，interest rate 和 down payment 对借款人来说是 NPI。

PPI 和 NPI 可以通过自动、半自动或全人工的手段进行抽取。Wen 和 Wu（2011）提出了一种基于自举的文本分类方法，并在中文语料中进行实验表明其有效性。

4. 情感表达（PO 或者 NE）数量上的比较级。与规则 2.3 类似，如果正面（负面）的情感表达的比较级为更少（更多）时，则表达了负面（正面）的观点，例如：

"This production line produces fewer defects."
"This drug has reduced more pain than my previous drug."

我们有如下组合规则：

PO ∷ = LESS NE | MORE PO
NE ∷ = LESS PO | MORE NE

这里需要指出 MORE PO 和 MORE NE 并不改变情感的极性，将其加到这一规则当中完全是为了丰富这一规则类别的完整性。这里还想强调两个其他问题。第一，在这一类型的规则中，情感词多是名词或名词短语。第二，实际应用场景也会触发其他一些情感组合规则。如第二个例子"more pain"表达负面的情感，但是加上"reduced"后，情感极性就从负面变为正面。这里的属性或观点对象是"pain"，而不是"more pain"。

对于"更多"和"更少"的表达方式，我们将在 5.2.3 节中进行详细讨论。这一类型的规则与比较句中的观点表达紧密联系，我们将在第 8 章重点研究。

5. PPI/NPI 的数量更小或更少、更大或更多。同规则 4 类似，可用下面的例子说明这一类型的规则：

"The battery life is short."
"This phone gives me more battery life."
"The price of the car is high."
"I won't buy this phone due to the high cost."

电池寿命为 PPI，价格和功耗为 NPI。

PO ∷ = SMALL_OR_LESS NPI | LARGE_OR_MORE PPI
NE ∷ = SMALL_OR_LESS PPI | LARGE_OR_MORE NPI

我们可以用很多不同的词汇或文本表达表示更小或更少、更大或更多，5.2.3 节将对其进行详细说明。这一类型的规则也与比较句中的观点表达密切关联。同样，我们也将在第 8 章对其进行详细讨论。

6. 产生、消耗资源或废弃物。如果一个实体产生大量的资源，则情感倾向通常是正面的。反之，如果实体消耗大量资源，则情感倾向通常是负面的。如"electricity"是资源，"This computer uses a lot of electricity"，此句在电脑的能耗方面表达了负面的观点倾向。同样，如果一个实体消耗大量废弃物，则通常表达正面的观点：

PO	:: =	PRODUCE LARGE_MORE RESOURCE
	|	PRODUCE SMALL_LESS WASTE
	|	CONSUME LARGE_MORE WASTE
	|	CONSUME SMALL_LESS RESOURCE
NE	:: =	PRODUCE SMALL_LESS RESOURCE
	|	PRODUCE LARGE_MORE WASTE
	|	CONSUME SMALL_LESS WASTE
	|	CONSUME LARGE_MORE RESOURCE
PRODUCE	:: =	generate | produce | . . .
CONSUME	:: =	consume | need | require | spend | use | take | . . .
RESOURCE	:: =	attention | effort | energy | gas | oil | money | power | resource | room | space | electricity | service | water | opportunity | . . .
WASTE	:: =	waste | dust | rubbish | . . .

[132]

资源（resource）是一种 PPI，废弃物（waste）是一种 NPI（规则 3）。在这种情况下，它们能被其他与 PPI 和 NPI 相关的规则所触发，如 "This device reduces the gas consumption by 20%"。

在特定领域内，需要对资源或废弃物的文本表达进行挖掘和抽取。例如，在清洗领域，清洁剂是资源；在打印领域，油墨是资源。6.2.1 节将讨论如何发现这类词。

7. 期望或不被期望的事实性表达。先前简单提及过，许多客观或事实的表达能在一定程度上暗示正面或负面的情感倾向。尽管在句子中并没有出现任何情感词，但是评论者或多或少表达了自己对于事实的一种期望或者不期望的态度。例如 "After sleeping on the mattress for two weeks, I saw a valley in the middle" "After taking the drug, my blood pressure went up to 410"，第一个句子对床垫（mattress）的评价是负面的，虽然没有出现情感词，但是 "valley in the middle" 陈述的是一种对其不期待的态度。第二个句子由于存在很高的血压（high blood pressure），因此也表达了一种负面的情感倾向。这类规则如下：

PO :: = DESIRABLE_FACT
NE :: = UNDESIRABLE_FACT

对事实期望或不期望的表达会因领域而异，因此很难处理。如在床垫领域，下列词汇往往陈述的是不期望的事实：mountain，hill，valley，hole，和 body impression。而在其他领域，这类词语需要自主发现或手工标注。Zhang 和 Liu（2011b）提出了一种简单的自动挖掘方法，来对这些暗示情感的属性名词进行挖掘与发现。

8. 对行为期望发生或不发生。跟规则 7 类似，如果一个实体表现出期望发生的行为，则通常表达正面的情感，反之则表述了负面的情感。这里有：

PO :: = DESIRABLE_ACTION
NE :: = UNDESIRABLE_ACTION

对于行为信息期望发生或不发生的文本表达也与领域相关，因此同样难以处理。通常情况下，行为信息通过一些动词或动词短语触发，而这些动词或动词短语会表达出期望发生或不发生的倾向。例如下面第一个例句，由于存在 hiring，因此表达了正面的情感倾向。

剩下的由于存在 lay off，buy my vote，skips frames，因此表达了负面的情感倾向。

> "HP is hiring."
> "Motorola is planning to lay off more people."
> "She wants to buy my vote."
> "This player skips frames."

9. 符合预期。很多情况下，人们对实体有期望值。若实体达到甚至超过预期，则表达正面的情感倾向，否则表达负面的情感倾向。

PO	∷ =	MEET EXPECTATION
MEET	∷ =	above | beyond | exceed | live up to | meet | satisfy | surpass | . . .
EXPECTATION	∷ =	expectation | my need | my requirement | . . .

下面给出一些例句：

> "It meets my need/requirement."
> "It lives up to my expectations."
> "The performance of this product is above/beyond my expectation."
> "I find them to work as advertised/expected."
> "It works exactly the way that I wanted."
> "It provides everything you need."
> "It gives what you look for."
> "Everything is going as planned."

10. 部分和整体情感。满足这一类型规则的句子通常是复合句，句中包含不同的情感信息。我们需要判别针对句中某个实体整体的情感倾向，但也不能忽略其中所包含的子句所蕴含的情感倾向，例如：

> "Despite the high price, I still like this phone very much."
> "Although there are some minuses with the seats, this is still my car of choice."
> "The price of this phone is high, but overall it is a great phone."
> "Although the car has great engine, I do not like it because it has so many other issues."

由于这些句子比较特殊，给出了针对目标实体的整体情感倾向，因此我们把这些句子单独列出来。在实际应用场景中，一些用户只关注针对目标实体整体（例如：品牌管理），而不是实体的属性的观点倾向。

NE	∶ =	PO* BUT_OVERALL_IS NE
PO	∶ =	NE* BUT_OVERALL_IS PO

"BUT_OVERALL_IS NE（PO）"表示尽管句子的一部分表达了负面（正面）的情感，但是整体上表达了正面（NE）或者负面（PO）的情感倾向。为识别"BUT_OVERALL_IS NE（PO）"，系统需要事先检测这些特殊的句子。一个有效的指示特征是，主句往往会提及实体类型（如 car）甚至实体名称。但是，我们也需要了解如下信息。第一，虽然这些句子的整体情感倾向集中在主句中，但这并不意味着我们应该忽略从句中的情感表达。这里用 * 对主句和从句进行标记。第二，句子的从句通常不会表达句子的整体情感，但有时也会有例外，如 "This is my car of choice despite some minuses with the seats"。

其他类型的规则将在附录中进行介绍。这不意味着这些规则不重要，事实上对于构建一个情感分析系统来说，这些规则都是很重要的。这些规则能以很多形式出现，也能通过很多不同的词、短语进行表达。此外，这些规则在不同的领域也有很大的不同，其中大部分规则很难识别，在实际系统中很难应用。另外，需要特别提醒的是，我们并没有说利用这些规则就能完整地处理情感或观点分析问题。事实上，随着研究的深入，有更多的规则将被发现。

像个别情感词一样，句中触发了情感规则并不能说明此句就包含了观点或情感。例如"I want a car with high reliability"，虽然通过规则可以知道"high reliability"是对汽车的正面评价，但是这里表达的是作者的期望，并不表达正面或负面的情感。另外一类句子包含情感词但不表达情感，而是阐述目的，如：

"We used the system to solve the formatting problem."
"This drug is for treating stomach pain."
"This drug is for the treatment of stomach pain."

也有一类含有"How to"的句子，同样也不表达任何情感倾向，例如：

"How to solve this problem is a difficult question."
"How to win a game is hard to know."

我们利用将在5.7节中介绍的规则构建一个观点解析器，就能够检测这一情况。

5.2.2　情感减弱和情感增强表达

如规则2、3所讨论的，情感减弱（DECREASE）和情感增强（INCREASE）表达（词和短语）对于情感分析十分重要。本小节将对这一语言现象进行详细讨论，并列出英语中常用的一些词和短语。我们首先介绍情感减弱（DECREASE）的表达方式，接着介绍情感增强（INCREASE）。下面列出能够指示情感减弱（DECREASE）的一些常用动词：

|135|

alleviate, attenuate, block, cancel, cease, combat, come down, crackdown, crack down, cut, cut back, cut down, cut off, cut out, decrease, deduct, die off, die out, diminish, disappear, discontinue, discount, downgrade, drop, dwindle, eliminate, fade, fall, filter, get around, get off, get over, go away, go down, halt, have gone, improve, isolate, lack, lessen, limit, lock, lose, minimize, miss, mitigate, omit, pass off, pay off, plunge, prevent, quit, reduce, relieve, remove, resolve, shrink, shut out, slide, slip, smooth, soothe, stop, subside, suppress, take away, take off, to be down, undo, vanish, weed out, waive, wipe out, wither

这些词能出现在PO/NE/PPI/NPI之前或之后，我们根据其使用方式，可以把上述动词分成如下几类。

针对NPI和NE的情感减弱表达（DECREASE-N）。这类情感减弱表达只针对负面情感词。常用的DECREASE-N有alleviate、avoid、handle、lessen、mitigate、relieve、resolve、soothe、subside、waive等。例如：

"The noise level has subsided."
"The school waived my tuition fees."
"This device can mitigate the impact of the crash."
"This drug relieved my shoulder pain."

针对 PPI 和 PO 的情感减弱表达（DECREASE-P）。这类情感减弱表达只针对正面情感词，主要包括 lack、lose、omit、miss 等，例如：

"This phone lacks magic."
"The company has missed a great opportunity."
"This phone omitted one important detail."
"I really miss the smoothing capability of the old version."
"He lost our trust."
"The company loses a good customer."

出现在 PO/NE/PPI/NPI 后的情感减弱表达（DECREASE-after）。这类情感减弱表达主要出现在 PO/NE/PPI/NPI 之后，主要包括 die off、die out、disappear、dwindle、fade、fall、go away、pass off、slide、slip、to be down、vanish、wither 等，例如：

"The unemployment rate has fallen."
"My neck pain has disappeared."
"The noise problem went away."
"All their profits have vanished."
"The economy is down."

当这些动词和动词短语用成动名词形式时，PO/NE/PPI/NPI 能出现在 DECREASE 表达后，例如：

"The company is experiencing a period of dwindling profits."

出现在 PO/NE/PPI/NPI 前的情感减弱表达（DECREASE-before）。这类情感减弱表达主要出现在 PO/NE/PPI/NPI 之前，主要包括 quit 和 stop，例如：

"This machine quit working on the second day."

很多出现在 PO/NE/PPI/NPI 前后的情感减弱表达也能表达 PO/PPI 和 NE/NPI，这主要由句子是主动语态还是被动语态决定。

主动语态和被动语态。如果句子是主动语态，则 DECREASE 表达通常出现在 PO/NE/PPI/NPI 前，例如：

"The earphone can block surrounding noise."

如果句子是被动语态，情况则相反。例如：

"The surrounding noise is blocked by the earphone effectively."

因此，知道句子为主动语态还是被动语态很重要，因此有了这些信息，系统就会知道在哪里寻找表示观点评价对象的 PO/NE/PPI/NPI 表达，例如：

"Standard and Poor's downgraded Greece's credit rating."

这是一个主动语态的句子，因此，我们按照上述规则可以知道观点对象出现在 downgrade 后。此句只对 Greece's credit rating 表达了负面的观点，对于 Standard and Poor's 没有表达任何观点。在本句中 Standard and Poor's 实际上是观点的持有者。

判别句子是主动还是被动语态依赖于精准的句法分析。但是，社交媒体中的文本常常口语化严重，语法不严格，现有的句法分析工具的精准性离实际应用还有很大的差距，英语中很多动词的过去式和过去分词具有相同的形式。这些原因使得这一任务极具挑战性。

名词的情感减弱表达。上面讨论的情感减弱表达（DECREASE）都是动词或充当动词的短语。但是情感减弱表达也可以是名词，通常是动词的名词形式，例如：remove（动词）和 removal（名词），reduce（动词）和 reduction（名词）。下面有两个名词作为情感减弱表达的例子： 〔137〕

"This drug resulted in a decrease in my stomach pain."
"This promotion offers a big price reduction."

在第一个句子中，NE 词（pain）出现在情感减弱表达词（decrease）后。在第二个句子中，NPI 词（price）出现在情感减弱表达词（reduction）前。

下面，我们开始讨论表达情感增强（INCREASE）的动词，跟情感减弱类动词（DECREASE）相似，常用表达情感增强的动词或动词短语如下：

build up, burst, climb, come back, elevate, enlarge, escalate, expand, extend,
go up, grow, increase, intensify, mark up, pile up, progress, raise, return, rise,
soar, surge, to be up

例句有：

"The pain comes back."
"My pain has returned within two days."
"The profits of the company surged last month."
"The price of this car has been marked up by two thousand dollars."
"Google's stock price soared yesterday."

情感增强表达同情感减弱表达类似，情感增强表达也可以是名词（例如：increase 和 upsurge）。但是相对来说，这类情感增强表达较少。

5.2.3　SMALL_OR_LESS 和 LARGE_OR_MORE 表达

那些表达了关于质量、大小、长度、数量、速度等的形容词或短语，当它们与表征 PO/NE/PPI/NPI 类的词一起出现时，对于确定或判别情感倾向十分重要。这些词与 PO/NE/PPI/NPI 一起组合形成 5.2.1 节中的规则 4、5 的 LESS，MORE，SMALLORLESS，和 LARGEORMORE 表达。在本节中，我们将对其中的常用表达进行介绍。

表达数量的形容词。也称为量词，包含表示少量的量词（small quantity，表示为 SMALL-Q），表示中等数量的量词（neutral quantifier，表示为 NEUTRAL-Q），表示大量的量词（large quantity quantifier，表示为 LARGEQ）。除此之外，还有 no、free of 和 free from 等具有类似功能的表达。

SMALL-Q。这类词或短语有：few, only a few, little, only a little, a/one little bit, a small number of, a fraction of, free, free of, free from, no, nonexistent, not many, not much, rare, a small amount of, a small quantity of, a tiny amount of, tight。表示少量的量词也包含表示 0 数量的词语。下面的句子包含了表达少量的量词，其中蕴含了正面或负面的情感。 〔138〕

"This bank is very tight on credit."
"This vacuum cleaner uses no bag."
"After taking the drug, I am now pain free."
"This washer uses a tiny amount of water."

有些情况下，百分数也表示少量，如：

"The price is only one third of what it was two years ago."
"The price is only 40 percent of what it was two years ago."
"The price is only a small fraction of what it was two years ago."

这类句子可以通过一些固定的模板来表达百分数。

NEUTRAL-Q。这类词、短语包括 some，any，several，a fair amount of，a number of，enough，除了 enough，它们通常不会蕴含情感表达。例如：

"They provide enough space for kids to play around."

这里 space 指的是一种资源，也属于 PPI。

LARGE-Q。这类表达有 an awful lot of，a bundle of，a great/good deal of，a great/good many of，a huge amount of，a large amount of，a large quantity of，a load of，loads of，a lot of，lots of，many，much，a plenty of，a ton of，tons of。包含了这些词或短语的句子会显式或隐式表达情感信息，例如：

"This machine uses a lot of electricity."
"This program needs a huge amount of disk space."

有些情况下，表示倍数的词也被用来表示情感信息，如：

"The price now is three times that of two years ago."

在比较型句中，比较量词标记为 MORE-Q 和 LESS-Q，它们也可以表达情感信息。

MORE-Q。这些词或短语包括：more，most，a larger number of，a lot more，plenty more，a larger amount of，a larger quantity of 等。

LESS-Q。这些词或短语包括 fewer，least，fewest，less，a smaller number of，a smaller amount of，a smaller quantity of 等。

139　**表示大小（size）的形容词**。我们利用两个概念类别表示大小：LARGE 和 SMALL。其中包含很多词或短语，如下。

LARGE：big，enormous，hefty，huge，large，massive 等。

SMALL：meager，minimum，small，tiny 等。

对于其比较级形式 LARGER 和 SMALLER，有：

LARGER：bigger，greater，larger 等。

SMALLER：smaller，lesser，tinier 等。

表示重量（weight）的形容词。

HEAVY：heavy，weighted，weighty 等。

LIGHT：light，featherweight，lightweight，weightless 等。

对于其比较级形式 HEAVIER 和 LIGHTER，有：

HEAVIER：heavier。

LIGHTER：lighter。

表达长度（length）的形容词。

LONG：long。

SHORT：short。

对于其比较级形式 LONGER 和 SHORTER，有：

LONGER：longer。

SHORTER：shorter。

表示程度（degree）的形容词。

HIGH：high。

LOW：low。

对于其比较级形式 HIGHER 和 LOWER，有：

HIGHER：higher。

LOWER：lower。

表达速度（speed）的形容词。

FAST：fast，immediate，quick，swift，rapid。

SLOW：crawling，like a snail，like a tortoise，lagging，slow，slow-moving，snaillike，tortoise-like 等。

对于其比较级形式 FASTER 和 SLOWER，有：

FASTER：faster。

SLOWER：slower。

最后，针对 LESS，MORE，SMALL_OR_LESS 和 LARGE_OR_MORE 等概念，我们的定义如下：

SMALL_OR_LESS	:: =	SMALL_SPEC | LESS
LARGE_OR_MORE	:: =	LARGE_SPEC | MORE
SMALL_SPEC	:: =	SMALL-Q | SMALL | LOW | LONG | LIGHT | SLOW
LARGE_SPEC	:: =	LARGE-Q | LARGE | LONG | HIGH | HEAVY | FAST
LESS	:: =	LESS-Q | SMALLER | LOWER | LONGER | LIGHTER | SLOWER
MORE	:: =	LARGER-Q | LARGER | LONGER | HIGHER | HEAVIER | FASTER

目前，我们只讨论了形容词性的词和短语。通常情况下，它们用来修饰名词，这些形容词的副词形态也能用来修饰动词。这种情况下动词可以是 PO/NE 或 PPI/NPI，例如：

"This phone is highly priced."
"This phone costs a lot."
"This printer prints very fast."

这类词语的用法与其作为形容词时的用法类似，这里不做赘述。

5.2.4　情绪和情感强度

如 2.3 节中提到过的，人类有多种基本情绪，对其进行分析对于情感分析任务来说非常重要。以我的经验来看，情绪分析与标准的情感分析处理过程是一样的。只不过，我们需要对每一种情绪构建相应的情绪词典。同样地，我们也需要针对情感的强度进行对应的分析。

例如，对于情绪 anger，joy 和 sad，有如下指示词：

Anger：absurd，awful，crap，crappy，disgraceful，disgusted，disgusting，furious，garbage，gruesome，hate，horrible，horrid，horrify，horrific 等。

Joy：adorable，amazed，attractive，awesome，breathtaking，brilliance，brilliant，charm，delight，elegant，elegance，excited，exciting 等。

Sad：bitter，despair，despondent，disconsolate，dismal，distress，doleful，downcast，dreary，gloomy，sad，unhappy 等。

[141] 基于上述情绪词典，已有基于词典的情感分析方法都可以用来进行情绪挖掘。

如果我们想要利用多级评分来描述不同程度的情绪、情感或观点，通常会使用强化词或弱化词。其基本思想及用法见 2.1.3 节、2.3.5 节以及 3.2.2 节。例如："This product is very bad" 比 "This product is bad" 表达了更多的负面情感。句子 "I am somewhat unhappy with their service" 表达的情感要弱于 "I am unhappy about their service"，very 是情感强化词，somewhat 是情感弱化词。2.1.3 节、2.3.5 节以及 3.2.2 节已经对这一问题进行了介绍与讨论，这里不过多赘述。但是，值得强调的是，通常情况下，当一个情感词被一个强化词修饰时，这一情感词会表达情绪（见 2.3.5 节）。

区分情感和情绪是一个非常主观的过程，没有标准的方法能够区分它们。在实际系统中，系统设计师可以根据任务需求自由设计。在 Opinion Parser 中，我设置了五个级别来表征情感或情绪的强度，它们是 emotional positive，rational positive，neutral，rational negative，emotional negative。以我的经验来看，在实际系统中，分为五个等级已经足够，没有必要设计更细粒度的情感强度等级。

5.2.5　情感词的含义

情感词和短语对情感分析来说非常重要。然而，只有少数情感词会在任何上下文环境中都表达情感信息。实际上，一个词通常可能有多个含义，并不是所有的含义都会表达情感信息。如 great 是一个正面情感词，但是 great-grandfather 中的 great 不表达任何情感。由于词义消歧是自然语言处理领域的一个难点问题，所以我们不可能依赖词义消歧的结果来解决情感消歧的问题。但是，事实上，我们可能要完全忽略词义的歧义，在特定上下文环境中利用其他线索来确定情感词是否表达了情感信息。尽管在某些情况下，我们可以通过词的词性来判别情感词是否表达情感，实际上，一个词即使在同样的词性下，其所表达的语义不同，情感表达也会不同。在本节中，我们将用一些常用情感词进一步阐述上述问题，同时也会介绍在实际情感分析系统中应该如何使用它们。在下一节中，我们也将讨论如何表示情感词以及观点规则。

pretty 和 terribly。pretty 可用作形容词、动词、名词，它通常表示正面的情感，但是当它出现在某些特定的短语或俚语里，会表达负面的情感。例如 cost a pretty penny 就表达了负面的情感，意思是买东西花了很多钱（cost an arm and a leg 和 cost the earth 表达的意
[142] 思相同）。然而当它用作副词来修饰形容词时，通常不表达情感信息，而是对情感词起到修饰限定作用。例如 pretty good，pretty bad，pretty sure，在这种情况下，它有 "相当（fairly）" 或者 "适当的程度（moderately high degree）" 的意思。这里需要特别强调的是，

当 pretty 后面跟着一个形容词或副词时，系统应当忽略它自身默认的情感信息。在实际系统中，由于词性标注不可能是百分之百正确的，我们不能完全依赖词性来判别当前词是否表达情感信息。通常情况下，系统需要依据当前词后面的词的词性标签，来判断当前词是否表达情感。

副词 terribly 也一样，虽然它不如 pretty 出现频繁。terribly bad 和 terribly good 有一种"非常（very）"或"极端（extremely）"的感觉。但是当它不用来修饰形容词时，则会表达一种很强的负面情感（very badly），例如 "This car is terribly built"。

easily、clearly 和 well。这三个词通常表达正面的情感倾向，当然也有例外。实际系统很难确定这些，需要其他线索进行判别。

Easily 和 clearly 跟不表达情感的动词一起使用时，通常会表达正面的情感。但是，当它们跟情感动词一起使用时，它们自身并不表达情感，只起到加深程度的作用。此外，当它们以主动语态修饰 be 动词时，也不表达任何情感，实例如下：

"This software can be installed easily."
"This machine gets damaged easily."
"He explains everything clearly."
"This is clearly a bad phone."

英语中很多其他动词也有相似的用途，如 fast 和 quickly。有时候这些情感词在句子中出现的位置会暗示它们是否表达了情感。当 clearly 作为句中的第一个单词时，意思是显然地（obviously），此时句子的情感通常蕴含在句子的其他部分。well 用作副词时也类似，例如：

"Clearly, this is a problem for the car."
"Clearly, this is not my car."
"Well, I do not think this is a good car."

incredible。incredible 是一种很难处理的情况，在非正式文本中表达"令人惊奇的（astonishing）"和"难以置信的（amazing）"，这时它通常表达了正面的情感。但是，它也可以在含有负面情感的文本中表达"不可思议的（incredible）"，例如：

"This car is incredible."
"It is incredible that this guy murdered so many people."
"It is incredible that Apple sold so many iPhones."

第一个句子中，incredible 表达正面的情感。在后两个句子中，incredible 表示"超出预想（beyond belief）"。其中，第二句表达了负面情感，第三句则表达了正面情感。

所以，我们可以按照如下方法对 incredible 进行简单处理：当句中有其他情感词时，incredible 通常只起到强化情感的作用，并不会表达正面的情感。但是，在很多场景下，由于用于分析 incredible 语义的上下文信息与 incredible 不在同一个句子中出现，分析 incredible 的语义变得十分困难。例如：

"He murdered ten people. This is an incredible case."

smell。smell 可以是动词，也可以是名词。就表达情感而言，针对这个词的情感分析对于整个任务来说非常有意义。

"This car smells."
"This perfume smells good."
"This room smells bad."
"This room has a smell."
"This room has a foul smell."
"This room has a nice smell."

没有相关的情感词时，不管 smell 用作名词还是动词，都时常表现出负面情感。有时候，当一个句子的情感表达依赖出现在 smell 前后的情感词时，smell 通常不表现情感。也有一些有关 smell 的成语，例如 smell a rat，其中 smell 没有表达任何情感。

5.2.6　其他方法概述

在早期研究工作中，有关情感、观点规则的研究主要致力于分析情感词和否定词的组合模式（Hu and Liu，2004；Kim and Hovy，2004）。后来随着针对情感转换与褒义词、贬义词的组合方式的研究，渐渐出现了情感翻转（sentiment reversal）这一概念。如 "not" & POS（"good"）=> NEG（"not good"）和 "fail to" & POS（"impress"）=>NEG（"fail to impress"），情感翻转同 5.2.1 节中的规则 3 类似，如 "reduced" & NEG（"pain"）=> POS（"reduced pain"）。

Moilanen 和 Pulman（2007）也引入了情感冲突（sentiment conflict）这一概念，这是为了处理同时出现多个不同倾向情感词的情况，如 "terribly good"。其一般性解决方案是以划分权重的方式确定属性情感的重要成分，从而解决情感冲突问题。

Neviarouskaya 等人（2010）提出了六种类型的组合规则：情感翻转（sentiment reversal）、情感聚合（sentiment aggregation）、情感传递（sentiment propagation）、情感主导（sentiment domination）、情感抵消（sentiment neutralization），以及情感强化（sentiment intensification）。情感聚合（aggregation）规则与情感冲突（sentiment conflict）规则类似，但是它们的定义完全不同。例如，在形容词 – 名词、名词 – 名词、副词 – 形容词、副词 – 动词结构的短语中，当一个情感词与另一个具有与其相反情感的词进行组合时，这个短语将被赋予一个混合的情感标记，但是，这个短语中修饰部分的情感词在短语中占据主要地位。例如：POS（"beautiful"）& NEG（"fight"）= > POSneg（"beautiful fight"）。

当一个短语中出现传递型（propagation）或转换型（transfer）的动词时，则需要利用传递规则确定这个动词的宾语或主语所表达的情感倾向。例如 PROP-POS（"to admire"）& "his behavior" = > POS（"his behavior"）；"Mr. X" & TRANS（"supports"）& NEG（"crime business"）= > NEG（"Mr. X"）。我们可以看到这类规则可以抽取出观点评价的对象。

有关情感主导的规则如下：第一，当一个动词的情感倾向与其在句子中的宾语的观点倾向不同时，动词的情感倾向通常占据主导地位 [例如：NEG（"to deceive"）& POS（"hopes"）= > NEG（"to deceive hopes"）]。第二，如果并列复合句用 "but" 连接子句，则 "but" 后面的子句的情感倾向将决定整句话的情感倾向 [例如：'NEG（"It was hard to climb a mountain all night long"），but POS（"a magnificent view rewarded the traveler in the morning"）.' = > POS（whole sentence）]。

当情感的文本表达被介词修饰或作为条件从句出现在句子中时，主句的情感会在从句情感倾向的基础上被抵消，这就是情感抵消规则。例如 "despite" & NEG（'worries'）= > NEUT （"despite worries"）。情感强化规则能够强化或减弱句子中的情感得分。例如 Positive_score（"happy"）<Positive_score（"extremely happy"）。

其他一些相关工作可以在下面的文章中找到（Nasukawa and Yi, 2003; Polanyi and Zaenen, 2004; Choi and Cardie, 2008; Ganapathibhotla and Liu, 2008; Neviarouskaya et al., 2009; Nakagawa et al., 2010; Min and Park, 2011; Socher et al., 2011a; Yessenalina and Cardie, 2011）。

上述文献并没有对 5.2.1 节及附录中所提出的情感组合规则进行详细的介绍和讨论。例如，有关资源消耗的规则以及有关描述意图的事实性文本的规则。现有规则对实际应用来说还是很局限，因为在句子中，组成规则的核心词汇之间可能存在其他不相关的词，这会产生词干扰的问题。例如"The drug reduced a lot of my shoulder pain"。尽管在句子中，reduced 与 pain 满足规则"reduced" & NEG（"pain"）=> POS（"reduced pain"），但是它们在句子中并不相邻，这使得这一规则难以被触发。在这种情况下，我们需要知道何种文本表达能够同时捕捉"reduced"与"pain"，使其具有完整的语义。事实上，我们需要一种更灵活的语言来表达我们的情感组合规则，这部分内容将在 5.7 节讨论。由于社交媒体中出现的文本常常是十分不规范的，有很多语法或其他类型的错误，这使得句子的语法分析或句法分析往往是不准确的。因此我们在表示规则时，规则描述语言尽量不要过度依赖于语法或句法。 |145|

5.3　否定和情感

情感转换词（sentiment shifter）（在 Polanyi and Zaenen，2004 中也称为价转换词（valence shifter））通常情况下将当前文本的情感进行反转。否定词（no, not, never, none, nobody, nowhere, neither-nor, nothing, cannot）是最常见的情感转换词类型。正如 5.2 节提到的，情感变化的方式有很多种，例如在 5.4 节中，我们将看到情态（modality）对于情感有很大的影响。

由于 5.2.1 节中所提到的大部分规则过多依赖于依存语法，因此，在本节中，我们不用类似的规则来展示否定词的用法。句子的依存句法树能够帮助我们确定否定词在句中的作用范围，这部分内容将在 5.3.5 节中进行具体讨论。当然，这并不是说我们确定了否定词的作用范围，就能轻松识别句子中所蕴含的情感倾向。这已经超出对于否定或情态的传统研究范围。对于这一点，我们只进行简要介绍。

5.3.1　否定词

否定词能以很多方式影响句子中的情感表达，下面将列出最常见的三种方式。

1. 直接否定正面或负面的情感表达，如：

"This car is not good."
"This Sony camera is not as bad as people think it is."
"Nobody likes this car."
"No race could John win."
"John cannot win any race."
"Nothing works on this computer."
"The fridge is small enough not to take up a lot of space."

在这些句子中，否定词以简单的方式反转了句中情感词、情感短语的情感表达。注意这里"take up a lot of space"是一个负面的表达，属于资源消耗类型的规则（5.2 节中的规则 6）。

当然，情感反转不能用一般性规则进行处理。在很多情况下，简单反转情感极性是有问题的。例如"I am not angry"并不意味着"I am happy"。又如"This is not the best car"并不意味着"This is a bad car"。3.2.2 节专门介绍了一种方法来处理这种问题。但是，到目前为止，仍然没有处理这类问题的标准方法。

2. 否定词表示愿望或者期待没有被达成。这样的句子即使没有包含任何情感词，但是也表达出了情感。例如：

"When I click the start button, the program does not launch."
"My car does not start in a few occasions."
"The fridge door cannot be opened."
"Nowhere can I find out how to use the display function."
"You can do nothing on an iPad."

针对某一个领域内的实体或属性，由于我们很难在文本中识别出对其表达了期望和意愿的文本或动作，因此也很难识别这类话中的情感倾向。在上面这几个例句当中，由于没有情感转换的现象，这几句中提到的否定词没有对句中的情感进行反转。

hard to，difficult to，have difficulty in 等短语类似于否定词，但是程度上相对较弱。

3. 否定词可以不用情感词就否定一种表达期待或不期待意愿的状态。例如：

"The water that comes out of the refrigerator is not cold."
"No bag is used on this vacuum cleaner anymore."

在这几句话中，由于没有明确的情感词，我们很难确定句中是否表达了期待或不期待的状态，也很难知道对特定领域的期望是什么。所以，在这种情况下，句子的情感倾向很难确定。如在第二句中，如果不知道"老式吸尘器都有吸尘袋，频繁更新吸尘袋很麻烦"这一知识，则很难判断该句表达了正面或者负面的情感。

在下面，我们将列举出否定表达的一些其他类型。

比较句中的情感表达。有时在比较级和最高级比较句中，否定一个情感词会对判别整个句子的情感倾向造成微妙的差异，例如：

"This car is not better than my previous car."
"This car is not the best car in the market."

第一个句子可能对"汽车（this car）"没有负面评价，因为相比较的两辆车可能表现一样，第二句类似。但是根据我的经验，实际应用中应该把这两句话都看作针对"汽车（this car）"的负面评价。尽管在实际应用中，这一类型的情感转换通常与上下文相关。例如：

"This car is not the best car in the market, but it is quite good."

同级进行比较时，情感极性经常逆转，如："This car is not as good as my previous car"。而对于不同类型间的比较，我们将在第 8 章进行讨论。

在有些场景下，在比较级中加入否定词并不会改变情感极性，例如：

"It does not get better/worse than this."
"Nothing I have seen could rival the pyramids."
"Nothing is better than an iPhone."

在这几句话中，比较词 than、rival 将句子分成两部分，一部分表达了正面的情感倾向，另一部分表达了负面的情感倾向。这里需要说明一下，第一个句子中没有提到观点评价对象，这里出现了指代问题，应该对"it"和"this"进行指代消解。

双重否定。涉及双重否定的句子通常很难处理，例如：

"This is not the reason for not providing a good service."
"It is not that I do not like it."
"There is nothing that it cannot do."

"not"后面是名词短语。在这种情况下，"not"通常对实体、属性不改变或不表达情感倾向，除非修饰的名词本身就是情感词。例如：

"I hate Audi, not Mini."
"It is not a Sony, but a Samsung."
"Evo runs Android, not the Windows mobile software."
"She is not a beauty."
"She is not a nice person."

前三句的"not"不改变或表达任何情感，最后两句的"not"后的名词短语表达了期望发生的状态，因此，"not"反转了它们的情感倾向。这里还有两个复杂的例子，例如：

"Evo runs Android and not the creaky Windows mobile software."
"Well, Touchpad is not an iPad."

从第一个句中，我们很容易知道"creaky"评价的对象是"Windows mobile software"，但是在这句话中，"creaky"是一个否定情感词，因此，我们很难确定"not"在这句话中并不改变"creaky"的情感倾向。第二句依赖人们对 iPad 的整体感觉，因此更难处理。这里针对 Touchpad 的评价是负面的，因为消费者对 iPad 的评价普遍较好。

148

祈使句中的否定词。祈使句给出命令、请求，通常不表达情感，否定词通常也不改变情感。

"No bigotry please."
"Do not bring a calculator."

当然也有例外，例如：

"Do not waste time on this movie."

表达对这部电影的负面评价。

短语或成语中的否定词。短语和成语中的否定词应该被看成短语和成语的一部分，而不是被单独看成一个否定词，下面列出常用的含否定词的短语、成语：

believe it or not, by no means, can stand no more, cannot wait to, do not apply, do not get me started, do not get me wrong, do not mind, do not push too hard, for no reason, have nothing to do with, if not better, if not impossible, if not the best/worst, last but not (the) least, look no further, never-ending story, no avail, no bearing, no big deal, no brainer, no change, no comparison, no difference, no doubt, no end, no exception, no exaggeration, no fun, no idea, no issue, no matter, no question, no question asked, no stranger, no time, no way, no soul, no luck, not looking back, no problem, no rush, no stake, no substitute, no such thing as, no use, no wonder, not alone, not a big deal, not a deal breaker, not a fan of, not huge on something, not just, not least of, not only, not possible without, not the least, not the only, not to mention, not until, nothing to do, second to none, why not

正如我们所见，出现了否定词的句子有可能表达或者也有可能不表达任何显式或隐式的情感。但是，我们可以明确地说，如果句中不用情感词或没有表达任何期望或不期望的状态、行为时，这句话通常没有表达出清楚的情感信息。这里的问题通常在于，在某一个领域中，我们很难识别句中是否表达了期望或不期望的状态或行为。

5.3.2 never

"never"是一个比较特殊的否定词。作为否定词，尽管它常用来表达强烈的正面或负面的情感倾向，但也有其他不同用法。在下面的例子中，"never"作为否定词起到了强烈的否定作用。

[149]

> "This vacuum never loses suction."
> "I will never buy another product from eBay."
> "This printer never worked properly."
> "I never liked any Apple products."
> "I have never heard a good thing about this car."

但是，"never"也有很多其他不同的用法，在很多情况下，"never"并不改变句子中的情感倾向，因此需要特殊处理。具体地：

1. 只对一个实体表达了正面评价，而不考虑其他同类型实体。

> "I will never buy anything else."
> "I will never buy any other brand of vacuum."
> "I will never switch back to another brand."

在这几个句子中，没有显式地给出观点评价的对象，但通常可以从之前的句子中推断出来。当然，有时我们通过 except, besides, but 等连词就可以在当前句子中获得观点评价的对象，如：

> "I have never liked any other smartphone except iPhone."
> "Once you buy this phone, you will never want another phone."

anything else, any other 以及 another 在这里是关键信息。通过它们，我们可以知道评论者评论的是本句提到的实体之外的那个实体。这几个短语形式上的任何改变都可能会造成整句话意思的完全改变，如：

> "I would never spend such an exorbitant amount of money on any phone."

2. 对目标表达了 has never been so good/bad、has never been this/that good/bad 或者 has never been better/worse（比较级）的情感。在这类句子中，情感词的用法、表达了期望或不期望意愿状态的文本对于判别整句的情感倾向十分重要，如：

> "My carpets were never this clean."
> "I have never had such a clean house."
> "I have never owned a car that is so fun to drive."
> "I never knew how bad this phone was until I bought a Nokia phone."
> "This car has never been better."

前两句都对吸尘器（vacuum cleaner）这一观点评价对象间接表达了观点。在这两句中，始终没有提到观点评价的对象——吸尘器。因此，语篇级分析（discourse-level analysis）对于分析这类句子中的情感倾向十分重要。在前三句中，so、this 和 such 对于情感判别也很重要。这几个词通常隐含了"惊人的、不可预料的结果"的意思。缺少这几个词，整句的意思和情感倾向可能会模棱两可，甚至会完全不同。在第四句中，评论者对 this phone 的评价是负面的，但是对 Nokia phone 的评价很正面，这是一种比较型观点表达（5.5 节将对这一问题进行详细讨论）。最后一句用比较级（better）表达该汽车达到了目前最好的状态。

3. 对于未曾经遇到或经历过的事情、事物表达出期望或不期望的意愿状态。

"I never had a vacuum blowing out a clean smell before."

这里需要特别强调，在这句话中，情感词的用法以及表达了期望或不期望状态的文本短语对于判别该句的情感倾向十分重要。

对于"never"的几类特殊用法的处理方式，通常，第一步是在句中识别它们。目前，用一些模板就能很容易地将其识别出来。之后，在识别整句的情感倾向时，我们需要在处理过程中忽略"never"本身所表达的否定情感。

5.3.3　其他常用的情感转换词

hardly，barely，rarely，seldom。这些词是预先假设词，很多情况下能够改变句中原本的情感倾向。我们以"It works"和"It hardly works"举例说明。这里"works"表达了正面的情感，"hardly works"则表达了相反的情感倾向。这里含有对原始目标更高预期的先决假设，而"hardly"在这里表示该预期难以达到。

little，few，rare。同样地，这些词改变句中情感倾向的方式与"hardly"等词类似，例如：

"The Fed has little room left to revive growth."
"Few people like this product."
"The problem is rare."

我们在 5.2.3 节中提到过这些词，这里我们再次进行讨论。需要指出的是，"a little"和"a few"没有情感反转的作用。当 little 和 few 跟其他意思的词一起使用时，它们不表达任何情感倾向，例如：

"This little machine is great."
"I went to Chicago in the past few days."
"We had that little house in the South."

fail to，refuse to，omit，neglect。这些词和短语通常也会改变情感倾向，如：

"This camera fails to impress me."
"The fridge door refuses to open."
"This camera never failed to impress me."

最后一句可视为双重否定的情况。

far from，nowhere（even）near/close。这些短语同否定词的作用一样，能够改变句中的情感倾向，例如：

"This car is nowhere near perfect."
"This car is far from perfect."

5.3.4 否定词移动现象

英语中，利用动词 think、believe 等表达否定的态度时，通常情况下会把否定词放在 think、believe 的前面，而不是放在要否定的第二个动词的前面。这是一种否定前置的语言现象，例如：

"I do not think this is a good car."
"I do not believe that this car is worth the price."

但是，有趣的是，当我们使用情态动词时，句中的情感可能不会发生反转，例如：

"I did not believe that this car could work so well."

实际上，情态动词 would, should, could, might, need, must, ought to 是另一类情感转换词。我们将在 5.4 节对其进行介绍。

另外，讽刺也会改变句中的情感倾向，例如："What a great car, it failed to start the first day"，虽然对人来说，识别这种语言现象并不困难，但在实际应用中如何正确地自动处理识别这一语言现象仍然是一个极具挑战的问题。

5.3.5 否定范围

在上面的几节中，我们已经讨论过多种句子中存在否定词或情感词，但其情感倾向不会发生反转的情况。除了已经提到的这些情况之外，当情感词不在否定词的作用范围之内时，该情感词的倾向性也不会因为否定词而发生反转。在下面的例子中，"horrible"不在"not"的作用范围之内，因此"not"不会改变情感词"horrible"的情感倾向。

"I did not drive my car on that horrible road."

在下面的句子中，"not"作用于"like"，不作用于"ugly"。

"I do not like this car because it is ugly."

大部分情况下，我们利用简单的语法规则就能很好地确定否定词的作用范围。Jia 等人（2009）提出了一些基于句法的处理规则，该规则将否定表达（词或短语）和它之后的其他词（包括标点符号）之间的词语间隔定义为否定词的作用范围。其中最关键的是确定这种间隔的结尾。一个基本的原则是否定词作用范围不应跨越其所在的从句。他们也额外定义了四条规则，对这一基本规则进行进一步修正，从而确定否定词的作用范围。

情感动词规则。当在一个否定的文本表达中对某个情感动词表达了否定的意思时，否定词的作用范围在情感动词后立即结束。

情感形容词规则。如果一个情感形容词与离它最近的一个含有否定意思的系动词或者其他动词之间具有"cop"或"xcomp"的依存关系，则该形容词后面就是否定词作用范围的结尾。这里"cop"指系动词，"xcomp"指补足子句成分（de Marneffe and Manning, 2008）。

情感名词规则。当一个情感名词用作被一个否定表达否定的动词的宾语时，该名词就是否定词作用范围的结尾。

双重宾语规则。当一个否定表达否定的动词具有两个宾语时，只有直接的宾语在否定作用范围之内，而间接宾语不在作用范围内。

另外，Jia 等人（2009）也描述了一些例外，如 not only 和 not just。我们在前面的章节中已经讨论过相关内容。这里需要指出，否定作用范围不包括否定转移情况，否定转移需要用前面章节提到的规则单独处理。Ikeda 等人（2008）和 Li 等人（2010）用监督学习的方法训练得到了一个分类器，从而自动判别句子中的否定表达在当前上下文环境中是否改变了句子的情感倾向。针对否定词作用范围的问题，NLP 领域的学者们已经对其进行了研究。Rosenberg 和 Bergler（2012）与 Rosenberg 等人（2012）给出了一些基于句法分析的启发式规则。

在这一节中，我们介绍了很多否定的情况，但是，仍然有很多否定情况没有考虑到。甚至在很多情况下，尽管目标句子包含了上述的否定情况，但是该句是客观的陈述，没有表达任何观点信息。需要特定领域的知识才能对这一情况进行正确处理。总之，关于该内容的问题很多，但对应的解决方案太少，很多问题亟待研究。

5.4　情态和情感

情态动词或表达在句子中对情感的表达具有很大的影响。显然，情态表达如：possibility，probability，necessity，obligation，permission，ability 和 intention 都是很主观的表达，与情感密切相关。在英语中，有三种情态类型：道义情态（deontic），认识情态（epidemic），动态情态（dynamic）(Aarts，2011）。

道义情态（deontic modality）。这种类型的情态动词通常是对要求人们做或者（不）允许做一些事的态度的表达，例如 obligation 和 permission。相关的例句如下：

"Sony must improve the reliability of its laptops."
"This company should reduce the price of its products."
"You may return the phone to us."

认识情态（epidemic modality）。这种类型的情态动词是关于一个命题为真的推理和判断，如：

"Sony may produce good cameras."
"Sony might have solved its picture quality problem."

动态情态（dynamic modality）。这种类型的情态动词通常与能力或意志有关，如：

"The camera can take great pictures."
"I cannot tell whether this is a good car."

在英语中，有下列重要的情态动词：

can, could, may, might, will, would, shall, should, must

can，may，will，shall 和 must 是现在时，could，might，would，should 分别是 can， may，will，shall 的过去时，当然 could，might，would 和 should 也有不用作 can，may，will 和 shall 的过去时的情况。这些情态动词与否定词结合，对情感的判别与分析十分重要。除此之外，还有一些情态动词平时在文本中出现的频率较低，但也十分重要。例如：

> dare, need, ought (to)

也包括一些习语

> have (got) to, had better/best, would rather, and so on

本书主要关注情态动词在情感或观点表达时起到何种作用，以及它们如何影响情感倾向。然而，迄今为止，很少有工作对情态动词如何影响情感表达这一问题进行深入研究。Liu 等人（2013）曾提出一种监督学习方法，该方法利用情态动词的信息学习句子级情感分类模型。但是，由于他们使用了监督学习的策略，无法从本质上揭示情态动词对情感表达的影响和作用。另外，尽管很多语言学家已经对情态动词的问题进行了深入研究，但是他们的研究并不是针对情感分析任务而展开的。

基于上面的分析和介绍，我们能知道使用 may 或 might 等词的认识情态类型的句子，表达的是对于一个命题是否为真的预测和判别，其中包含很多不确定性，因此这类句子通常不表达清晰的情感。相较而言，道义和动态类型的情态动词与情感表达关联更加紧密。在对每个情态动词进行详细讨论之前，我们先介绍下面三个观察到的现象：
1. 很多情态句不用否定词就能表达负面的情感。
2. 很多情态句利用否定词来表达正面的情感。
3. 在表达了负面情感的句子中，情态动词通常起到情感转换词的作用，这些句子常涉及比较级或具有比较含义的词、短语。

can 和 could。在很多情况下，它们表达了完成某件事的能力，属于动态情态类型。这时它们会表达正面的情感，例如：

> "I can count on Apple."
> "This device can deal with the connection problem."
> "This phone can do speed dialing but my previous phone cannot."

could 和 can 在和比较级（JJR、RBR）联合使用时，通常表达负面的情感。但是，下面这些句子虽然不是比较句，但也表达了负面的情感，如：

> "The touchscreen could be better."
> "I can find a better GPS for this amount of money."
> "The voice quality could be improved."

这里，虽然 improved 不是比较词，但它表达了一种更加期待的状态。当一个否定词与比较级一起出现时，根据比较级中情感词倾向的不同，该句子可能表达正面情感，也可能表达负面情感。例如：

> "I cannot be happier with this product."
> "It cannot be worse than this."
> "I cannot praise this product more highly."

cannot 和 could not 也经常用来表达情感，它们的表达方式多种多样。在很多情况下，

cannot 可以替换为 could not，例如：

"Their service agent cannot be bothered to serve me."
"I cannot wait to see this movie."
"This phone cannot compare with my old phone."
"I cannot live without this phone."
"This is a deal that I cannot resist/refuse."
"You cannot beat the price."
"I cannot stand this movie."
"I can stand no more."
"You cannot find anything else for this price/money."
"I cannot find anything in X to compare with Y."

155

从上面的例子中，我们可以看出，在判别句子的情感倾向时，cannot 和 could not 也能被简单当作否定词进行处理。例如："This car cannot do a fast reverse"。但是在有些情况下，cannot 作为否定词并不表达任何的情感。例如："I cannot say whether this camera is good or not"，这是由于 say 在 cannot 的作用范围之外。

will 和 would。will 没有明显的方式和用法来表达情感信息。但当 could、would 与正面情感词结合使用时，通常情况下会表达负面情感。它们与比较级相结合时，会表达负面情感。例如：

"I would have loved this product."
"It would have been a good car."
"I would like something better than this."
"I would like something prettier."

下面的例句是 would 用来表达情感信息的几个特例：

"I would not buy any other car than this."
"I would not buy this car."
"I would not like anything else."
"Without Google, I would be failing every exam."
"I did not believe that this phone would work so/this well."

最后一句对"this phone"表达了正面的观点，也说明时态对句子情感的判别具有重要的作用。如果这句话换成"I do not believe that the phone will work well"，则其中的观点倾向就是负面的。

shall 和 should。像 will/would 一样，它们没有明显的方式和用法来表达情感信息，should 和 could 很类似。should 常与比较词结合使用，用于表达负面的情感。尽管句子中出现了比较级，但这些句子本身并不是比较句。例如：

"This car should be less expensive."
"Apple should know better."
"Apple should have done better."
"iPhone should have a bigger screen."
"Sony should improve its products."
"Sony should reduce the price of its products."

不同于 could，should 与否定词一起使用，常表达的是负面的情感，例如：

156

"They should not make the screen so big."
"They should not have done this terrible thing."
"Nobody should buy this product."

情态动词 ought to 的用法与 should 类似。

need 和 must。当没有否定词时，need 在情感表达中具有和 should 一样的用法。对于 must 来说，当后面接动词时，它和 need 的用法和作用是一样的。下面我们用几个例子进行说明。这里为了简单起见，我们不具体区分 need 在例子中是否作为情态动词。

> "This phone needs a good/better screen."
> "This phone needs work or improvement."
> "Sony needs to improve its products."
> "This car needs more gas."
> "Sony must have a better screen to compete in this market."
> "Sony must improve its products."
> "What they need is a big screen."

当 need 与否定词相结合时，它通常表达正面的情感，例如：

> "Sony needn't further improve its TV."
> "iPhone allows you to make a call without the need of using your figures."
> "Touchscreens eliminate the need of a mouse."

have to、had better 和 better。这些情态短语在表达观点和情感时的用法与 must 一样。例如：

> "Sony had better improve its products."
> "Sony has to reduce the price of its TV to sell it."
> "All you have to do is to press the button and everything will be done."

有趣的是，其否定的表达通常表达了正面的情感。例如：

> "With this feature, you no longer have to use your fingers."
> "You do not have to use many programs to perform this task anymore."

在一些情况下，虽然句子的其他部分会表达情感，但这类情态词自身并不表达情感。例如：

> "I have to admit/say/confess/agree that this is a great car."

have to 也可与其他情态词相结合来表达情感信息。例如：

> "It is a faulty phone and I should not have to pay to send it back to the dealer."

want、wish、hope 和 like。由于这几个动词不是助动词，因此它们不是情态动词。但是这几个动词在句子中常常起到情态动词的作用。例如，下面的几个句子针对 screen 表达了负面的观点。其中暗含了比较的成分。

> "I wish the iPhone had a bigger screen."
> "I hope they can improve their screen."
> "I want a bigger screen from the iPhone."

5.5 并列连词 but

连词用来连接词语、短语或者句子。连词有两种类型：并列连词（coordinating conjunction）和从属连词（subordinating conjunction）。并列连词有 and，or，but 等，从属连词有 after， because，when，where，that，which 等，它们用来连接主句和从句。并列连词 but 对于情感分析任务来说十分重要。它经常出现在情感句中，用来连接两个观点对立的句子。因此，如果能够对包含 but 的复杂句进行准确的分析，这对于分析这类句子中的情感倾向将具有十分重要的意义。

总的来说，but 有以下两种含义：

but 用作介词。这种情况下，but 表示除了（except（for），apart from，bar）的意思。不强调 but 所连接的主句（句中主要部分）中所提到的目标对象，而是强调 but 连接的从句（句中次要部分）中所提到的目标对象（人或者事物）。例如：

"I like all Honda models but the CRV."
"I would not want anything but the iPhone."

在这种类型中，but 常用在 everyone，nobody，anything，anywhere，all，no，none，any，every 后面。这就引出了一个问题：如何处理那些未提及的目标或实体。如在上一个例子中，第一句对本田 CRV 之外的其他所有车型（every car model of Honda）都表达了正面的评价，仅对 CRV 表达了负面的评价。如果作者事先了解所有本田（Honda）车型，则可以具体知道对哪些车型的评价是正面的。然而在很多情况下，作者很难了解所有实体集合信息。所以，在实际应用中，为了简化实际系统的分析，只处理明确显式提到的实体和观点，即对于第一句，只分析出这句话对 CRV 表达了负面评价，对于第二句，只分析出该句对 iPhone 表达了正面的评价，而忽略其他的隐含观点。

but 用作连词。这是 but 最常用的使用方式，用来连接两个可对比的从句：

"The picture quality of this camera is great, but the battery life is short."
"The voice quality of the iPhone is not great, but it sure looks pretty."

可以看到，but 前后两个句子中的观点是对立的。所以，首先如果我们能够确定其中一个观点的倾向，则可以推断出另一个观点的倾向。例如，在第一句中，我们可以通过 great 很容易地确定 but 前的子句表达的是正面的观点。基于这一点，我们可以推断出 but 后的从句表达的是负面的观点。其次，but 有助于确定那些情感倾向与上下文相关的情感词的倾向性。例如，在第一句中，but 前的子句表达了正面的观点，可以推断出在 but 后的子句中，在用 short 评价 battery life 时，表达的是负面的观点。

but 也有否定的意思。它经常与否定的文本表达联合出现，在这种情况下，but 前后文本的观点通常是明显对立的：

"The seat is slightly uncomfortable but not too bad."
"Fuel economy is very good but not what is stated."
"They are not cheap but definitely worth it."
"I hate Audi but not Honda."
"I'm not a HP fan but that new HP Envy is no joke – a full music laptop."

我们需要特别小心地处理这些句子。如第一句中 but 后面的从句，只是弱化了该句子针对 seat 所表达的负面情感，但没有改变该句的情感倾向，第二句也一样。如何处理这种情况是一个充满挑战性的问题。目前，一种简单合理的处理策略是：如果 but 前面或后面的从句针对同一事物表达了观点，则赋予它们具有不同倾向的情感标记。

158

当然，也有更复杂的情况，实际应用中对比并不意味着 but 前后的观点是完全对立的。例如：

> "The phone worked well at first, but after a short while the sound deteriorated quickly."
> "He promised us work but gave us none."
> "The phone functions well so far, but we will have to wait and see if it will last."
> "The engine is very powerful but it is still quiet."
> "I knew this phone's battery life is not long but not this bad."
> "This is a great phone, but the iPhone is better."
> "I thought I needed an SUV, but the Prius has been great."

前三句涉及一系列事件。为确定其中所表达的情感倾向，了解时间信息非常重要（即，at first 和 so far）。依据时间信息，我们可以确定一系列的情感变化。前两句表达了负面的评价，但是第三句中 but 后的从句没有表达观点。第四句 but 前后都表达了正面的评价。第五句类似，but 前后的部分都表达了负面的评价。第六句也一样，表达了比较型的观点。最后一句在 but 之前没有表达任何观点信息。

but 也能用作副词，但很少见。but for 用作介词时，在 if 从句中有否定的含义。例如："But for their help, I would not have a phone to use"。but 也常用来连接两个对比的句子，它通常是第二个句子中的第一个词。这种情况下 but 与 however 有相似的含义：but 前后两个句子的观点信息具有完全不同的情感倾向。

最后，我们列举一些与 but 有相似含义的词和短语，如：although, aside from, despite, except, except for, except that, however, instead of, oddly, on the other hand, other than, otherwise, rather than, until, whereas, with exception of 等。我们必须注意，在许多含有 but 的成语或短语中，but 有时标识该处存在对比型观点，有时也没有这样的含义。例如：no（other）choice but, no other way but, not only&but also, cannot help but, last but not least, nothing but。在这种情况下，我们要忽略 but，不对其进行处理。

5.6　非观点内容的情感词

在本节中，我将介绍一些情感词不表达情感的情况。

实体名中包含情感词。很多公司在选择其公司名时都希望该名字能够透射出一种正面的形象，因此名称中常常包含表达正面情感的情感词。由于人们在书写这些公司名称（实体名称）时常常不用大写字母书写，因此这会给情感分析，特别是针对社交媒体中的非正式文本的情感分析，带来巨大的困难与挑战。如保险公司可能名为 Progressive，电商公司名为 Best Buy，好莱坞电影名为 Pretty Woman，美容店名为 Elegant Beauty Salon & Spa 等。一些特定商业领域的名称也会包含情感词。例如 beauty salon、beauty parlor 或 beauty shop 等。在这几个例子中，如果我们把 beauty 也看成一个正面的情感词（例如 "This car is a beauty"）进行处理，则显然会造成情感分类任务性能的损失。

功能名（function name）中包含情感词。在实际应用中，有一些表示功能的名称，如：视频播放器的前进、后退按钮（fast forward or fast rewind）。在这种情况下，情感词不会表达任何情感信息。如果我们把 fast 当作一个情感词进行处理，认为 fast 为正面情感，当我们分析包含 fast forward 的句子时，可能会导致情感分类错误。另一个例子是 beauty treatment。在这里，它指的是美容的基本步骤。如果在这个例子中，我们把 beauty 当作一个正面情感词，显然是不正确的，会造成后续情感分类的错误。还有一些软件中的功能名称也包含情感词，如谷歌搜索引擎的"I am feeling lucky"功能。

针对上述问题，一个可能的解决方案是通过预构建这类实体和功能名的列表，对目标句子进行预处理。实体名称相对容易确定，但是人们在书写功能名称时，几乎不用字母大写表示它们，因此很难做到对功能名称的精准识别。通常情况下，我们需要使用基于语法的规则对其进行识别。例如，当情感名词（beauty 等）后面跟着另一个名词时，beauty 通常不表达任何情感。但是也有例外。例如" She is a beauty queen"，在这个例子中，beauty 很显然对她的外貌表达了正面的评价。

祝贺和祝福。很多语言中都有大量表达祝贺和祝福的单词、短语。通常情况下，这类文本表达都包含情感词。例如：good morning，good day，happy birthday，happy anniversary，warm regards，best regards，best wishes，good luck，have a great weekend，hope you get well soon 等。

这些文本表达不表达任何正面或负面的评价，应该在情感分析过程中将其忽略。我们可以很轻易地把这种类型的文本表达列举出来，并在预处理环节中依据列表中的结果直接将其处理。当然，我们也可以采用一些方法对这类文本表达进行自动发现和识别。这种类型的文本通常出现在聊天、邮件等文本信息最后的结束段。

作者的自我描述。很多时候，作者的自我描述中也包含情感词。在这些句子中，常会出现一些实体名或实体的属性。但是句中的观点并不是针对这些实体或实体属性，而是用来评价作者自身。在这种情况下，就很难去识别这类句子中的情感倾向。例如下面两句：

"I know Lenovo laptops very well."
"Lenovo knows the needs of its customers very well."

第一句中的情感词 well 是作者对其自身进行的描述，而对 Lenovo laptops 没有发表任何观点。而第二句对 Lenovo 表达了正面的评价。在产品评论中，描述作者自身的句子并不多见。但是，在论坛讨论中，作者可能是专家或对产品、服务很有经验的用户。他们常回答其他用户的问题，并且提供建议。这种类型的句子通常针对其他实体表达个人看法和观点，而不是作者自身。由于这种句子常使用第一人称，因此不太好处理。例如：

"I have used several Lenovo laptops and am very happy about their reliability."

要处理这个句子，需要识别观点评价的对象。针对这一问题，句法分析会很有用，我们将在 6.2 节对这一问题进行详细讨论。

除了上面提及的句子，还有很多包含情感表达的句子其实并没有表达任何观点信息。例如：

❑ 不确定："I am not sure whether iPhone is the best phone for me or not"。

❑ 行为意图："I am looking for a good iPhone case"。

❑ 普遍事实："No insurance means that you have to pay high cost"。

❑ 商业广告："Buy this great camera and win a trip to Hawaii"。

❑ 已有印象："I thought this car was not good，but after driving it for a few weeks，I simply love it"。

❑ 作者自己的错误："I made some stupid mistakes in using this camera"。

由于针对这些类型的句子的研究很少，因为我们很难知道上述类型的句子在普通句子中的比例情况。进一步说，目前为止，尽管人们能够很好很轻松地理解上述内容，但是让机器自动处理它们仍然是一个巨大的挑战。

5.7 规则表示

在这一节，我们将讨论如何在实际情感分析系统中表示复杂的情感表达以及相关的处理规则。这种表示方式需要能够很好地支持观点信息的检测，以及从中识别出相应的情感倾向和观点评价的对象（包括实体或者实体属性）。

虽然 5.2.6 节已经提到了一些有关规则表示的研究，但目前相关的解决方案还过于简单，离实际工业级系统应用还有很远的距离。在实际系统中需要更加复杂的表示方法。例如，在我们自己开发的 Opinion Parser 系统中，我们使用基于词典的分析方法，利用正则表达式来表达相关的规则。在正则表达式中，每个符号都约定了相应的约束和动作。

下面我们介绍在 Opinion Parser 系统中所使用的规则描述语言。这种语言遵循默认 – 异常（default-and-exception）的处理机制，使用这种机制的原因在 5.2.5 节中也提到过：几乎没有情感词在不同场景下的情感倾向是唯一不变的。每个词的情感倾向都用一个默认的情感倾向（使用最频繁的情感）和异常集合（其他情感倾向）进行表示。其中，这个默认的情感倾向可以被其他情感倾向标记或无情感标记覆盖。而其中的异常规则则描述了那些非默认的情感倾向标记以及相对应的情感倾向。在我们的系统中，同样使用默认 – 异常的处理机制来描述情感组合规则。

系统中所使用的是标准的正则表达式，这里我们不详细讨论。我们将讨论规则中每一个符号所代表的内容。我们所使用的符号集为 SYMBOL，它可以是词（WORD_spec），也可以是两个重要词之间的间隔（GAP_spec）。正则表达式的第一个和最后一个符号不能是表示间隔的符号。具体地，SYMBOL 中的语法如下：

SYMBOL	:: =	WORD_spec	GAP_spec
WORD_spec	:: =	"（"word WORD POS VOICE LOC_range TARGET_loc ACTION "）"
WORD	:: =	WORD_set	("（" notWORD_set "）")	+	–	ASPECT| ENTITY| nil
POS	:: =	POS_set	("（" not POS_set "）")	nil
VOICE	:: =	active	passive	nil
LOC_range	:: =	"（" (start	end) START END "）"	nil
TARGET_loc	:: =	self	left	right	nil
ACTION	:: =	+	–	nil
GAP_spec	:: =	"（" gap RANGE POS "）"
RANGE	:: =	("（" MIN MAX "）")	CHUNK	nil
CHUNK	:: =	np	vp	pp	clause	nil

162

WORD_SPEC：代表具体的某个词，由 7 个部分组成。

word：代表具体的词。

WORD：是可能或可选的词列表（WORD_list），或者是不指任何词集合（(not WORD_set)）。

+、−：分别代表正面、负面的情感。

ASPECT 或 ENTITY：指的是这个词属于一个实体或实体的属性。

nil：不指定任何东西。

POS：词可选的词性标签集（POS_list），或者不属于任何词性标签（not POS_set）。

VOICE：主动或被动语态。

LOC_range：句中词的位置，从第一个单词开始计数（start），到最后一个单词结束（end）。当前词的位置应该位于 START 和 END 之间。

TARGET_loc：观点对象与该词的位置关系。self 意味着这个词就是观点评价对象，left 意味着观点评价对象在当前词的左侧，right 意味着观点评价对象在当前词的右侧。

ACTION：当前词的情感倾向。+、− 和 nil 分别代表正面、负面、中性（或没有情感表达）。

GAP_spec：表示间隔规范，包含三个部分。

gap：表示间隔规范的一些特殊的固定词。

RANGE：表示间隔范围。MIN 表示最小间隔的大小（如 0 表示没间隔）；MAX 表示最大间隔的大小（例如 5 表示五个词间隔）。

CHUNK：名词短语（np）、动词短语（vb）、介词短语（pp）或者从句（clause）。

|163|

这里我们用一个例子" throwing something away"来说明所使用的规则情况。我们可以用下面的正则表达式表示规则，基于这个规则，这个句子可以被识别为表达了负面的情感倾向：

```
( (word ("throw") nil active nil right −)
  (gap np nil)
  (word ("away") nil nil nil left nil) )
```

句子" I want to throw the iPhone away"与此规则匹配，依据上述规则，这句话被识别为带有负面情感。其中 throw 为规则中的动作（action），观点对象位于 throw 和 away 之间。它们之间的间隔是名词短语，也就是 throw 和 away 之间应该有名词短语。

虽然上述规则描述是一种极富表现力的语言，但仍有很多复杂的情感表达不能用这种语言表达。这类规则不能用于句间的情感表达，如："I'm not tryna be funny, but I'm scared for this country. Romney is winning"。此外，目前我们所构建的 Opinion Parser 系统仅仅对于文本进行浅层的分析，其所使用的规则并不是基于句法分析树的。原因是目前的句法分析器在实际应用中速度太慢，除非在集群条件下才能达到实用的要求。所处理的文本也多来自推文和论坛，其中存在大量的语法错误、语言不规范现象，这容易导致句法分析结果包含大量错误，对规则的匹配以及结果分析造成很大的影响。另外，需要说明的是，上述规则描述方法并不适用于情绪信息的描述和分析。但是，增加相应规则也比较简单。其实在实际处理中，情绪和情感强度的描述是可以相互借用的。

5.8 词义消歧和指代消解

迄今为止，我们还没有涉及属性级情感分析任务中有关自然语言处理（NLP）的核心问题。由于情感分析处理的目标是自然语言文本，因此，这一任务不可避免地会遇到所有 NLP 任务的困难和问题。本节主要用两个 NLP 中的代表性任务：词义消歧（Word Sense Disambiguation，WSD）和指代消解（coreference resolution）对情感分析中的 NLP 关键问题进行介绍，并给出相关的已有工作。

正如我们在前面讨论的，一个词是否表达情感或者在特定上下文中表达的情感倾向是什么，很大程度上需要通过上下文来确定。同时，对于观点评价对象识别任务来说，指代消解扮演着重要角色。很多时候，观点评价的对象与观点表达文本不在同一个句子中出现，这就需要通过指代消解获取不同句子中的共指关系。不幸的是，这两个任务在已有情感分析研究中并没有得到重视。

Akkaya 等人（2009）首先研究了主观词词义消歧问题（*Subjectivity Word Sense Disambiguation*，SWSD）。其任务是针对语料库中的词，判别它们是表达了主观语义还是客观语义。目前，很多主观性词典或情感词典缺乏对所收录的词的特殊含义的考虑。有些词既有主观含义又有客观含义，将主观词用于客观信息表达，是观点挖掘与情感分析中错误的主要来源。Akkaya 等人（2009）构造了一个监督 SWSD 模型，利用上下文信息，来消除主观词典中的词在具体句子中的主客观歧义问题。该算法参照 WSD 中常用的机器学习特征。但是在同样的数据下，SWSD 的效果总比传统 WSD 的效果好。这表明 SWSD 任务相对来说更具有可行性，主观性词义歧义相对于传统词义来说，需要区分的词义差异比较粗。这也表明 SWSD 对于分析当前文本的主客观性和情感倾向性很有帮助。

NLP 领域内已针对指代消解进行了广泛的研究。其任务是确定句子、文档中多个文本表达的语义同指对象。例如"I bought an iPhone two days ago. It looks very nice. I made many calls in the past two days. They were great"，第二句的 it 指 iPhone（实体），第四句的 they 指 calls（属性）。准确地识别这些指代关系在属性级情感分析任务中非常重要。如果不能解决这个问题，那么我们的系统就只能单独考虑单个句子中的观点信息。尽管我们可以知道第二句、第四句的情感倾向是什么，但是如果不做指代消解，就无法分析得到更有价值的信息。事实上，在这句话中，作者表达了对 iPhone 和通话质量（call quality）的正面评价。

Ding 和 Liu（2010）提出了一种监督学习方法，来解决实体和属性级的指代消解问题，即确定代词在句中所指的实体或实体属性。这篇论文的主要贡献在于他们设计和测试了两个与情感有关的特征，并利用情感分析结果来解决指代消解问题。这两个特征是当前通用的指代消解方法从未考虑过的语义特征，它们可以帮助提高指代消解精度。

第一个特征基于在普通句和比较句上的情感分析结果。其基本思想是句中的情感倾向具有一致性。例如："The Nokia phone is better than this Motorola phone. It is cheap too"。我们理解的意思是 it 代表 Nokia phone，因为第一句对 Nokia phone 的评价是正面的（相对正面），但是对 Motorola phone 的评价相反（相对负面）。第二句是正面的评价，因此可以推断出 it 指 Nokia phone。因为人们表达的观点通常前后一致，it 不太可能指 Motorola phone。但是如果将第二句中的"It is cheap too"换成"It is also expensive"，it 则可能指代 Motorola phone。要得到这个特征，系统需要具有从正常句子或者比较句中识别情感倾向的能力。

第二个特征考虑句子中哪个情感词对哪个实体和实体属性进行了评价。例如："I bought a Nokia phone yesterday. The sound quality is good. It is cheap too"。这里的 it 指 sound quality 还是 Nokia phone？显然，it 指 sound quality，这是由于 sound quality 不能用 cheap 来修饰。要得到这个特征，系统需要知道目标情感词和实体、实体属性的语义关系，即目标情感词通常被用来评价哪些实体和实体属性。可以通过对语料库进行分析得到这种关系。

Stoyanov 和 Cardie（2006）提出了观点来源指代消解（source coreference resolution）问题。其任务是在句中确定观点持有者（来源）的指代。具体地，作者使用了已有的 Ng 和 Cardie（2002）的指代消解方法。这种方法，不是简单的基于监督学习的方法，而是一个基于部分弱监督聚类的方法。

5.9　小结

通过属性级情感分析，大部分实际系统都能够获取应用所需的详细信息。虽然研究界已经对这一问题进行了深入的研究，工业上也搭建了很多实际应用系统，但这一问题远没有被解决。其中的每一个遗留子问题都极具挑战。一位 CEO 曾说过"our sentiment analysis system is as bad as everyone else's"，这句话很好地描述了情感分析领域的现状和面临的困难。

属性级情感分析包括两个关键问题：属性抽取和属性级情感分类。本章主要介绍了属性级情感分类任务。在本章中，我们呈现了大量与情感表达相关的语言学模板，我们称之为情感组合规则或者观点规则。这些规则不仅能够作为特征应用于基于监督学习的情感分类方法，也可以直接应用于非监督的基于词典的情感分类方法。此外我们还介绍了处理否定词的方法以及情态动词对情感的影响。已有系统的分类精度在很多领域的应用中依然不高。这是由于目前的系统仅仅利用了句子中的情感词，结合简单句法分析，对句中的情感信息进行分析，缺乏对复杂句子的有效处理手段，也缺乏对表达观点的事实性句子的分析方法。

但是，我们也必须看到，尽管我们已经设计了很多规则，但这种基于规则的方法并不高效，理由如下：第一，很多规则在实际句子中难以触发，不易应用。第二，有很多规则不容易被描述。第三，观点评价对象的识别十分困难，很多观点都被分析到错误的实体或实体属性上。

另外，长尾（long-tail）问题也是一个难以解决的问题。利用已有的情感词，我们大概能处理 60% 的情况（有些领域更多，有些领域会更少）。而剩下的 40% 往往是那些表达多样、低频的语言现象。由于没有足够的训练数据，我们难以用机器学习算法从中学习文本模式，也就无法处理相关问题。人们表达正负面情感时的表达方式五花八门，每个领域中的观点表达方式也千差万别。为了解决这个问题，Wu 等人（2011）提出了更复杂的基于图的观点表示方法，但要完成这一目标，需要更精细、更复杂的处理方法。

目前，学术界对情感分析的研究主要集中在电商、旅馆、餐厅等领域。这些领域中的文本相对比较容易（尽管也不简单）分析。如果能重点考虑特定领域的一些细节问题，还是很容易取得理想的结果。但是，当我们换一个领域，如床垫领域、印刷领域，这一问题就变得非常困难。因为这些领域往往在事实性陈述的表达中暗含了情感信息，所以处理起来相当困难。我们需要针对每个不同的领域构建不同的情感词典。另外，政治和社交领域中的情感分析也非常困难。在政治领域中，政治相关的情感很难处理，这是由于政治相关的文本中常常混合了事实报道、客观观点以及讽刺，同时对其中的观点进行分析也需要大量的背景知识。

在社交媒体中，属性级情感分析的任务主要集中在分析评论文本和推文文本上。评论文本中的观点信息非常丰富，很少有不相关信息，相对来说推文文本非常简短，但也经常非常直接地表达出观点，因此这两种类型的数据都比较容易处理。而其他类型的文本，如论坛、社评，由于其中常常混合了各种非观点的文本信息，观点性的文本也常常同时讨论多个实体或对象，甚至表达的是用户间的互动，因此很难处理。

很少有研究者考虑数据噪声问题，本书迄今为止也未对其进行详细讨论。几乎所有的社交媒体文本都包含大量噪声（评论除外），其中充满各种拼写、语法、标点错误。很多NLP 工具（如 POS 标记器、句法分析器）都需要事先清除掉这些噪声，才能得到更好的性能。这就是分析前的重要步骤——预处理。详细内容可参考 Dey 和 Haque（2008）的预处理方法、技巧。

要在这一研究领域取得更大的进步，我们需要有更新颖的思路与方法，以适应不同领域的分析需求。我认为，目前一个可能的解决途径是将机器学习模型与领域语言知识相结合。

167

第 6 章

属性和实体抽取

本章仍然讨论属性级情感分析。在 2.1 节中，我们把观点信息定义为一个五元组（e，a，s，h，t），其中 e 表示实体，a 表示实体的属性，s 表示该观点对于属性 a 的情感倾向，h 是观点持有者，t 是观点表达时间。第 5 章重点讨论了属性级情感分类，也就是确定 s。本章将主要讨论如何抽取观点评价的实体和实体属性。

由于实体、属性各自具有不同的特征，用来识别它们的方法也往往不同，因此实体和实体属性抽取常被看成两个不同的任务。实体通常是指产品名称、服务、个体、事件、组织，而属性一般是实体的属性或者组成实体的成分。由于这些实体、实体属性在评论文本中往往是用户评价的对象，因此两个任务被共同称为观点评价对象抽取或观点对象抽取（opinion target extraction）。通常情况下，在抽取后，具有相同语义的实体和属性会归一化在一起，这样有助于观点摘要的生成。下面用两个例句解释上述任务：

"I brought a Motorola X phone yesterday, and its voice quality is great."
"The sound from this Moto X phone is great."

这两句中的实体是 Motorola X 和 Moto X，实体属性是 voice quality 和 sound。观点对象抽取的任务就是抽取这些实体和属性。Motorola X 和 Moto X 都是关于相同的实体，因此应该将它们合并为一组，voice quality 和 sound 也是相同属性，应将它们归一化在一起。在第 5 章中，我们已经介绍了如何识别针对实体和属性的观点倾向，这里不再介绍。

总的来说，属性抽取和实体抽取属于文本信息抽取的范畴。信息抽取本身是一个覆盖面广也很难的任务领域。然而，面对情感分析任务，抽取任务的特殊特性使得这一任务变得相对简单。其中一个重要的特性是在文本中，通常情况下每一个观点都有一个评价的对象或目标，即实体或属性。已有方法常利用词间句法结构来帮助识别观点和观点对象间的语义关系，从而帮助抽取观点评价对象。在本章中，我们将首先介绍对显式属性的抽取方法。在评论文本中，显式属性通常是名词或名词短语（参见 2.1.6 节），然后我们将在 6.4 节讨论隐式实体属性的抽取方法。

总体来说，目前主要有四种显式属性抽取方法。

1. 通过高频名词、名词短语抽取。

2. 利用句法关系抽取，主要有两种类型：

 i. 句法依存关系描述了观点和观点评价对象间的语义关系。

 ii. 基于句法的词汇化模板描述了实体和其组成部分（属性）间的语义关系。

3. 利用监督学习进行抽取。

4. 利用主题模型进行抽取。

  本章分为两个主要部分，即属性抽取和实体抽取。尽管人们已针对这两项任务进行了不少研究，但是集中在情感分析中的实体抽取的研究还很有限，很多工作都是从其他领域的角度来研究实体抽取任务。在本章的第二部分，我们主要介绍其他领域中针对实体抽取的研究工作。另外，除了这两个任务，本章也会对观点持有者和观点发表时间的抽取进行详细介绍。

  因为产品评论中的实体和属性从概念上比较容易区分，所以在本章中，我们都用产品评论进行举例说明。相比较而言，其他领域中实体和属性的界限比较模糊。例如，在政治领域中，候选人是实体，我们可以对他们（候选人）或者他们的属性（经历、人品、家庭、政治视角等）发表评论。但是除非政治领域中的实体和属性之间有明确的层次语义关系，否则很难区分它们。如把增加赋税作为实体，增加穷人的赋税、增加富人的赋税是实体的两个属性。当这种层级语义关系并不明显，或者实际中没有必要区分实体、属性时，我们可以将它们简单看成实体或属性，不区分它们的差异。

6.1　基于频率的属性抽取

  基于频率的属性抽取通过在特定领域的大量评论中寻找名词、名词短语等显式属性表达，对其中的实体属性信息进行识别和抽取。这类方法通常首先利用 POS 标注器在句子中识别名词（名词短语），然后用数据挖掘算法记录它们出现的频率，进而通过实验确定阈值，保留出现频率大于阈值的名词（名词短语）。Hu 和 Liu（2004）利用关联规则进行属性词挖掘。这一方法的基本出发点是：人们在评论不同的实体、属性时，常用比较固定或者类似的词。所以，那些频繁出现的名词（名词短语）通常就是重要的属性词。而不相关的噪声在不同评论中具有差异性，相对于真实属性词来说出现的频率较低。因此，那些低频的名词一般被看作不重要的属性词或者非属性词。这种方法也可以用于实体抽取任务，因为在英语中，实体名称通常首字母大写。那些频繁出现的短语通常是该领域中重要的命名实体。

  这类方法的基本假设是：语料库中有一定数量的评论，而且这些评论都是针对同一产品，至少是同类型产品的，例如对手机的评论。如果评论语料中混合了针对其他产品的评论，或者针对每个产品的评论数都很少，只有一两个评论，那么在这种情况下数据会特别稀疏，这类方法往往就不再有效。

  尽管这种方法十分简单，但也十分有效。一些商业公司也在这类方法上不断进行改进，并将其用于实际的场景。例如 Hu 和 Liu（2004）就将这种方法与 6.2 节中提出的方法进行结合。在这种方法的处理下，那些高频的候选实体对于一个产品来说很可能就是最重要的属性。

  在处理后，移除那些明显不是实体属性的名词可以显著提升算法精度。Popescu 和

Etzioni（2005）通过计算候选短语和那些与其具有部分 – 整体关系（meronymy discriminators）的实体类之间的互信息（PMI）得分，来对候选名词短语进行筛选。如与照相机具有部分 – 整体关系的短语包括："of camera""camera has""camera comes with"等。利用这些短语或模板可以发现照相机的组成部件。这一想法的基本出发点是：那些经常与表示某类产品局部 – 整体关系的短语一起出现的名词短语（候选属性）很有可能就是正确的属性词。上面所提到的 PMI 得分如下（3.2 节中公式 3-5 的简化版本）：

$$PMI(a, d) = \frac{hits(a \wedge d)}{hits(a)hits(d)} \qquad (6\text{-}1)$$

其中 a 是利用上述频率方法识别出的候选属性词，d 是指示词（discriminator）。搜索引擎可以用来计算词出现和词共现的频率信息。当 PMI 值过小时，说明 a 和 d 不会频繁共现，这时该候选属性可能不是产品的组成部件。我们也用 WordNet 中的 is-a 上下位关系（列举不同类型性质）和词法上的语言学线索（-iness, -ity 等后缀）识别当前属性词是商品的属性还是商品的组成部分。

　　一种对高频名词（名词短语）方法的改进方法是：在处理过程中主要考虑那些只出现在情感句或者表示情感信息的句法模板中的名词或名词短语（Blair-Goldensohn et al.,2008）。Blair-Goldensohn 等人也设计了一些对抽取出来的名词、名词短语进行过滤的过滤器，例如：那些不常与情感词同时出现的属性词就会被过滤。同时，他们也在词根层面对属性词进行了细化，并且通过其在情感句、不同类型的情感模板中各自出现的频率，按照手工调节的权重进行加权求和，对所发现属性词进行排序。那些重要的属性词就会被排在前面。这类方法将在 6.2 节中进行介绍。

　　其他基于频率的方法包括 Ku 等人（2006）利用 TF-IDF 方法在文档、段落层面计算词的重要度。Moghaddam 和 Ester（2010）通过增加额外的模板对已有的基于频率统计的方法进行扩展，利用这些模板对非属性的文本表达进行过滤。另外，他们的方法也可以对商品属性的评分进行预测。Scaffidi 等人（2007）提出了一种方法，通过对比同一个名词（名词短语）在评论语料库中出现的频率和其在通用英语语料库中出现的频率的差异性，来确认当前名词（名词短语）是否是真正的属性词。

　　Zhu 等人（2009）提出了一种基于 Cvalue 统计测度（Frantzi et al., 2000）的属性短语（多词文本表达）的抽取方法。Cvalue 方法也基于频率，但该方法考虑的是多词文本表达 t 的频率，t 的长度，含 t 的其他表达。当利用 Cvalue 找到候选属性集后，Zhu 等人在给定的种子属性的基础上，利用自举（bootstrap）操作对候选集合进行过滤。其主要思想是每个候选属性词与种子应该是经常共现的。

　　Long 等人（2010）通过频率和信息距离来抽取属性（名词）。此方法首先通过频率统计发现关键属性词，然后利用 Cilibrasi 和 Vitanyi（2007）所给出的信息距离找到与该属性相关的其他词。例如，对于属性 price，可能会找到"$""dollars"等词。

6.2　利用句法关系

　　任何观点都有评价的对象，因此在观点句中，情感词和观点评价对象之间会存在多种句法关系，来表征它们之间的评价或修饰关系。我们可以通过句法分析来识别这些关系。例如："This camera takes great photos"，在这句话中，情感词是 great，观点评价对象为 photos。通常情况下，观点评价对象可以是实体，也可以是实体的属性。而表达观点的情感词往往是领域独立的，我们可以通过某种手段事先获取情感词，因此就可以利用句法关系进行实体属性、实体的抽取。事实上，当在情感词未知的情况下，上述句法关系也能用于情感表达（词）的抽取（详见 7.2 节）。除了这些句法关系以外，我们也可利用连词（如最常用的连词 and）对观点评价对象进行抽取。"Picture quality and battery life are great"，如果已经知道 battery life（picture quality）是属性词，那么通过 and，我们就能推断出picture quality（battery life）也是一个属性词。

除此之外，我们也可利用其他类型的语义关系进行评价对象的抽取。属性是实体的基本组成部分，因此，它们之间具有特定的语义关系，这种语义关系的表达具有特定的语言模式。因此，我们可以利用这种语言模式对实体和实体属性进行抽取。例如，对于句子"The voice quality of the iPhone is not as good as I expected"，如果我们已经知道 voice quality 是属性词，那即可推断出 iPhone 是实体，如果已经知道 iPhone 是实体，也能推断出 voice quality 为属性词。在英语中，常用所有格的形式来表达上述实体和其属性之间的语义关系。当然，也有其他类型的文本表达方式。

本节将对上述语义关系以及已有的抽取方法进行介绍。6.2.1 节将介绍如何在属性抽取过程中充分利用情感词和观点目标间的评价关系以及句间连词等信息。6.2.2 节将介绍如何利用部分 – 整体、属性等语义关系进行属性抽取。

6.2.1 利用观点和观点评价对象间的评价关系

6.1 节介绍的基于频率的属性抽取方法（Hu and Liu，2004）也可以利用观点和观点评价对象间的评价关系，对低频的属性词进行抽取。其主要思想为情感词在句中通常被用来评价属性词。若句中没有高频属性，但出现了一些情感词，则这些情感词周围最近的名词或名词短语可以被看作属性词。在 Hu 和 Liu（2004）的方法中，他们没有使用句法分析，因此选取近邻关系指示观点词和观点评价对象之间的评价关系有时会有问题。但是，这种做法在大多数情况下效果较好，例如"The software is amazing"，其中 amazing 是情感词，因此可抽取离它最近的 software 为属性词。这种方法在实际系统中很有效。Blair-Goldensohn 等人（2008）的情感模板分析方法也是基于类似的想法。

为了使这种方法更加合理，我们可使用依存句法分析来识别情感和观点评价对象之间的依存关系，进而抽取属性词 – 情感词对（Zhuang et al.，2006）。通过句法分析后（例如使用 MINIPAR；Lin，2007），可建立句中的词之间的依存关系链接。图 6-1 展示了"This movie is not a masterpiece"的依存图，在这个例子中，如果将 movie 和 masterpiece 分别标记为属性词和情感词，它们间的依存关系可表示为"NN-nsubj-VB-dobj-NN"，其中 NN 和 VB 为词性标签，nsubj 和 dobj 为依存关系标记。算法从训练数据中自动学习表示评价关系的依存关系模板，然后用这些模板识别测试集中有效的属性词 – 情感词对。Somasundaran 和 Wiebe（2009）与 Kobayashi 等人（2006）提出了类似的方法，利用词间依存关系对情感词和观点评价对象（实体、属性）进行迭代抽取。这一方法被称为双向传播（Double

Propagation，DP）抽取方法（Qiu et al.，2009a，2011）。下面将对这一方法进行详细介绍。

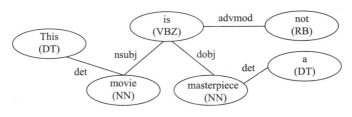

图 6-1　依存图样例

双向传播算法。DP 能够利用情感词和观点评价对象间的评价关系，对情感词和属性词进行联合抽取（Qiu et al.，2009a，2011）。其核心思路基于自举策略，只需要输入小的种子情感（形容）词，而不需要输入任何属性词。

依据情感词和属性词之间的依存关系，我们可以通过已知的属性词抽取更多的情感词，同时，我们也可以通过已知的情感词抽取更多的属性词。按照这种方式进行每轮迭代，抽取出来的情感词和属性词都可用来抽取新的属性词和情感词。当不再有新情感词、属性词被发现时，迭代结束。整个抽取过程在情感词和属性词之间迭代进行，因此称为双向传播。在每次抽取时，算法基于词间特定的依存关系进行抽取。

上述方法也需要一些外部约束。假定情感词为形容词，属性词为名词（名词短语）。情感词和属性词间的依存关系被如下限定，包括：*mod*、*pnmod*、*subj*、*s*、*obj*、*obj2* 和 *desc*，情感词之间、属性词之间只有并列关系 conj。我们用 OA-Rel 表示情感词和属性词间的依存关系，用 OO-Rel 表示情感词之间的依存关系，用 AA-Rel 表示属性词之间的依存关系。OA-Rel、OO-Rel、AA-Rel 中的任意一种关系都可以表示为一个三元组，$<POS(w_i), R, POS(w_j)>$，其中 $POS(w_i)$ 是词 w_i 的词性标签，R 表示的是一种依存关系。 173

具体地，抽取过程是基于规则的。例如："Canon G3 produces great pictures"，形容词 great 通过 mod 关系依存于名词 pictures，可记为 OA-Rel <JJ, mod, NNS>。如果知道 great 是情感词，基于上述规则，我们知道情感词通过 mod 直接连接的名词是属性词，则 picture 被抽取为属性词。同样地，如果知道 picture 为属性词，通过同样的规则也能知道 great 为情感词。整个传播过程包含四个子任务：

1. 用情感词抽取属性词。
2. 用抽取的属性词抽取属性词。
3. 用抽取的属性词抽取情感词。
4. 用抽取和给定的情感词抽取情感词。

OA-Rel 关系适用于任务 1、3，AA-Rel 关系适用于任务 2，OO-Rel 关系适用于任务 4。具体的规则见表 6-1。

表 6-1　属性词、观点词抽取规则

规则 ID	观测到的依存关系（第一行）及其约束（第二行到第四行）	输　出	例　子
R1₁ (OA-Rel)	$O \rightarrow O\text{-}Dep \rightarrow A$ s.t. $O \in \{O\}$, $O\text{-}Dep \in \{MR\}$, $POS(A) \in \{NN\}$	$a = A$	The phone has a good "screen." $good \rightarrow mod \rightarrow screen$

（续）

规则 ID	观测到的依存关系（第一行）及其约束（第二行到第四行）	输　出	例　子
R1₂ (OA-Rel)	$O \rightarrow O\text{-}Dep \rightarrow H \leftarrow A\text{-}Dep \leftarrow A$ s.t. $O \in \{O\}$, $O/A\text{-}Dep \in \{MR\}$, $POS(A) \in \{NN\}$	$a = A$	"iPod" is the <u>best</u> MP3 player. $best \rightarrow mod \rightarrow player \leftarrow subj \leftarrow iPod$
R2₁ (OA-Rel)	$O \rightarrow O\text{-}Dep \rightarrow A$ s.t. $A \in \{A\}$, $O\text{-}Dep \in \{MR\}$, $POS(O) \in \{JJ\}$	$o = O$	Same as R1₁ with *screen* as the known word and *good* as the extracted word
R2₂ (OA-Rel)	$O \rightarrow O\text{-}Dep \rightarrow H \leftarrow A\text{-}Dep \leftarrow A$ s.t. $A \in \{A\}$, $O/A\text{-}Dep \in \{MR\}$, $POS(O) \in \{JJ\}$	$o = O$	Same as R1₂ with *iPod* as the known word and *best* as the extract word
R3₁ (AA-Rel)	$A_{i(j)} \rightarrow A_{i(j)}\text{-}Dep \rightarrow A_{j(i)}$ s.t. $A_{j(i)} \in \{A\}$, $A_{i(j)}\text{-}Dep \in \{CONJ\}$, $POS(A_{i(j)}) \in \{NN\}$	$a = A_{i(j)}$	Does the player play DVDs with <u>audio</u> and "video"? $video \rightarrow conj \rightarrow audio$
R3₂ (AA-Rel)	$A_i \rightarrow A_i\text{-}Dep \rightarrow H \leftarrow A_j\text{-}Dep \leftarrow A_j$ s.t. $A_i \in \{A\}$, $A_i\text{-}Dep=A_j\text{-}Dep$ OR($A_i\text{-}Dep = subj$ AND $A_j\text{-}Dep = obj$), POS $(A_j) \in \{NN\}$	$a = A_j$	Canon "G3" has a great <u>lens</u>. $len \rightarrow obj \rightarrow has \leftarrow subj \leftarrow G3$
R4₁ (OO-Rel)	$O_{i(j)} \rightarrow O_{i(j)}\text{-}Dep \rightarrow O_{j(i)}$ s.t. $O_{j(i)} \in \{O\}$, $O_{i(j)}\text{-}Dep \in \{CONJ\}$, $POS(O_{i(j)}) \in \{JJ\}$	$o = O_{i(j)}$	The camera is <u>amazing</u> and "easy" to use. $easy \rightarrow conj \rightarrow amazing$
R4₂ (OO-Rel)	$O_i \rightarrow O_i\text{-}Dep \rightarrow H \leftarrow O_j\text{-}Dep \leftarrow O_j$ s.t. $O_i \in \{O\}$, $O_i\text{-}Dep=O_j\text{-}Dep$ OR ($O_i/O_j\text{-}Dep \in \{pnmod, mod\}$), POS $(O_j) \in \{JJ\}$	$o = O_j$	If you want to buy a <u>sexy</u>, "cool," accessory-available MP3 player, you can choose iPod. $sexy \rightarrow mod \rightarrow player \leftarrow mod \leftarrow cool$

第一列是规则 ID，第二列是观测到的依存关系（第一行）以及规则必须满足的约束（第二行到第四行），第三列是输出，第四列是例子。在例子中，划下划线的词是已知的情感词或属性词，双引号中的词是要抽取的词。在例子下方，给出了相对应的句法依存关系。

表中，o（或者 a）表示抽取出的情感词（或属性词），$\{O\}$（或 $\{A\}$）是已给定或已抽取的情感词（或属性词）集合，H 表示任何词，POS（O（or A））和 O（or A）-Dep 分别代表词 O（或 A）的词性标签、词 O（或 A）上的依存关系，$\{JJ\}$ 和 $\{NN\}$ 分别代表潜在情感词、属性词的词性标记集合，$\{JJ\}$ 包含 JJ、JJR 和 JJS；$\{NN\}$ 包含 NN 和 NNS，$\{MR\}$ 表示依存关系集合，包括 $\{mod, pnmod, subj, s, obj, obj2, desc\}$，$\{CONJ\}$ 只包含连词，箭头表明依存方向。例如 $O \rightarrow O\text{-}Dep \rightarrow A$，这里 O 通过 $O\text{-}Dep$ 关系依存于 A，规则 R_{1i} 表示用已知情感词（O）抽取属性词（a），规则 R_{2i} 通过已知属性词（A）抽取观点词（o），规则 R_{3i} 用已知属性词（A_i）抽取属性词（a），规则 R_{4i} 用已知情感词（O_i）抽取情感词（o）。

DP 算法最早应用于英语评论中的属性词、情感词抽取任务。Zhai 等人（2011c）将其方法成功应用于中文数据的处理。如果我们能够有一个大规模的情感词典，那么在 DP 算法中，属性词抽取时的迭代次数就可以大大减少。

Wang 和 Wang（2008）提出了类似的方法。给定一个情感词种子集合，他们也利用自举的抽取方法对产品属性词和情感词进行迭代抽取。不同的是，方法利用情感词和属性词之间的互信息统计量来确定它们之间的相关性，以确定它们之间是否存在评价关系。除此之外，他们也设定了一些语言规则，用以抽取那些低频的情感词和属性词。Hai 等人（2012）也提出了类似的方法，其目标是使用自举策略从初始属性词种子出发，挖掘更多属性词。不同的是，在该方法中，抽取过程不从给定情感种子词集合出发，而是从一个小的属性词种子集合开始。该方法通过挖掘属性 – 观点、属性 – 属性、观点 – 观点等依存关系，不断迭代抽取。其中给出了两个相关度测度模型（似然比检测、潜在语义分析），用来计算任意属性词、观点词间的搭配匹配度。

Xu 等人（2013）给出了一种对 DP 进行改进的方法，主要包括三个方面：第一，对于那些高频的、表示一般性概念的错误抽取观点评价对象（属性）进行过滤，例如 thing 和 people。第二，对于长尾、低频的观点评价对象进行挖掘。第三，检测那些不是情感词的形容词，如 every 和 many。该算法主要分两步。第一步，利用同 DP 方法类似的策略，基于情感词和属性词之间的评价关系，从语料库抽取情感词和属性词。然后在此基础上构造一个情感图。在这个图上，基于相互强化原则，利用图传播方法对每个候选属性词和情感词候选进行打分和排序，将那些排名比较高的候选词抽取出来作为正确的情感词和属性词。第二步，该方法构造了一个自学习分类器，对第一步中抽取的观点评价对象进行过滤。然后，利用筛选过的观点评价对象对抽取的情感词进行过滤。

Li 等人（2012a）将 DP 方法扩展到跨领域情感词和观点评价对象的抽取任务。他们提出了一种新的自举方法，在每轮迭代中，用跨领域分类器和基于句法模板的情感词和属性词抽取器对结果进行打分、过滤。跨领域分类器通过源领域和目标领域所抽取的领域词典进行训练，用来预测新领域未标记数据中的情感词和属性词。

Wu 等人（2009b）没有用标准的词级别依存分析，而是利用短语级依存分析，从句子中抽取名词短语和动词短语，然后把这些短语看作候选属性词。系统利用语言模型，对那些明显不是属性词的短语进行过滤。这里需要说明的是，标准的词级别依存分析只能识别词间的依存关系，而短语级依存分析能够识别短语间的依存关系。由于很多商品属性或观点评价对象都是短语，因此这样的操作更加适合属性词抽取任务。上述基于依存关系的抽取策略已经被很多研究者用在不同任务中（Kessler and Nicolov，2009）。

在实际应用中，我们需要对表 6-1 中列出的依存关系进行扩展，具体如下：

1. 增加动词和名词关系（verb- and noun-based relation）。DP 算法只把形容词当作情感词，然而动词和名词也能用作情感词。如"I hate the iPhone"，通过动词 hate 可抽取 iPhone 为实体，因为 iPhone 是 hate 的宾语，观点目标通过 hate 表达。句子"The iPhone 5 is a masterpiece"，通过情感名词 masterpiece 可抽取 iPhone 5 为观点目标。特别需要提醒的是，在实际应用中应该谨慎将动词和名词用作情感词，因为这样可能会抽取到大量错误的属性词。

2. 增加比较级、最高级关系（comparative- and superlative-based relation）。目前我们只考虑了常规型观点句中的依存关系表达，在考虑其他特殊类型的观点句，例如比较句时，规范观点句中的依存关系依然适用。例如"The iPhone 5 has better voice quality than Moto X"，可以用表 6-1 中的 $R1_1$ 抽取属性 voice quality。对于规范观点句来说，如果观点评价对象是一个实体，通常这句话中只存在一个观点评价对象，除非有连词连接了多个实体。但是，对于比较句来说，观点评价对象通常有两个实体，例如"iPhone 5 is better than Moto X"。基于比较句中的词间依存关系，我们可抽取出 iPhone 5 和 Moto X 为观点评价对象。

3. 增加 5.2.1 节中提到的组合规则。利用大部分观点规则，我们可以很容易地识别句中词间的依存关系以及观点评价对象在句中的位置。例如："Enbrel has reduced my joint pain"。通过组合规则"减少（reduced）负面（joint pain）情感就是表达正面情感"，我们可以很容易地抽取出实体 Enbrel 及其属性 joint pain。再看一个例子"This car consumes a lot of gas"，可抽取 gas 为属性（资源），因为它符合组合规则"产生、消耗资源或废弃物"。然而，直接应用这些规则会造成很多错误。Zhang 和 Liu（2011a）提出了一种更实用的方法，能够更精准地从评论文本中抽取属性词。

识别表示资源使用的属性词。在许多实际应用中，很多表示资源使用的词或短语是重要属性，例如"This washer uses a lot of water"，这里 water usage（耗水量）是 washer 的属性词。它消耗的水资源太多，因此，这句话表达了对耗水量的负面评价。但是，本句中没有情感词。

发现那些表示资源的词或短语，对于情感分析十分重要。在 5.2.1 节中，我们已经提到过基于资源的观点挖掘规则，这里再次给出其中的两个规则：

PO :: = CONSUME SMALL_LESS RESOURCE
NE :: = CONSUME LARGE_MORE RESOURCE

在上面的例子中，water 应该被抽取为表示资源的词。

Zhang 和 Liu（2011a）基于二分图（bipartite graph）给出了一种资源词的抽取方法。这一方法是一种迭代式的抽取算法，并且基于下列观察到的特征。

观察：一个句子中针对资源使用所表达的情感或者观点信息通常由以下三元组构成：（表示用量的动词、量词、资源名词），其中资源名词是名词或名词短语，通常是资源名。

举个例子来说，在句子"This washer uses a lot of water"中，"uses"是表示用量的动词，"a lot of"是量词短语，而"water"是表示资源的名词。然而，简单地应用这种规则在一些情况下是容易出现错误的。例如"This filter will cause a lot of trouble for you"，在这个句子中，"trouble"并不是一个表示资源的词。

针对这种情况，Zhang 和 Liu（2011a）基于二分图，利用资源使用动词（如 consume）和资源词（如 water）之间特殊的强化关系对它们进行抽取。该算法中假设量词列表已经给出（见 5.2.3 节），量词用于识别表示用量的候选动词和表示资源的候选名词。在执行的过程中，该方法使用了一种与 Kleinberg（1999）的 HITS 相类似的迭代排序算法。开始迭代时，一些表示资源的种子词被用来给与其相关的表示用量的动词打分，这些分数之后被用于各个领域内计算表示资源的领域词置信度的初始化打分。当算法收敛后，一个排好序的资源表达列表随之确定。

需要注意的是，在抽取过程中，上述很多方法需要分析句子中词间的语法关系，这需要对整句进行句法分析。但是句法分析本身是一个非常耗时的 NLP 操作。如果想要全解析大量包含观点的文档，按照一个句法分析器每秒只能解析不到 20 句的速度，没有大量的计算集群是不现实的。幸运的是，在实际操作中，使用浅层句法分析甚至利用词性标记来代替整句的句法分析在一些情况下是可行的。词间依存关系可以通过词、词性标签以及一些规则近似获取，因此，在很多情况下，一个性能较好的规则匹配算法就可以达到不错的效果。

对于社交媒体中的非正式文本，由于文本表达的不规范性，传统的句法分析往往会产生大量错误，从而影响抽取的结果。Liu 等人（2012）提出了一种基于单语词对齐的观点评价对象抽取方法，而词对齐通常在机器翻译（MT）中使用，其目标是在语料中挖掘对于不同语言词间的对应关系。在 Liu 的方法中，他们仅仅使用了单语词对齐，也就是把每个句子复制一遍，将其看作另一种语言，通过对齐来挖掘情感词和属性词之间的修饰关系。对齐过程受到了一定的约束，例如，一句话中的形容词与另一句话中的名词对齐。同 Qiu 等人（2009，2011）的假设一样，Liu 在他们的方法中也假设情感词是形容词，观点评价对象是名词和名词短语。这一方法基于语料库的统计信息，由于它不需要依赖句法分析的结果，在面对非正式文本时，不会受到句法分析误差的影响。

在 Liu 等人（2013）的这篇文章中，作者对无监督的单语词对齐模型进行了改进，通过将单语对齐模型和 Qiu et al.（2009a，2011）中提到的抽取规则放在统一的学习框架中，利用规则来约束单语词对齐的学习过程。该方法使用高准确率的规则事先在句子中识别一些对齐结果，将其作为种子对齐，然后把这些种子对齐作为约束，基于 EM 算法构建整句中其他词间的对齐关系。当 EM 算法收敛时，我们便会得到情感词和观点评价对象词之间的完全对齐关系。然后，该方法通过已发现的情感词候选、观点评价对象候选以及它们之间的对齐关系，构建一个二分图。再利用随机游走算法，在二分图中计算每一个候选的置信度，高置信度的候选则被抽取出来。

处理问候语。在抽取过程中，过滤那些表示打招呼或者美好祝愿的名词和名词短语是非常重要的，例如 good morning，good afternoon，good night，happy birthday，happy anniversary，happy holidays，good luck，best of luck，warm regards 等。显然地，morning，afternoon，night，luck 这些词在任何领域里都不能算是属性词的范畴。每种语言都有大量的问候语表达，我们需要通过手工编辑模板或者数据挖掘的方式抽取这类名词或名词短语。

6.2.2　利用部分整体和属性关系

在任何一种语言中，可能都经常会用一些句法规则来表达词间的部分整体和属性关系。例如："the battery of the iPhone"表述了一种部分整体关系，而"the voice quality of the iPhone"表述的是一种属性关系。因为我们要抽取的目标，即用户评价的对象通常是实体的部件或者属性，所以这两种关系可以被用来进行属性抽取。基于这种思路，除了利用6.2.1节中所提到的情感词和评价对象间的评价或修饰关系之外，Zhang 等人（2010a）给出了几个基于句法规则来进行属性抽取的方法，以此来提高 DP 算法的召回率。在这之前，已有研究使用句法规则来识别词间的部分整体关系（Moldovan and Badulescu，2005；Girju et al.，2006）和属性关系（Almuhareb，2006；Hartung and Frank，2010）。

实际上，用以识别部分整体关系和属性关系的规则是类似的，它们有共同的部分。其中，最常用的规则是基于所有格的。在英语中有两种所有格，分别是 's 所有格及 of 所有格。对 's 所有格来说，修饰词在词法上以 's 的形式位于中心名词之前（形式为：NP_{modif}'s

NP_{head}）。然而对于 of 所有格，修饰词在句法上被介词 of 标记，并且跟在中心名词的后面（形式为：NP_{head} of NP_{modif}）（Moldovan and Badulescu，2005）。然而，这些所有格结构以及其他规则（后面会介绍）的语义并不是唯一不变的。虽然，研究者已经对所有格结构进行了长期的研究，但是，在具体的上下文中，确定所有格的语义仍然十分困难。举例来说，所有格结构可以表述多种语义关系，包括部分关系（iPhone's battery）、所属关系（John's iPhone），属性关系（iPhone's price）、亲属关系（John's brother）、出生地（John's birth city）或者生产商（Apple's phone）等。在实际应用中，在具体的上下文环境中识别其正确语义关系是非常困难的，因为系统需要对组成所有格的两个名词的语义进行分析，在这一过程中需要使用一些常识知识。幸运的是，对于情感分析任务来说，在语义分析的过程中，我们并不需要确定所有格所属的语义，即我们不需要确定当前所有格的文本表达是表示部分整体语义、属性语义还是生产商的语义。

我们的基本想法是将修饰词 NP_{modif} 限定为一个命名实体或者一个类别概念短语（Concept Phrase，CP），类别概念短语在这里的意思是一种实体类型的命名统称。举例来说，如果我们分析汽车评论，那么概念短语就是 car（汽车）或者 car（汽车）的同义词，如 vehicle 或者 automobile。它也可以是一些类似于 product（产品）或者 unit（单元）的术语，例如"the price of this unit"和"the price of this product"。为了表示方便，我们使用概念短语来表示所有的类别概念和已命名实体（如 iPhone）。下面列出一些句法规则，这些规则由 Zhang 等人（2010）提出，包含了 of 所有格，但未包含 's 所有格。在它们当中，NP 表示的是要抽取的属性词（包含商品的部件及属性）：

NP Prep CP。NP 和 CP 利用介词（Prep）连接。例如"battery of the camera"就是这条规则的实例，battery（NP）为 camera 的属性，camera（CP）是类别概念名词。这里需要注意的是，在规则匹配中，我们忽略了限定词 the。在 Zhang 等人（2010）的文章中，他们针对这一规则只给出了三个介词，分别是 of、on 和 in。例如："I did not see the price of the car""There is a valley on the mattress"和"I found a hole in my mattress"。

CP with NP。举例来说，在短语"mattress with a cover"中，cover 是 mattress 的属性。

CP NP。举例来说，在"car seat"中，seat 是 car（CP）的属性，CP 也可以是一个命名实体，如"iPhone battery"。

CP Verb NP。动词（Verb）包括 has，have，include，contain，consist 和 comprise 等。这些动词通常指示一种部分整体关系。举例来说，在句子"The phone has a big screen"中，我们可以推断出 screen 是 phone（CP）的一个属性。

为了使用这些规则，需要在目标领域语料库中识别出类别概念短语。不过这个任务也很简单，因为在语料库中出现频率最高的那些名词或名词短语通常就是类别概念短语。在实际应用中，使用者也可以自行提供类别概念短语列表。另外，在语料中出现的命名实体也很有可能就是类别概念短语，我们将在 6.7 节中讨论命名实体的抽取方法。

仅仅使用这些规则进行属性词抽取，往往会抽取出很多噪声，因此已有方法通常仅仅把使用这些规则抽取到的属性词结果作为属性词候选。Zhang 等人（2010）使用 DP 方法抽取了属性词候选，然后利用属性重要性来对所有候选进行排序。即，如果一个候选被识别为属性词并且该属性词是十分重要的，那么，该候选排名应该比较高。那些不重要的属性词或者噪声的排名应该较低。

决定属性词重要性的因素主要有两个：属性相关性和属性词出现频率。前者描述了一个属性词候选有多大可能是一个真正的属性，这一点可以通过三个方面来判断。第一，如果一个属性词候选被越多的情感词修饰，那么它越有可能是一个属性词。举例来说，在mattress（床垫）评论领域，delivery（运送）被quick、cumbersome和timely修饰。这说明评论者认为delivery（运送）非常重要，因此它很有可能是一个属性词。第二，如果一个属性被多个句法规则匹配并抽取，那么它也很可能是一个属性词。举例来说，在car（汽车）评论领域，我们有这样的句子，"The engine of the car is large"和"The car has a big engine"。在这两个句子中，我们可以根据模板知道engine与car之间是部分整体关系，则我们就可以推断出engine（引擎）非常有可能是car（汽车）的属性之一。第三，如果一个句子里的属性词候选与情感词之间具有修饰关系，同时也与句法规则匹配，那么它也很有可能是一个属性词。举例来说，在句子"There is a bad hole in the mattress"中，hole（洞）被情感词汇bad修饰，而且符合"NP Prep CP"规则（这里，mattress（床垫）是一个CP），因此，hole（洞）是mattress（床垫）的一个属性。

Zhang等人（2010a）同时提出了情感词、句法规则和属性词间存在相互增强的关系。也就是说，一个形容词如果修饰了很多属性词，那么它很有可能是一个情感词。同样地，如果一个属性词候选可以通过许多情感词和句法规则被抽取出来，那它很有可能是一个属性词。因此，基于上述观察和假设，我们可以利用HITS算法（Kleinberg，1999）来测算属性词候选的相关性。

属性词出现频率是另一个影响属性词排名的重要因素。将出现频率比较高的属性词排在出现频率较低的属性词之前是非常合理的。对于属性词候选 a，其最后排名分数 $S(a)$ 是由属性相关性 $r(a)$ 和属性词出现频率 $f(a)$ 的对数相乘得到的：

$$S(a) = r(a) \log (f(a)) \tag{6-2}$$

这里的想法是通过乘以频率的 log 来找出出现频率较高的属性词候选，log 函数用于减弱频率过大对最终分数的影响。

此外，我们也注意到在很多不同领域中，一些属性词是相同的。举例来说，所有products（产品）都有price（价格）属性，所有electronics product（电子产品）都有battery（电池）。因此，从这一点来说，可以通过半自动或者手动的方式将属性词组织成一个本体。然而，由于产品、服务以及它们的属性会随着产品的改变而不断改变，一个旧的或者不变的本体很难满足上述变化，也没法满足一些用户特殊的使用要求，因此我们需要使用自动的属性抽取方法。

181

终身学习（Chen 和 Liu，2018）准确地利用了不同产品类别之间的相同属性词来改进抽取方法。Liu 等人（2016）为此提出了一种无监督的终身学习方法。其主要思想是首先使用（无监督的）DP 方法（Qiu et al.，2011），从给定数据中提取一组具有高准确率（但低召回率）的属性词以及一组具有高召回率（但低准确率）的属性词。该方法利用从多个领域提取的属性词来提高高准确率集合的召回率。这里使用了两种策略：语义相似性和属性词关联性。

6.3 基于监督学习的属性抽取

属性抽取是一种特殊的文本信息提取问题。许多基于监督学习的文本信息提取算法（Mooney and Bunescu，2005；Sarawagi，2008；Hobbs and Riloff，2010）都可适用于属性抽取任务。其中最主要的是基于序列学习（或序列标注）的方法。同其他所有的监督学习方法一样，它们需要手动标识训练数据，也就是对训练语料中的每一个句子都手动地标识出其中的属性词和非属性词。当前最有效的序列学习方法包括隐马尔可夫模型（Hidden Markov Model，HMM）（Rabiner，1989）和条件随机场（Conditional Random Field，CRF）（Lafferty et al.，2001），我们将在 6.3.1 节和 6.3.2 节对这两个模型进行介绍。

6.3.1 隐马尔可夫模型

隐马尔可夫模型是一个针对状态序列数据的有向序列模型。它在 NLP 领域已经被成功地应用到许多序列标注任务上，比如 NER（命名实体识别）和 POS Tagging（词性标注）。图 6-2 显示的是一个通用的 HMM 模型，其中：

$y = <y_1，y_2,\cdots，y_t>$：隐状态序列

$x = <x_1，x_2,\cdots，x_t>$：观察序列

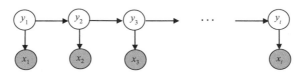

图 6-2　隐马尔可夫模型

在一个隐马尔可夫模型中，假设观察序列 x 有一个状态 y 的隐序列。观察序列 x 是由隐状态 y 生成的。关于可能的观察，每一个状态 y 都有一个概率分布。在隐马尔可夫模型中有两个针对联合分布 $p(y, x)$ 的独立性假设。首先，状态 y_i 只依赖于离它最近的前驱状态 y_{i-1}，y_i 独立于它所有的前驱状态 y_1，y_2，y_3，$\cdots$，y_{i-2}，这一性质叫作马尔可夫性。第二，观察值 x_i 只依赖于当前状态 y_i。在这些假定之下，我们可以使用初始状态概率 $p(y_1)$、状态转移概率 $p(y_i \mid y_{i-1})$ 以及基于观察的条件概率 $p(x_i \mid y_i)$ 这三个概率分布对隐马尔可夫模型进行建模。状态序列 y 和观察序列 x 的联合概率可以分解为：

$$p(y, x) = \prod_{i=1}^{t} p(y_i \mid y_{i-1}) p(x_i \mid y_i) \tag{6-3}$$

其中，我们可以把初始状态分布 $p(y_1)$ 写成 $p(y_1 \mid y_0)$（Sutton and McCallum，2011），这里 y_0 是一个虚拟状态。

给定一些观察序列，我们可以通过学习来优化 HMM 的模型参数，使得观察概率最大化，尽可能拟合训练数据。在此基础上，利用学习到的模型，我们可以找到新的观察序列的最优状态序列。

在属性抽取任务中，我们可以把单词或者词组当作目标观察，将属性词标签或者情感词标签当作潜在的状态。基于这一任务设置，Jin 和 Ho（2009）给出了一种词汇化的

HMM 模型，用于从评论文本中抽取属性词以及情感词。在他们的方法中，集成了诸如词性和词汇化模板等语言学特征。例如，在词汇化 HMM 模型中，我们可以用（$word_i$，POS（$word_i$））表示一个观察，其中 POS（$word_i$）表示 $word_i$ 中的词性。

6.3.2　条件随机场

隐马尔可夫模型的局限性在于其假设与实际问题并不匹配，因此通常会导致准确性降低。为了处理这个问题，Lafferty 等人（2001）提出了链式随机场模型，这是一种无向的序列模型。在给定观察序列 x 的情况下，对隐序列 y 的条件分布 $p(y \mid x)$ 进行建模（Sutton and McCallum，2011）。也就是说，基于训练数据，通过选择使 $p(y \mid x)$ 最大化的隐序列 y 来标识一个未知的观察序列 x。因此，该模型放宽了 HMM 中对独立性的假设。图 6-3 显示了链式 CRF 模型，其中：

$y = <y_1, y_2, ..., y_t>$：隐状态序列

$x = <x_1, x_2, ..., x_t>$：观察序列

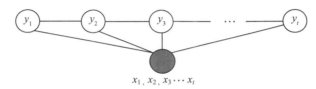

图 6-3　线性链式条件随机场

$p(y \mid x)$ 的条件分布形式为：

$$p(y \mid x) = \frac{1}{Z(x)} \prod_{i=1}^{t} \exp\left\{\sum_{k=1}^{K} \lambda_k f_k(y_i, y_{i-1}, x_i)\right\} \qquad （6-4）$$

$Z(x)$ 是一个正则化项：

$$Z(x) = \sum_{y} \prod_{i=1}^{t} \exp\left\{\sum_{k=1}^{K} \lambda_k f_k(y_i, y_{i-1}, x_i)\right\} \qquad （6-5）$$

CRF 引入了特征函数的概念，每一个特征函数的形式都是 $f_k(y_i, y_{i-1}, x_i)$，其中 λ_k 是第 k 个特征函数对应的权重。如图 6-3 所示，CRF 模型中的独立性假设是基于 y 的，而并不基于 x。特征函数 f_k 的一个参数是向量 x，这意味着每一个特征函数都依赖于观察 x。也就是说，在第 i 步计算特征函数 f_k 的时候，所有 x 都是可观测的，而 HMM 中只有当前词是可观测的。因此，相较于 HMM，CRF 会引入更多的特征（Sutton and McCallum，2011）。

Jakob 和 Gurevych（2010）利用 CRF 从包含观点表达的句子中提取观点评价对象（属性词）。其中，他们设计了如下特征来构建特征函数。

token。当前词的词性特征。

part of speech。当前词的 POS 标签。

short dependency path。由于情感词与观点评价对象之间往往具有某种句法关系，因此当前词与情感词之间的直接依存路径也被作为特征。

word distance。在商品评论文本中，名词或者名词短语很有可能就是商品属性词，因

此，这个特征指示那些离情感词最近的名词或名词短语更有可能是商品属性词。

通常我们用 Inside-Outside-Begin（IOB）标签指示观点评价对象（商品属性词）。这里，B-Target 表示观点评价对象词的开始；I-Target 表示观点评价对象中的词；O 表示其他非观点评价对象的词。

Li 等人（2010b）给出了两种基于 CRF 的改进模型：skip-chain CRF 及 tree-CRF，用以抽取评论文本中的商品属性词和情感词。其中 skip-chain CRF 模型能在句子层面对基于连接词（比如 and、or、but）的长距离词间依存关系进行建模，tree-CRF 能对属性词与正面情感词和反面情感词间的深层句法依存关系进行建模。标准的 CRF 模型在模型训练过程中只能利用词的序列信息；而 skip-chain CRF 和 tree-CRF 模型能够利用句子的结构特征。类似地，Choi 和 Cardie（2010）及 Qiu 等人（2009a，2011）同样也使用了 CRF 模型进行评价对象的抽取。

Yang 和 Cardie（2013）提出了一种方法，对观点评价对象、观点（情感）表达以及观点持有者进行联合抽取，同时识别出与观点相关的关联关系 IS-ABOUT 和 IS-FROM。IS-ABOUT 指的是观点和观点评价对象之间的关系，IS-FROM 指的是观点和持有者之间的关系。他们利用 CRF 模型进行观点评价对象、观点情感表达以及观点持有者的联合抽取，利用监督学习算法进行关系的识别。每一种关系的实例都用对（pair）进行表示。观点表达和它评价的对象形成了一种 IS-ABOUT 关系，观点表达和观点持有者形成了 IS-FROM 关系。其任务就是识别出正确的 pair。因为这些任务之间具有相关性，所以他们提出了一种联合学习框架进行多任务处理，而不是像之前的方法一样，在流水线或者顺序操作的框架下单独处理各个任务，这样会造成抽取过程无法利用不同任务之间的相互作用，使得各个步骤之间的错误传播不可控。

除了 HMM 和 CRF，研究人员还使用了其他的监督学习算法。Liu 等人（2005）与 Jindal 和 Liu（2006b）使用基于监督式序列模式挖掘的序列规则进行观点评价对象的抽取。Kobayashi 等人（2007）使用基于树结构的分类模型。他们的方法首先使用依存句法树来发现属性词候选和情感词候选对，然后使用基于树结构的分类算法，来识别一个对中的属性词候选和对应情感词候选之间是否具有评价关系。最后，从得分最高的对中提取出来属性词。在学习过程中，所使用的特征包括上下文特征，共现特征以及其他特征。Yu 等人（2011a）使用了一种部分监督学习算法，即单类支持向量机（Manevitz and Yousef，2002），从正面评论与负面评论中提取属性词。Ghani 等人（2006）使用了传统的监督学习和半监督学习方法来进行属性词提取。Kovelamudi 等人（2011）也使用了监督学习算法进行属性词抽取，但是他们还利用了来自维基百科的相关信息辅助抽取过程。Klinger 和 Cimiano（2013）给出了一种图模型来提取目标属性词和观点表达。Mitchell 等人（2013）基于 CRF 模型完成了类似的工作。Zhou 等人（2013）给出了一种非监督标签传播方法，从中文微博中提取观点评价对象。这一方法与 Zhu 和 Ghahramani（2002）通常所使用的标签传播算法是不一样的，Zhu 和 Ghahramani 的方法是一种半监督算法，该方法从一些少量的种子词出发，通过图上标签传播对评价对象进行标注。

Shu 等人（2017）还提出了一种基于 CRF 的面向属性词抽取的终身学习方法。Shu 等人（2016）进一步提出了一种终身学习方法，对实体和属性词加以区分。

6.3.3　基于深度学习的方法

本小节将讨论使用深度学习模型进行属性抽取（或属性词提取）的一些现有工作。深度学习之所以有助于完成这项任务，一个主要原因是它卓越的特征或表征学习能力。当一个特征在某些特征空间（例如，在深度学习模型的一个或多个隐藏层）中被恰当地描述时，一个属性与其上下文之间的语义或相关性可以通过它们相应的特征表示之间的相互作用被很好地捕获。换句话说，深度学习为无须人工参与的自动化特征工程提供了一种优越的方法。

应用深度学习的一个简单方法是只使用它来执行特征学习。将得到的特征输入 CRF 模型，建立 CRF 提取模型。这种方法非常有效，事实上，比使用传统特征的 CRF 要好得多。一些现有的基于深度学习的方法使用了 CRF。例如，Zhang 等人（2015）使用神经网络扩展了 CRF，以联合提取属性词和对应的情感。其所提出的 CRF 变体将 CRF 中原有的离散特征替换为连续的词向量，并在输入和输出节点之间增加了一个神经层。Yin 等人（2016）提出了一种首先考虑连接词的依赖路径来学习词向量的方法。然后，考虑线性上下文和依赖上下文，采用嵌入特征构建基于 CRF 的方面提取模型。Wang 等人（2016c）开发了一个不同的联合模型，该模型集成了递归神经网络和 CRF，用于联合提取显式属性词和观点词。Wang 等人（2016f）提出了另一个整合 RNN 和 CRF 的联合模型，以联合提取属性词和观点词（或表达）。

由于在一个句子中，属性词和观点词经常是相关的，所以自然会联合提取这两种词。许多算法都使用了这种方法。例如，Katiyar 和 Cardie（2016）研究了使用深层双向 LSTM 联合提取观点实体和连接实体的关系的方法。他们提出的模型学习高层次的鉴别特征，并同时在属性词和观点词之间传播信息来完成抽取。Wang 等人（2017b）提出了一个耦合的多层注意模型（Coupled Multi-layer Attention CMLA），该模型还可以联合提取属性词和观点词。该模型由一个使用 GRU 单元的属性词注意力机制和观点注意力机制组成。Li 和 Lam（2017）提出了一种改进的基于 LSTM 的方法，特别是针对属性词的提取。它由三个 LSTM 组成，其中两个 LSTM 用来捕捉属性词和情感词的交互，第三个 LSTM 使用情感极性信息作为额外的指导来提取属性词。Wang 等人（2017c）描述了一种端到端的神经网络解决方案，它不需要任何解析器或其他语言资源进行预处理。他们的模型是一个多层注意力网络，每一层由一对带有张量算子的注意力机制组成。一个注意力机制用来提取属性词，而另一个注意力机制用来提取观点词。Luo 等人（2019）还提出了提取属性词和观点词的联合模型。

186

许多其他的论文已经讨论了单独的属性词提取或其他附带任务。Poria 等人（2016a）建议使用 CNN 进行属性词提取。他们开发了一个七层的深层卷积神经网络，将观点句中的每个单词标记为属性词或非属性词。该模型还融入了一些语言模板，来进一步改进提取方法。Ding 等人（2017）提出了两种基于 RNN 的跨领域属性提取模型。他们首先使用基于规则的方法，为每个句子生成一个辅助标签序列。然后，使用真实标签和辅助标签训练模型，这种方法得到了很好的效果。Li 等人（2018）提出了一种利用两条信息，即观点摘要和属性检测历史的新方法。观点摘要是从整个输入句子中提取出来的，以每个当前标记为条件进行属性预测。此摘要有助于将字符预测为属性词。从先前的属性预测中提取属性检测历史，以便利用坐标结构和标记框架约束来提升属性预测。

Xu 等人（2018）提出了一个简单的 CNN 模型，采用两种类型的预训练向量进行属性抽取，它们分别为通用性向量和领域特定向量。在不使用任何额外的监督或复杂的模型的情况下，这种方法取得了出人意料的好结果，超过了现有的复杂的、最先进的方法。Xu 等人（2019）通过对 BERT 进行微调，提出了一种为时下流行的语言模型 BERT 进行后训练的方法。虽然这篇论文和这项技术主要针对阅读理解任务，但其所提出的后训练是通用的，而且在属性词提取和属性词情感分类方面也很有效，产生了最先进的结果。

对于属性词的提取和分类，Zhou 等人（2015）提出了一种半监督的词向量学习方法，以在带有噪声标签的大评论集合上获得连续的词表示。学习词向量后，通过神经网络，更深的混合特征叠加在了词向量的学习中。最后，利用混合特征训练的 logistic 回归分类器对属性类别进行预测。

Xiong 等人（2016）提出了一种基于注意力机制的深度距离度量学习模型来对属性词进行分组。他们基于注意力的模型试图学习上下文中的特征表示。在 K-means 聚类中，采用了属性词向量和上下文词向量两种方法来学习深度特征子空间度量。

除了这些监督方法外，还引入了非监督方法。例如，He 等人（2017）提出了一种非监督方法来提取属性词。在高层次上，这个想法类似于主题建模，但是使用了神经网络。该算法用神经网络词嵌入，将同一上下文中同时出现的词映射到向量空间中的邻近点。然后使用注意力机制过滤句子中的词向量，并使用过滤后的单词来构建属性词向量，同时使用自动编码器进行属性的识别和分类。

6.4　隐含属性的映射

在 2.1 节中，我们把表达为名词和名词短语的属性叫作显式属性词，例如，"The picture quality of this camera is great"中的 picture quality。所有其他代表属性的文本表达叫作隐式属性词（不包括指代消解的代词）。有许多不同类型的隐式属性词，形容词和副词可能是最常见的类型，因为大多数的形容词描述的是特定类型的属性，例如，expensive 描述的是 price，beautiful 描述的是 appearance。price 和 appearance 分别叫作 expensive 和 beautiful 的属性名词。动词也可能是隐式属性。通常，隐式属性表达可以是复杂多样的。例如，在"This camera will not easily fit in a pocket"中，fit in a pocket 表述的是属性词 size。

迄今为止，研究人员一直致力于将形容词映射成名词类型的属性词，但是很少有人映射动词或者发现那些代表属性的动词或动词短语。例如，"The machine can play DVD's, which is its best feature"。目前，我也不了解有针对诸如 fit in a pocket 的复杂隐式属性表达的研究。在下面的小节中，我们将首先讨论一些从形容词到名词类型属性词的映射方法。

6.4.1　基于语料库的方法

Su 等人（2008）提出了一种基于聚类的方法，利用评论句中显式属性词和情感词所组成的对中的语义关系，将形容词形式的隐式属性表达映射到相应的显式属性上。在显式属性词和情感词所组成的对中，情感词和显式属性词之间的关系说明该情感词通常会用来评价该属性词，或者说该属性词和情感词是相互关联的。通过轮流对显式属性词以及情感词进行聚类，该算法可以发现它们之间的映射关系。每一次迭代中，在对一个集合进行聚类之前，需要利用另一个集合的聚类结果更新属性词和情感词之间的相似性。一个集合中词间的相似度是由集内词间相似度和集间词的相似度线性组合确定的。集内词间相似度就是传统的词间语义相似度，例如同义词。而集间词的相似性是基于属性词和情感词之间的关联关系计算得到的。这种关联关系可以通过一个二分图来表示。属性词和情感词如果在一个句子中同时出现，则可以认为它们之间存在这种关联关系。当然，需要基于它们出现的频率来确定关联的程度。在多轮迭代聚类后，关联权重最大的 n 个链接就表示该类属性词和相对应的情感词类别之间存在映射关系。

188

Hai 等人（2011）给出了一种二阶段的基于共现信息的关联规则挖掘方法，以将隐式属性词（假设是情感词）映射到显式属性。在第一阶段，该方法利用情感词和显式属性词的共现信息产生一些关联规则，其中情感词（形容词）作为规则条件，显式属性作为规则的结果。在第二阶段，针对每个情感词，对包含显式属性词的规则进行聚类，生成更鲁棒的规则。对于实际应用来说，给定一个没有显式属性的情感词，它可以发现与之最匹配的规则簇，然后依据规则生成与该情感词匹配的属性。

但是，上述基于语料库的抽取方法有一些缺点（Fei et al., 2012）。

1. 它很难发现那些由于语言习惯而不会和情感词共现的属性词。例如，在英语中，人们不会说" The price of the iPhone is expensive"。相反，会说" The iPhone is expensive"或者" The price of the iPhone is high"。因此使用上述基于语料库的方法，很难将 price 识别为 expensive 所映射的属性。但是，它很有可能会错误地将 price 识别为 high 的属性。

2. 即使一个形容词和它的一个属性名词在一个语料库中同时出现，如果语料库的大小是有限的，那么在其他句子中它们可能不会同时出现（例如，某商品的评论数量可能很少）。因此，在这种条件下，认为它们之间具有关联关系可能会产生错误。

6.4.2　基于词典的方法

为了弥补上述基于语料库的方法的不足，解决上一节提到的两个问题，Fei 等人（2012）提出了一种基于词典的方法。针对第一个问题，该方法在词典中利用属性词对形容词进行定义，例如，在 thefreedictionary.com 中，expensive 被定义为" Marked by high prices"。这样在处理过程中，就可以根据形容词的定义发现其所应该映射的属性词。另外，由于词典不会被任何特定的语料库限定（语料库的覆盖范围有限），词典中的每一个形容词都可以被单独地学习，因此基于词典的方法也可以解决第二个问题。

在单一词典中，尽管不会标记一个形容词能够映射的所有属性名词，但是可以通过多个词典融合的方式来提高其覆盖度。他们的实验中使用了 5 个在线词典，其目标是获取一个形容词能够映射的所有属性词。在一个特定的句子中，这种方法无法针对一个形容词识别出其具体对应的属性词。然而，基于语料库的方法针对一个形容词能够提供一个比较完整的属性词映射候选（Hartung and Frank, 2010, 2011）。

189

Fei 等人（2012）没有使用传统的监督学习分类技术，而是给出了一种基于协同分类

（Sen et al.，2008）的关系学习方法，该方法能够利用词典中已标注的丰富的词间语义关系，识别隐式的属性词。在传统的监督学习中，都假设实例之间是相互独立的（Mitchell，1997）。然而，在现实数据中，实例之间通常不是相互独立的。这样的数据通常可以表示为一个图，其中节点代表实例，节点间的连接代表实例关系。针对其中一个节点的分类结果通常会影响邻近节点的分类结果。而协同分类算法就是针对这种形式的数据的分类任务，通过不断迭代，在图上确定每个节点的类别。在每轮迭代中，该算法利用前一轮迭代的分类结果作为下一轮的先验知识或特征，能够有效提升分类的精度。

在我们的任务中，词间关系有下义、同义、反义、上义等不同类型，基于这样的语义关系，词与词就可以构成一个图。每一个实例由一个对（A_i，c_{ij}）表示，其中 A_i 代表形容词，c_{ij} 代表该形容词所对应的一个候选属性词。这个候选属性词是从该形容词在词典中的定义得到的。因为特征具有相关性，Fei 等人（2012）使用图结构来表示实例，则有 $V = \{(A_i, c_{ij}) \mid c_{ij} \in C_i, A_i \in A\}$。他们还定义了邻接函数 N，其中 $N_{ij} \subseteq V - \{(A_i, c_{ij})\}$。$V$ 中的每一个节点用特征向量 x_{ij} 表示，其中特征为 $f_1, f_2, \cdots, f_n$。同时该图中包含类别标签 y_{ij}，值域为 $\{+1, -1\}$。其中 +1 表示该样本中 A_i 所对应的属性词就是 c_{ij}，而 −1 表示它们的对应关系不成立。整体上 V 被分为两组节点：有标签节点 L 以及无标签节点 U。我们的任务是为每一个 U 中的节点 u_{ij} 预测类别标记。

可以用一种叫作迭代分类算法（Iterative Classification Algorithm，ICA）的协同分类算法（Sen et al.，2008）来解决这个问题，图 6-4 给出了 ICA 算法。它的训练过程（并没有在图 6-4 中给出）类似于传统的监督学习，利用所抽取的特征以及所对应的标签 L 来训练分类器 h。该分类器被用于分类或者测试。

在测试中，学习到的分类器 h 为测试数据中的每一个节点 u_{ij} 打一个类别标签（第 1~4 行）。第 2 行为每一个 u_{ij} 计算特征向量 x_{ij}，这一步是该算法有别于传统监督学习的重要一步。它使用 u_{ij} 的近邻来计算 u_{ij} 的所有相关特征。注意，在这里并没有详细解释相关特征，感兴趣的读者可以阅读原文。第 2 行和第 8 行稍有不同。第 2 行中，并不是所有的节点都有类别标签，所以我们应该通过 u_{ij} 的近邻中有类别标签的样本来计算 x_{ij}，而在第 8 行中，则利用了所有的近邻节点计算 x_{ij}。第 3 行利用 h 为每一个节点 u_{ij} 打上一个类别标签 y_{ij}。第 1~4 行是算法的初始化。

Algorithm 6.1 ICA - Iterative classification
1.　for each node $u_{ij} \in U$ // each node is a pair
2.　　compute $\mathbf{x}_{ij}$ using only $L \cap N_{ij}$
3.　　　$y_{ij} \leftarrow h(\mathbf{x}_{ij})$
4.　endfor
5.　repeat // iterative classification
6.　　generate an ordering O over pairs in U
7.　　for each node $o_{ij} \in O$ do
8.　　　compute $\mathbf{x}_{ij}$ using current assignments to N_{ij}
9.　　　　$y_{ij} \leftarrow h(\mathbf{x}_{ij})$
10.　　endfor
11.　until all class labels do not change

图 6-4　迭代分类算法

初始化之后，分类器迭代运行（第 5～11 行），直到所有节点的类别标签不再改变。迭代是必要的，因为一个节点的相关特征依赖于它的近邻节点的类别标签。在每一次迭代（第 6～10 行）中，样本的类别标签都可能会改变。算法首先产生一个待分类的节点排序。我们采用随机算法对它们进行排序，这样做可以减少偏差。第 8 行的作用和第 2 行类似，只不过这里利用了所有的近邻节点计算 x_{ij}。第 9 行和第 3 行的作用一样。分类器参数 h 在迭代过程中不发生变化，直到所有节点的类别标记都稳定不再变化，整个分类算法将停止迭代。

图 6-5 显示了一个基于词间关系的图的简单例子。我们可以把它看作 ICA 算法迭代过程的中间结果。其中，每一个椭圆表示一个实例（一个形容词和属性对），每一个虚线框表示一个形容词以及所有对应的属性词候选。两个椭圆节点之间的连接表示两个候选属性词间的关系，两个虚线框之间的连接表示两个形容词之间的关联。细线连接同义词，粗线连接反义词。黑色阴影节点代表该节点有类别标签，弱阴影节点表示该节点已经被预测了类别标签（形容词和候选属性词之间是否具有对应关系）（算法开始时，该节点是没有类别标签的），非阴影椭圆节点代表该节点在迭代中还没有被打上类别标签。图中，形容词 A_k 和 A_j 是同义词，属性词 C_{k2}（有标签的）和候选属性词 C_{j1} 是同义词，候选属性词 C_{j1} 和 C_{j2} 是反义词。在算法分类过程中，ICA 已经把 C_{j2} 预测为 A_j 的属性词，这是由于 C_{j2}、C_{j1} 和 C_{k2} 是相关的，给 C_{j1} 打的类别标签将受到此次迭代中 C_{j2} 和 C_{k2} 的类别标签的影响。

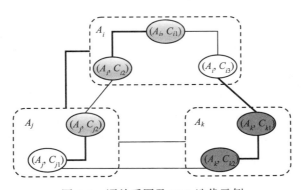

图 6-5　词关系图及 ICA 迭代示例

6.5　属性聚类

很明显，人们会使用不同的词或短语描述同一属性（或属性类别）。例如，sound quality 和 voice quality 都是指手机音质这一属性。我们把 sound quality 和 voice quality 称作属性的文本表达（见 2.1.6 节）。在属性的文本表达被提取出来之后，它们需要被分类或聚类到特定的属性类别。每个类别代表一个唯一的属性（见 2.1.6 节）。对于观点分析和观点摘要来说，这一任务是十分重要且必不可少的。

解决这个问题最直接的方法就是用像 WordNet 或同义词词典的资源来获取同义的文本表达。然而，这种方法效率非常低下，原因主要有以下几点：

1. 许多同义词都是和领域信息高度相关的（Liu et al., 2005）。例如，movie 和 picture

在影评中是同义词，但在摄影评论中，它们之间就没有同义关系，picture 更可能是 photo 的同义词，而 movie 和 video 是同义词。

2. 许多属性的文本表达是短语，很难在已有词典中找到其定义。

3. 许多描述相同属性的文本表达通常不是在通用领域，而是在特定领域内具有同指关系。例如，expensive 和 cheap 都是指属性 price，但它们本身却是一对反义词，与 price 也没有同义关系（见 6.4 节）。

4. 在大多数实际应用中，属性聚类任务不能完全通过无监督学习的方法解决，因为这一任务的主观性非常强。也就是说，面对不同的实际应用，甚至不同的用户，也许需要有不同的类别划分与定义。在一些情况下，这是由于分析所需要的粒度不同。例如，在一个汽车评论的实际应用中，由于两个用户所负责任务的场景不同，其中一个用户想把外部设计（exterior design）和内部设计（interior design）分到一个属性类别 design 中，而另一个用户却认为应该把它们分到不同的类别。如果把它们分成两个类别，当一个人说"The design of the car is great"，那我们就要把这句话同时指派到 exterior design 和 interior design 类别中。在其他情况下，确定一个属性表达到底属于哪一个类别是十分困难的。我们看看下面这四个句子描述的是相同的属性还是不同的属性："This car works very well""This car is reliable""The quality of this car is great"和"The car broke down the next day"。不同的人也许会有不同的答案。

Carenini 等人（2005）提出了一种解决这个问题的方法。他们的方法通过使用字符串相似度、同义词以及基于 WordNet 的词汇距离等语义相似度计算方法，来获取属性文本表达间的同义关系。对于一个特定领域，这一方法需要事先给定的分类体系（更明确地说是一个属性类别框架）。它的目的是基于语义相似度计算方法，将每个发现的属性文本表达映射到所给类别框架上的相应属性节点上。在相机和 DVD 的评论文本上的实验表明，这一方法得到了不错的映射结果。Yu 等人（2011）提出了一个更加复杂的方法，基于已有的商品属性类别体系，对商品评论文本进行分析，利用多个相似度计算策略的优化组合，计算不同属性文本表达之间的语义相似度，最终自动生成一个新的商品属性类别体系。

Zhai 等人（2010）提出了一个半监督学习方法，把属性文本表达分组到用户所给定的属性类别体系上。为了获取用户需求，这一方法需要事先手动地为每一个属性类别标注一些种子词。然后系统基于半监督学习方法把其他属性文本表达映射到合适的类别中。这一方法在半监督学习中使用了期望最大化（Expectation Maximization，EM）方法（Nigam et al.，2000）。在算法开始时，需要两种先验知识对 EM 算法进行初始化：第一，共享了相同单词的属性本文表达更可能属于相同属性类别，例如，battery life 和 battery power；第二，在词典中具有相同含义的属性文本表达更可能属于相同的属性类别，例如 movie 和 picture。这两类先验知识可以帮助 EM 算法得到更好的分类结果。

Zhai 等人（2011b）采用软约束的方式加入了一些事先标注好的初始样例。这些初始样例是基于共享单词的规则和基于词汇相似性的方式产生的（Jiang and Conrath,1997）。该方法同样采用了 EM 学习算法，但是其优势在于不需要用户手工提供种子。

Guo 等人（2009）提出了一种叫作多级潜在语义关联的方法。在第一阶段，通过隐狄利克雷分配（Latent Dirichlet Allocation，LDA）主题模型算法将属性文本表达中的所有词都分到相应的概念或者主题中（Blei et al., 2003）。我们将在 6.6 节详细讨论 LDA 算法，LDA 是一种聚类算法，它能够把文档中的单词聚成一个一个的类别，其中每一个类别表示一个主题。第一阶段产生的结果被用于构建属性文本表达的隐含主题结构。例如，我们有四个属性文本表达：day photos、day photo、daytime photos 和 daytime photo。如果 LDA 把 day 和 daytime 分组到 topic10，把 photo 和 photos 分组到 topic12，那么系统将会把四个属性表达分到一个组中，称为 topic10～topic12，即隐含主题结构。在第二阶段，算法根据第一阶段产生的隐含主题结构以及属性文本表达在评论中的上下文，再次利用 LDA 算法对属性文本表达进行聚类。在上面的例子中，topic10～topic12 中的 day photos、day photo、daytime photos 和 daytime photo 和它们周围的上下文单词共同组合形成了新的文档。LDA 在这样的文档上运行产生最终的聚类结果。Guo 等人（2010）使用相似的思想把来自不同语言的属性文本表达分组到属性类别体系中，这样的话，这一方法能够对比来自不同语言的不同属性的观点。

Zhai 等人（2011a）给出了一种叫作 Constrained-LDA 的主题模型方法，来对属性文本表达进行聚类。该算法假定属性文本表达已经给定。Constrained-LDA 在传统 LDA 中加入两种形式的约束：must-link 和 cannot-link。must-link 约束意味着两个属性文本表达应该在相同的类别中，而 cannot-link 约束意味着两个属性文本表达应该在不同的类别中。这种约束信息可以通过自动抽取的方式获取，因此，该算法能够在聚类优化过程中处理大量的 must-link 和 cannot-link 约束。当然，这种约束可以是松弛的，可以是软约束，不必严格满足。具体地，对于属性分类任务，Constrained-LDA 使用了如下规则生成约束：如果两个属性文本表达之间共享了一个或两个单词，则它们之间构成一个 must-link，即它们应该属于相同的主题，例如"battery power"和"battery life"；如果两个属性文本表达出现在同样的句子中并且不是由 and 所连接的，那么它们之间就构成了 cannot-link。第二个约束的前提假设是在正常情况下，同一个句子中不能重复评论同一属性。我们将在 6.6.5 节对 Constrained-LDA 模型进行详细介绍。

6.6　基于主题模型的属性抽取

在 6.5 节和 2.1.6 节中，我们已经讨论过属性抽取有两个关键任务：属性词抽取和属性词归类。其中，对于属性词抽取任务，我们不仅要抽取显式表达的属性词，也要抽取那些隐式表达的属性词。在已有方法中，一般会分步完成属性词抽取和属性词归类这两个任务。而统计主题模型不仅能够将上述两个任务放在统一的框架中同时完成，而且能够在一定程度上处理显式表达和隐式表达的属性词抽取问题。在本节中，我们将介绍主题模型在属性提取以及情感分析任务中是如何应用的。

主题模型的主要目标是从一大堆给定文档中挖掘其蕴含的主题。一般情况下，主题模型的输出是多个词集合和每个文档的主题分布。在本节中，我们用词（term）而不是表达（expression）来表示文档中的词，这是为了与已有主题模型相关文献中的表述保持一致。其中，每一个词集合就叫作一个主题，包含词（也称为主题词）上的概率分布。文档上的主题分布表示这个文档中各个主题词出现的比例。现有主题模型通常基于两种基础模型：

概率隐含语义分析（probabilistic Latent Semantic Analysis，pLSA）（Hofmann，1999）和隐狄利克雷分配（Latent Dirichlet Allocation，LDA）（Blei et al.，2003）。这两种方法都是无监督模型。尽管它们主要用于对文档进行建模，并从文档中抽取主题信息，但是它们也可以用于对许多其他类型的信息进行建模。如果读者不熟悉主题模型、图模型和贝叶斯网络，除了阅读主题模型的相关文献之外，我还推荐大家阅读 Christopher M. Bishop（2006）的 *Pattern Recognition and Machine Learning*。感兴趣的读者可以仔细阅读这本书，从中了解主题模型的基本概念、模型和方法。

对于情感分析任务来说，文档的主题一般情况下是观点的属性（或者更精确地说，是观点的属性类别），每一个主题中的主题词其实就是一个属性（或属性表达）。在常见的主题模型中，主题词是一个词或一个单元词。在 6.6.5 节中，我们将讨论主题词是短语的情况。理论上说，主题模型在观点属性抽取任务中的优势在于它能够同时对显式表达和隐式表达的属性词进行抽取，同时可以对抽取的属性词进行归类，获取其对应的属性。例如，主题模型可以从评论文本中抽取 price、cost、expensive 和 cheap 等属性词，并把它们归为一类，从而说明这些属性词都指示着同一个属性。这一功能对于情感分析非常有用。除了属性抽取模型，研究者对观点与属性通常在文本中共同出现这一基本假设，也提出了许多联合模型，来对文本中的属性和观点信息进行联合抽取。

在本节的开始，我们首先介绍了 LDA 模型，这是由于后续属性抽取和情感分析的许多主题模型都是建立在 LDA 上的改进模型。我们将在 6.6.2 节中对现有模型进行综述。在 6.6.3 节，我们将介绍无监督模型的一些问题，并介绍一些基于知识的主题模型（也叫作半监督主题模型）来应对这些问题。这些模型通常利用人工标注的先验知识来指导模型，以产生更好的主题抽取结果。在 6.6.4 节中，我们将介绍从大数据中抽取先验知识的自动方法，这可以使现有的基于知识的主题模型方法全自动化。同时，这也引出了机器学习领域的一个重要的新概念：终身学习主题建模（lifelong topic modeling）。最后，我们将介绍两个能够对多字短语的属性词进行抽取的模型。多字短语在实际应用中相当重要，因为很多属性词不能用单独的词来表达。例如，如果将 battery life 分开成单个词 battery 和 life，就不能表达 buttery life 的含义了。

6.6.1　隐狄利克雷分配

LDA 是一个无监督的学习模型，它假设每个文档包含多个主题，其中每个主题都是一个基于词的概率分布。LDA 是一个文档生成模型，其刻画的是文档生成的概率化过程。和其他很多主题模型相似，LDA 也是基于贝叶斯网络的。

LDA 的输入是由一组文档 D 组成的词料库。LDA 的输出包括每个文档的主题分布 θ 和每个主题中词语的分布 ϕ（称为主题词分布）。这里假设 θ 和 ϕ 都服从多项式分布。为了让分布更平滑，通常假设这两个参数的先验分布服从狄利克雷分布，参数分别为 α 和 β。因为狄利克雷分布是多项式分布的共轭先验分布，因此，假设其先验服从狄利克雷分布可以极大地简化统计推断过程。实际上，狄利克雷分布中有多个参数，每个参数的取值应是不同的。然而在 LDA 模型中，大多数研究人员将其所有的参数都设为同一数值，这样的狄利克雷分布通常被称为对称的狄利克雷分布。

　　令主题的数量为 T（通常是由用户指定），每个主题分别标号为 $\{1, \cdots, T\}$。语料库中包含 V 个词，每个词分别标号为 $\{1, \cdots, V\}$。语料库有 D 个文档，每一个文档 d 中包含 N_d 个词。w 是所有观察到的词的集合，则有 $|w| = \sum_d N_d$。z 表示所有文档中词的主题分配情况，其中 z_i 表示文档 d 中第 i 个词 w_i 的主题分配情况。请注意，为了简单起见，我们省略了 w_i 和 z_i 中文档 d 的下标。

　　LDA 生成文档的过程如下所示：

for each topic $t \in \{1, \ldots, T\}$ **do**
　　draw a word distribution for topic t, $\phi_t \sim Dirichlet(\beta)$
for each document $d \in \{1, \ldots, D\}$ **do**
　　draw a topic distribution for document d, $\theta_d \sim Dirichlet(\alpha)$
　　for each term w_i , $i \in \{1, \ldots, N_d\}$ **do**
　　　　draw a topic for the word, $z_i \sim Multinomial(\theta_d)$
　　　　draw a word, $w_i \sim Multinomial(\phi_{zi})$

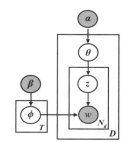

　　LDA 的图形化描述（或称盘式记法图）如图 6-6 所示，其中 θ、ϕ 和 z 是隐变量，w 是观测数据，狄利克雷参数 α 和 β 被视 　图 6-6　LDA 的盘式记法图 为常数，因此也是可观测的。所有可观测值都用灰色节点表示，所有隐变量节点都为白色。

　　为了获得 θ 和 ϕ，目前主要有两类方法：变分法（Blei et al.，2003）和吉布斯采样法（Griffiths and Steyvers，2004）。这两类方法都不直接估计 θ 和 ϕ 的分布，而是通过估计主题句 z 的后验分布，对于给定的观测值 w，近似估计 θ 和 ϕ 的边缘分布。每个 z_i 表示文档 d 中的每一个词项 w_i 所属的主题信息。通过主题 z 的分布情况，我们可以计算出 θ 和 ϕ 的分布。因为吉布斯采样本质上是一个马尔可夫蒙特卡洛（MCMC）算法，因此这一类估计方法的应用相对于变分法来说更加广泛，这里我们简要地介绍一下该方法。

　　对于基于吉布斯采样的 LDA 模型，最重要的过程是根据公式（6-6）计算出的概率更新文档 d 中每一个单词的主题分布：

$$P(z_i = t \mid z^{-i}, \boldsymbol{w}) \propto \frac{(n_{t,d}^{-i} + \alpha)}{\sum_{t'=1}^{T}(n_{t',d}^{-i} + \alpha)} \frac{n_{w_i,t}^{-i} + \beta}{\sum_{v'=1}^{V}(n_{v',t}^{-i} + \beta)} \quad （6\text{-}6）$$

其中 $z_i = t$ 表示文档 d 中第 i 个词上的主题为 t，z^{-i} 表示语料库中除了第 i 个词之外其他词的主题分配情况。$n_{t,d}^{-i}$ 指的是文档 d 中除了第 i 个词之外其他词中主题出现的次数。$n_{w_i,t}^{-i}$ 指的是除了当前的词 w_i 之外其他词 $v = w_i$ 中出现主题 t 的次数。

　　推导公式（6-6）是非常复杂的（参见维基百科的 LDA 页面；Griffiths and Steyvers，2004；Steyvers and Griffiths，2007；Carpenter，2010）。但是最终的结果却是非常直观的。公式基本上由两部分组成。左半部分是主题 t 在文档 d 中表示词的概率。右半部分是词 w_i 表示主题 t 的概率。通过这个公式，我们可以看出一篇文档中的词被分配为主题的概率与这个文档中主题的分布以及词在该主题中的分布情况相关。

　　事实上，公式（6-6）可以进一步化简为公式（6-7），因为 $\sum_{t'=1}^{T}(n_{t',d}^{-i} + \alpha)$ 在所有的主题中均为常量。

$$P(z_i = t \mid z^{-i}, \boldsymbol{w}) \propto (n_{t,d}^{-i} + \alpha) \frac{n_{w_i,t}^{-i} + \beta}{\sum\limits_{v'=1}^{V} (n_{v',t}^{-i} + \beta)} \tag{6-7}$$

为了计算每个主题的最终概率分布，我们需要对上述公式进行归一化。

$$P(z_i = t \mid z^{-i}, \boldsymbol{w}) = \frac{(n_{t,d}^{-i} + \alpha) \dfrac{n_{w_i,t}^{-i} + \beta}{\sum\limits_{v'=1}^{V} (n_{v',t}^{-i} + \beta)}}{\sum\limits_{t'}^{T} (n_{t',d}^{-i} + \alpha) \dfrac{n_{w_i,t'}^{-i} + \beta}{\sum\limits_{v'=1}^{V} (n_{v',t'}^{-i} + \beta)}} \tag{6-8}$$

吉布斯采样的算法可见图 6-7，该算法每轮只需要对语料库中的文档集扫描一遍即可（Mimno et al.，2011）。这里需要注意的是，下标不能用来计数，因为相关的计数在第 3、4 行进行更新。

```
1.   for each document d ∈ D do
2.       for each word wᵢ in document d do
3.           n_{zᵢ,d} ← n_{zᵢ,d} - 1
4.           n_{wᵢ,zᵢ} ← n_{wᵢ,zᵢ} - 1
5.           sample zᵢ from P(zᵢ = t | z⁻ⁱ, w) ∝ (n_{t,d} + α) (n_{wᵢ,t} + β)/(Σ_{v'=1}^{V}(n_{v',t} + β)), for t ∈ {1, ... T}
6.           n_{zᵢ,d} ← n_{zᵢ,d} + 1
7.           n_{wᵢ,zᵢ} ← n_{wᵢ,zᵢ} + 1
8.       endfor
9.   endfor
```

图 6-7　LDA 模型中的吉布斯采样

经过对所有文档集中的词进行多轮迭代吉布斯采样后，我们可以得到每篇文档中的主题分布，称为文档 - 主题分布 $\hat{\theta}$，以及每篇主题中词的分布，称为主题 - 词分布 $\hat{\phi}$，利用公式 6-9 和公式 6-10：

$$\hat{\theta}_{t,d} = \frac{(n_{t,d} + \alpha)}{\sum\limits_{t'=1}^{T} (n_{t',d}^{-i} + \alpha)} \tag{6-9}$$

$$\hat{\phi}_{v,t} = \frac{n_{v,t} + \beta}{\sum\limits_{v'=1}^{V} (n_{v',t} + \beta)} \tag{6-10}$$

其中 $\hat{\theta}_{t,d}$ 表示在文档集 d 中采样主题 t 的概率或分布，$\hat{\theta}_{v,t}$ 表示在主题 t 中词 v 的概率或分布。

在多数应用中，用户所感兴趣的是 $\hat{\phi}_{v,t}$。这些算法会根据词在主题 t 中的 $\hat{\phi}_{v,t}$ 值对主题词进行排序，排序最高的词更有可能成为相应主题的代表词或主题标签。例如，在评论集中，LDA 找到了一个主题中排序最高的几个词：price、money、expensive、cost、cheap、 purchase、deal。由此我们可以推断出这个主题是关于产品价格（price）的，因此我们可以给这个主题打上 price 标签。

6.6.2 使用无监督主题模型进行观点属性抽取

目前研究者们已经提出了很多基于 LDA 的改进主题模型，用来进行观点属性抽取、属性和情感词的联合建模与抽取、属性和属性的情感打分的联合抽取等。接下来我们将介绍几个代表性的研究。

Titov 和 McDonald（2008a）首先尝试使用 LDA 和 pLSA 模型从评论文本中进行属性抽取。他们已经证明了传统标准 LDA 这样的全局主题模型不适用于属性抽取任务，因为这些方法往往依赖于文档中不同主题分布的差异性以及词在文档中的共现次数，来识别文档中的主题信息和词在每个主题上的概率分布信息。然而，针对每个特定类型的产品的评论文档往往是同质的，也就是说，在每个文档或每篇评论中，整个评论基本上都在谈论产品的某一个方面。这使得全局主题模型并不能很好地挖掘属性信息，但这类方法往往适用于实体（不同的品牌或者产品名字）的挖掘与抽取。这意味着将每个评论作为主题模型的一个文档进行处理是不合适的。

作为替代方案，Titov 和 McDonald（2008a）提出了 multigrain 主题模型。其中全局模型用以发现实体，局部模型用以发现属性，该模型将每个句子（不一定是自然句，也可以是固定窗口截断产生的句子）看成一篇文档。每一个抽取出来的属性都被看作一个主题，通常将其称为单元语言模型，词的分布符合多项式分布。具有相同或相关主题信息的不同文本表达将被聚在同一个属性下。但是，该方法只能将属性词和情感词简单归为一类，不能将它们分离开来。 |199|

Branavan 等人（2008）提出了一种方法，该方法能够充分利用正负评论文本中用来描述属性的关键短语信息，进而从评论文本中抽取属性词。该方法主要包含两部分。第一部分利用基于分布的相似度，对正负评论文本中描述属性的关键短语进行聚类。第二部分构建了一个主题模型，对评论集中的主题或者属性进行建模。他们所给的主题模型能够对这两部分同时建模。其前提假设是：评论文本中的主题信息应该与正负评论文本中描述属性的关键短语所体现的主题信息的分布具有相似性。基于这个假设，该方法就可以约束主题建模过程。同时，这类方法也允许文档中的主题词从那些非关键短语所表征的主题中生成。这种处理手段具有巨大的灵活性，允许该模型能够在不完备主题关键短语的基础上进行参数学习，使得关键短语的聚类过程与该属性的主题信息密切关联。同样，该方法与其他属性抽取方法类似，并没有对属性词和情感词作区分（Chen et al.，2013b，2013c）。这一方法的合理性在于，通常情况下，形容词性的情感词会被用来描述或者修饰实体的属性（参见 6.4.2 节）。例如，当我们说"This car is expensive"时，我们指的是车的 price 属性，而当我们说"This car is beautiful"我们通常指的是车的 appearance（外观方面）的属性。

尽管情感分析中的大多数主题模型没有将情感词和属性词分开考虑，但事实上这些模型都对属性和情感词进行联合建模。Mei 等人（2007）基于 pLSA 模型，构建了属性 – 情感混合模型，这个模型包括一个属性模型、一个正向情感模型和一个负向情感模型。

除此之外，这里我们也将介绍两个基于 LDA 模型的比较有代表性的混合模型。第一个模型是属性情感联合挖掘模型（Aspect and Sentiment Unification Model ASUM）（Jo and Oh 2011），第二个模型是 MaxEnt-LDA 模型（Zhao et al.，2010）。这两个模型本质上都是对 LDA 模型的改进。它们的主要不同在于 ASUM 不需要将属性词和情感词分开建模，而 MaxEnt-LDA 模型需要将它们分开建模。

通过 ASUM 模型，我们能够获得一组情感 – 属性主题。其中，每一个主题包含具有极性或者倾向（褒义或贬义）的情感词，同时也包含表征不同情感倾向下属于某个特定主题的属性词。该模型假设情感词和属性词均服从一个多项式分布，即假设一个句子中的词均来自同一个主题。在这种假设条件下，属性词和情感词不能通过主题信息进行显式地区分。图 6-8 将给出 ASUM 模型的图示化解释和词的生成过程。

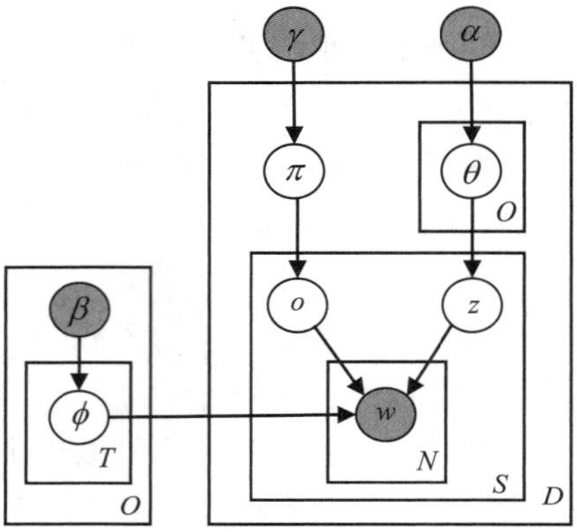

图 6-8   ASUM 盘式记法图

假设主题或属性的数目为 T，用标号 $\{1, \cdots, T\}$ 表示，假设语料库中文档的数目为 D。每个文档 d 含有 S 个句子，每个句子 s 含有 N 个词。假设情感或者观点的倾向性为 O（譬如褒义和贬义两类）。模型有 5 个中间变量：θ、φ、π、z、o。它们的具体含义将在接下来的步骤中解释。该模型还涉及三个参数 α、β、γ。

ASUM 方法的过程大致如下：

for every pair of sentiment $o \in \{1, ..., O\}$ and aspect $z \in \{1, ..., T\}$ **do**
    Draw a word distribution $\phi_{o,z} \sim Dirichlet(\beta_o)$
for each document $d \in \{1, ..., D\}$ **do**
    Draw the document d 's sentiment distribution $\pi_d \sim Dirichlet(\gamma)$
    for each sentiment o **do**
        Draw an aspect distribution $\theta_{d,o} \sim Dirichlet(\alpha)$
    for each sentence $s \in \{1, ..., S\}$ **do**
        Choose a sentiment $j \sim Multinomial(\pi_d)$
        Given sentiment j, choose an aspect $t \sim Multinomial(\theta_{d,j})$
        for each w_i, $i \in \{1, ..., N\}$ **do**
            Generate word $w_i \sim Multinomial(\phi_{j,t})$

为了识别褒义和贬义的情感倾向性，ASUM 利用一些已有的情感词典，通过参数 β 将情感词的先验知识融入模型。例如，我们不希望单词"good"和"great"出现在贬义情感表达中，同样，我们也不希望单词"bad"和"annoying"出现在褒义情感表达中。事先会选一些常用的褒义和贬义种子词来设置参数 β。具体地，其中种子词被编码为每个情感

极性的 β，褒义词在 β 中对应的贬义部分的权重应该比较小，同样地，贬义词在 β 中对应的褒义部分的权重值也要很小。另外，该方法并不制定情感种子词所属的属性类别。那些属性特有的情感词能够通过模型在文本中被自动发现。在模型推断过程中，这种加入先验知识并将 β 设定为非对称参数的做法，会导致与属性无关情感词共现的那些词更有可能被抽取出来作为指示属性的属性词。而将 β 设定为对称参数的做法，通常被运用于那些不需要加入先验知识的模型中。模型推断中所采用的吉布斯采样的具体算法以及公式，可参见原始论文。

我们现在来看看 MaxEnt-LDA 模型，该模型将最大熵（MaxEnt）和 LDA（Zhao et al., 2010）构建在统一的学习框架中。该模型能够通过词的上下文信息识别当前词是一个属性词还是情感词。在此基础上，该模型能够同时从评论文本中抽取属性词以及属性专有情感词。MaxEnt-LDA 和 ASUM 的关键不同点是 MaxEnt-LDA 明确地对属性词和情感词进行了区分，并将它们分开建模，而 ASUM 没有。另一方面，MaxEnt-LDA 不能对情感词的褒义和贬义倾向性进行区分和建模，而 ASUM 可以。MaxEnt-LDA 通过一个指示变量（indicator variable），也叫转换变量（switch variable），来标识当前词是一个属性词、情感词还是背景词，并假设这一变量也服从一个多项式分布。该方法通过最大熵模型来学习这个指示变量所属多项式分布的参数。另外，还有另一个指示变量被用于确定当前属性词或者情感词是属性特有的还是各个属性共有的。因此，MaxEnt-LDA 是一个细粒度模型，能够对评论文本中词的不同类型进行细粒度建模。

例如，在一个餐馆评论中，句子 s 中的每一个词都可能是以上任意一个类型。该词可能是属性特有的属性词（例如，对于 staff 属性来说，waiter 就是一个属性特有的属性词）、一般属性词（例如 restaurant）、属性特有的情感词或观点词（例如 friendly）、一般性（与属性无关的）情感词（例如 great），或者是常用的背景词（例如 know）。

MaxEnt-LDA 的图示解释见图 6-9。上标和下标在图中被用于显式标识模型的嵌套结构和服从的不同分布的信息。其生成过程如下：

Draw a background word distribution $\phi^B \sim Dirichlet(\beta)$
Draw a general aspect word distribution $\phi^{A,g} \sim Dirichlet(\beta)$
Draw a general opinion word distribution $\phi^{O,g} \sim Dirichlet(\beta)$
Draw a specific (0) and generic (1) type distribution $p \sim Beta(\gamma)$
for each aspect $t \in \{1, \ldots, T\}$ **do**
    Draw an aspect word distribution for aspect t, $\phi^{A,t} \sim Dirichlet(\beta)$
    Draw an aspect-specific opinion word distribution for aspect t, $\phi^{O,t} \sim$
        $Dirichlet(\beta)$
for each document $d \in \{1, \ldots, D\}$ **do**
    Draw an aspect distribution for document d, $\theta^d \sim Dirichlet(\alpha)$
    for each sentence $s \in \{1, \ldots, S_d\}$ **do**
        Draw an aspect assignment $z_{d,s} \sim Multinomial(\theta^d)$
        for each word $w_{d,s,n}$ in sentence s, $n \in \{1, \ldots, N_{d,s}\}$ **do**
            Set background (0), aspect (1) and opinion (2) type distribution
            $\pi_{d,s,n} \leftarrow MaxEnt(x_{d,s,n}, \lambda)$
            Draw an assignment for indicator $y_{d,s,n} \sim Multinomial(\pi_{d,s,n})$
            Draw an assignment for indicator $u_{d,s,n} \sim Bernoulli(p)$

$$
\text{Draw } w_{d,s,n} \sim
\begin{cases}
Multinomial\left(\phi^B\right) & if\, y_{d,s,n} = 0 \\
Multinomial\left(\phi^{A,z_{d,s}}\right) & \text{如果 } y_{d,s,n} = 1,\ u_{d,s,n} = 0 \\
Multinomial\left(\phi^{A,g}\right) & \text{如果 } y_{d,s,n} = 1,\ u_{d,s,n} = 1 \\
Multinomial\left(\phi^{O,z_{d,s}}\right) & \text{如果 } y_{d,s,n} = 2,\ u_{d,s,n} = 0 \\
Multinomial\left(\phi^{O,g}\right) & \text{如果 } y_{d,s,n} = 2,\ u_{d,s,n} = 1
\end{cases}
$$

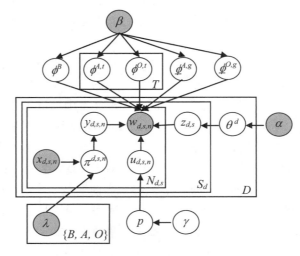

图 6-9　MaxEnt-LDA 的盘式记法图

$\pi_{a,s,n}$ 分布需要特别解释一下。它由一个最大熵分类器生成。假设训练语料中的句子已经被标注了背景词、情感词和属性词。同时情感词和属性词在句子中往往具有不同的句法角色，基于这样的特征就能训练得到一个有效的分类器来指示当前词的类型。当然，如果当前词是一个名词，那么它很可能是一个属性词。相反一个形容词很可能是情感词或观点词，当然，其他词性的词也很有可能是观点词或者情感词，例如，hate 和 dislike。特征向量 $x_{d,s,n}$ 中的特征可以是这些词所在上下文中的任意线索。Zhao 等人（2010）总共使用了两类特征：词汇特征，包括上一个词、当前词、下一个词 $\{w_{d,s,n-1}, w_{d,s,n}, w_{d,s,n+1}\}$；POS 标记特征，包括上一个词、当前词、下一个词的词性标记 $\{POS_{d,s,n-1}, POS_{d,s,n}, POS_{d,s,n+1}\}$。$\lambda_l$ 分别表示当前词为背景词、属性词和情感词（分别为 0、1、2）的权重。详细的吉布斯采样推导过程可以见 Zhao 等人（2010）。

除了 ASUM 和 MaxEnt-LDA 之外，研究者还提出了很多情感 – 属性联合抽取模型。例如，Lin 和 He（2009）提出了一个类似于 ASUM 的情感 – 属性联合抽取模型，该方法也没有对属性词和情感词分别进行建模。Brody 和 Elhadad（2010）利用主题模型抽取属性词，然后仅仅从形容词中识别属性特有情感词。Li 等人（2010）提出了 Sentiment-LDA 和 Dependency-Sentiment-LDA 模型，不仅可以从评论文本中抽取属性词，而且可以识别其所表达观点的倾向性。它没有独立地对属性词进行抽取，也没有对属性词和情感词进行分别建模。Lazaridou 等人（2013）对 Lin 和 He（2009）的模型进行了改进，他们考虑了四种语篇关系。这种方法能够处理句子中由 "but" 引起的情感和属性变化。Sauper 等人（2011）致力于从短小的评论片段中抽取属性信息，例如 "battery life is the best I've found"。他们将隐马尔可夫模型（HMM）与主题模型相融合，引入 HMM 是为了对句子中词的所属类型（属性词、情感词、背景词）进行建模。这一模型与 Griffiths 等人（2005）提出的 HMM-LDA 模型非常类似。同样，还有很多对属性和情感联合建模的主题模型进行改进的方法，例如 Liu 等人（2007）与 Lu 和 Zhai（2008）。

这一任务的另一个研究方向是利用主题模型对属性词和用户的评分进行联合建模，其目标是预测用户针对某个属性的可能打分。Titov 和 McDonald（2008）提出了一个主题模型，该模型能够从评论文本中挖掘属性词，同时能够挖掘出针对该属性用户打分的支撑文本证据。Lu 等人（2009）定义了从 eBay.com 的短评论中进行属性摘要的任务。他们提出了一种称为结构 pLSA 的主题模型，该模型可以对短评论中短语间的依存句法结构进行建模。该模型结合了评论的综合打分和按属性对评论进行分类的结果，来预测对评论中的每个属性的详细打分情况。

Wang 等人（2010）给出了一种概率回归模型，来给评论文本中的属性打分。他们首先使用自举策略，基于事先给定的一些种子属性词，从评论文本中抽取更多属性词。然后基于所训练的回归模型，对每类属性的打分进行预测。该模型是一种图模型，其假设一个评论的综合打分是该商品各个属性打分的线性组合。算法通过最大似然估计值和 EM 算法对模型参数进行学习和估计。

基于 Griffiths 等人（2005）所提出的组合主题模型 HMM-LDA，Lakkaraju 等人（2011）也提出了一系列联合主题抽取模型。该模型特别考虑了词序和词袋，因此它可以同 Sauper 等人（2011）提出的模型一样，同时获取文本中词间的句法结构和语义依存关系，进而发现评论中潜在的属性词和相应的情感评分。Moghaddam 和 Ester（2011）也提出了一种联合主题模型，该模型能够对属性词进行聚类，并同时推断出在该属性上的评分。

6.6.3　在主题模型中加入领域先验知识

尽管主题模型基于概率推理，并且可以通过联合模型的方式对多种类型的信息建模，然而该模型自身也有一些缺点，限制了其在情感分析中的应用。一个主要的问题是主题模型需要大规模的数据进行训练，并且为了得到好的结果，需要进行大量调参。由于主题模型对数据规模的上述要求，研究者必须搜集大量包含对同类别下不同实体的观点信息的文档来进行模型训练。例如，若要对某个宾馆的观点信息进行分析，但是该宾馆下的用户评论达不到训练一个有效的主题模型所需的数据规模。因此我们需要抓取大量其他宾馆的评论文本作为补充。然而在如此大的数据集下，利用主题模型找到那些在特定评价文本中频繁出现，而在全局评价文本中出现次数少的属性是一件非常困难的事。原因在于不同宾馆的属性往往是有差别的，某个宾馆特有的属性往往在全局范围内很少出现，只有在当前宾馆的评论文本中才会多次出现。然而，这些针对某个宾馆特有属性的观点信息才能告诉用户这家宾馆真正的优点与缺点。前面几节我们谈到，利用一些非主题模型方法可以很容易地找到那些在全局范围内高频出现且被评价了的属性，而且这些非主题模型在挖掘那些非频繁出现的属性时对数据的规模没有太大的要求。

简而言之，当前基于主题模型的挖掘结果对大多数实际情感分析应用来说是粗略的或者不具体的。主题模型对于那些目标是获取文档中宏观观点信息的用户来说更加有用，而

204

对于那些需要获取具体的、微观的观点信息的用户来说，它的抽取结果就太粗糙了。

话虽如此，主题模型仍然是一个非常强大和灵活的抽取分析工具，但是需要对其进行改进。目前，已有研究已经提出了很多改进方法，使主题模型更加贴合实际应用。其中，一个比较有前景的研究方向是基于知识的主题模型（Knowledge-Based Topic Modeling，KBTM）。KBTM 是一种半监督主题模型，可以结合已有的语言和领域先验知识对模型的推理过程进行约束，在不需要大量数据的条件下，就能产生较好的结果。在这个方向上，已经有了一些初步研究成果（Andrzejewski and Zhu，2009；Andrzejewski et al.，2009；Zhai et al.，2011a；Mukherjee and Liu，2012a；Chen et al.，2013b，2013c）。DF-LDA（Andrzejewski et al.，2009）并不是一个针对属性抽取所设计的方法，但它或许是第一个在主题模型中加入领域先验知识的方法。在该方法中，先验知识通常是以 must-link（具有这一链接的两个词必须属于同一个主题）和 cannot-link（具有这一链接的两个词必须属于不同主题）的形式加入的。在 Andrzejewski 等人（2011）的文章中，更多的知识以一阶逻辑形式加入主题模型。Lu 等人（2011）提出了一种融入种子的主题模型，Burns 等人（2012）、Jagarlamudi 等人（2012），以及 Mukherjee 和 Liu（2012）也提出了类似的方法。这类模型允许用户为某些主题事先指定一些先验种子词。Petterson 等人（2010）提出了一种主题模型，其将词相似度作为先验知识，约束主题模型的训练过程。尽管如此，这些基于知识的模型仍旧有以下三方面的缺点。

不能处理一词多义的情况。一个词通常有多个意思。例如，light 这个词的意思可能是"of little weight"或者"something that makes things visible"。DF-LDA（Andrzejewski et al.，2009）不能处理一词多义的情况，这是由于 must-link 具有传递性。也就是说，如果 A 和 B 之间具有 must-link 关系，B 和 C 之间也有 must-link 关系，则 A 和 C 之间也满足 must-link 关系，也就是说 A，B，C 属于同一个主题。这显然是不正确的。例如，单词 light 可以有两个表明不同意思的 must-link：{light,heavy} 和 {light,bright}。可传递性会使单词 heavy 和 bright 同属于一个主题。Petterson 等人（2010）、Andrzejewski 等人（2011）与 Mukherjee 和 Liu（2012a）的方法也存在同样的问题。尽管在 Jagarlamudi 等人（2012）所提到的模型中允许一个词有多个意思，但是它要求每个主题最多有一个种子集。这一假设极大地限制了模型的应用，因为我们不应该对知识的种类和数量进行约束和限制。

对不恰当知识约束非常敏感。当在主题模型中使用 must-link 或者种子集等先验知识时，这些模型通常希望确保 must-link 或者种子集中的词在某个主题中出现的概率是相同或类似的。这会造成一个严重的问题。如果一个高频词和一个低频词之间具有 must-link 关系，经过训练后，词的分布会被修正。基于上述约束，主题中高频词出现的概率将会降低，而低频词出现的概率将会增加。这将使一些不相关的词的词频增加，在主题中排序比较靠前，对最后主题和属性的抽取结果影响极大（Chen et al. 2013d）。

无法生成额外的主题。这个问题是由 cannot-link 造成的。cannot-link 有两种类型：与语料库信息一致的情况或者不一致的情况。例如，在"Computer"领域的评论集中，一个主题模型可能会产生代表两个不同属性的主题：Battery 和 Screen。这时，cannot-link{battery, screen} 与语料中的信息是一致的。然而，由于 Amazon 和 Price 在评论语料中同时出现的频率非常高，因此它们很有可能被分到同一主题中。为了分开它们，需要增加一个 cannot-link{amazon，price}，这显然与语料库中的信息不一致。在这种情况下，这个主题需要被继续划分为两个单独的主题：Amazon 和 Price，因此主题的数目需要加 1。然而，在几乎所有已知的 KBTM 模型中，主题的数量是由用户事先给定的，在模型训练学习过程中无法根据数据情况进行改变。

为了解决这些问题，Chen 等人（2013c）首先定义了 m-set（must-set）和 c-set（cannot-set）两个集合，其中 m-set 集合中的词应该属于相同的主题，c-set 集合中的词应该属于不同的主题。它们和 must-link、cannot-link 相似，但是 m-set 不满足可传递性（造成上述第一个问题的原因）。m-set 和 c-set 不像 must-link 和 cannot-link 一样只单纯地提供一些词对，而是以集合的方式提供先验知识，这种方式对于知识来说更具表达性。在此基础上，他们进而提出了主题模型 MC-LDA（LDA with M-set and C-set）。MC-LDA 在 LDA 中增加了一个新的潜在变量 s 来标识词语的多个意思。

不同于标准的主题模型（基于简单 Pólya urn 抽样），泛化 Pólya urn（GPU）模型（Mahmoud，2008）被用来处理上述第二个问题：对不恰当知识约束非常敏感。然而，这种扩展并不适合处理 c-set 问题，因此，他们又提出了一个 Extended GPU（E-GPU）模型。E-GPU 模型对已有 GPU 模型进行扩展，使其能够处理 multi-urn 的相互影响，这对于处理 c-set 问题以及动态调整主题数目是很有必要的。

由于用户对目标领域十分了解，因此从用户处得到领域的先验知识对于构建主题模型是十分必要的。即使用户对领域非常了解，也不一定能保证其所提供的先验知识能够很好地适用于所要构建的主题模型。因此 Chen 等人（2013b）提出了一种方法，利用词典中那些与领域无关的一般性知识，约束主题模型的训练过程。特别地，他们使用了知识的一种常见形式：词语间的词汇语义关系，例如同义词、反义词、形容词 – 属性词间的评价关系，来帮助产生更具一致性的主题信息。然而，将这种语言学知识融入主题模型仍然会造成一个问题：一个词会有多个意思，每个词义下都有不同的同义词集和反义词集。然而，对于当前特定的领域来说，并不是每个词义都适用或正确。错误的知识会导致错误的主题抽取结果。为了解决这个问题，Chen 等人（2013b）也提出了一种新模型，名为 GK-LDA，该模型能够在模型构建过程中识别出错误的知识，从而修正结果。

6.6.4　基于终身学习的主题模型：像人类一样学习

尽管基于知识的主题模型（KBTM）可以得到更好的主题抽取结果，但它获取用户知识并不是很容易。这是由于用户可能对领域信息并不了解，也有可能用户不愿意提供所需的知识，而是希望系统能够代其自动发现知识。词典中的一般性知识，例如词汇间的语义关系，在某种程度上可以帮助解决上述问题，但是由于一词多义问题以及这些知识并不针对特定的应用，因此，融入这类知识也会产生许多错误。

针对这一问题，Chen 和 Liu（2014a）提出了终身主题模型，旨在从过去的模型的结果中自动挖掘先验知识，而不需要用户输入任何的先验知识。这种方法能像人类一样学习，我们在对主题进行建模时所谈到的学习的概念指的是非监督学习方法。我们人类通常会利用以前学习到的结果帮助以后的学习过程。在机器学习领域中，这种学习范式称为终身学习。在我们的问题中，目标是构建一个主题模型，因此我们也称其为终身主题模型。该方法是主题模型领域内一个重要的研究进展，因为它不再通过循环的方式学习模型，从这个意义上来说，整个 KBTM 学习的过程完全是自动完成的。

面对主题模型的终身学习假设系统在不同的任务中连续对主题信息进行建模。在每个领域内的主题建模任务都完成后，所有的主题抽取结果都将被存储到主题库中。在进行下一阶段或者特定新领域的建模任务时，系统先在主题库中挖掘一些先验知识，然后再进行新的主题建模任务。尽管每个任务的领域是不同的，但是在不同领域间，会存在大量相同或者类似的概念或者属性知识（Chen et al.，2014）。例如，在每一个产品评论领域中，价格都是一个属性或者主题。在大多数电子产品的评论文本中，都会对电池和屏幕这两个属性进行评论。从某个单一领域的评论文本中抽取属性词可能会产生错误，但是如果我们可以从多个领域的属性或主题词中挖掘出一些共有的词，这些共有的词对某个属性或主题来说，很有可能就是正确的属性词。它们可以作为先验知识提高我们在新的领域（目标领域）中进行主题建模的准确度。

例如，我们有三个领域的产品评论。我们使用 LDA 来从每个领域中生成主题词集合，每一个领域都有一个关于价格（price）的主题，我们在这里列出该主题中排序最高的四个词（根据词在主题下的生成概率）：

领域 1：price、color、cost、life

领域 2：cost、picture、price、expensive

领域 3：price、money、customer、expensive

我们可以看出这些主题中存在词义不一致的现象，例如 color、life、picture 和 customer。显然，主题抽取的结果并不完美。然而，如果我们约定：这些主题词应该在至少两个不同领域的两个主题中同时出现。基于这样的规则，我们就可以挖掘出如下两个主题词集合：

{price，cost} 和 {price，expensive}

每个集合中的词都属于同一个主题。然后，{price，cost} 和 {price，expensive} 可以作为一个基于知识的主题模型的先验知识或者 must-link 约束，来提高在这三个领域或者新领域中的主题建模与抽取的精度。

例如，在领域 1 的评论语料上运行一次基于知识的主题模型，我们可以发现一个新的主题：{price，cost，expensive，color}，其中前三个词的主题语义是一致的，而在原来的结果中，只有两个词的主题语义是一致的。这说明该方法是有效的。尽管抽取的主题词集合中仍然存在"color"这个噪声，但是，如果我们能发现更多的先验知识，就能把这个错误过滤掉。需要说明的是，这里把领域 1 作为目标领域，其实目标领域可以是一个完全新的领域。

前面的讨论说明终身主题模型需要从大量的领域中搜集文档来挖掘领域中的主题，进而形成主题库。然后在主题库中挖掘主题间可靠的 must-link 和 cannot-link 知识，当面对一个新的测试领域时，在已有主题模型中融入这些知识，能够有效地提高主题抽取精度。产生的新主题会被添加到主题库中以备将来使用。Chen 和 Liu（2014a，2014b）所提出的终身主题模型方法主要有两个处理步骤：

阶段 1（初始化）。给定 n 个先验文档集 $D = \{D_1, \cdots, D_n\}$，我们首先在每个文档集 $D_i \in D$ 上运行主题模型（比如 LDA）来生成一组主题 S_i，令 $S = \cup S_i$，我们称之为主题库，其中含有所有事先抽取的主题信息（p-topic）。这一步仅仅是为了初始化。在后续的主题建模过程中，不再需要执行这一步操作。

阶段 2（**终身主题模型**）。给定一个新的文档集 D'，我们首先从主题库 S 中挖掘先验知识 K，然后在先验知识 K 的引导下运行 KBTM 来生成新文档集 D' 的主题集 A'。为了能够实现终身建模或者学习，产生的结果主题集 A' 也会并入主题库 S。因此，主题库 S 的规模将不断变大。

阶段 1 只需要在每个领域语料库 $D_i \in D$ 中运行主题模型，因此非常简单，在后续的工作中我们将不再对其进行深入的说明。这里我们将详细阐述阶段 2 的两个子步骤。

第一步：**从所有的 p-topic 集 S 中挖掘高质量知识**。如果没有高质量知识来约束主题建模过程，我们就不能获得较好的属性抽取结果。如之前提到的，从单一源域中获得的信息可能不准确。然而，如果这些信息在多个领域中同时出现，那么该信息的可信度就会大大提高。Chen 等人（2014）提出了一种方法，使用聚类对所抽取的 p-topic 进行聚类。然后在每一个类中，通过所聚类的主题来挖掘其中共有的主题词。这样就构成了很多组主题词，每组主题词构成一个 must-set 集合，这些集合可以作为先验信息用来约束主题建模过程，并从目标领域中抽取属性词。在他们的实验中，来自 36 个产品或领域上的实验结果显示出该方法具有很好的性能。Chen 和 Liu（2014a）提出了一个更有效的方法，即把第一步嵌入第二步来挖掘更多有针对性的知识。我们将在第二步中介绍这个方法。在本例中，作者在 50 个领域的评论文本上进行了实验，实验结果表明这个方法能够达到最优的结果。

第二步：**用挖掘得到的知识约束主题建模**。为了利用挖掘到的先验信息得到可靠的属性抽取或主题建模结果，需要对先验知识中可能的错误进行特别处理。具体来说，在自动挖掘的知识中，有一些知识可能是错误的或者只是针对特定领域的（例如，先验知识中一些具有 must-link 的词，可能只在某些领域具有同义关系，在另一些领域内，这种同义关系就不存在了）。因此，在面对新属性的抽取任务时，如果要利用上述先验知识，系统必须事先过滤掉上述不合适的信息。否则，在结果中，抽取的同一主题下的属性词可能本身就不具有同义关系。Chen 等人（2014）提出了一个新的主题模型，称为 AKL（Automated Knowledge LDA）模型，它可以利用自动学习到的先验知识，同时也可以处理不正确的知识，因此该方法能够产生较好的主题词或属性词结果。

Chen 和 Liu（2014a）提出了一个更有效的模型，称为终身学习主题模型（Lifelong Topic Modeling LTM）。设置正确的聚类类别数量是非常困难的一件事情，针对该问题，LTM 模型不需要上述第一步中对主题进行聚类的过程。如前所述，LTM 将上述第一步嵌入第二步中，从而挖掘与目标任务更匹配的知识。具体而言，算法首先在没有任何知识约束的情况下，针对测试文档运行一个 KBTM 算法（相当于标准的 LDA 模型）。算法迭代进行，直到得到稳定的主题信息（A'）。为了与之前提到的 p-topic（主题库中的主题）进行区分，我们把这里得到的主题称为当前主题（current topic），简称为 c-topic。对于每一个 c-topic $a_j \in A'$，算法在 S（主题库，所有 p-topic 的集合）中找到一组与之语义匹配或语义相似的 p-topic M_j'，然后针对特定的 c-topic a_j 挖掘 M_j'，以生成一个先验知识集合 K_j'，或者建立 must-link。之后，在测试文档 D' 上，以先验知识集 K'（K_j' 的并集）中的 must-link 为约束，

209

不断地执行 KBTM，从而产生较好的 c-topic 结果（Chen and Liu，2014a）。这个模型的想法是：在没有任何知识约束的条件下，在测试文档 D^t 上运行一个主题模型之后，我们可以得到这个数据集合上的初始主题 A^t。为了提升主题 $a_j \in A^t$ 的抽取效果，我们发现在包含所有主题的主题集合 S 中，仅仅有一些主题 M_j^t 与语义 a_j 是相似或匹配的。我们进一步从中挖掘与其具有 must-link 关联的主题项。因此，这些具有 must-link 关联的主题应该属于同一主题。

Chen 和 Liu（2014b）进而给出了一种新方法，用来挖掘主题间的 cannot-link 关联。这一方法能够使 KBTM（尤其是当测试文档集很小的时候）产生更好的结果。感兴趣的读者可以参考相应论文仔细阅读，其中包含处理错误知识以及一词多义问题的有效机制。

终身学习或者建模非常适合用于属性抽取任务，主要原因在于，评论文本中提到的不同的属性词可能同指同一属性，这种同指关系就可以被建模成主题信息抽取的过程。在本小节最后，我想谈一谈我对终身学习的几点思考。

1. 终身建模的关键问题是从已有建模结果中找到高质量的知识，以及识别出可能错误的知识。如果不具备这样的能力，终身主题模型就不可能产生好的结果。

2. 终身学习不同于传统的迁移学习或者领域自适应问题，因为迁移学习的任务是利用一个单一源领域中的信息帮助另一个不同目标领域内的学习。这至少有两个缺点。首先，从前面提到的很多例子中，我们可以看出很难从单一的源领域获得高质量的信息。其次，一个单一的源领域可能不会包含很多与目标领域关联或共有的主题信息。通常情况下，迁移学习需要用户事先确定一个和目标领域非常相似的源领域，以保证迁移学习的效果。这些缺点使得迁移学习很难在实际系统中得到应用。与之相比，Chen 和 Liu（2014a，2014b）所给出的终身学习方法利用多个源领域来解决上述两个问题。它们可以从多个源领域中找到与目标领域主题相关的、有用的高质量先验知识。

3. 总的来说，NLP 任务似乎是终身学习的理想应用。一个词在不同的语境或者不同的上下文中，经常具有相同的意思或者代表相同的概念。如果多个领域间没有这种共有的概念或知识，终身学习是不可能实现的。终身学习基本上是在不同的领域之间迁移概念知识。尽管一个词语会有多个意思，但这些意思能够在学习过程中被正确识别出来（Chen and Liu，2014a，2014b）。

6.6.5　使用短语作为主题词

目前大多数的主题模型都是基于单个词的，然而在实际应用中很多主题词或者属性词是由多个词组成的短语，例如 "hotel staff"。如果我们把 "hotel" 和 "staff" 当作两个单独的词来处理，"staff" 在语义上还可以被认为指的是同一属性或主题，但是 "hotel" 就和 "hotel staff" 有着完全不同的意思，因此应该将它们当作不同的属性来处理。这时，把 "hotel" 和 "staff" 放在同一个主题中当然是不合适的。但是如果把 "hotel" 和 "staff" 放在两个不同的主题中，也会有问题。因为在文本中，它们会相连成为 "hotel staff"，这时抽取系统需要强行把它们分开处理。

处理主题模型中的短语问题的一个方法是使用 n-gram。然而，使用 n-gram 会导致空间高度稀疏，进而导致聚类和主题生成的结果非常差。这里，稀疏性是由以下两点造成的：第一，因为短语的长度是任意的，我们可能使用 1～4-gram，这就使得需要处理的词表非常大。第二，每一个 2-gram，3-gram 和 4-gram 出现的频率要远远低于单个词出现的频率，这使得在主题建模过程中，找到它们间的语义连接十分困难。换句话说，主题模型的基础就是基于词间的共现信息挖掘文本中的主题（Heinrich，2009），而正是由于上述词共现的稀疏性，对主题建模过程造成极大的负面影响，进而产生错误的主题。词间高阶共现意味着词在不同的上下文中共现的方式。例如，w_1 和 w_2 共现，而 w_2 与 w_3 共现，这代表着 w_1 和 w_3 之间有一个二阶共现的关系。虽然有人提出了基于 bi-gram 的主题模型（Wallach，2006），但是这种模型很难拓展到任意的 n-gram 上，这是由于 n-gram 的所有可能阶数的序列都需要在推断过程中进行采样。另一种可能的方法是使用一元主题模型的统计相关性来构建主题短语（Blei and Lafferty，2009；Andrzejewski and Buttler，2011；Zhao et al.，2011）。然而统计相关性并不能确保所生成的主题短语中的词之间是主题相关的。

在这里我们先介绍两个方法，它们所采用的处理策略都是先在文本中挖掘短语，然后构建一个专门的主题模型挖掘基于短语的主题信息。第一个模型是 Zhai 等人（2011）提出的 Constrained-LDA 模型，第二个是基于 Generalized Pólya Urn（GPU）的 LDA（p_GPU）模型（Fei et al.，2014）。第一步要从文本中找到短语，我们可以使用已有的组块分析或者浅层句法分析工具，或者甚至可以使用已有的属性抽取方法，如基于监督学习的 CRF（Jakob and Gurevych，2010），或者基于无监督学习的 DP（Qiu et al.，2011）。这些方法可以从文本中找到表示属性的短语，但是它们并不能实现属性的分组和聚类。同时，使用这种方法得到的短语太稀疏了，无法进行有效的主题建模。

为了处理稀疏性的问题，Constrained-LDA 引入了一个偏置项来约束推理过程（例如，近似的吉布斯分布）。这样一个词的主题分配就被约束在与这个词语义相似的词所属的主题范围内。这里的词可能是一个词，也可能是一个短语。其背后的基本思想是语义相似的词应该对应着相似的主题。在这种情况下，稀疏性的问题可以通过词间相似度的手段在一定程度上得到解决，这是因为通过捕捉语义相似的词的频率，实际上就对当前词出现的频率信息进行了平滑。

学者已经提出了很多种相似度计算方法。例如，基于共享词的相似度计算方法。其基本思想是：如果两个短语间有一些相同的词，那么认为这两个短语之间是语义相似的，如"picture"和"picture quality"。更一般地，如果两个短语中有一些词是同义词，它们就更可能是语义相似的，如"picture"和"photo quality"。在吉布斯采样的主题更新过程中，可以考虑相似度关系，并且基于相似度的值给相似的词分配相似的主题。有多种方法可以实现这一过程，其中一种方法是对吉布斯采样进行干预，使其在更新文档中每一个词的主题分配时，改变词的条件概率分布，使得当前词指向特定的或者相似的主题。LDA 中的原始吉布斯采样器如下：

$$P(z_i = t \mid z^{-i}, \boldsymbol{w}) \propto (n_{t,d}^{-i} + \alpha) \frac{n_{w_i,t}^{-i} + \beta}{\sum_{v'=1}^{V}(n_{v',t}^{-i} + \beta)} \qquad (6\text{-}11)$$

其中 $z_i = t$ 代表文档 d 中分配给第 i 个词（w_i）的主题 $t \in \{1, \cdots, T\}$（也就是说 z_i 表明给词 w_i 分配的主题），z^{-i} 表明分配给语料库中除了文档 d 中第 i 个单词 w_i 外的其他词的主题。$\boldsymbol{w}$ 是语料库中所有观察到的单词的集合；$n_{t,d}^{-i}$ 是在文档 d 中将主题 t 分配给除去单词 w_i 外的其他单词的次数。$n_{w_i,t}^{-i}$ 是除去词汇表中已有的 w_i，将 v 分配给主题 t 的次数，这里 v 是 w_i 对应的词汇表。t 是主题的数量（用户输入的参数），v 是语料库中词汇表的大小。变量 α 和 β 分别是 Dirichlet 分布中确定"文档 – 主题"和"主题 – 词"的超参数。

为了使用相似度函数来引导 LDA 中主题的分配过程，我们对公式 6-11 进行修正，在其中加入一个偏置函数。即，如果词被分配给了一个特定的主题 t，那么其他和其相似的词也应该有很大的概率属于主题 t。为了实现这个目的，在产生最终的主题更新概率时，我们给原始的吉布斯采样过程中所生成的概率函数（公式 6-11）乘一个偏差函数。如下式（6-12）：

$$P(z_i = t \mid z^{-i}, \boldsymbol{w}) \propto f(z_i = t)(n_{t,d}^{-i} + \alpha)\frac{n_{w_i,t}^{-i} + \beta}{\sum\limits_{v'=1}^{V}(n_{v',t}^{-i} + \beta)} \qquad (6\text{-}12)$$

$f(z_i = t)$ 可以看作已有的知识或约束在当前主题模型中的编码。这个偏置函数的计算取决于相似度的类型。

213

该修正后的主题模型叫作 constrained-LDA（Zhai et al.,2011），该模型利用 must-link 和 cannot-link 来计算词间的相似度。其中 must-link 约束代表当前的两个词一定属于同一主题，而 cannot-link 约束代表当前的两个词一定不属于同一主题。$f(z_i = t)$ 的具体计算方式如下：一个词 w_i 如果没有被任何一个 must-link 或 cannot-link 所约束，则 $f(z_i = t) = 1$；否则 $f(z_i = t)$ 按照以下 4 步进行计算。

第一步，对于 w_i，计算其与 must- 主题和 cannot-主题的权重。这里 must-主题表示应该被分配的主题，而 cannot-主题表示不应该被分配的主题。对于一个给定的词，与之具有 must-link 关系和 cannot-link 关系的词首先应该在 must-link 和 cannot-link 集合中寻找。这里，must-link 和 cannot-link 集合分别指的是所有包含 w_i 并且与之具有 must-link 和 cannot-link 关系的词。其次，从当前主题模型的结果中，我们获取这些词的主题信息。接下来，对于 w_i，我们就可以计算 must-主题和 cannot-主题的权重。

例如，吉布斯采样器给主题 t 分配的与 w_i 具有 must-link 关系（或者具有 cannot-link 关系）的词为 M_1 和 M_2 对于 cannot-link 为 C_1、C_2、C_3）。因此，对于主题 t，w_i 的 must-主题和 cannot-主题的权重分别为 $m\_weight_k(w_i)=|\{M_1, M_2\}|=2$ 和 $c\_weight_k(w_i)=|\{C_1, C_2, C_3\}|=3$。这里，$m\_weight_k(w_i)$ 和 $c\_weight_k(w_i)$ 可以看作 w_i 是否应该被分配主题 t 的权重。

第二步，调节 must-link 类和 cannot-link 类对模型的影响。在抽取两种类型的约束（见后文）时，两种约束类型集合的大小可能不同。因此，我们采用阻尼因数来调整约束集合的大小对模型引起的相对影响。特别地，所有 must-权重乘 λ，所有 cannot-权重乘 $(1-\lambda)$。例如，在第一步的例子中，$m\_weight_k(w_i)$ 调整为 2λ，$c\_weight_k(w_i)$ 调整为 $3(1-\lambda)$。在 Zhai 等人（2011）中，根据经验将 λ 的缺省值设置为 0.3。

以上面的两步为基础，第三步和第四步将 must-主题和 cannot-主题转化为偏置函数 $f(z_i=t)$, $t=1, \cdots, T$。

第三步，聚合每一个候选主题的权重。对于一个给定的词，它的候选主题可以分成以下三种类型：must-主题、无约束主题和 cannot-主题。must-主题指的是那些必须分配的主题集合，cannot-主题指的是那些不能分配的主题集合。因此，如果 t 是一个 must-主题，我们将 $m\_weight_k(w_i)$ 加到 $f(z_i=k)$ 中，以增加 w_i 被分配给主题 t 的概率。如果 t 是一个 cannot-主题，要从 $f(z_i=k)$ 中减掉 $c\_weight_k(w_i)$ 来降低 w_i 被分配给主题 t 的概率。在前面的例子中，对于候选主题 t，$f(z_i=t)$ 的值为 $0+c\_weight(w_i)-m\_weight(w_i)=2\lambda-3(1-\lambda)=5\lambda-3$。　214

第四步，对每一个候选主题的权重进行归一化。因为这些约束（尤其当它们是自动抽取的时候）并不能保证所有的先验知识都是正确的，所以，我们需要一个参数来根据约束的质量调整约束对于模型的影响。如果所有约束都是完全正确的，模型应该将这些约束当作硬性约束。如果所有约束都是错误的，模型就应该抛弃它们。为了实现这个目标，需要构造一个松弛参数，并使用以下规则来对 $f(z_i=t)$, $t=1, \cdots, T$ 进行调整：

首先，在调整之前，应该使用公式 6-13 将 $\{f(z_i=t), t=1, \cdots, T\}$ 归一化到区间 $[0, 1]$。在公式 6-13 中，max 和 min 分别代表 $\{f(z_i=t) \mid t=1, \cdots, T\}$ 的最大值和最小值：

$$f(z_i = t) = \frac{f(z_i = t) - \min}{\max - \min} \qquad (6\text{-}13)$$

接着，我们使用公式 6-14 对 $\{f(z_i=t), t=1, \cdots, T\}$ 进行调整。在 Zhai 等人（2011）中，η 的缺省值设置为 0.9。

$$f(z_i = t) = f(z_i = t) \times \eta + (1 - \eta) \qquad (6\text{-}14)$$

约束抽取 在 Zhai 等人（2011）中，must-link 和 cannot-link 是基于以下两个观察自动抽取的。

观察 1：两个名词短语（或词）中有一些词是相同的，则它们可能属于相同的主题，例如"battery life"和"battery power"。即，w_i 和 w_j 之间构成一个 must-link 约束。当然，我们也可以利用同义词信息来构建词之间的 must-link 约束，但是这样可能会导致更多的错误，因为词典中所标注的同义词可能在某些特定领域中并不表示同义关系。

观察 2：一个句子可能会对多个商品属性进行评论，例如，"I like the picture quality, the battery life, and zoom of this camera"和"The picture quality is great, the battery life is also long, but the zoom is not good"。我们可以从这两个句子中的任何一个推断出"picture quality""battery life"和"zoom"不太可能是同义词或者说不太可能属于同一个主题，这是因为人们一般不会在同一个句子中重复评论同一属性。我们可以依据这种观察自动地建立起许多 cannot-link 约束。简单地说，如果两个词在同一个句子中出现，那么它们之间就建立起一个 cannot-link，也就是说，它们应该属于不同的主题。

当然，仅仅依据上述两个观察就构建 must-link 和 cannot-link 约束显然是不够的。Constrained-LDA 允许松弛约束。此外，形容词和它们所修饰的名词同样可以建立起 must-　215 link 约束。就像我们在 6.4.2 节讨论的，大多数形容词会描述对象的某些特定属性。例如，"expensive"和"cheap"通常描述对象的"price"属性，同样"beautiful"描述对象的"appearance"或"look"属性。因此，我们就建立起两个 must-link（实际上是 must-set）约束：{expensive, cheap, price} 和 {beautiful, appearance, look}。

Fei 等人（2014）提出了另外一种基于 GPU 的模型（Mahmoud, 2008）。这种算法将短语看作单独的词，并且允许组成短语的词和短语本身具有某种语义连接或共现关系。其背

x

后的基本思想是，当算法看到一个短语时，就当作同时看到了一小部分组成它的单词；而当算法看到组成短语的单词时，同样当作看到了与其相关的短语的一小部分。此外，一个短语中的所有单词并不是同等重要的。例如，在"hotel staff"中，"staff"是中心名词，代表了这个短语的语义类别，因此它更重要。GPU模型已经考虑了这一问题。

最后总结一下属性抽取，除了本节以及6.1节、6.2节、6.3节所提到的方法之外，还有许多关于属性抽取的研究工作。例如，Yi等人（2003）使用了一种混合语言模型和似然比来抽取目标的属性。Fang和Huang（2012）基于潜在结构化模型提出了一种属性分析方法。Ma和Wan（2010）使用中心理论和监督学习方法进行属性抽取。Meng和Wang（2009）从产品说明的结构化数据中抽取产品属性。Kim和Hovy（2006b）使用语义标签进行属性抽取。Stoyanov和Cardie（2008）开发了指代消解方法。Toprak等人（2010）针对基于属性的观点标注设计了一套复杂的标注体系。而早期的注释通常是有偏差的，主要用于特定文本下的特定需求。例如，Carvalho等人（2011）标注了一个政治辩论的文本集合中的属性和其他相关信息。

6.7 实体抽取与消歧

情感分析环境中的实体抽取类似于自然语言处理的传统问题：命名实体识别（Named Entity Recognition，NER）。实际上，在很多情况下，实体很可能是用户评论的目标，所以很多评论对象的抽取方法同样也可以用来抽取实体。例如，"The iPhone is great,"，其中"iPhone"就是情感词语"great"的评价对象。在本节中，我们只关注实体的抽取。

NER任务在许多领域中都被广泛研究，例如，信息检索、文本挖掘、数据挖掘、机器学习，以及信息检索下的NLP（Mooney and Bunescu，2005；Sarawagi，2008；Hobbs and Riloff，2010）。信息抽取有两种主要的方法：基于规则的方法和统计方法。早期的抽取系统主要都是基于规则的（例如，Riloff，1993）。现在更多的方法都主要使用统计机器学习。这些方法中最常用的模型是隐马尔可夫模型（HMM）（Rabiner，1989）和条件随机场（Conditional Random Field，CRF）（Lafferty et al.，2001）。在6.3节中，我们已经简要介绍过HMM和CRF，它们都是基于监督的序列学习方法。Sarawagi（2008）对信息抽取的已有工作和算法进行了全面的总结。上面介绍的都是这一领域早期的工作，在情感分析领域，针对性的工作并不是很多。本节主要关注在情感分析任务下的信息抽取问题，同时也介绍其他研究方向的相关工作。

6.7.1 实体抽取与消歧的问题定义

情感分析中实体抽取任务的一般性定义如下：

问题说明6.1：给定一个语料库 C，我们想要解决以下两个子问题。

1. 识别语料库 C 中所有实体的提及或表达 M。

2. 将 M 中的所有实体表达聚类成同义的组。每个组对应现实世界中一个独特的对象或实体。

第一个子问题是传统的NER问题，第二个子问题是传统的实体消歧（Entity Resolution，

ER）问题。

　　然而，实际场景中的情感分析应用很少需要按照上述一般性定义来解决实体抽取问题。在实际应用中，用户想要获得的是那些针对其所感兴趣的所有实体的评价信息。例如，一个智能手机生产商可能想要得到消费者对所有智能手机的评价，包括他自己生产的智能手机，也包含他的竞争对手生产的智能手机。一个党派的候选人可能想要看到公众对于他的竞争对手的评价。因此，大多数情感分析应用都需要解决以下几个问题。

　　问题说明 6.2：给定一个语料库 C 和一个期望实体集合 $E=\{e_1, e_2, \cdots, e_n\}$，对于来自 C 的 E 中的每一个实体 e_i，识别其在文本中所有的实体提及或表达，用 M_i 表示。

　　每一个提及 $m_{ij}(\in M_i)$ 都是实体 e_i 在文本中的一个表达。例如，Motorola 是一个实体，它是 Motorola 品牌的正式名称，但是在不同的社交媒体，甚至在同一个帖子的不同句子中，它可能被写作 Motorola、Moto 或者 Mot。

　　这个问题和传统的 NER/ER 问题相似，但也有一些不同。在传统的 NER 问题中，任务是从一个语料库中识别并抽取出确定类型的所有实体，例如，人名、机构名等。然而，这里我们的兴趣只是从语料库中抽取感兴趣的实体集 E 的提及和文本表达，而 E 可能是语料库 C 中所有实体的一个子集。例如，用户可能只对商场中部分特定的汽车品牌感兴趣，而对其他品牌没有兴趣。这样这个问题就需要实体链接（entity linking）技术的支撑，这是 ER 任务的一个特殊情况。因此，这个问题（问题 6.2）可以按照下面两步来解决： 217

　　1. 实体抽取。识别所有实体，更明确地说，识别 C 中的所有实体提及 M。这可以完全被看成一个命名实体识别过程（NER）。

　　2. 实体链接。对于每一个实体提及（也可叫作实体表达）m（$\in M$）和与它相关的上下文，以及一个期望实体集 E，系统会识别 m 属于 E 中的哪一个实体；如果 E 中没有对应的实体，则输出 0。这个工作和传统的实体链接方法相同（也叫作实体消歧）（McNamee and Dang, 2009）。

　　例如，对于下面的一段话：

> I brought a Moto phone two months ago. I had been very satisfied with the phone until today. It stopped working in the morning. I called the Mot service center. The service rep said I can get a replacement right away if I post the phone to the Motorola collection center in Illinois. My old Nokia phone never had any problem.

　　第一步应该找到作为实体提及的 Moto、Mot、Motorola 和 Nokia。如果我们的期望实体集 E 中只有 {Motorola}，第二步应该把 Moto、Mot 和 Motorola 同 E 中的 Motorola 建立链接。对于 Nokia，因为它不表示 E 中的任何实体，应该返回 0。

　　因为实体抽取的任务定义是明确的。这里，我们特别对实体链接任务进行讨论。实体链接的主要目标是要解决两种类型的歧义问题（Dredze et al., 2010；Gottipati and Jiang, 2011）。

　　1. 一词多义。指一个实体提及（名称）可能指的是不同的实体。例如，Apple 可以指 Apple Inc.（iPhone 和 iPad 的生产商）、Apple Daily（一家香港报纸），或者是任何名字中含有 Apple 的事物。

　　2. 一义多词。指一个实体（如 Motorola）有不同的表达方式。包括缩略语（Chicago Symphony Orchestra 和 CSO）、简称（Volkswagen 和 Vwagen）、别名（New York 和 the Big

Apple）以及不同的拼写方式（Osama、Ussamah 和 Oussama）。

当在所给定实体集 E 中无法找到对应的实体提及时，这一任务就称作实体消歧（Entity Resolution，ER）。ER 对实体提及进行聚类，其中每一个类别对应一个现实世界的实体。在下面的两个小节中，我们将针对上述两个问题介绍一些已有工作。

在开始之前，我们应该首先介绍一下常用于情感分析的数据和语料的类型和性质。这对在其中进行实体抽取和实体链接有着重要的影响。我们所面对的语料库主要有三种类型：

1. 实体语料。网上针对产品和服务的评论数据就是这种类型的语料。因为评论通常出现在一个产品或服务的所属网页中，因此，我们能够根据当前评论页面中有关产品信息的元数据，知道当前评论文本针对的是哪一个实体。在这种情况下，我们就不需要实体抽取的环节，因为我们已经知道了每一个评论所评价的是哪一个实体。当然，如果我们想要分析得更加精确，那么依然需要对每一条评论进行实体抽取与实体链接，以识别出每一个实体提及（在比较句中经常出现）乃至关于所评论实体的不同文本提及。

2. 领域内语料。这种语料主要包括论坛文本。一个论坛网站主要关注某一个特定类型的产品或主题。例如，HowardForums.com 主要关注手机产品的讨论。在这种情况下，实体抽取是十分必要的。因为不像评论文本那样可以获取实体的元数据，在论坛中，我们只能通过对论坛中讨论文本的分析获取元数据。同样，通过实体链接确定提及的实体所指也是必需的。

3. 开放域语料。在这种情况下，语料库可以包含任何实体或主题下的文档。例如 Twitter。人们可以针对任何主题发推文。除了可以通过少数的推文话题标签获取当前文本的主题信息之外，我们几乎得不到任何当前文本所讨论主题的元数据。因此在这种情况下，实体抽取和实体链接都是需要的。

对于不同类型的语料，实体抽取和实体链接的做法是不一样的。同时，语料库的大小也有很大的影响。对于评论文本，实体抽取环节不是必需的（虽然我们可以为了提高情感分析的精度进行实体抽取和实体链接）。对于领域内语料，我们需要进行实体抽取和实体链接。然而，对于大规模文本数据，由于计算或者其他方面的困难，我们可能并不能在整个数据集的范围内进行实体抽取和实体链接。在这种情况下，一般第一步先进行关键词搜索，其中关键词（一般手动给定）通常是 E 中目标实体的可能文本表达。实体关键词通常用于在整个语料库的范围内检索出与之相关的帖子。因为在同一个限定领域中，不同的实体通常有不同的名称（也就是说，实体的名称通常是没有歧义的），而实体的名称通常是手动编辑的，因此在这种情况下就不用实体链接进行消歧。

开放域语料的情况和领域内语料的情况相似。在这种情况下，语料通常是非常大的，几乎不可能在整个全集上完成实体抽取。例如推特和微博，它们每天都有数量极其庞大的信息。即使我们有足够的计算资源来完成 NER 操作，语料拥有者（如 twitter.com 或者 weibo.com）也不会给我们整个数据集，除非我们愿意付高昂的价钱购买语料。然而，它们却允许我们以极低的价格甚至是以免费的方式，通过关键词来搜索它们的数据。因为在整个语料库上实现 NER 非常困难，所以对于每一个目标实体，构建一个包含该实体多种名称的实体文本表达列表是十分必要的，我们可以将它们作为关键词在整个语料库上搜索并抽取相关的文档。

在这种情况下，用来表示目标实体的关键词有可能会引起歧义，因为整个语料库中可能包含不同的主题。这时就需要一个分类操作来识别出包含目标实体的文档。例如，使用关键词"google"搜索有关 Google 公司的所有信息应该不会产生歧义，因为除了谷歌搜索公司，没有其他叫作 Google 的实体。但是如果使用"apple"作为关键词来搜索 Apple Inc.（一家消费型电子产品公司），就可能会检索到许多不相关的文档。分类的目标就是过滤掉那些与关键词表示的语义信息不相关的文档。实体链接也可以用来解决这个问题，我们会在后文讨论这个内容。

对于后两种语料类型来说，即使我们利用关键词检索的方法减少了数据集的规模，执行实体抽取仍然是有帮助的。因为即使语料库中的文档通过关键词进行了过滤，仍然可能含有不相关的实体。这些文档中的观点信息可能并不是针对目标实体的，而是针对那些不相关的实体的。识别出这些噪声实体可以帮助我们更加精确地确定每一个评论中观点信息所评价的对象。进一步说，正如前面所讨论的，在评论文本中，许多实体的名称会包含情感词汇，例如，"Best Buy"（美国一家商店的名字）以及"Pretty Woman"（一部电影的名字）。因为许多公司或机构会使用比较吉利的词来为它们的品牌、产品或服务建立一个正面的形象。如果不对这种情感词汇（如前面提到的 best 和 pretty）进行识别，可能会对情感分类产生负面的影响。

6.7.2　实体抽取

目前，虽然对于实体抽取任务来说，最有效的方法是 HMM（Rabiner，1989）和 CRF（Lafferty et al.，2001），但是这类监督学习方法需要带标签的数据来建立模型，并在测试数据上完成抽取工作。在很多情况下，这种处理范式是不可行的。在这里我们主要关注两种半监督学习模型，它们已经应用于评论文本上的实体抽取。这两种方法分别基于正样本（positive example）和未标注样本（unlabeled example）学习（也称为 PU learning）以及贝叶斯集（Bayesian Set）。

对于这两个模型，用户不需要标注任何训练数据。相反地，只需要提供一些无歧义的种子实体名，这些实体名在语料库的任何上下文中出现，都表示同一语义的实体。这些模型的目标是在给定的语料库中识别出与种子实体同类型的其他命名实体。

PU learning 是一个两分类模型。下面是具体的步骤（Liu et al.，2002）：给出一个指定类别中的正样本集 P 和一个未标记样本集 U（包括隐藏的正样本和负样本），使用 P 和 U 建立一个分类器，用来对 U 中的数据或者测试数据进行分类。结果可以是一个二值决策（判别测试数据是否属于正样本），或者是对测试数据的一个排序，这个排序结果是基于当前数据有多大可能属于正样本的度量。

我们用 E 来表示种子实体的集合。在大多数情况下，E 中的实体都是相同类型的，如电话或者汽车。Li 等人（2010）使用了 PU learning 的方法。他们的算法首先从全集中识别候选实体 D，也就是有着以下 POS 标签的单词或者短语：NNP（专有名词）、NNPS（复数专有名词）以及 CD（数字）。一个包含 NNP、NNPS 以及 CD 词性的词的短语可以看作一个候选实体（CD 不能作为第一个单词，除非以一个字母开头），例如，"Windows/NNP

220

7/CD"和"Nokia/NNP N97/CD"可以看作两个候选实体"Windows 7"和"Nokia N97"。

对于每一个种子 $e_i \in E$，e_i 在语料库中每一次出现的上下文就可以构成一个向量，该向量表示 P 中的一个正样本。类似地，对于每一个候选实体 $d \in D$，根据其在语料库中每一次出现的上下文，同样可以建立起一个向量，该向量表示 U 中的一个未标注样本。因此，每一个种子或者候选实体都可能会产生多个特征向量，具体数目取决于它在全集中出现的次数。特征向量中的特征值的大小依赖于词频。

使用集合 P 和 U，Liu 等人（2002）给出了一种 PU 学习算法 S-EM，用来识别 U 中的未标注数据所属的类别。在 U 中，被标记为正样本的样本就是我们所感兴趣的同类型实体。通过这个算法，我们可以依据分类结果判别所发现的实体与种子集合 S 为同类型的概率，从而对候选实体进行排序。注意 S-EM 算法是基于 EM 算法的，而 EM 算法使用朴素贝叶斯分类器作为基分类器。当然，针对这个任务，我们也可以使用其他 PU 学习算法判别候选实体的类别（Liu，2006，2011）。

在 Zhang 和 Liu（2011c）的方法中，他们采用了贝叶斯集（Ghahramani and Heller，2006）。然而，他们对原始的贝叶斯集算法进行了两点启发式改进：一是识别高质量特征；二是提高这些特征的权重。这个算法产生了一个候选实体的最终排名。

NLP 领域经典的分布式相似性计算方法也可以用于解决这个问题，其对每一个候选实体周围的单词和种子实体所在的上下文进行比较，从而计算实体之间的语义相似度，然后基于相似度对候选实体进行排名。但是 Li 等人（2010h）与 Zhang 与 Liu（2011c）已经证明，PU 学习和贝叶斯集方法的性能明显要好于基于分布式相似度的方法。

总之，使用半监督学习方法的最大优势在于，用户不需要标记任何训练数据。无论在哪个应用领域，数据标注都是必须要做的重要步骤，但是通常情况下，这一环节费时费力。相对而言，如果用户对目标领域有一定的了解，提供一个种子实体集合就是一件很容易的事情。

6.7.3 实体链接

一旦找到了实体提及，就需要进行实体链接，来将实体提及与已有知识库中已经定义好的实体进行关联。因为存在一词多义问题，所以即使是在手动设置实体的名称进行关键词搜索的时候，在返回的信息中也依然需要实体链接，以保证在上下文中出现的每一处关键词指的都是目标实体。

在 NLP 领域，针对实体链接的研究已经有很长时间了。近年来许多研究进展都是由文本分析会议（the Text Analysis Conference，TAC）推动产生的。TAC 对实体链接的定义如下（Ji et al.，2010）：

给定一个查询 Q，它包含一个名字字符串 N_q（可以称作实体表达）、一个出现该名字的背景文档 B_q 以及一个已知实体知识库 KB。系统需要识别查询 Q 中的名字字符串 N_q 对应的是 KB 中的哪个具体条目（如果没有对应的条目就输出 0）。知识库 KB 中的每个条目都由一个名字字符串 N_e（可以看作实体 e 的正式名称）、一个实体的类型 T_e（可以是 PER（人）、ORG（组织）、GRE（地理政治学实体），或者是 UKN（未知）），以及一些消歧文本 D_e（如该实体的维基百科）组成。

这一定义就是我们所需要的实体链接任务。然而不同的是，在实际应用中，用户在情感分析场景下感兴趣的实体可能不一定是人、机构或者政治经济相关实体，而可能是产品、服务或者品牌。在我们的例子中，如果我们为目标实体配上一些没有歧义的文本和类型，目标实体其实就完全就是 KB 中的一个条目。

近年来，研究者们针对实体链接问题提出了许多方法。例如，Dredze 等人（2010）和 Zheng 等人（2010）各自提出了一种排名学习的方法。他们的算法主要包含三个步骤：候选生成、候选排名以及处理 NIL。候选生成步骤是基于一系列启发式规则，对每一个查询产生一组可能的 KB 条目候选。候选排名步骤是用监督学习的方法对候选进行排名。这个步骤将每个查询和它的候选实体（一个 KB 条目）当作一个样本对，并且将它们表示成一个特征向量。每个特征都表征它们之间的某种关系。例如，文本相似度、实体名称字符串相似度，或者它们是否有相同的实体类型。然后，我们可以利用训练得到的模型对测试集中的每一个样本对进行操作，并对候选进行排序。在 Zheng 等人（2010）中，排名最高的候选实体就是该查询所对应的 KB 条目。为了处理 NIL（当对于该查询，KB 中没有相对应的条目），我们学习一个二值分类器，来决定排名最高的候选实体是否就是查询所对应的实体。如果不是，这就是一个 NIL。Dredze 等人（2010）提出了一个不同的方法来处理 NIL，他们将 NIL 作为 KB 的一个条目，然后使用一个额外的特征集来表明当前查询是否对应于 NIL。

Zhang 等人（2010）没有把实体链接当作一个排序问题，而是将其当作一个分类问题。类似前文叙述的方法，他们同样把样本对（查询，实体）当作一个样本。如果这个实体就是该查询对应的 KB 条目，该分类器就将其分到正类；其他实体就分为负例。如果该查询在 KB 中没有对应的条目，就是 NIL。Milne 和 Witten（2008）也给出了相似的方法。

为了使用监督学习方法，需要设计大规模的特征，同时也需要标注大量的训练样本。Gottipati 和 Jiang（2011）提出了一种基于统计语言模型检索式的非监督学习方法。特别地，其中使用了基于 KL- 散度的检索模型。这种方法同样可以使用查询扩展。对于排名最高的 KB 条目，如果它和查询有着相同的类型并且得分高于阈值，那么它就会被当作对应的实体分配给该查询。如果没有找到这样的 KB 条目，则返回 NIL，表明 KB 中没有对应于该查询的实体。最近的许多研究也提出了基于图传播算法（Hoffart et al., 2011 ; Liu et al., 2012）和主题模型的实体链接方法（Han and Sun, 2012；Yogatama et al., 2012）。

在消费品领域的情感分析应用中，会有另一个复杂的问题。通常有关产品的内容包括品牌和型号，这就构建起了一个层次关系。例如，如果一个用户想要找到一个关于 Apple Inc. 的消费者评论，关于 iPad 和 iPhone 的评论可能也是与之相关的。这时，我们需要识别出品牌和在每一个品牌下面的产品型号。然而，将品牌和型号分离，并且找出哪个型号具体在哪个品牌下面通常十分容易。我们可以利用一些启发式规则完成这一目标。

6.7.4　实体搜索和链接

正如前文已经提到的，如果一个语料库规模很大并且包含多种多样的实体或主题，针对情感分析任务，我们就需要事先使用关键词搜索来找到相关的文档或者评论。在这种情况下，我们只需要处理一词多义的问题，而不需要处理同义词（一义多词）的问题。这是因为我们输入关键词进行搜索时，可以为一个实体指定不同的名称。在这种情况下，实体链接问题的情况定义如下（Davis et al.，2012）：

给出一个大规模语料库 C，以及一个目标实体 e 的不同名称 $n_1, n_2, \cdots, n_m$ 的集合。这些名称（当作关键词处理）被用于在 C 中进行搜索。每一个包含 n_i 的返回文档都需要按是否与 e 相关分类。换句话说，我们需要决定返回的文档中提到的 n_i 是否指 e。

显然，我们可以把这个问题看成一个标准的监督学习分类问题。也就是说，使用 $n_1, n_2, \cdots,$ n_m 在 C 中进行搜索后，我们对一些返回的文档进行手工标注。指向目标实体 e 的文档被标为正例，其他文档被标为负例。基于这个训练数据，我们可以使用监督学习方法训练一个分类器，如 SVM。然后针对测试语料中每一个包含 n_i 的文档，利用训练好的分类器对其分类。

Davis 等人（2012）将这个问题看作一个 PU 学习问题。他们认为监督学习方法需要手工标注大规模的训练数据，在实际场景下，这一过程费时费力。然而，在许多情况下，自动获取一些正样本是相对简单并且耗费较小的。例如，如果一个语料库 C 中是推文（tweet），就可以使用实体的话题标签来搜索相关的推文。使用这个可能会包含一些噪声正样本的集合，把其他的推文作为未标记样本，我们就可以利用 PU 学习训练一个分类器，在未标记样本集中识别其他正样本。具体地，作者采用了 EM 算法（Velosoa et al.，2006），以及基于关联规则的分类器（Velosoa et al.，2006），该分类器由一个类关联规则集合组成（Liu et al.，1998）。

6.8   观点持有者和观点时间抽取

就像实体抽取一样，观点持有者和时间抽取同样是一个经典的命名实体识别工作，因为人名和时间都是命名实体。针对这一问题，可以用现有的 NER 方法进行抽取。然而，在很多使用社交媒体的应用中，我们不需要从文本中抽取观点持有者和时间，因为观点持有者通常就是评论或者博客的作者，并且他们的登录 id 都是已知的。发帖的日期和时间也是已知的，因为这些信息会伴随帖子在网页上显示。使用结构化数据抽取技术（Liu，2006，2011），我们可以轻易地从网上抽取这些数据。只有当观点持有者和时间出现在实体文本中时，例如新闻，我们才需要使用 NER 技术对其进行抽取。下面我们简要介绍在新闻语料中进行观点持有者和时间信息的抽取工作。

Kim 和 Hovy（2004）只把人和机构看成可能的观点持有者，并且使用命名实体识别方法来识别它们。Choi 等人（2006）使用 CRF 进行观点持有者抽取。为了训练 CRF 模型，他们设计了一些特征，例如周围的词、周围词的 POS、语法规则以及情感词汇。

Kim 和 Hovy（2006）提出了一种方法，首先从句子中产生所有可能的观点持有者候选（也就是所有名词短语），其中包括常规名词短语、命名实体以及代词。然后对句子进行句法分析，并从句法树上抽取一系列特征。然后用一个最大熵模型（Maximum Entropy, ME）对所有候选人进行打分并排名。最后选择得分最高的一个候选作为本句中的观点持有者。

还有一些相关的工作，例如，Johansson 和 Moschitti（2010）使用 SVM 处理这个问题。Wiegand 和 Klakow（2010）在分类中使用了卷积核。Lu（2010）使用了一个依存句法分析抽取特征。Ruppenhofer 等人（2008）利用自动语义角色标记（Automatic Semantic Role

Labeling ASRL）识别观点持有者。他们证明对于这个问题来说，ASRL 是不完善的，需要考虑其他语言学观察，如语篇结构。Kim 和 Hovy（2006b）实际上已经使用了语义角色标注来解决这个问题。Yang 和 Cardie（2013）提出了一个联合学习方法对观点持有者、观点表达以及观点评价对象进行联合抽取。具体地，他们使用 CRF 和一个全局优化的学习框架来构建这几个任务之间的联系（见 6.3.2 节）。

6.9 小结

属性和实体抽取以及消歧对于情感分析来说十分重要，它们表达了观点评价的对象或者人们在观点文档中谈论的主题。如果不对它们进行抽取，即使从句子中识别出正反观点，其应用也会受限。虽然这些工作可以被看作一般性信息抽取问题，但是大多数已有方法都针对观点领域文本表达的特点（如观点都包含观点评价的对象）进行了改进。

尽管针对这一问题已经有了大量的研究，这些问题依然极具挑战。在许多领域，已有的方法抽取精度依然不高。此外，目前的方法主要着眼于抽取名词和名词短语类型的属性。其实在很多情况下，许多属性不能由名词或名词短语进行表达，而是通过动词表达的，例如政治和社会领域。这时，已有抽取算法就无法适用。

在过去的几年中，研究者们提出了许多非监督和半监督的主题模型，用于属性抽取以及属性和情感的联合建模。然而，对于实际应用来说，目前的模型还不够精确。其中大多数模型都是基于一元模型的，但是现实生活中很多属性都是由多个单词组成的短语。尽管还有这些不足之处，我仍然希望将来能够在学习模型（不一定是主题模型）上有所突破，可以通过在大规模数据上的学习解决上述问题。也就是说，在大数据的时代，我们在大规模数据上进行学习可以发现一些常识知识和领域知识，这些知识对于属性和实体抽取、消歧来说非常重要。

本节介绍了目前属性和实体抽取的已有方法，同时也介绍了抽取观点持有者和时间的已有工作。虽然已经有大量针对这些任务的研究工作，但是还有一些相关任务几乎没有受到关注，例如：Zhang 等人（2013）尝试使用马尔可夫逻辑网络来从文本中挖掘观点的原因。Lee 等人（2013）提出了一个基于规则的方法来抽取情绪的原因。除了他们之外，很少有人关注此类任务。显然，这些重要问题需要得到进一步研究。

第 7 章

情感词典构建

至此，我们应该很清楚分析那些表达了褒义或贬义情感的单词和短语有助于情感分析。在这一章中，我们将讨论如何构建这样的情感词表。在已有文献中，情感词也被称为观点词（opinion word）、极性词（polar word），或者观点承载词（opinion-bearing word）。褒义的情感词，例如 beautiful、wonderful 和 amazing，用来表达某些希望达到的状态或程度；相反，贬义的情感词，例如 bad、awful 和 poor，用来表达一些不希望达到的状态或程度。除了单个的情感词之外，还有表达情感的短语和成语，例如 cost an arm and a leg。情感词和情感短语、成语一起组成了情感词典（或者观点词典）（sentiment lexicon）。本章中，我们所提到情感词既包括单个的情感词，也包括情感短语。

情感词可以分为两种类型：基本类型（base type）和比较级类型（comparative type）。上面举例的单词都属于基本类型。比较级类型（包括最高级类型）的情感词用来表达比较级或最高级的观点。通常情况下，它们是一些形容词或副词的比较级或最高级。例如 better、worse、best 和 worst 是 good 和 bad 的比较级或最高级形式。本章主要讲解基本类型的情感词。对比较级和最高级类型情感词的深入讨论则留到第 8 章。

目前构建情感词典主要有三种方法：人工方法、基于词典的方法（7.1 节）和基于语料库的方法（7.2 节）。人工方法会耗费大量的人力和时间，所以通常只用来检查自动化方法抽取的结果。在 7.4 节中，我们也将介绍一些暗含观点信息的陈述句。在已有的研究领域，这一问题常常被忽略。

由于之前的研究工作已经针对各种语言构建出了很多情感词典，所以这一章其实是对已有工作的一个总结。大部分已构建的情感词典都可以公开获得。在 7.5 节中，我们将给出一个英文情感词典的列表。即使某种语言缺乏情感词典，想要构建一个也并不困难。情感分析在情感词方面存在的真正问题主要有两个：

227

1. 如何辨别和处理那些领域相关或上下文相关的情感词和短语。

2. 如何在一个领域上下文中发现隐含情感信息的事实性的词和短语。

对于第一个问题，经常有一些情感词或短语，它们在通用词典中表达一种情感倾向，而在某个领域特定的上下文中表达另一种情感倾向。在实际应用中，如果没能准确辨别和处理这些词和相应的语境，将会大大降低情感分析的准确率。第二个问题更难解决，因为其中的不确定性很大，而且常常需要常识和领域的先验知识才能正确识别和处理（7.4 节）。这两个问题是实现准确和领域相关的情感分析的主要障碍之一。然而，遗憾的是，致力于解决这些问题的研究还不多。

7.1　基于词典的方法

使用已有的词典信息来构建情感词典是一种常见的方法，因为大部分词典（例如WordNet；Miller et al.，1990）都为每个单词标注了近义词和反义词。因此，一种简单的做法是使用少量种子情感词，再根据已有词典中的近反义词信息进行迭代抽取。具体地，首先人工地收集一组已知褒义或贬义倾向（或极性）的情感词（种子），这通常很容易做到。然后，在 WordNet 或其他在线词典中搜寻这些词的近义词和反义词，扩充这个集合。再把这些新找到的词加入种子列表中，然后开始下一轮迭代。当再也找不到新词时，则停止迭代过程（Hu and Liu，2004；Valitutti et al.，2004）。以上抽取过程结束后，需要进行人工检查来过滤所抽取结果中的错误。除了人工检查之外，也可以使用概率方法（Kim and Hovy，2004）为每个词赋予一定的情感强度（sentiment strength），以此清除列表中的错误。除此之外，Mohammad 等人（2009）还采用了许多构造反义词的词缀模式 X - disX（例如honest - dishonest）来提高情感词抽取的召回率。

Kamps 等人（2004）提出了一种更精巧的方法，该方法使用基于距离的 WordNet 计算方法来确定一个给定形容词的情感倾向。两个词 t_1 和 t_2 之间的距离 $d(t_1, t_2)$ 为它们在 WordNet 中最短路径的长度。形容词 t 的情感倾向由它到两个参考词（或种子）good 和 bad 的距离来确定，即 $SO(t)=[d(t, bad)-d(t, good)]/d(good, bad)$。当且仅当 $SO(t)>0$ 时，t 的倾向为褒义；否则 t 的倾向为贬义。$SO(t)$ 的绝对值给出了情感倾向的强度。按照类似的思路，Williams 和 Anand（2009）给出了一种方法，给每个词赋予一定的情感强度。

Blair-Goldensohn 等人（2008）提出了另一种基于自举（bootstrap）的情感词抽取方法。该方法采用了一个褒义词种子集（positive seed set）、一个贬义词种子集（negative seed set）和一个中立词种子集（neutral seed set）。这种方法基于一个有向带权重的语义图（directed，weighted semantic graph），图中相邻的结点是 WordNet 中的近义词或反义词，并且不属于中立词种子集。中立词集合用于在语义图中避免词的情感通过中立词进行传播。在语义图中，边的权重按照不同类型边（例如，近义词边和反义词边）的尺度参数进行预指定。接下来使用基于 Zhu 和 Ghahramani（2002）所提出的标签传播算法的改进算法给每个单词打分（给出一个情感倾向值）。开始时，为每个褒义种子词赋予 +1 的分数，为每个贬义种子词赋予 –1 的分数，所有其他单词的分数为 0。然后，在传播过程中对这些分数进行修正。经过一定的迭代次数后，传播过程停止，这些最终的分数经过对数操作归一化后赋给对应的词，表征它们为褒义或为贬义的程度。

在给定一个褒义词种子集、一个贬义词种子集和一个从 WordNet 抽取的近义词图的条件下，Rao 和 Ravichandran（2009）给出了一种方法，尝试利用三种基于图的半监督

228

学习方法按照倾向性对情感词进行分类。这三种算法分别是 mincut（Blum and Chawla，2001）、randomized mincut（Blum et al.，2004）和 label propagation（Zhu and Ghahramani，2002）。实验表明，mincut 和 randomized mincut 算法在 F 值上能取得更好的效果，而 label propagation 虽然召回率较低，但精度明显高于前两种算法。

Hassan 和 Radev（2010）提出了一种马尔可夫随机游走模型，在一个词相关度的图（word relatedness graph）上进行随机游走，来预测一个给定词的情感倾向。这种方法首先利用 WordNet 中的近义词和上位词（hypernym）构造一个词相关度的图，然后定义一个称为平均击中次数（mean hitting time）的度量准则 $h(i|S)$ 来测量结点 i 到结点（词）集 S 的距离。这个距离是随机游走过程从一个不属于 S 的状态 i，第一次跳转到一个属于 S 的状态 k 的平均步数。给定一个褒义词种子词集合 S^+ 和一个贬义词种子词集合 S^-，要预测一个词 w 的情感倾向，必须计算分别到达这两个集合的平均击中次数 $h(w \mid S^+)$ 和 $h(w \mid S^-)$。如果 $h(w \mid S^+)$ 大于 $h(w \mid S^-)$，则将词 w 分类为贬义词。其他情况下，都将 w 分类为褒义词。Hassan 等人（2011）采用了同样的方法来找出其他语言中词（foreign word）的情感倾向。为了达到这个目的，他们构造了一个多语言单词图，图中包含了英语单词和其他语言的单词。不同语言的单词在图中的连接情况基于它们在词典中的意思。其他基于图的方法还有 Takamura 等人（2005，2006，2007）。

Turney 和 Littman（2003）采用了和 Turney（2002）相同的思路，利用互信息（PMI）来计算一个词的情感倾向。具体地，分别计算一个词与一组褒义情感词（例如 good、nice、excellent、positive、fortunate、correct 和 superior）以及一组贬义情感词（例如 bad、nasty、poor、negative、unfortunate、wrong 和 inferior）的关联强度，用前者减去后者即可得到这个词的情感倾向。其中，关联强度的计算是基于 PMI 的。

229

Esuli 和 Sebastiani（2005）使用监督学习方法将情感词分为褒义词和贬义词。给定一个褒义词种子词集合 P 和一个贬义词种子词集合 N，使用在线词典（如 WordNet）中的近反义词关系将这两个集合扩充为 P' 和 N'，这两个新的集合则构成了训练样本集。算法利用词典对 $P' \cup N'$ 中每个词的解释（gloss）产生一个特征向量。接下来使用不同的监督学习算法构造一个二分类器。这个过程也可以迭代进行，即把新辨别出的不同极性的情感词和它们的近反义词添加到训练集中，然后对分类器进行更新。

Esuli 和 Sebastiani（2006a）还加入了客观（objective）类别（表示没有情感的词）。除了近义词和反义词，作者还使用了下位词（hyponym），以扩展客观词种子集合。接下来他们尝试用不同的方法来完成这三个类别的分类。Esuli 和 Sebastiani（2006b）按照上述方法，采用一组分类器构造了 SentiWordNet，在这个情感词汇资源中，WordNet 的每个近义词集都有三个数值分数 Obj(s)、Pos(s) 和 Neg(s)，这三个分数分别描述了近义词集中的元素属于 Objective 类、Positive 类和 Negative 类的程度。

Kim 和 Hovy（2004，2006c）的方法也是从三个种子集开始——褒义、贬义和中立种子词集，这些种子集用于搜索 WordNet 中的近义词。然而，扩展集合中存在很多错误，该算法使用贝叶斯准则分别计算每个词与三个不同情感词类别集合的接近程度，以此判断这个词最可能属于的类别。

在 Guerini 等人（2013）提出的分类方法中，将 SentiWordNet 中每个词所属语义的褒贬分数以及这些分数的多种组合作为特征，从而识别每个词的情感倾向。Gatti 和 Guerini（2012）利用这一方法，进一步预测了每个词的情感强度。

　　Andreevskaia 和 Bergler（2006）提出了一种更全面的基于自举的识别方法，其中采用了几种技术来扩展原始褒贬情感词种子集，并且对扩展后的集合进行清理（清除非形容词和那些同时存在于正负集中的词）。此外，他们的算法还对种子词集合进行了划分，构成若干不相交的种子词子集，然后进行多轮自举。每一次自举都会得到一个稍微不同的情感词集。根据每个词被归为褒义情感词和贬义情感词的次数对其进行打分。然后根据模糊集理论将这个分数归一化到 [0, 1] 之间，将其作为目标词是褒义词或贬义词的概率。

　　Kaji 和 Kitsuregawa（2006，2007）根据网页的结构布局，使用了许多启发式方法从 HTML 文档中抽取情感词典。例如，一个网页的某个表格中可能有一列文本明显地含有褒义或贬义的情感倾向（例如 pro 和 con）。可以利用这些线索，在大量网页中抽取出大量包含褒义情感或贬义情感的观点句。然后进一步从这些句子中抽取出形容词短语，并根据它们出现于正负句子集中的统计特性给这些词赋予情感倾向。

230

　　Velikovich 等人（2010）也提出了一种使用网页构建情感词典的方法，它在一种短语语义相似性图上，利用图传播算法识别短语的情感倾向。算法的输入是一个褒义种子短语集合和一个贬义种子短语集合。从 40 亿个网页中挑选出所有长度小于等于 10 的 n-gram，再从中挑出候选短语作为图的节点。作者使用几种启发式方法，例如频率和词边界的互信息，挑选出了 2000 万个候选短语。对于一个短语，使用一个大小为 6 的单词窗（word window）对 40 亿个文档中这个短语出现的所有地方进行统计，从而得到每个候选短语的上下文向量表示。然后，通过计算上下文向量之间的余弦相似性，来构建短语语义图的边。对于每一对节点，只保留与 v_i 或 v_j 相连的权重最高的 25 个边。边的权重设定为对应的余弦相似度值。最后，利用图传播算法计算每一个短语结点到种子词的所有最优路径，将其作为这个短语的情感倾向值。

　　Dragut 等人（2010）基于 WordNet 提出了一种不同的基于自举的情感词构建方法。给定一个种子词集合，该方法不是简单地依照词典，而是使用一组颇具经验的推理规则，通过推演来确定其他词的情感倾向。算法将已知情感倾向的词（种子）作为输入，然后生成有情感倾向的近义词集，这个近义词集可以进一步用来推演其他词的情感倾向。

　　Peng 和 Park（2011）提出了一种使用 CSNMF（Constrained Symmetric Non-negative Matrix Factorization）的情感词典生成算法。该方法可以同时使用词典和语料库来识别情感词的情感倾向。算法首先利用自举找到词典中的一个候选情感词集，然后使用一个巨大的语料库对每个词的情感倾向进行打分。Xu 等人（2010）也提出了几个综合使用词典和语料库寻找情感词的方法。他们的算法与之前提出的相似度图中的标签传播方法（Zhu and Ghahramani，2002）类似。

　　虽然存在很多构建情感词典的基于词典的方法，但是我并不了解有没有对这些方法进行评估的研究工作，所以很难说哪种方法最好。通常来说，基于词典的方法的优点是可以方便快速地找到大量的情感词汇，并知道它们的倾向。尽管结果中有很多错误，我们可以手动进行清理。手动清理很耗费时间，但是只要清理一次即可，对于说母语的人来说只需要几天时间。

231

基于词典的方法主要的缺点是，这种方法得到的情感词的倾向是通用的或者说是领域或上下文独立的。实际上，很多情感词的倾向都和上下文相关。例如，如果形容一个扩音器"quiet"，则一般是贬义的情感。然而，如果形容一辆小汽车"quiet"，就是褒义的情感。所以"quiet"的情感倾向是领域或上下文相关的。基于语料库的方法有助于解决这个问题。

7.2 基于语料库的方法

基于语料库的情感词抽取方法主要在下面两个场景中得到应用：

1. 给定已知情感词（经常是通用的）的种子集，从一个领域语料库中发现其他情感词及它们的情感倾向。

2. 利用一个与目标情感分析应用相关的领域语料库和一个通用的情感词典，生成一个新的领域情感词典。

相对于仅仅构建一个特定领域的情感词典，实际应用的使用场景更加复杂。因为即使在同一个领域中，也会出现一个词在不同的上下文环境中表现不同情感倾向的情况。

本节接下来的内容将讨论解决这问题的一些方法。尽管基于语料库的方法也可以用来构建通用的情感词典，如果能够找到一个很大很齐全的语料库，由于情感词典会包含所有词，基于词典的情感分析方法就会比较有效。

7.2.1 从语料库中识别情感词

给定一个语料库，有两种主要的思路可以从中识别情感词。第一种思路是利用一些语言规则和连接词的惯用法，同时鉴别出给定语料库中的情感词及它们的情感倾向。第二种思路是利用观点和目标之间的语法联系来抽取情感词。

第一种思路是由 Hatzivassiloglou 和 McKeown（1997）提出的。它使用一个已知情感倾向的形容词种子集合，从语料库中抽取出新的表达情感信息的形容词。其中有一条规则是关于连接词 AND 的，即相连的形容词通常有相同的倾向。例如，在句子"This car is beautiful and spacious"中，如果已知 beautiful 是一个褒义词，那么可以推测 spacious 也是一个褒义词。实际情况也确实如此，人们经常把表达同样情感的词放在一个连接词的两端。而以下这个句子是不太可能出现的——"This car is beautiful and difficult to drive"如果把这句话改为"This car is beautiful but difficult to drive"可能更合适一些。Hatzivassiloglou 和 McKeown（1997）也为其他连接词设计了一些规则，例如 OR、BUT、EITHER OR 和 NEITHER NOR 等。这种思路的出发点是基于情感一致性（sentiment consistency）。但是，在实际应用场景中，用连接词连接的两个情感词并不是所有情况下都能保证这种一致性。所以 Hatzivassiloglou 和 McKeown（1997）采用了一种机器学习方法来确定相连的两个形容词是具有同样的还是相反的情感倾向。首先，用该方法构建一个图，图中的形容词由表示相同或不同倾向的边相连。然后对图进行聚类，从而得到褒贬两个类别的词。

Kanayama 和 Nasukawa（2006）对上述方法进行了扩充，引入了句内和句间情感一致性的概念，他们称之为连贯性或一致性。句内一致性和上一段讲述的方法类似，而句间一致性则将这种关系应用到了相邻的句子中。相邻的句子通常表达同样的情感倾向，而情感倾向的改变可由 but 和 however 这样的转折词指示出来。作者也提出了一些准则来判断应该将一个词归入褒义还是贬义情感词典。这个研究基于日文文本，作者用它来寻找领域相关的情感词以及判别它们的情感倾向。其他相关的工作还包括 Kaji 和 Kitsuregawa（2006，2007）等。

　　第二种思路是使用观点和评价对象间的句法关系来抽取情感词。这一思路最早是由 Hu 和 Liu（2004）与 Zhuang 等人 2006）提出的，目标是抽取观点评价对象或商品属性词。后来，Wang 和 Wang（2008）与 Qiu 等人（2009a，2011）对其进行了修正，使其能够同时抽取情感词和相应的观点评价对象。事实上，在 Qiu 等人（2009，2011）中，上述两种思路都得到了应用。由于我们在 6.2.1 节中已经详细介绍了这种方法，所以这里不作进一步的讨论。

　　Volkova 等人（2013b）提出了另一种基于语料库的自举抽取方法，来从微博中生成情感词典。这种方法使用已经标记了情感标签的微博作为语料，因此是一种半监督的抽取方法。然而，这个方法并没有使用观点和评价对象之间的句法关系这一信息。其他相关研究可参考 Hamilton 等人 (2016) 和 Wang 等人 (2017c) 的工作。

7.2.2　处理上下文相关的情感词

　　尽管挖掘特定领域的情感词以及它们的情感倾向非常有用，但是这在实践中是远远不够的。Ding 等人（2008）的工作表明：即使在同一个领域中，许多词在不同的上下文环境中也会表现不同的情感倾向。例如，在摄像机领域，"long"这个词在下面两个句子中显然表达了两种相反的观点倾向：

　　"The battery life is long"（正面）

　　"It takes a long time to focus"（负面）

　　对于表示数量的形容词，例如 long、short、large 和 small 等，这样的情况经常出现。其他类型的形容词有时也会出现这种情况，例如在对汽车的评价中，句子"This car is very quiet"表示褒义的情感倾向，而句子"The audio system in the car is very quiet"则表示贬义的情感倾向。因此，只找到领域相关的情感词和它们的情感倾向是不够的。这些例子告诉我们，情感词或短语和它们修饰的属性（aspect）密切相关。Ding 等人（2008）提出了使用（context_sentiment_word，aspect）来表示观点的上下文，例如（long，battery life）。这种方法不仅能够识别出情感词及其倾向，还能识别出情感词所修饰的属性。在识别一个情感词在修饰属性时的情感倾向是正还是负的过程中，前文提到的基于连接词的句内和句间情感一致性规则仍然适用。

　　同样地，Ganapathibhotla 和 Liu（2008）的工作也采用了相同的上下文定义分析比较性的句子。Lu 等人（2011）也采用了同样的上下文定义，并利用评论语料库识别上下文相关的情感词的情感倾向。与 Ding 等人（2008）相似，他们假定属性的集合是已知的。为了给每个词对赋褒义或贬义情感值，他们将这一问题建模为一个基于若干约束的优化问题。并且基于一些资源、打分和规则设计了目标函数和约束，包括通用的情感词典、每个评论的总体情感评分、近反义词和"and"、"but"、"negation"等连接词规则。

233

Wu 和 Wen（2010）对中文中上下文相关的情感词进行了处理，他们考虑了形容词是量词的情况（如 big、small、low 和 high）。他们的方法基于句法模板，与 Turney（2002）（见 3.2.1 节）一样，使用网页搜索击中次数来判别当前词是一个褒义词还是一个贬义词。

Zhao 等人（2012）也使用了网页搜索来解决这一问题。但是，他们在利用网页搜索结果判别当前词的情感倾向时进行了查询扩展，把更多相关的查询包含进来。例如，对于词对（long，battery life），他们采用了四种查询："long battery life""battery life is long""The battery life is very long"和"The battery life is not long"。他们不采用谷歌的普通搜索，而是采用其高级搜索，这样能够专注于那些讨论特定产品的论坛网站。他们收集了 top 100 的片段，并使用 Hu 和 Liu（2004）提出的基于词典的方法对其进行情感分析。如果分析结果为褒义情感的片段数大于结果为贬义情感的片段数，则将这个词对（例如（long，battery life））的倾向赋为褒义，否则赋为贬义。

Turney（2002）和 Takamura 等人（2007）的方法也可以视为寻找特定上下文的观点的一种方法，但是他们没有显式地利用情感一致性的思想。相反地，他们使用了网页搜索来识别词的情感倾向（见 3.2.1 节）。我们应该注意一点，所有这些对上下文的定义都还不足以覆盖 5.2 节讨论情感组合的基本规则时所提到的所有情况。许多上下文环境甚至更加复杂，例如，在消耗一定资源（Zhang and Liu，2011a）的情况下，通常使用（usage_verb，quantifier，resource_noun）这样的三元组描述观点的上下文环境。其中 resource_noun 是一个表示资源的名词或名词性短语，usage_verb 是一个表示消耗或使用资源的动词。这个三元组表明了观点的情感和观点所评价的属性。例如，在"This washer uses a lot of water"中，uses 是 usage_verb，a lot of 是一个量词短语，water 则是 resource。这个上下文表明了一种贬义的情感和 water resource usage 属性。"This car eats a lot of gas"也是一个类似的例子。然而，不幸的是，现在还没有系统的研究可以识别这种类型的上下文。

还有一个类似的问题，即如何识别短语或文本表达在不同上下文中是否表达了观点以及相对应的情感倾向。基于上下文的情感倾向的意思是，尽管一个词或短语在词典中被标记为褒义或贬义，但是它在句子的上下文中可能并不包含情感或者表达了相反的情感。Wilson 等人（2005）针对这一问题进行了研究。他们的算法首先利用主观性词典中的主观性词或短语标记出语料库中的主观性文本表达。主观性词典和情感词典稍有不同，它可能包含仅表达观点但并不表达情感的词，如 feel 和 think 等。这一工作中采用了监督学习方法，分两步进行。第一步，确定文本表达是主观的还是客观的。第二步，确定主观表达的情感倾向是褒义、贬义、两者都有还是中立的。两者都有意味着同时包含褒义和贬义情感。该方法还考虑了中立的情感，因为经过第一步处理后可能会漏掉一些中立的情感表达。对于主客观分类任务，该方法采用了丰富的特征，包括 word feature、modification feature（词间的依存特征）、structure feature（基于依存句法树的模板）、sentence feature 和 document feature。在情感分类的第二步中，他们采用了 word token、word prior sentiment、negation、modified by polarity、conj polarity 等特征。两个步骤都采用了机器学习算法 BoosTexter AdaBoost.HM（Schapire and Singer，2000）来构建分类器。

另外，文本表达级别（expression-level）的情感分类任务是判定文本表达的情感倾向。Choi 和 Cardie（2008）将 MPQA 语料库（Wiebe et al.，2005）所注解的文本表达进行分类，对基于词典的分类方法和监督学习方法都做了实验。

　　同样地，Kessler 和 Schütze（2012）使用监督分类方法来识别那些在特定句子上下文中存在不同倾向的情感词。Breck 等人（2007）采用 CRF（Lafferty et al.，2001），对那些包含任意长度的情感文本表达进行抽取。Yang 和 Cardie（2012）采用了半马尔可夫条件随机场（semi-CRF）（Sarawagi and Cohen，2004）来抽取句子中的观点表达。semi-CRF 在抽取类任务上比 CRF 更加有效，因为它允许我们构造一些特征来获取一个句子的子句级别上的特性。

7.2.3　词典自适应

　　一些研究者已经研究了如何修正一个通用情感词典，使其适用于某个特定的领域。Choi 和 Cardie（2009）研究一个通用情感词典的自适应方法，以便于解决特定领域文本表达的情感分类问题。他们利用了目标领域中文本表达层面的倾向性，对一个通用情感词典中单词的情感倾向进行修正，用于提升目标领域内文本表达层面的倾向性判别。将单词和文本表达在情感倾向中的关联建模为一个约束集合，然后通过整数线性规划对整个问题进行求解。他们假定有一个通用情感词典 L，以及倾向性分类算法 $f(e_l, L)$，这个算法能够根据 e_l 和 L 中的词判别观点表达 e_l 的情感倾向。Jijkoun 等人（2010）也提出了一种相关算法，能够将一个通用情感词典修正，使之成为目标领域的情感词典。

　　Du 等人（2010）研究了领域情感词典（不是通用情感词典）的领域自适应问题。该算法的输入包括：一组已标定情感倾向的领域内（in-domain）文档、从这些领域内文档中得到的情感词、一组领域外（out-of-domain）文档。任务就是改造领域内情感词典，以适应领域外文档。算法利用了两个思路。第一，如果一篇文档包含了许多褒义（或贬义）词，那么这篇文档的情感倾向理应是褒义（或贬义）的；如果一个词在很多表达褒义（或贬义）观点的文档中出现了，那么这个词理应是褒义（或贬义）的。这是一种相互增强的关系。第二，尽管两个领域可能处在不同的分布下，但也很可能辨别出它们之间共同的部分（比如具有相同情感倾向的同样的词）。在该方法中，情感词典的自适应是通过信息瓶颈框架实现的。同样地，Du 和 Tan（2009）针对同样的问题进行了研究。

236

7.2.4　其他相关工作

　　词义和主观性 word sense and subjectivity。Wiebe 和 Mihalcea（2006）对利用语料库识别表达了主观性的词义问题进行了研究。他们首先采用手工标注的方式给 WordNet 中的不同词义分别打上主观、客观或两者都有的标签，对标注者的标注一致性进行统计。然后，他们对 Lin（1998）所提出的基于分布相似性（distributional similarity）的词义主观性分类方法进行了评估。他们的工作表明，主观性是一种能够和词义密切相关的基本属性，而且标注词的主观性直接有助于词义消歧（Word Sense Disambiguation，WSD）。Akkaya 等人（2009）的文章中报告了后续的工作。Su 和 Markert（2008）也对这一问题进行了研究，并且对主观性的识别展开了个案研究。在 Su 和 Markert（2010）中，他们进一步研究了这个问题，并将结果应用到了跨语言情境中。

　　隐含情感词典（connotation lexicon）。Feng 等人（2011）研究了怎样生成一个隐含语义的词典，其中的词含有隐含的褒义或贬义情感倾向。隐含语义的词典不同于情感词典，后者考虑的是显式或隐式地表达了情感的词，而前者考虑的词往往和特定的情感倾向密切相关，例如 award 和 promotion 中隐含了褒义的情感，而 cancer 和 war 则隐含了贬义的情感。许多词甚至是客观性的词，例如 intelligence、human 和 cheesecake 等。作者提出了一种基于图的方法，利用图间结点间的相互增强（mutual reinforcement）来解决这个问题。

Feng 等人（2013）采用线性规划和整数线性规划对这个工作进行了改进，他们将一些语言学上深层次的知识（语义韵律、基于分布的相似度、同义搭配）和从词典资源中获得的先验知识作为约束，辅助构建了一个覆盖范围甚广的隐含情感词典。他们的工作还用算法进行实验，并将其与他们之前的结果以及一些基于图的流行算法（如 HITS、PageRank 和 label propagation）的结果进行比较。结果表明线性规划方法得到的效果是最好的。

Brody 和 Diakopoulos（2011）研究了微博中的词拉长（lengthening）问题（如 slooooow）。他们表明词的拉长与主观性及情感有很强的关联，并提出了一种利用这种关联检测领域内情感词的自动方法。Mohtarami 等人（2013）提出了一种可以计算词之间的情感相似度，以及推测它们是否拥有相同的情感倾向和强度的方法。Meng 等人（2012）和 Lai 等人（2012）研究了怎样把情感词从一种语言翻译成另一种语言。

7.3　情感词向量

众所周知，词向量在基于深度学习的文本分类中起着重要的作用。情感分类也是如此。有趣的是，研究表明，即使不使用深度学习模型进行最终分类，词向量也可以作为各种任务的非神经学习模型的特征，以获得更好的结果。本节将重点介绍针对情感分析的词向量研究。

对于情感分析，直接应用常规的词向量方法，如 CBOW 和 Skip-gram（Mikolov et al.，2013a）从上下文中学习词向量可能会遇到问题，因为具有相似上下文但情感极性相反（例如，好或坏）的单词可能会映射到向量空间中的临近向量。因此，人们提出了情感编码的词向量方法。Mass 等人（2011）引入了可以捕获语义和情感信息的词向量。Bespalov 等人（2011）表明，n-gram 模型与潜在表达结合将产生更适合情感分类的词向量。Labutov 和 Lipson（2013）通过将句子的情感监督作为一个正则化项，用 logistic 回归重新学习现有的词向量。

Le 和 Mikolov（2014）提出了段落向量的概念，首先学习可变长度文本片段的定长表示，包括句子、段落和文档。他们对句子级和文档级情感分类任务进行了实验，取得了较好的效果，这表明了段落向量在获取更多语义信息以帮助情感分类方面的优势。

Tang 等人（2014）和 Tang 等人（2016c）提出了学习情感词向量的模型，其中语义和情感信息都被嵌入所学习的词向量中。Wang 和 Xia（2017b）开发了一种神经架构，通过整合文档和单词层面的情感监督来训练情感词向量。Yu 等人（2017）采用了细化策略获得联合语义 / 情感承载词向量。

特征丰富和多词义的词向量也被作为改进情感分析的手段。Vo 和 Zhang（2015）利用丰富的自动特征研究了基于属性的 Twitter 情感分类，这些特征是使用无监督学习技术获得的附加特征。Li 和 Jurafsky（2015）在不同的 NLP 任务中进行了多词义词向量化的实验。实验结果表明，虽然这种向量化确实提高了某些任务的性能，但它对情感分类任务却没有什么好处。Ren 等人（2016）提出了学习主题丰富的多原型词向量的方法，用于 Twitter 情感分类。

多语言词向量也被用于情感分析。Zhou 等人（2015）报道了一种用于跨语言情感分类的双语情感词向量（Bilingual Sentiment Word Embedding BSWE）模型。它利用标注语料库及其翻译，而不是大规模的平行语料库，将情感信息整合到英汉双语词向量中。Barnes 等人（2016）比较了几种双语词向量和神经机器翻译技术，用于基于属性的跨语言情感分类。

Zhang 等人（2016c）将词向量与矩阵分解相结合，用于基于个性化评价的打分预测。具体而言，这些作者使用情感词汇对现有的面向语义的词向量进行了改进 [例如，word2vec（Mikolov et al.,2013b）和 GloVe（Pennington et al.,2014）]。Sharma 等人（2017）提出了一种半监督的方法，使用情感词向量对形容词的情感强度进行排序。在 Wang 等人（2015）、Teng 等人（2016）、Zhou 等人（2016）、Xiong 等人（2016）和 Liu 等人（2015）的报告中，可以找到使用词向量技术改进各种情感分析相关任务的其他工作。

7.4　隐含了情感信息（期望或者不期望）的事实型描述

到目前为止，我们所讨论的情感词和文本表达主要是那些表达情感倾向的主观性的词和文本表达。然而，许多客观性的词和文本表达也可能隐含情感信息。在某些特定的领域或上下文中，这些客观性的事实描述也隐含了作者个人期望或不期望的一种状态。想要理解作者对所陈述的某个事实是期望的还是不期望的，通常需要领域先验知识，这意味着我们需要进行语用分析。语用分析需要常识性的知识，所以这是一个非常困难的问题。因此，我们必须转而借助于其他的方法或手段以达到我们的目标。

Zhang 和 Liu（2011b）提出了一种技术，可以辨别出那些在特定领域上下文中指示了属性且隐含褒义或贬义情感的名词或名词性短语。这些名词或名词性短语自身并不表达任何情感信息，但是在领域上下文中，它们可能表达出一种期望或不期望的事实。例如，"valley" 和 "mountain" 这两个词自身不包含任何情感内涵，即它们是客观性的。但是，在床褥评论的领域内，它们通常暗示着贬义的情感，就像在 "Within a month, a valley has formed in the middle of the mattress" 中一样。这里，"valley" 被当作一个隐喻来使用，暗示了对床褥质量的负面评价。识别出这种名词（短语）的情感倾向是极具挑战性的，但对在许多领域中进行准确的情感分析却至关重要。

Zhang 和 Liu（2011b）所提出的算法基于如下想法：尽管许多包含这种名词性短语的句子读起来像是不带有明显情感的客观性句子，但是在一些情况下，说话的人可能也明确地表达了情感，例如 "Within a month, a valley has formed in the middle of the mattress, which is terrible"，这句话的语境表明 "valley" 可能不是说话的人所期望的。可以对这些表达了情感的上下文加以利用，来确定一个名词性短语隐含了什么样的情感。然而，这个方法存在的问题是，不隐含情感的名词性短语经常在包含了褒义或贬义情感的上下文中出现，比如 "The voice quality is poor" 中的 "voice quality"。为了区分上述两种情况，需要利用以下观察到的现象。

观察到的现象：对于那些不隐含褒义或贬义情感的正常名词性短语，人们既可能表达正面的观点，也可能表达负面的观点。例如，对于"voice quality"，一些人可能会说"good voice quality"，另一些人可能会说"bad voice quality"。但是，那些隐含了情感信息、表达了期望或不期望的事实的名词性短语，通常只有一个与之关联的情感倾向，要么是正面的情感，要么是负面的情感，而不会两者都有。例如，"A bad valley has formed"和"a good valley has formed"这两个句子不可能同时出现。

基于这样的观察，Zhang 和 Liu（2011b）提出的算法分两步进行：

1. 确定候选词。首先辨别出语料库中所有的名词性短语，然后确定每个短语周围表达了情感信息的上下文。如果在一个大型领域语料库中，一个短语出现于贬义（或者褒义）的情感上下文中的频率远远大于褒义（或者贬义）的情感上下文，则可以推测出这个短语的情感极性或倾向有可能是贬义（或者褒义）的。可以通过统计测试的方式对这种频率差异进行评估。这个步骤可以生成一系列含有褒义情感倾向和一系列含有贬义情感倾向的候选名词性短语。

2. 过滤。根据前面观察到的现象，对上一步骤中得到的两个短语列表进行过滤。如果一个名词短语同时直接（directly）被语料库中的褒义词和贬义词修饰，那么它不可能隐含任何情感，所以应当被删除。可以使用下面两种依存句法关系来指示这样的词间直接修饰关系。

240

类型一：O→O-Dep→N

意思是 O 通过关系 O-Dep 依存于 N，例如"This TV has good picture quality"。

类型二：O→O-Dep→H←N-Dep←N

意思是 O 和 N 分别通过关系 O-Dep 和 N-Dep 依存于 H，例如"The springs of the mattress are bad"。

这里，O 是情感词或观点词，O-Dep 和 N-Dep 是依存句法关系，N 是名词性短语，H 可以是任意词。第一个例句中，给定名词性短语 picture quality，我们可以辨别出它的修饰词是情感词 good。同样，在第二个例句中，给定名词 springs，我们可以得到它的修饰语是情感词 bad。

上述工作只是为解决这一问题进行的初步尝试，目前精确度并不高，因此还需要更深入的研究。

7.5 小结

综上所述，许多研究者在这方面进行了深入的研究，目前，已经构建了一些通用的主观性、情感和情绪（emotion）词典，其中一些是可以公开获取的，例如

❑ General Inquirer lexicon (Stone, 1968): www.wjh.harvard.edu/~inquirer/spreadsheet_guide.htm

❑ Sentiment lexicon (Hu and Liu, 2004): www.cs.uic.edu/~liub/FBS/senti ment-analysis.html

- MPQA subjectivity lexicon (Wilson et al., 2005): www.cs.pitt.edu/mpqa/subj_lexicon. html
- SentiWordNet (Esuli and Sebastiani, 2006b): http://sentiwordnet.isti.cnr.it/
- Emotion lexicon (Mohammad and Turney, 2010): www.purl.org/net/emolex

这些词典之间也不可避免地存在一些不一致性问题和错误。Dragut 等人（2012）研究了如何在情感词典之间检验极性或倾向性的一致性问题，他们的研究结果表明已有情感词典中存在相当多的不一致性现象。为此，他们提出了一种基于 SAT 求解器的检测方法，可以对上述不一致性现象进行快速检测。

尽管针对情感词典构建，已经有了大量的研究工作，但是依然存在很多挑战性的问题。

第一，目前还没有有效的方法能够发现和识别出那些和领域及上下文相关的情感词。例如，"suck" 通常表达负面的情感倾向，但对于真空吸尘器来说，这个词的情感倾向却是正面的。另外，正如我们前面讨论的，同样的一个词在不同的句子上下文中可能表达不同的情感倾向。除了 7.2 节讨论的方法之外，近期也有人尝试使用词向量或词矩阵来获得情感词的上下文信息（Maas et al., 2011；Yessenalina and Cardie, 2011）。然而，这些方法的准确度还满足不了实际应用的需求。

第二，几乎所有领域中都存在一些客观性的词或短语，它们在领域内描述了作者的某种期望或不期望的状态或特性，因此隐含了褒义或贬义的情感（见 7.4 节）。我们仍然没有一种比较好的方法对这些词进行识别。

第三，情感词典中的词在句子中并不总是表达情感或观点。例如，"I am looking for a good car to buy"，这个句子中的 "good" 并没有表达对某辆小汽车褒义或贬义的情感，这个句子实际上表达的是一种购买愿望或意向。

241

242

第 8 章

比较型观点分析

除了可以直接针对一个实体或者其属性表达正面或负面的观点以外，我们还可以通过比较的方式来表达观点。我们称这种观点为比较型观点（Jindal and Liu，2006a，2006b）。比起常规型观点，比较型观点具有不同的语义含义和句法形式。例如，一个典型常规型观点的句子如下，"The voice quality of this phone is amazing"，一个典型比较型观点的句子如下，"The voice quality of Moto X is better than that of iPhone 5"。这个比较句并没有说明其中任一款手机的音质是好是坏，但是对两款智能手机的音质有一个相对排序。与常规句子类似，比较句也可以分为包含观点信息和不包含观点信息两类。上述比较句明显属于包含观点的类型，因为它清晰地表达了一个比较型的情感，与之相比，句子"Samsung Galaxy 4 is larger than iPhone 5"没有表达比较型的情感，至少没有显式地表达。

在本章中，我们将首先定义比较型观点挖掘问题，然后会介绍几种已有的解决方法。我们还将介绍最高级型观点的处理方法，因为这两者在语义表达和处理方法上是类似的。

8.1　问题定义

一个比较句通常会描述多个实体间的异同关系，语言学家已经针对英语中的比较级进行了很长时间的研究。Lerner 和 Pinkal（1992）将比较级进行分级，例如，在句子"John is taller than he was"中，等级 d 是 John 的身高，或者说 John 的身高达到等级 d。换句话说，比较级通常会清晰地表达事物之间的相对顺序，这可以根据事物本身所具有的可分级属性对目标事物进行分级来实现（Kennedy，2005）。目前，有两种比较级类型，如下所示[⊖]。

1. 元语言学级比较级：一个实体的某一属性与其他属性相比更好或更坏，例如，"Ronaldo is angrier than upset"。

　　⊖　www.cis.upenn.edu/~xtag/release-8.31.98-html/node189.html

2.命题级比较级：在两个命题之间进行比较。这类比较级有三个子类。

    a）名词比较级：比较两个名词性物体，例如，"Paul ate more grapes than bananas"。

    b）形容词比较级：使用带有 -er、more、less 等后缀的词，并与连词 than 关联使用，或者使用同级比较词 as（如 as good as），例如，"Ford is cheaper than Volvo"。

    c）副词比较级：除了一般出现在动词之后，它与名词和形容词相似，例如，"Tom ate more quickly than Jane"。

除比较级之外还有最高级。最高级以形容词或副词的形式表示被描述的事物有一个非常高等级的质量，它包含以下两类。

1.形容词最高级：表示一个实体在其同类集合中有一个最特别的属性，例如，"John is the tallest person"。

2.副词最高级：表示一个实体在其同类集合中，在某一件事情上做得最好，例如，"Jill did her homework most frequently"。

从层级性上看，我们可以将比较分为两种：可分级比较与不可分级比较（Kennedy，2005；Jindal and Liu，2006a）。

可分级比较。表明相互对比的实体间的一种排序关系，有三个子类。

1.不平等分级比较：表达大于或小于的关系，可以将两组实体在其公共属性上进行排序，例如，"Coke tastes better than Pepsi"，这种类型一般还包括偏向关系，例如，"I prefer Coke to Pepsi"。

2.平等分级比较：表达等于的关系，表明两个或多个实体在其公共属性上是相等的，例如，"Coke and Pepsi taste the same"。

3.最高级比较：表达最高或最低的关系，可以将一个实体与其他所有实体进行比较排序，例如，"Coke tastes the best among all soft drinks"。

不可分级比较。表达两个或多个实体之间的一种联系，但不对它们进行分级。主要包含三个子类。

1.在某些公共属性上，实体 A 与实体 B 相似或不相似，例如，"Coke tastes differently from Pepsi"。

2.实体 A 有属性 a_1，实体 B 有属性 a_2（通常情况下 a_1 和 a_2 是可以相互替换的），例如，"Desktop PCs use external speakers but laptops use internal speakers"。

3.实体 A 有属性 a，但是实体 B 没有属性 a，例如，"Nokia phones come with earpieces, but iPhones do not"。

这一章的内容仅仅关注可分级比较的类型。不可分级比较也可以表达观点，但是观点的判定往往非常困难。

在英语中，通常使用比较级词语和最高级词语来表达比较的含义。比较级词语通常是带有 -er 后缀的形容词或副词。与之类似，最高级词语是带有 -est 后缀的形容词或副词。例如，在句子 "The battery life of Huawei phones is longer than that of Samsung phones" 中，longer 是形容词 long 的比较级形式。longer 与 than 关联使用也表明这是个比较句。在句子 "The battery life of Nokia phones is the longest" 中，longest 是形容词 long 的最高级形式，它表明这是一个最高级句子。我们分别将这两种比较级和最高级的形式称为类型 1 比较级和最高级。为了简化使用，在没有显式强调最高级的情况下，我们常常用比较级来涵盖表示比较级和最高级。

然而，有两个或多个音节，并且不是以 y 结尾的形容词和副词的比较级与最高级形式通常是不带有 -er 和 -est 后缀的。在这种词前面，一般会有 more、most、less 和 least 这些词语。例如，more beautiful。我们称这种比较级和最高级为类型 2 比较级和最高级。类型 1 和类型 2 比较级（最高级）统称为常规比较级（最高级）。

英语还有不常规比较级和最高级，比如，more、most、less、least、better、best、worse、worst、further/farther 和 furthest/farthest，这些词不满足前面讲的规则。然而，它们类似于类型 1 比较级，因此被归为类型 1。

上述比较级和最高级通过特定的词标识了比较句。事实上，还有许多其他的单词和短语可以表示比较级，例如，"The iPhone's voice quality is superior to that of the Blackberry"中说苹果手机的音质比黑莓手机的好。Jindal 和 Liu（2006a）构建了一个表示比较的词语和短语列表（目前还不是很完整）。因为这些词语和短语与类型 1 的特征很相似，所以这些词被归为类型 1。所有这些词语和短语与之前标准的比较级词语（带有 -er 后缀）和最高级词语（带有 -est 后缀）统称为比较级关键词。

245

用在不平等分级比较上的比较关键词可以进一步分为两组，这种分组对情感分析非常有帮助。

1. 递增比较级：表明一些属性数量上的增加，比如，more 和 longer。
2. 递减比较级：表明一些属性数量上的递减，比如，less 和 fewer。

比较型观点挖掘的目标（Jindal and Liu，2006b；Liu，2010）。给定一篇包含观点的文档 d，我们的目标是从中发现所有比较型观点，这种比较型观点可以表示为如下六元组

$$(E_1,\ E_2,\ A,\ PE,\ h,\ t)$$

其中，E_1 和 E_2 是在公共属性 A 上进行比较的实体集（E_1 中的实体比 E_2 中的实体出现得早）。PE 是观点持有者 h 的优选实体集，t 是这个比较型观点表达的时间。换句话说，实体集 E_1 和 E_2 在公共属性 A 上进行比较，在时间 t 时，观点持有者 h 的观点是实体集 PE 的 A 属性更优秀。对于最高级比较，我们可以使用一个通用的集合 U 来表示没有在文本中给出的隐含实体集。在同等比较中，我们可以用一个专门的符号 EQUAL 作为 PE 的值。

例如，考虑 Jim 在 9-25-2011 中写的比较句"Canon's picture quality is better than those of LG and Sony"，从中抽取的比较型观点如下：

({Canon}, {LG, Sony}, {picture_quality}, {Canon}, Jim, 9-25-2011)

由于上述结果中用到了集合，基于上述表示形式的结果可能不容易导入数据库，但是，我们可以将其简单地转换成不使用集合的多个元组。例如，上述例子可以被转换为不使用集合的二元组：

(Canon, LG, picture_quality, Canon, Jim, 9-25-2011)
(Canon, Sony, picture_quality, Canon, Jim, 9-25–2011)

同挖掘常规型观点一样，为了挖掘比较型观点，我们需要抽取实体、属性、观点持有者和时间等信息。技术方面也具有通用性。事实上，这些任务在比较级句子上相对比较容

易，因为实体通常处于比较关键词的两边，并且其属性词也在周围的上下文中。然而，在对其进行情感分析时，需要识别优选的实体集，我们将在 8.3 节介绍其方法。我们也需要进行比较句的识别，因为不是所有比较型句子都会包含比较关键词，并且在很多情况下，比较关键词也很难被辨识出来（Jindal and Liu，2006b）。接下来，我们将重点讨论比较型观点所特有的两个问题：比较句识别和优选实体集识别。

246

8.2　比较句识别

尽管大多数比较句都带有比较级或最高级的关键词，例如，better、superior 和 best，也有许多带有这类词的句子不是比较句，例如，"I cannot agree with you more"。Jindal 和 Liu（2006a）表示几乎每一个比较句都含有一个指示比较的关键词（一个词或短语）。使用比较关键词集合，可以在语料库中识别 98% 的比较句（召回率 =98%），准确率达 32%。这些关键词如下所示：

1. 形容词比较级（JJR）和副词比较级（RBR）。例如，more、less、better 以及带有 -er 后缀的词语。这些被认为是两类关键词。

2. 形容词最高级（JJS）和副词最高级（RBS）。例如，most、least、best 以及带有 -est 后缀的词。这些也被认为是两类关键词。

3. 其他非标准的指示性词语和短语。例如，favor、beat、win、exceed、outperform、prefer、ahead、than、superior、inferior、number one、up against 等。这些被单独计算为关键词。

使用关键词可以达到很高的召回率，因此它们可以被用来过滤那些明显不是比较句的句子。我们仅仅需要在过滤之后的剩余句子中识别比较就可以，这样可以提高准确率。

Jindal 和 Liu（2006a）很轻易地观察到比较句通常有包含比较关键词的有效模式。这种模式可以在学习中作为一个特征。为了发现这些模式，Jindal 和 Liu（2006a）利用了类序列规则（Class Sequential Rule，CSR）挖掘算法。CSR 挖掘是一种特有的类别序列模式挖掘算法（Liu，2006，2011）。每一个训练样例是一个对（s_i，y_i），其中，s_i 是一个序列，y_i 是一个类别标签，即 $y_i \in \{$ 比较型句子，非比较型句子 $\}$，这个序列通过一个句子生成。通过训练，可以得到可靠的类别序列规则。为了构建分类模型，将具有高条件概率的 CSR 规则左侧序列模式当作一个特征。应用朴素贝叶斯来训练模型。在 Yang 和 Ko（2011）的工作中，作者针对韩语研究了同样的问题，该方法利用基于转换的学习算法，同样进行规则生成。

247

将比较句分成四类。在进行比较句识别之后，算法还会识别出比较句的类型，比较句共分四类，分别是：不平等可分级型、平级比较型、最高级型、不可分级型。针对这一任务，Jindal 和 Liu（2006a）表明将关键词与关键短语作为特征的方法已经足够了。SVM 识别的结果最好。

近几年，其他一些研究者也在研究这一问题以及相关的分类问题。例如，Li 等人（2010e）研究了比较问题和实体（他们称之为比较器）的识别问题，其中实体用来进行比较，但是不决定比较的类型。在比较句识别方面，他们也使用了序列模板或规则。然而，他们所使用的模板是不一样的，这些模板不仅用来识别一个问题是不是比较型问题，同时还从中抽取出进行比较的实体。例如，下面这个问题句 "Which city is better，New York or Chicago?" 满足 <which NN is better，$C or $C ?> 序列模板，其中，$C 是一个实体。Ravichandran 和 Hovy（2002）使用弱监督学习方式来学习这种模板。这种算法是一种基于自举的方法。该方法从用户给定的模板开始。根据这些模板，算法会抽取出一个初始的种子实体（比较器）对集合。对于每一个实体对，所有包含实体对的问题都会被检索出来，并被当作比较型的问题句。从抽取的比较型问题以及实体对中，所有可能的序列模板都被学习并估计了置信度。其中，学习过程是传统泛化与实例化的过程。在句子中，每一个与 $C 匹配的单词或者短语都被当作一个实体抽取出来。Jindal 和 Liu（2006b）以及 Yang 和 Ko（2011）都抽取了比较实体，我们将会在 8.5 节中讨论这一问题。

8.3 优选实体集识别

与常规型观点不同，分析一个比较句中整体的观点倾向是没有意义的，因为这种比较型的句子通常不会直接表达褒义或者贬义的观点。相反，它们会通过对多个实体间共有属性的比较，对不同实体属性进行排序，以此给出一个比较型观点。也就是说，基于对不同实体的共有属性间的比较，该类型观点句会给出一个偏好顺序。因为大多数比较句是比较两个实体集，对一个比较句的分析目标就是识别其中的优选实体集。在应用中，可以对优选实体集表达正面的观点，对不是优选的实体表达负面的观点。在下文中，我们将介绍一个优选实体集的识别方法（Ding et al.，2009；Ganapathibhotla and Liu，2008）。

248

他们的方法是将基于词典的常规观点分类方法扩展到比较句的观点分析当中。因此他们需要一个标识比较观点的情感词典。与基本类型的观点（或情感）词语类似，我们可以将比较观点的词语大体上分成两类。

1. 通用比较型情感词。就类型 1 比较级来说，这种类别包括 better、worse 等词语，这些词语一般都是与领域无关的褒义词和贬义词。在包含这些词语的句子中，很容易识别出哪个实体是优选的。就类型 2 比较级（在形容词和副词之前加 more、less、most 或 least）来说，优选实体集是通过前缀以及其后的词共同决定的。下面是应用规则：

```
Comparative Negative  :: =  Increasing_Comparative NE
                       |  Decreasing_Comparative PO
Comparative Positive  :: =  Increasing_Comparative PO
                       |  Decreasing_Comparative NE
```

在这里，PO（NE）表示一个褒义（贬义）的情感词或短语。第一个规则表明，一个增量比较词（如 more）和一个贬义倾向情感词（如 awful）结合起来通常暗示一个可比较的贬义观点（位于左侧），这意味着位于比较关键词左侧的实体不是优选的。另一个规则有同样的意思。值得一提的是，这四个规则作为一个观点组合规则在 5.2 节已经讨论过。其中，MORE 为 Increasing_Comparative，LESS 为 Decreasing_Comparative。

2. 上下文相关情感比较词。就类型 1 比较级来说，其包含 higher、lower 等词语。例如，在句子 "Nokia phones havea longer battery life than Motorola phones" 中包含一个关于 Nokia phones 正面的情感比较和一个关于 Motorola phones 的负面情感比较，也就是说，Nokia 手机在 battery life 这一方面是比较好的。然而，如果没有领域知识，则很难知道

longer 在 battery life 这一方面是褒义的还是贬义的。这个问题同样存在于常规类型观点的分析当中，这个问题在 5.2 节的观点的组合规则中已经提到过。在这里，battery life 被视为一个 PPI。

就类型 2 比较级来说，情况是一样的。然而，在类型 2 中，比较级词语（more、most、less 或 least）、副词或形容词以及属性都对优选实体的确定起到了重要的作用。如果我们知道比较级词语是增量型比较词还是降级型比较词（因为只有四个词，所以很容易确定），就可以通过上述第 1 点中的四个规则来决定观点。

为了解决上下文相关情感比较词的问题，可以参考 6.2 节，其中我们使用（aspect，context_sentiment_word）词对作为一个观点的上下文。为了确定当前词对表示的是褒义的情感还是贬义的情感，Ganapathibhotla 和 Liu（2008）给出了一种算法，该算法使用了一个比较大的包含褒义评论和贬义评论的外部语料，这个语料可以确定 aspect 和 context_sentiment_word 在该语料中与褒义类别和贬义类别的相关程度。如果它们与褒义类别的关联度大，则 context_sentiment_word 更可能表达的是褒义的情感。相反，则可能表达的是贬义的情感。然而，因为在褒义和贬义的评论文本中，用户很少使用比较型的观点，所以在使用这一语料进行分析前，我们需要将比较句中与上下文相关的情感比较词转换成词的标准形式（例如，从 longer 转换成 long）。可以通过一些英语比较级构造规则以及 WordNet 实现该转换。这一转换是非常有意义的，这是因为我们观察到下面的语言现象：

如果一个基础的形容词或副词是褒义的（或贬义的），那么其比较级或最高级形式也是褒义（或贬义的）。例如，good、better 和 best。

在确定了情感比较词和其极性后，决定句子中的哪个实体是优选实体就变得非常简单了。不可否认的是，如果比较级是褒义的（或贬义的），则在 than 之前（或之后）的实体就是优选实体。否则，在 than 之后（或之前）的实体就是优选实体。在最高级句子中，情况也是类似的，除了句子中的第二个实体集 E_2 没有被显式地给出。例如，"Dell laptops are the worst"，在这种情况下，我们使用一个泛集 U 来指明 E_2。

8.4　特殊类型的比较句

在处理比较型观点的过程中，一个最大的问题是如何识别一个句子是否表达了比较型的观点，以及句子中相比较的两个对象的分隔点在哪。这里，我们主要针对在实际中用处比较大的可分级比较类型进行讨论。对于使用标准比较级（-er）和最高级（-est）的形容词与副词的句子来说，识别一个句子是否比较句，以及确定句子中相比较双方的分隔点（一般是单词 than）的位置相对来说比较容易。然而，有很多特殊类型的比较句需要进行特殊处理。

8.4.1　非标准型比较

尽管英语中大多数比较句都使用带有 -er 和 -est 的单词（一般与 more、most、less 和 least 组合使用），但仍然有相当多的比较句不使用这些词语。这些比较当然也表达了用户的偏向、喜好以及在比赛中的输赢情况等。这些比较句在句法上与标准比较句也不太相同，但是它们有相同或相近的含义。实际上很多这种句子包含客观（而不是主观）形式的信息，这些信息表达了用户关于所涉及实体的一种期望或不期望的状态。尽管看起来是对客观事实信息的描述，但是其中却暗含了作者褒义或贬义的观点（见 2.4.2 节）。

在下文中，我们首先列举一些短语和单词，这些短语和单词经常被用来显式或隐式地表达比较。对每一个短语，我们下面给出一个例句来显示它们在上下文中是如何使用的。

ahead of
"In terms of processor speed, Intel is way ahead of AMD."

blow away
"AMD blows Intel away."

blow out of the water
"Intel blows AMD out of the water."

(buy | choose | grab | pick | purchase | select | stick to) over
"I would select Intel over AMD."
"I would stick to Intel over AMD."

X can do something positive Y cannot
"This earphone can filter high-frequency noise that Sony earphones cannot."

cannot race against
"TouchPad cannot race against iPad."

cannot compete with
"Motorola cannot compete with Nokia."

(drop | dump) something for
"I dumped my TouchPad for a Coolpad."

(edge | lead | take) past
"AMD edged past Intel."

edge out
"Apple edged out BlackBerry."

get rid of something for
"I got rid of my BlackBerry for an iPhone."

gain from
"BlackBerry gained some market shares from iPhone."

(inferior | superior) to
"In terms of quality, BlackBerry is superior to iPhone."
"In terms of quality, BlackBerry is inferior to iPhone."

lag behind
"iPhones lag behind Samsung phones."

lead against
"Team A leads 3–2 against Team B."

lead by
"Team A leads Team B by 3–2."

lose to | against
"Team A lost the race to Team B."

on [a] par with
"TouchPad is on par with iPad."

(not | nothing) like
"My iPhone is not like my ugly old Droid phone."
"My iPhone is nothing like my ugly old Droid phone."

prefer to | over
"I prefer the BlackBerry to the iPhone."

subpar with
"iPhone is subpar with BlackBerry."

suck against
"iPhone sucks against BlackBerry."

take over
"iPhone takes over BlackBerry."

vulnerable to
　　"BlackBerry is vulnerable to iPhone's attack."
win against
　　"Apple wins the game against Samsung."

除了这些短语之外，许多单词也可以被用来表达相似的含义。我们列举一些这样的单词：beat、defeat、destroy、kill、lead、rival、trump、outclass、outdo、outperform、outplay、overtake、top、smack、subdue、surpass、win 等。

　　"Honda beats Volkswagen in quality."
　　"BMW is killing Nissan."
　　"BlackBerry cannot rival iPhone."

对于包含这些单词的句子，我们必须仔细分析，因为许多单词在一些文本中不表达比较的含义，因为这些单词在不同的上下文、成语和一些特殊用法中具有不同的含义。例如，beat 在表示比较的上下文中具有 defeat、subdue、superior to 或 better than 的语义，但是，beat 也可以表示音乐的节拍。除此之外，在一些成语中 beat 也不表达比较的含义，例如，"beat me""beat a dead house" 和 "beat around/about the bush"。

仅仅依据一个句子是否使用上述这些单词来判别该句子是否表达比较含义是有问题的。其中一个很重要的标志是该句子是否涉及多个实体。如果在这种比较单词的两边没有实体，那么这个句子可能不是一个比较句。这种识别方式并不容易实现，这需要识别系统具有实体识别能力，并且在大多情况下也需要具有指代消解能力，因为某个实体可能在前面的句子中出现过。

但仍有一些不标准的比较形式是很难识别的。例如，"With the iPhone, I no longer need my iPad" 是一个比较句，除了在句子中有两个实体这一特征之外，没有其他特征信息能够指示比较形式。

252

8.4.2　交叉类型的比较

比较级、同级或者最高级的单词和短语经常分别被用来表达相对应的比较级、同级、最高级的含义。然而，并不是所有情况下都会这样。一种比较形式可能用其他类型的比较结构进行表达。

使用比较级表达最高级： 使用比较级单词表达最高级有两种主要方法。

1. 通过显式或隐式的方式与其他所有实体进行比较，例如：

"This phone is *better than* every other phone."

这句话实际上是在说"这部手机是最好的"。在分析这类句子时，系统注意到比较级中的第二个实体集是一个全集 U（在比较词 better 后面出现的 every other phone）。

2. 将否定与比较进行组合，其中包含表达"其他所有"含义的短语，例如：

"You *cannot* find anything *better than* iPhone."
"It does *not* get any *better than* iPhone."
"*No* phone works *better than* iPhone."

与 1 相似，这些句子表达了最高级的含义。然而，在这种情况下，第一个实体集是全

集 U。尽管不是全部，但这些句子经常使用 find 和 get 作为其主动词（例如第三句）。在这类句子中，优选实体集经常出现在比较词（例如 better）之后。

使用同级否定表达比较级。将否定词与同级表达组合使用来表达不平等分级比较，例如：

"The iPhone is not as good as this phone."

使用否定的最高级表达常规观点。在一个句子中，当一个否定词否定一个最高级词语时，这个句子常常表达一个常规型观点，而不表达最高级和比较级观点，例如：

"Moto X is not the best phone in the world."

没有任何上下文，可以将这个句子当成对 Moto X 的否定。但是这种句子是有歧义的。在一些情况下，作者可能会添加一个从句或单独的句子来阐明他的真实观点情感，例如：

253

"Moto X is not the best phone in the world, but it is quite good."

在情感分析中，我们可以忽略句子的第一部分所表达的情感。

8.4.3 单实体比较

在 8.1 节中，我们从两个实体和它们之间的共享属性的角度对比较级进行了定义。然而，也有一些类型的比较级只包含一个实体。如果这些句子表达了观点，我们在处理这些句子时可以把其当作常规型观点而不是比较型观点进行处理。我们目前尚不知道这种比较级有多少种类型。这里，我们列举其中的一些类型。我们不是基于人类理解的语义信息，而是基于其在句法层面如何被情感分析系统处理来对其进行分类。例如，基于 POS 标签和一些特殊词语对其进行处理。

1. more 或者 less than normal、usual、sufficient、enough 等：

"This camera's build-in memory is *more than sufficient*."
"iPhone provides *more than the usual* amount of memory."
"After taking the drug, my blood pressure went much *higher than normal*."

2. more 或 less than 接一个特定的表示程度的词语：

"This car is *more than* just *beautiful*."
"Lenovo's service agents are *more than happy* to help."

3. more 或 less 接一个特定数量词：

"I have used this machine for *more than five* years."
"This car cost *more than $150,000*."

4. 与期望的或期盼的意愿进行比较：

"This car is more *beautiful than I expected*."

5. 与之前某一时刻的同一实体或属性进行比较：

"This phone works *better than in the past*."

6. 与之前的感觉进行比较：

"I love this car *more than before* (or *ever*)."

7. 比较不同属性：

"This car is *more beautiful than lasting*."

这种比较类型需要特殊处理，因为它不是比较两个不同的实体，而是比较同一实体的不同属性。例如，之前例句的作者比起车的耐久性，对车的外观持有更正面的观点。这种情况在我们 8.1 节的定义中并没有涵盖。当然，我们可以给出一个新的定义来包含这种情况。但是因为这种情况可能出现的频率不高，所以没有必要这样做。在实际中，我们可以简单地将这种情况处理成两个常规型观点：对于外观的正面观点和对于耐久性的负面观点。

在习语中出现的比较级和最高级：

"It is easier said than done."

有许多短语和惯用语包含"than"，但是没有表明任何可分级比较，例如，"other than""rather than""different than""look no further than"等。

8.4.4　带有 compare 和 comparison 的句子

compare 和 comparison 被用来表达比较级并不稀奇。然而，使用这些词语的句子比起标准比较形式来说有着非常不同的句法形式。这些句子可能不用任何比较级或最高级单词。我挑出这种类型的句子就是因为这种特殊的语言现象，这些句子需要不同的分析方法。事实上，处理这个问题非常困难。

在下文中，我们将根据句法结构上的差别，列举四种包含 compare 和 comparison 的短语。这种句法上的差异性可以帮助我们对其进行识别，并分别对其进行处理。除了最后一种，其他三种的意思是类似的。

（compared | comparing）（with | to | and）：用作分词短语，compared 和 comparing 不用作句子的主动词。

"Comparing the Camry with the Audi, the Audi is more fun to drive."
"Compared to everything else in its class, BMW sets the standard."
"Compared to the Camry the BMW is wonderful."
"After comparing the Camry with the Prius we settled on the Prius."

只有第一个句子使用了比较级关键词（more），与此同时其他句子没有使用任何比较级和最高级词语。前两个句子很好处理，但是第三、四个句子比较难处理，这是因为每个句子中的子句之间没有逗号分隔，解析器在决定优选实体时就会经常出错。

在这些句子中，过去式分词（前三句）和进行式分词（第四句）在句子中的主句前出现，但是也可以在主句后出现。

"Hondas feel like tin cans compared to Volkswagens."
"The exterior of the Camry gives it a sleek look compared to the Accord."
"BMW is outstanding compared to Audi and Lexus."

in comparison（of | with）：功能与之前的短语类似。

"Mini is good in comparison with Smart."
"In comparison with BMW, Lexus is a better choice."
"In a comparison of the iPhone and (or to) the Lumia, Lumia has a good voice quality."

compare（with | to | and | over）：compare 被用作句子的主动词或者不定式。这种句子通常很难处理，因为句子中使用比较级的从句可能不表达任何情感和观点。例如，在下面第一个例子中，观点在第二个句子中被表达。因为被比较的实体不在同一个句子中出现，所以这类问题很难处理。为了处理这种句子，我们需要进行语篇层次的分析。在第二个例子中，情感在 and 后的第二个从句中表达。在第三个例子中，观点仅仅在之前的从句中被隐含表示。第四个例子使用一个 compare 的不定式短语，但没有表达任何观点。

"I drove and compared the BMW and the Lexus. I found the BMW is more fun to drive."
"I compared the BMW and the Lexus and found that the Lexus offers far more features."
"I compared the BMW and the Lexus before buying the BMW."
"I prepared a spreadsheet to compare the fuel and cost savings between the BMW and the Lexus."

No comparison | cannot compare：经常表达观点并且相对容易处理。

"There is no comparison with the BMW when it comes to the interior space."
"The BMW cannot compare with the Audi."

但是，在一些情况下，上述形式并不表达任何情感信息，因此很难识别，例如：

"You cannot compare BMW and Lexus as they are for different purposes."
"I have no comparison results for these two cars."

256

8.5 实体与属性抽取

在第 6 章中，我们提到实体与属性抽取主要有四种方法，实体抽取也叫观点评价对象抽取。我们在这里重复介绍一下：

1. 在频繁出现的名词和名词短语中进行抽取。

2. 利用词间基于语法的关系进行抽取。有两种主要关系类型：观点词和观点评价对象之间的句法依存关系；包含实体和其部件 / 属性关系的词汇化句法模板。

3. 使用监督学习抽取。

4. 使用主题模型抽取。

这些方法仍然适用于比较句中观点评价对象的抽取。事实上，在第 6 章（常规观点句子）详细描述的方法中，第一个和第四个方法可以不修改，直接在比较句中使用。第三种方法也可以直接使用，只需要对两种类型的句子提取不同的特征。第二种方法也是适用的，只需要在两种类型句子中使用不同的句法关系。即使如此，在两类句子中抽取观点评价对象仍有很大的不同（见 6.2.1 节）。在这里我们重点陈述三种主要差别：

1. 需要对 6.2.1 节中观点和评价对象之间的关系进行拓展，因为一个比较句中会比较两个实体。因此，句子中通常不只有一个观点评价对象。例如，在 "Coke is better than Pepsi" 中，比较型观点的评价对象（better 体现的）是 Coke 和 Pepsi。很明显，这种特殊的关系可以用在属性和实体抽取上。

2. 除了特殊类型的比较句之外，一个比较句通常包含至少一个实体，一般包含两个或更多。然而常规型观点句中很可能不会提及实体，也许只用一个代词进行指代。例如，在

" I brought a Lenovo laptop yesterday. The screen is really cool" 中，第二句的观点评价对象是 screen，但是句子中没有提及这个实体属于谁。然而，一个比较句不太可能不提及任何一个实体。例如，在" I brought a Lenovo laptop yesterday. The screen is better than that of Dell"中，如果第二句话不提及 Dell，则这句话不是比较句。

3. 不同种类比较中的特殊特点可以被用来进行评价对象的抽取，这是因为不同的句式通常具有不同的句法形式，并且其中的观点（或情感）表达与观点评价对象间具有不同的依赖关系。换句话说，就是评价对象和观点之间具有特别的句法关系。例如，从 8.4.4 节中我们可以看出，以不同方式使用 compare 或者 comparison 需要依据不同的句法关系进行抽取。

为了考虑上述观察，在使用评价对象和观点间的关系进行实体与属性抽取时，我们只需要简单设计一些基于特定依存句法关系的抽取模板。这些句法关系很容易设计，所以在这里不深入讨论。显而易见的是，在基于监督学习的抽取方法中，这些依存句法关系也可以被用作特征。

8.6   小结

尽管该领域已经有一些相关的工作，但是比较型观点并没有像其他情感分析任务一样被充分研究。除去我们之前讨论的比较句及其类型识别任务，还有一些研究专注于相比较的实体、相比较的属性以及比较词抽取等任务。Jindal 和 Liu（2006b）使用了类别序列规则挖掘算法，这是一种基于序列模式的监督学习方法。Yang 和 Ko（2011）应用 ME（最大熵）与 SVM（支持向量机）学习算法进行相比较实体和属性的抽取。Fiszman 等人（2007）尝试在生物医学文献的比较句中识别实体及其属性，但是没有对比较句中的观点信息进行分析。

通常，标准比较句中包含带有 -er 和 -est 的词语以及其他与之功能类似的词语（例如 prefer 和 superior），这种类型的比较句容易分析。然而，在我看来该领域仍然存在两个挑战。第一个挑战是使用了 compare 和 comparison 的比较句。因为这两个词的使用非常灵活，识别这种句子中相比较的属性、实体和优选实体并不容易。第二个挑战是许多非标准的比较词具有多个含义。在一些语义中，它们表达比较，但是在另一些语义中不表达比较。实现准确的词义消歧目前尚有一定的困难。使用一些简单的模式处理这些任务通常也不是很有效，还需要进行更深入的研究。

第 9 章

观点摘要和搜索

我们在第 2 章讨论过，在大多数情感分析应用中，因为观点信息的主观性特点，我们仅仅看一个人的观点通常是不够的，而是需要针对许多不同人的观点进行分析和研究。为了对数量巨大的观点进行分析和理解，对观点信息进行摘要是非常必要的。第 2 章中的定义 2.14 对基于属性的观点摘要进行了定义，Hu 和 Liu（2004）与 Liu 等人（2005）也将其称为基于属性的摘要。大多数关于观点摘要的研究都是基于这个定义的。这种摘要形式也在工业界得到了广泛应用。例如，微软 Bing 和 Google 的产品搜索在其情感分析系统中使用了这种摘要形式。

通常，观点摘要可以看成多文档文本摘要的一种。NLP 领域已经对传统的文本摘要进行了广泛而深入的研究 (Das, 2007)。然而，观点摘要与传统的单文档或多文档摘要（面向客观事实性信息）相比有很大不同。这是由于观点摘要以实体、属性和针对它的情感为中心，并且是基于一定数量的统计的。传统的单文档摘要通过从长文档中抽取一些重要的句子得到一篇短文档，以此作为长文档的摘要。多文档摘要则找到多个文档之间的差异，筛除重复信息。它们既没有显式地获取文档中所讨论的不同的实体 / 主题以及属性，也不是基于统计的分析。传统文本摘要中对"重要"句子的定义是由摘要算法进行测量并抽取出来的。而观点摘要被规范地定义为一种结构化的形式（见定义 2.14）。其输出的摘要也是短文本形式的文档，但是其中包含明确的结构。

在本章中，对观点摘要进行介绍之后，我们将主题转移到观点搜索或检索。因为通用搜索引擎已经被证明是互联网中一个极其有价值的服务，所以不难想象观点搜索也是非常有用的。然而，观点搜索与传统的网页搜索并不一样，并且很难构建。理想状态下，观点搜索应该根据用户查询返回观点的摘要信息。9.6 节和 9.7 节将对现有的观点搜索算法进行介绍，其中许多算法都来源于 TREC 评测 Blog Tack。

9.1　基于属性的观点摘要

基于属性的观点摘要有两个主要特征（Hu and Liu，2004）。第一，它获取了观点的本质：观点评价的对象（实体与其属性）以及针对它们的情感。第二，它可以基于一定数量的统计，这意味着观点摘要会给出对实体和属性持有不同观点的人的数量或比例。因为观点的主观性质，所以给出具体的数量或者比例是非常重要的。观点摘要的结果就是一种结构化的摘要，其形式如 2.1 节所给的观点五元组所示。图 9-1 给出了 2.2 节中有关数码相机的观点摘要。属性 GENERAL 表示对相机实体整体上的观点。对于每一个属性（例如照片质量），该摘要分别呈现了持有正面和负面观点的人的数量。<individual review sentences>连接到实际评论或博客中的句子。因为它具有结构化的摘要形式，所以非常容易进行可视化（Liu et al.，2005）。

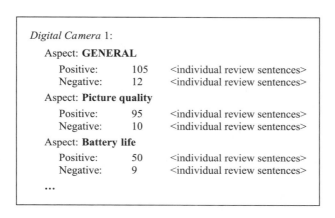

图 9-1　基于属性的观点摘要

260

　　图 9-2a 使用柱状图对图 9-1 的摘要进行可视化。在图中，每个在横轴上方的柱状部分表示针对各个属性持有褒义观点的人的数量。在横轴下方与之相对应的柱状部分表示对此属性持有贬义观点的人的数量。点击每一个柱状图，我们可以看到单独的句子和完整的评论信息。显而易见，我们也可以使用其他可视化形式，例如饼状图。

　　呈现一些实体相比较的观点摘要会更加趣（Liu et al.，2005）。图 9-2b 呈现了两个数码相机观点比较结果的可视化。我们可以看到消费者对实体（包含数码相机）不同属性维度的不同观点。

　　观点的五元组形式实际上允许提供结构性摘要的多种展现形式。例如，如果我们抽取了时间信息，则可以针对不同属性展现时间上的观点发展趋势。即使不使用情感，我们也可以看到每个属性被提及的情况（频率），这可以让用户知道人们最常使用该商品的什么属性。事实上，我们可以在整个数据库范围内，利用 OLAP 工具对数据进行细分与划分，用于各种定量与定性的分析。

　　例如，在一个汽车领域的实际情感分析应用中，单个汽车的五元组观点被首先挖掘出来。随后，用户可以在小型车、中型车、德国车、日本车等车型之间比较其情感差异。此外，情感分析的结果也可以作为输入数据，用于更深入的数据挖掘。例如，用户可以运行一个聚类算法，发现市场上有意思的用户群。经过观察，我们发现一类消费者总是讨论一个车看起来多么漂亮和车漆的光滑程度，以及开起来多么有趣，与此同时，另一类消费者总是讨论后座和后备箱的空间。很显然，第一类消费者主要是年轻人，第二类消费者基本

261

上都有了家庭和小孩。这种结论是极其有用的，这可以使用户看到市场中不同人群的观点，并且根据市场的反馈做出反应以及设计生产计划。

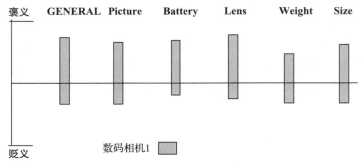

a）针对数码相机的基于属性的观点摘要可视化

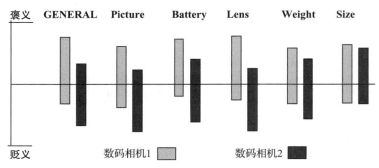

b）两个数码相机观点比较结果的可视化

图 9-2　基于属性的观点摘要可视化

基于属性的摘要已经变成情感分析研究中主要的摘要框架。例如，Zhuang 等人（2006）使用它对电影评论进行摘要。Ku 等人（2006）使用它对中文文本观点进行摘要。Blair-Goldensohn 等人（2008）使用它对服务评论进行摘要。我们将在此后的 9.2 节、9.3 节和9.4 节介绍在该主题上的其他研究工作。

基于属性的摘要在工业界也有广泛的应用。例如，图 9-3a 呈现了有关微软 Bing 商店所售卖的打印机的观点摘要，其中深灰色条描述了针对该属性的褒义观点的百分比。如果我们点击该条（例如，属性 Speed），会看到相对应的观点句子。图 9-3b 呈现了关于从谷歌产品搜索得到的相机的观点。每一个深灰（浅灰）条展示了关于左侧属性的正面（负面）观点。点击一个属性或者条，系统也会展示相对应的观点句子。不幸的是，系统不能像图 9-2b 那样对多产品的观点进行可视化的比较，这是该系统的一个主要不足。没有逐项的比较，用户很难确切地知道哪个产品更好。

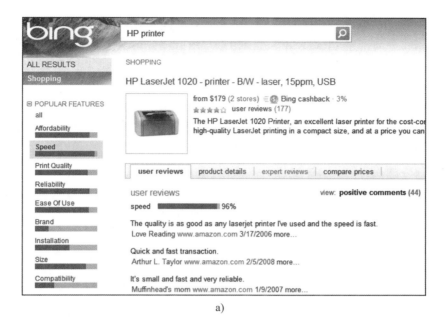

图 9-3 （a）Bing Shopping 和（b）Google Product Search 的观点摘要结果

9.2　基于属性的观点摘要进阶

近些年，研究人员针对基础的基于属性的摘要算法给出了许多改进方法。Carenini 等人（2006）将两种传统的针对事实文本的摘要方法应用于基于属性的摘要任务上，这两种方法分别是句子选择（抽取）与句子生成。我们首先讨论基于句子选择的观点摘要方法。

系统首先使用 Hu 和 Liu（2004）的方法在评论文本中识别一个特定实体（例如：产品名）中所有被提及的属性词。然后将所提及的属性词映射到一些已经给定并整理好的属性本体上。然后根据用户对其表达的情感强度对该本体上每个被提及的实体或属性进行打分。包含商品属性的句子也被抽取出来。根据句子中属性的得分对每一个句子打分并排序。如

262
～
263

果多个句子有相同的打分，则他们就利用一个传统的基于类别中心的句子选择方法对这些句子进行重新打分与排序（Radev et al.，2003）。所有相关句子在本体上都与它们相对应的属性进行关联。基于句子的得分情况，该方法会针对每个属性选择出一些得分高的句子作为针对该属性的摘要。

　　基于句子生成的观点摘要方法是类似的。首先，该方法基于该属性在评论中出现的频率、情感强度与在本体中的位置对每属性进行打分。对该本体中的属性进行选择，同时计算针对该属性褒义和贬义的情感倾向。基于筛选出的属性及其情感，利用一个语言生成器生成针对该属性的摘要句子，这些句子可以是定性的，也可以是定量的。

　　用户的评价被用来评估这两种方法的有效性。结果表明，其总体效果是一样的，但是各自也有各自的优势。句子选择方法能针对不同的语言给出摘要信息，同时包含更多的细节，另外，句子生成方法能针对整篇评论给出更好的情感综述。

　　Tata 和 Di Eugenio（2010）针对歌曲评论，给出了一种与 Hu 和 Liu（2004）类似的摘要方法。不同的是，针对每一个属性和其情感（褒义的或贬义的），他们首先选择一个在句子簇中最具有代表性的句子。这个句子应该尽量提及最少的属性信息（因此这个句子是聚焦的）。在此之后，他们使用一个领域本体将句子映射到该本体的节点上，从而将句子排序。这里需要说明的是，本体主要针对关键的领域概念以及概念之间的关系进行建模。根据本体的结构信息，句子被有序地整合成一个段落，这样可以保证该段落中的概念具有一致性或连贯性。

　　Lu 等人（2010a）也使用了一个在线的实体与属性的本体来组织和汇总观点。他们的方法与之前的两个方法相似，但是也有不同。他们首先抽取了那些包含主要观点的属性。这个选择基于频率、观点覆盖（去除冗余信息之后）或条件熵。在这之后，他们根据属性和句子的语义一致性，对与该属性相关的句子进行排序。这一方法可以较好地优化句子的排序，使得排序结果尽量与这些属性在原始评论帖子中出现的序列保持一致。

　　Ku 等人（2006）针对博客文本进行了观点摘要，基于所抽取的主题信息以及针对每个主题的情感信息，其方法可以产生两种摘要：简要摘要与详细摘要。就简要摘要来说，这一方法获取了包含大量褒义或贬义情感句子的文档或文章，然后使用该文章标题来表达这些褒义或贬义主题句子的摘要。与简要摘要不同，详细摘要不仅会列举出对主题信息表达了褒义与贬义的句子，并且会列出句子情感的等级。

　　Lerman 等人（2009）使用了一个稍微不同的方法对观点摘要进行定义。给定一个包含目标实体的观点的文档集 D（例如评论文本），观点摘要系统的目标是生成针对那些重要的、有代表性的实体的摘要 S。这个文章给出了三种不同的模型，这三个模型都是从评论文本中选择一些句子，从而生成一个针对产品评论的摘要。第一个模型叫作情感匹配（Sentiment Match，SM），这个模型抽取一些句子，从而使摘要的平均情感与针对该实体评论的平均用户评分尽可能地接近。第二种模型叫作情感匹配与属性覆盖（Sentiment Match + Aspect Coverage，SMAC），这个方法的目标是生成一个摘要，该摘要主要是在重要属性的覆盖最大化与针对该实体的整体情感的匹配度之间寻找一个折中。第三个模型叫作情感属性匹配（Sentiment-Aspect Match，SAM），这个模型不仅尝试覆盖重要的属性，并且通过考虑情感信息更加适配地覆盖这些属性。该方法通过用户的综合估计来评价比较这三个模型。经过评估发现，尽管 SAM 模型是最好的，但其提升效果并不明显。

Nishikawa 等人（2010b）提出了一个更精致复杂的摘要技术，这个技术对多个评论文本得到的句子进行选择和排序，从而生成一个传统的文本摘要，并且还考虑到了所生成摘要的信息量与可读性。其中，信息量被定义为每一个属性－情感对出现的频率之和，可读性被定义为所生成句子序列的自然度，这是以序列中相邻句子之间的连通性之和作为度量的。然后通过优化算法得到这两个结果。具体地，作者使用整数线性规划进行求解（Nishikawa et al.，2010a）。

Ganesan 等人（2010）提出了一个基于图模型的方法进行观点摘要的生成。此外，Yatani 等人（2011）对形容词－名词对进行抽取，以此作为摘要。

在更高级的分析中，所生成的摘要应该包括观点的原因以及限定条件。但是，在这个级别上抽取和进行观点摘要的相关工作还很少。在整体观点摘要中有一种包含了这两种信息的简单摘要生成方法，这个方法先分别对观点的原因与条件进行抽取和聚类，然后系统呈现主要的观点原因（在产品评论中，表现为所评价产品的问题）和条件。观点原因出现的频率通常比较高，相对来说，观点限定条件很少出现，也很难识别。

我们仍然可以使用图 9-2 可视化这类摘要，在图中，当我们点击一个表示褒义或贬义的条时，系统可以根据原因、所聚类的大小展现观点的原因和条件。

265

9.3　可对照的观点摘要

一些学者通过寻找可对照的观点来研究观点摘要问题，例如，一个评论家可能对一部手机的音质给出如下褒义观点：" The voice quality of the iPhone is really good"。但是另一个评论家可能持有相反的观点：" The voice quality of my iPhone is very bad"。这种组合可以给读者一个非常直观的可比较的观点。

这个问题由 Kim 与 Zhai（2009）提出。给定一个褒义观点与贬义观点的集合，他们通过在集合中抽取出 k 个可对照的句子对来生成可对照的观点摘要。当观点句 x 与观点句 y 针对同一属性，但是具有不同的情感倾向时，句子对 (x, y) 被称为可对照的观点句对。选择的 k 个句子对必须既表达了褒义的情感，也表达了贬义的情感。他们将摘要的生成规范化为一个最优化问题，并且用一些相似度计算方法来计算句子之间的相似度，从而解决这一问题。

Paul 等人（2010）对这一问题进行了更深入的研究。他们的算法同时生成一个宏观和一个微观的多视角观点摘要。宏观多视角摘要包含多种不同观点的句子集合。微观多视角摘要包含可对照的句子对集合（每一个句子对包括表达两个不同观点的句子）。其中的算法分两步。第一步，使用主题模型对主题（属性）与情感信息进行抽取。第二步，基于句子对中两个句子的典型性与对比性，使用随机游走策略（与 PageRank 相似；Page et al.，1999）对可对照观点中的句子以及句子对进行打分。基于同样的技术路线，Park 等人（2011）针对新闻文本，提出了一种生成可对照观点的新方法。

Lerman 与 McDonald（2009）重新定义了可对照摘要问题。他们的目标是产生关于两个不同产品的可对照观点，这样可以突出用户针对两个产品的观点上的差别。他们的方法对两个产品的摘要任务进行联合建模，目标是优化所产生的摘要，使得摘要之间的联系最大化。

9.4　传统摘要

[266]

　　一些研究人员将观点摘要问题当作传统摘要任务进行研究，例如，在有限地考虑或者根本不考虑属性（或主题）以及针对这些主题的情感的前提下，直接生成一个短的文本摘要。Beineke 等人（2003）提出了一个从评论中选择重要句子的监督学习方法。Seki 等人（2006）提出了一个针对相同任务的段落聚类算法。

　　Wang 和 Liu（2011）研究了从会话中抽取观点摘要的问题（选择重要句子）。他们实验了传统的句子排序以及基于图的排序方法，该方法同时也考虑了如主题相关、情感、会话结构等其他特征。

　　传统摘要的不足之处在于其很少或者根本不考虑目标的实体，以及针对这些实体所发表的观点情感信息。因此，它们可能会抽取出与情感或目标属性不相关的句子。另一个问题是这种摘要不会给出定量的结果。在我们先前的讨论中，给出一个定量描绘在实际应用中是非常重要的，因为 10% 的人讨厌的东西与 80% 的人讨厌的东西是非常不一样的。

9.5　比较型观点摘要

　　基于 8.1 节中对比较型观点的定义，比较指的是优选的顺序。因此用基于图的摘要是非常适合的。在图中，每一个节点都是一个实体（例如，产品和商业），两个节点间的有向边表达了挖掘得到的两个节点间的优选顺序。一条边可以连接两条信息。第一条是被比较的两实体间相比较的属性信息，第二条是针对这个属性所持的比较型观点中褒义观点所占的比重。因为两个实体间会针对多个属性进行比较，所以节点间也可能会有多条边，同时，这些边的方向也会有所不同。相比较观点的原因与观点的条件也会与该边相关联。

　　然而，针对这一任务的已有研究非常少。Li 等人（2011c）尝试使用一个相似但是简单的方法处理这个问题。在未来的研究和应用中，我们应该着重研究如何对比较型观点进行摘要和摘要展现这一问题。

9.6　观点搜索

　　我们现在讨论观点搜索或检索问题。与传统网页搜索类似，观点搜索也具有很大的用处。无论何时，当你想寻找针对一个实体或者主题的观点时，你仅仅需要将这个实体或者主题的名字输入搜索引擎进行查询即可，搜索引擎会返回这个观点的摘要，同时给出观点的原因。然而，不幸的是，这个理想的方案距离实现仍然有很远的距离，如同之前的章节中讨论的那样，其中还具有很多挑战。

[267]

　　通常情况下，在实际应用中有两类观点搜索的类型。

　　1. 寻找针对特有实体或者实体中某个属性的大众观点。例如，一个数码相机或这个相机的照片质量、政治候选人或者政治相关的问题。

　　2. 寻找特定人物或者组织（观点持有者）针对一个特定的实体属性（主题）的观点。例如，贝拉克·奥巴马对于流产的观点。这种搜索通常与新闻文章相关，新闻中独立的个人或者组织显式地表达了一个清晰的观点。

对第一种搜索来说，用户仅需要简单地将实体的名称或者实体与属性的名称作为输入查询。对于第二种方法来说，用户需要将观点的持有者作为输入查询。

与网页查询相似，观点查询需要执行两个主要任务：根据用户提交的查询检索相关文档和句子；对检索出的文档和句子进行排序。然而，和传统检索任务相比，观点检索还是有一些不同。在检索方面，观点查询需要执行下面两个子任务。

1. 寻找与查询相关联的文档和句子。这是传统搜索中执行的唯一任务。

2. 识别检索到的文档和句子是否针对查询主题表达了观点，并识别该观点是褒义还是贬义的。这属于情感分析任务，在传统搜索中是没有的。

在排序方面，传统搜索引擎基于网页权威性以及相关性得分对网页进行排序（Liu，2006，2011）。这种方法的基础前提是排序最高的页（第一页最理想）包含能满足用户需求的充足信息。这种方式非常适合用于事实性的信息检索，因为一个事实与多个相同事实的作用是一样的。换句话说，如果第一页包含用户需要的信息，那么就没必要看剩余的页面。对于观点搜索来说，这种方式只适合第二种查询，因为观点持有者对一个实体或者主题通常只有一个观点，并且这个观点只包含一个单独的文档或者页面。然而，对于第一种查询来说，因为观点查询排序的目标有两个，所以需要对这种方法进行改进。首先，我们把包含丰富观点信息的文档或者页面排在前面（见第 13 章）。其次，需要反映出褒义和贬义观点的分布情况。第二个目标非常重要。因为在实际的应用中，褒义和贬义观点的比例是信息中的关键部分。传统搜索中仅仅考虑返回的第一个结果是有问题的，因为这个结果仅仅 268表现一个观点持有者的观点。因此，观点搜索中的排序需要以摘要的形式获取整个群体的褒义和贬义观点的分布。一个简单的解决办法是产生两个排序，一个是有关褒义观点的排序，另一个是有关贬义观点的排序，并且同时显示两类观点的数量。

对于观点搜索，更理想的是为用户提供一个基于属性的摘要。然而，这是一个富有挑战性的问题。正如我们看到的，即使给出实体以及相关语料，生成基于属性的摘要仍然很困难，更不用说针对用户所提出的任意实体或主题，从一个包含针对各种实体观点的语料库中生成观点摘要。

9.7   现有观点搜索技术

现有的针对观点搜索的研究通常将该任务看成两阶段的处理过程。第一阶段，文档仅凭借主题相关度进行排序，这是传统搜索系统的方法。第二阶段，候选的相关文档依据观点得分进行重排序。观点得分可以通过基于机器学习的情感分类器，如 SVM，或者基于词典的情感分类器得到，基于词典的分类器使用一个打分函数，将情感词典中的情感词得分和情感词与 query 中的主题词相关性得分进行融合。同时，更多更深入的研究对主题相关性与观点信息进行联合建模，并且基于综合打分进行排序。

为了说明观点搜索的特点，我们呈现一个示例系统（Zhang 和 Yu，2007），该系统是2007 年 TREC 评测（http://trec.nist.gov/）Blog Track 的冠军。这个系统是一个完全的观点搜索系统，包含两个模块：第一个模块是针对每一个查询搜索主题相关的文档，第二个模块是对已经搜索的文档分类，将其分为包含观点和不包含观点的。其中包含观点的文档被进一步分成包含褒义的、贬义的或者是混合情感的观点（既包含褒义的观点，也包含贬义的观点）。

搜索模块。这个模块进行传统信息搜索（Information Retrieval，IR）任务。它使用关键词与概念。其中概念是命名实体（例如人名或机构名）或词典和其他资源（如维基百科）中的各种类型短语。对用户提出的查询的处理过程如下（Zhang and Yu，2007；Zhang et al.，2008）。首先，算法对用户所给查询中的概念进行识别和消歧，对查询进行同义词扩展。然后，系统在已经搜索到的文档里进行概念识别，从排名靠前的几篇文档中抽取相关词，并进行伪相关反馈，从而进行查询扩展。最后，基于扩展后的概念与关键词，计算查询与每个文档间的语义相似度。

观点分类模块。这个模块执行两个任务。将每个文档分成两类：包含观点的文档与不包含观点的文档；对包含观点的文档进行分析，看其是包含褒义的、贬义的还是混合类型的观点。系统对于每一个任务都采用监督学习的方法，训练一个 SVM 分类器。关键是训练数据如何获取。对于第一个任务，系统从如 rateitall.com 和 epinions.com 的评论网站中获取大量包含观点的（主观）训练数据。数据的范围涵盖消费品与服务、政府政策与政治观点等不同领域。不包含观点的数据从类似于维基百科这种提供客观信息的网站获取。

采用如下策略处理上述分类器，用以识别包含观点信息的文档。首先，文档被分成句子。然后利用 SVM 分类器将每一个句子分成包含观点的与不包含观点的类别。如果一个句子被 SVM 识别为包含观点信息的，则该句子在该篇文档中的重要度也被记录。当一个文档中至少有一个句子被识别为包含观点的句子，这个文档就被认为是包含观点的。为保证句子的观点是针对用户所查询的主题的，系统要求在该句子范围内要出现足够多的查询概念 / 词语。被识别为包含观点信息的句子的数目、这些句子在文档中的重要度，再加上查询与文档的相似度，共同作为文档排序的依据。

为了识别一个文档中的观点是表达褒义、贬义还是混合的情感，我们可以利用具有用户评分的评论文本（例如 rateitall.com）作为训练数据训练一个分类器。得分低的评论表明该评论表达了贬义的观点，得分高的评论表明该评论表达了褒义的观点。使用这些标注了褒义与贬义倾向性的评论作为训练数据，我们可以训练一个情感分类器，将目标文档分成褒义的、贬义的或者是混合型的。

在 TREC 评测中，还有其他观点搜索方法。感兴趣的读者可以去 TREC 网站上找到相关的文章（http://trec.nist.gov/）。想要知道 TREC 评测的总体情况，读者可以参考 2006 年 TREC 中 Blog Track 的综述文章（Ounis et al.，2006）、2007 年 TREC 中 Blog Track 的综述文章（Macdonald et al.，2007）和 2008 年 TREC 中 Blog Track 的综述文章（Ounis et al.，2008）。在下面几段中，我们将讨论在其他地方发表的研究工作。

Eguchi 和 Lavrenko（2006）提出了一种基于生成式语言模型的情感搜索方法。在他们的方法中，用户首先需要输入一个查询词的集合，这个集合表示用户感兴趣的主题信息以及需要获得观点的倾向性，对于观点的倾向性，用户可以输入一个情感词的种子集合，也可以输入一个情感的极性（褒义或贬义）。他们并不将主题相关性和情感分类看作两个独立的问题，而是利用语言模型对这两个问题进行联合建模，该方法同时考虑了主题信息和情感信息之间的依赖关系，可以通过训练数据得到模型的参数。实验结果表明，考虑主题（或者属性）与情感信息之间的依赖关系比把它们分开单独处理的结果要好。Huang 与 Croft（2009）提出了一个类似的方法，他们分别利用文档的主题相关性与观点相关性对文档进行打分。最后的排序中将主题相关性与情感相关性进行线性加和作为文档的最后得分。Zhang 和 Ye（2008）将这两类相关性得分的乘积作为最后得分，相关性计算也是基于语言模型得到的。

Na 等人（2009）给出了一种基于词典的观点搜索方法。在该方法中，他们试图解决领域相关词典的构建问题。针对这一问题，他们给出了一种基于相关反馈的学习模型，利用给定查询搜索返回的前几篇文档，生成针对特定查询的情感词典。

Liu 等人（2009）利用多种词汇化和情感特征，并结合多种学习算法，进行包含观点信息的博客识别。他们也将观点分析与搜索模块相结合，对与主题相关且表达了观点的博客帖子进行识别。

Li 等人（2010a）给出了一种不同的方法。他们的算法首先从文档的句子中抽取主题与情感词对。然后建立一个双向图将包含这种对的文档联系起来。再利用基于图的排序算法 HITS（Kleinberg，1999）对文档进行排序。其中，文档被视为权重节点（authority），主题词 – 情感词对被视为中心节点（hub）。每一个边上的权重表示主题词 – 情感词对对于该文档的贡献度。

Pang 与 Le（2008b）给出了一种用于评论搜索的简单方法，这个方法使用一种新的度量方法，只对基于主题搜索结果的前 k 个结果进行重排序。这个度量方法是基于术语在原始搜索结果中的稀缺度来计算的。其基本原理在原文章中进行了详细解释。其基本假设是：搜索引擎已经能够搜索出比较好的结果，我们仅仅将排序结果根据需要进行重排序即可。这个方法是一种无监督的方法，并不需要任何已有的词典信息。

9.8 小结

传统文本摘要从长文档中抽取生成一篇短的文本，观点摘要与之不同的地方在于其需要识别属性与情感，并且需要给出定量的结果（褒义与贬义观点的比例）。到目前为止，很多研究者针对如何构建一个基于属性的摘要生成框架，用以生成结构化的观点摘要进行了大量的研究。

在一些应用中，用户们也喜欢可读性强的摘要形式。显然，这种结构性摘要形式并不适合用户阅读。尽管一些研究人员尝试解决摘要的可阅读性问题，但现有的工作仍然很不成熟。我们可以尝试使用一些语言模板，基于 9.1 节所给出的结构化摘要生成自然语言句子。例如，图 9-2b 中的第一个柱状图可以写成"有 70% 的人对于数码相机 1 持有积极观点。"然而，这并不是最适合用户阅读的句子形式。我们期望未来的研究可以生成更适合用户阅读的观点摘要，这个摘要同时对情感与商品属性进行定量的展现。然而，我们应该注意到观点摘要研究不可能单独进行。这个研究非常依赖于情感分析领域中其他研究的结果。例如，基于属性的情感分类、属性与实体的抽取。这些领域的研究需要共同推进。

观点搜索对已有商业化的搜索引擎（如谷歌和微软 Bing）来说非常有用。谷歌和微软 Bing 已经基于一些产品评论生成了观点摘要，但是覆盖度还很有限。对于那些没有覆盖到的实体与主题，搜索其观点并不容易，因为针对它们的观点信息散落在互联网上的各个角落。找到并抽取这些观点信息本身就十分困难，这是因为各种网站爆炸式增长，识别与实体和主题相关的观点还十分困难。我们还需要对此做更进一步的研究。

第 10 章

辩论与评论分析

观点文档有许多形式。到目前为止，我们都默认文档之间是相互独立的。在本章中，我们将讨论包含大量参与者交互的两类社交媒体文本：辩论/讨论和评论。这些文本中包含大量情感与观点。然而，这种媒体形式中文档的关键特点是文档之间存在依赖关系，这与产品评论与博客帖子那样独立的文档具有很大的不同。参与者之间的交互与讨论为对这种类型的文本进行分析提供了更丰富的信息。参与者或帖子间的关系与链接都可以被看成一种交互形式。因此，我们不仅可以针对这类文本执行在之前章节讨论的情感分析任务，还可以对其交互的特征进行分析，例如，将参与者进行分组、发现有争议的问题、挖掘支持和反对的表达、发现可对照的辩论等信息。因为辩论是参与者间通过论点和推演的相互交换，经过深思熟虑，达到其共同目标的过程，因此，研究参加辩论的参与者是能够通过有建设性的讨论真正给出有道理的可验证的论点，还是仅仅展示其武断的、以自我为中心的观点，是一项非常有趣的任务。这对于社会科学领域，如政治科学与交际的研究非常重要。这些任务的核心是分析赞同方与反对方的观点与情感，这对于后续的分析很有帮助，也是本章讨论的重点内容。

评论是针对网上的文章（新闻文章、博客帖子、综述等）、视频、图像等进行评论的帖子。本章主要讨论对在线文章的评论。评论一般包含很多类型的信息，例如，读者对文章中提到的一些东西的观点或看法、对文章作者或者其他读者提出的问题，或者是读者之间、读者与作者之间的讨论。因此，评论是点评（针对文章的）、辩论或讨论以及问题与答案的混合体。换句话说，评论比辩论包含更多的对话形式。尽管在通常情况下，文章的主题可以是任何事情，但是只有针对有争议的主题的文章才能产生大量评论。

这一章将研究对辩论和评论的现有挖掘和分析方法。它既包含针对特定问题的传统的基于监督学习的分类方法，也包括概率建模方法，以此捕获丰富的内容和复杂的用户交互信息。

10.1 辩论中的立场识别

辩论分析中一个有趣的问题是识别参与者的立场。研究者已经试图解决下面两个问题。给定一个辩论 / 讨论的主题，例如 " Did you support tax increase ？"，以及一群参与讨论者所发表的帖子集合。

1. 将参与者分类到一些提前定义好的群组中。例如，持支持立场与反对立场的人。

2. 将帖子分类到一些提前定义好的群组中。例如，一些表支持立场和反对立场的帖子。

针对这两个问题，已有方法多将参与者之间的互动关系建模为一个图，然后使用图算法处理分类任务。例如，Agrawal 等人（2003）提出了一种基于图理论的分类方法，将新闻领域某个主题的讨论组中的成员分成两类：支持这个主题与反对这个主题的人。这一方法针对的是第一个问题。这个方法最有趣的地方在于它完全没有用到讨论的文本内容。作者观察到其引用与回复的一般是对先前作者的反对意见，这可以作为群组分类的一个重要线索。该方法采用如下步骤构建图。每一个参与者都由一个节点表示，节点 i 与节点 j 的边 (i, j) 则表明参与者 i 对参与者 j 发表的帖子进行了回应。该算法会将这个图分成两个子集：F（支持）与 A（反对）。为了解决这个问题，该算法利用图上的割函数 $f(F, A)$ 对图进行划分，这个割函数用于计算从 F 到 A 的边的数量。这表明 F 与 A 的最优划分能保证 $f(F, A)$ 的值最大，这是传统图上的最大割求解问题。进而，为了更有效率地解决这个问题，他们利用一种谱分割算法对图进行划分，而不是简单地将图分成两个部分。

Thomas 等人（2006）针对第二个问题展开了研究。其研究目的是在美国国会议员席转录本中识别每个发言对立法法案的态度，即支持还是反对。这个工作在分类中主要考虑两方面因素：第一，基于传统 n-gram 特征对单个发言（与社交媒体中的帖子相似）进行分类；第二，考虑单个发言上标签间的关系，发言上的标签是对话过程的专属特点。整个分类问题被建模成一个图。在图中，每一个节点表示一个发言片段，每一条边表示一个有权重的关系。这个算法包含三步。第一步是使用 unigram 训练得到的 SVM 分类器对每个发言片段进行分类。第二步是为图中满足一定约束的两节点建立链接。其中包含两种类型的约束。第一种是来自同一个演讲者的发言片段具有相同的标记。第二种是关于不同演讲者的一致性。在辩论中，一个演讲者可能提及其他演讲者，并且对其观点表达赞同或反对的态度。因此这个系统需要针对这种赞同与反对的关系进行分类。我们可以基于发言片段中所提及演讲者周围的文本特征训练一个 SVM 分类器。类别标签（赞同或反对）是通过双方是否投相同的票来确定的。SVM 分类的输出概率值可以用来在图中添加更多的边和链接。最后一步则将其看作一个寻找图最小割的优化问题。

Murakami 与 Raymond（2010）提出了另一种基于图的参与者分类方法，这一方法利用参与者之间的应答关系以及一些本地信息来构建图。其中本地信息包括：两个参与者在交互过程中赞同、反对以及无意见的次数。这三个指标被线性地合并起来，作为两个参与者之间的链接权重。然后，作者使用一个图的最大割算法对支持者和反对者进行划分。

Galley 等人（2004）的早期工作将帖子分为赞同、反对、反馈及其他类型。他们也使用基于贝叶斯网络的分类算法，利用传统特征，并结合帖子间的关系特征（在文章中称作依赖关系）对目标帖子进行分类。使用贝叶斯网络能够帮助建模帖子间的依赖关系，例如：

如果发言者 B 反对 A，那么 B 很可能在其下一条评论中反对 A。

上述这些方法主要利用帖子之间以及参与者之间的关系信息，并结合传统特征来解决这一问题。可以将它们看作一种协同分类问题（Sen et al.，2008）。协同分类是针对这一问题进行建模与求解的一种关系学习框架。一些现有的学习算法可以用来解决协同分类问题。这些算法通常是基于图 $G=(V,E)$ 的，其中 $V=\{V_1, \cdots, V_n\}$ 是节点的集合，V_i 是一个带有值域的随机变量，这个值是一个类别标签的集合 $C=\{C_1, \cdots, C_k\}$。每一个节点会与一个特征集合 $F=\{F_1, \cdots, F_m\}$ 相关联。E 是边的集合，并且每一条边 (V_i, V_j) 表示一种关系。V 可以进一步分成两种节点的子集：带标签的节点 L 与未带标签的节点 U。这个任务就是预测集合 U（包含于 V）中每一个未带标签的节点上的标签。

解决这个问题的一个简单的机器学习算法是 ICA（Iterative Classification Algorithm，迭代分类算法）。传统的基于实例的分类方法通常只考虑每个实例或样本中自己的特征，与之不同的是，ICA 算法会考虑当前节点和其邻居节点之间的关系特征。这个算法需要进行多次迭代，每个目标节点的标签及其关系特征会在分类过程中更新和变换。我们在 6.4 节中对 ICA 方法进行了详细描述，感兴趣的读者可以移步 6.4 节。

除了 ICA 算法之外，还有研究者基于马尔可夫随机场，利用置信传播（loopy belief propagation）算法以及平均场（mean-field）方法对该问题进行求解（Kindermann and Snell，1980）。Burfoot 等人（2011）基于国会投票数据，比较了这种方法与 Thomas 等人（2006）提出的最小割方法的性能。其结果显示，马尔可夫随机场与平均场方法具有更好的效果。

Somasundaran 与 Wiebe（2010）使用传统的监督学习方法来解决参与者的立场分类问题。他们特别利用情感词典与表示辩论的文本表达特征。表示辩论的文本表达特征是首次用到，具体如下。

辩论词典特征：这些特征的生成过程如下，他们首次利用一个带有主观标注的辩论信息的语料（Wilson and Wiebe，2005）来构造辩论词典。然后，对于帖子中的每一个句子，该算法都会找到所有褒义与贬义的表示辩论的文本表达，并且识别其倾向性。然后给其中每一个表征内容的词语（名词、动词、形容词与副词）都打上 ap（褒义）标签或 an（贬义）标签。

表示辩论的情态动词特征：例如 must、should 与 ought 这些情态动词对于辩论来说是很好的指示词。对于句子中的每一个情态动词，按照情态动词与主语以及宾语的三种结合方式产生三种特征。

基于情感的特征：这个特征基于 Wilson 等人（2005）所给出的主客观词典，这个词典不仅包含褒义与贬义情感词语，也包含许多例如 absolutely、amplify、believe 与 think 等中性词语。

除了监督学习，非监督学习的方法也可以用来解决这个问题。Somasundaran 和 Wiebe（2009）给出了一种非监督学习的方法，该方法利用情感分析识别用户在产品讨论中的立场，这与意识形态的讨论是完全不同的。该方法首先做的是挖掘每一方所偏向的对象与针对该对象的观点信息。然后，将这个信息和一些语篇信息通过一个整数线性规划框架整合起来，应用于立场分类任务。

Abu-Jbara 等人（2012）试图解决一个与之相关但略有不同的问题。他们将讨论的参与者分成不同的子组。他们所采用的技术也基于情感分析与非监督学习方法。其核心思想是寻找观点（态度）与所评价的对象，观点的评价对象可以是一个实体或者另一个参与者（讨论者）。该工作针对评价对象抽取问题给出了两个方法。第一个方法与 Hu 和 Liu（2004）提出的方法相似，寻找高频名词短语作为观点评价对象。第二个方法使用一个命名实体识别系统来识别命名实体。"观点评价对象 – 观点"对的抽取也是基于 Zhuang 等人（2006）和 Qiu 等人（2011）所提出的词间依存句法关系。之后，每一个参与者都由其态度轮廓表示，其中态度轮廓是一个向量，这个向量包含讨论者针对每一个评价对象所表达出的褒义与贬义态度的数量。基于这个向量应用聚类算法，能够找到立场一致的团组。Abu-Jara 等人（2013）进行了进一步研究，他们的任务是确定如何对讨论中的参与者进行划分。

另一个相关工作针对讨论中的对话与语篇问题进行研究，包括权威识别（Mayfield and Rose，2011）、基于参与者帖子贡献的参与者特征分类（Lui and Baldwin，2010）、对话行为分割与分类（Boyer et al.，2011；Morbini and Sagae，2011）、对话行为分类（Kim et al.，2010）与线程语篇结构预测（间断链接与对话行为）（Wang et al.，2011）等。然而，这些任务都与情感没有关联。在下一节，我们会看到对话行为与主题可以被建模在一个单独的框架中，这个框架可以用来识别表明这些对话行为的语言表达。

10.2   对辩论、讨论进行建模

在线辩论、讨论的论坛规则允许参与者就感兴趣的问题自由地提出与回答问题。在这之中，参与者可以针对任何主题发表自己的观点，并且就感兴趣的问题展开讨论。讨论大部分是关于社会、政治与宗教问题的。关于这种问题的讨论会很激烈，参与者有观点的交锋。这种在社会与政治问题上开展的有关意识形态问题的讨论对社交与政治科学领域有现实意义，这使得社会科学领域的研究者有机会研究实际生活中的问题，并且可以在最大程度上分析参与者的表现。在这一节，我们将主要讨论交互性社交媒体（Mukherjee and Liu，2012c；Mukherjee et al.，2013c）的建模问题。在一个给定的辩论 / 讨论帖子集合中，我们的目标如下：

1. 发现人们表达赞同（例如"I agree"与"you're right"）与反对（例如，"I disagree"与"you speak nonsense"）常使用的文本表达形式。这可以帮助生成表达赞同与反对的词典，对许多辩论分析任务都很有用。

2. 发现有争议的主题与问题，特别是那些大多数参与者都反对的问题。这一点是非常重要的，因为大部分社交媒体的讨论都集中在这些有争议的问题上。这些问题的相关应用需求也很丰富。例如，在一个政治选举中，需要将投票者分成不同的阵营，并且识别投票者的政治立场和倾向性。对于政治候选人来说，了解这些情况是非常重要的。

3. 发现针对某一问题进行讨论的参与者间的交互关系。这种交互关系指的是进行讨论或辩论的双方是观点一致的还是存在分歧的。

4. 识别讨论中宽容的与不宽容的参与者。宽容是讨论过程中的一个心理现象，也是交际领域中的重要概念。这是深思熟虑的一个子方面，是指参与者之间通过对一个问题的批判性思考和理性的观点交换，以达成一致或寻求解决方案（Habermas，1984）。

尽管表示赞同与不赞同的文本表达与传统的情感表达（词语或短语）有一定的区别，情感表达如 good、excellent、bad 与 horrible，但表示赞同或不赞同的文本表达也会明显地表达一种情感信息。这种情感通常在观点互动交流的过程中发出。我们这里引入 AD- 情感（Agreement-Disagreement sentiment）的概念，并且将针对辩论的分析看作传统情感分析的一种扩展。一般地，表示赞同的文本表达被定义为褒义的情感，表示不赞同的文本表达被定义为贬义的情感。因此，表示赞同与不赞同的文本表达属于 AD- 情感表达的类型，或者称之为 AD- 表达。AD- 表达概念的提出对辩论分析具有推动意义。

Mukherjee 和 Liu（2012b）与 Mukherjee 等人（2013c）针对上述问题，给出了三个基于统计的图模型。第一个模型叫作联合主题表达模型（Joint Topic-Expression，JTE），该模型对主题信息与 AD- 表达进行联合建模。因此这一模型可以为讨论主题与 AD- 表达的联合抽取提供一个一般性的抽取框架。他们的模型使用了基于最大熵的先验信息，以将主题与 AD- 表达进行区分。然而，这种模型没有考虑到讨论或辩论过程中的一个关键特征：作者引用或提及其他作者的观点，并且针对其观点表达出了反对与赞同的意见。换句话说，就是作者的回复动作使作者和主题之间存在交互关系。为了考虑这种交互关系，作者在 JTE 的基础上给出了 JTE-R 的扩展模型。此外，还提出了另一个模型（JTE-P）来考虑作者之间的关系结构。 `278`

10.2.1　JTE 模型

JTE 对主题信息和 AD- 表达进行联合建模。它是一种生成式模型，将文本中的词和短语看作随机变量。每一篇文档都被视为一个基于 n-gram 的袋子，并且每一个 n-gram 都来自一个预定义的词表。对于 4-gram 来说，在 JTE 中使用 n=1、2、3、4 的所有词串。值得一提的是，大多数与 LDA 相似的主题模型通常是基于 unigram 分布的，同时假设词之间不存在词序关系。相对于那些为了挖掘重要的 n-gram 而考虑词序的复杂模型来说，这一假设使得模型具有很高的计算优势（Wallach，2006）。JTE 模型通过处理 n-gram 保证该模型能够有效地挖掘多种文本表达，同时也保留不考虑词序带来的优势（不是 n-gram 词序）。因此，在 JTE 模型中，词与 n-gram 短语被同时考虑。

为了表述方便，从现在开始我们使用词（term）表达单词（unigram）与短语（n-gram）。我们用 $v_{1...v}$ 表示词表中的任意一个词，其中 V 是词表的大小。用 $d_{1...D}$ 表示要处理的语料（文档集合）。文档（例如讨论的帖子）d 可以表示成一个由词 w_d 表示的向量，其中该文档共有 N_d 个词。W 是该数据集可以观察到的所有词 $|W| = \sum_d N_d$。Z 表示文档中所有词的主题分配。需要说明的是，这里我们使用与 6.6 节不同的符号表示，这是为了与原文章（Mukherjee and Liu，2012b；Mukherjee et al.，2013c）的符号表示保持一致。例如，W 和 Z 在 6.6.1 节中分别是 w 与 z。

JTE 模型的主要出发点在于各种 AD- 表达（例如，赞同和不赞同）在观点辩论的帖子中通常和主题信息共现。一个典型的辩论帖子会提及一些主题（利用与主题相关的词），以及通过一个或多个 AD- 表达（在语义上表示赞同或不赞同的文本表达）来表达一些观点。基于上述观察结果，在该模型生成文档的过程中，文档通常被表示为潜在的主题信息与 AD- 表达的一种随机混合。每一个主题或者 AD- 表达都基于词的分布。 `279`

假设我们在语料中有 $t=1$，$\cdots$，T 个主题与 $e=1$，$\cdots$，E 种表达类型。在讨论 / 辩论的论坛中，Mukherjee 和 Liu（2012）假设 $E=2$，即在这样的论坛中，可以找到两种表达类型：赞同与反对。然而，JTE 与其他模型都是通用的，可以应用在任意数量的表达类型上。

$\psi_{d,j}$ 表示 $w_{d,j}$ 是一个主题词的概率，$r_{d,j} \in (\hat{t}, \hat{e})$ 是一个二值变量，它表示 d 中第 j 个词是主题词还是表示 AD-表达。$z_{d,j}$ 表示 $w_{d,j}$ 所属的主题或者 AD-表达的类型。JTE 假设主题符合一个多项式分布，并使用矩阵 $\Theta_{D\times T}^{T}$ 表示该分布的参数，这个矩阵中的元素 $\theta_{d,t}^{T}$ 表示文档 d 属于主题 t 的概率。为了简化符号表示，我们在后面取消后一个下标（本例中是 t），并且用 θ_{d}^{T} 表示矩阵 Θ^{T} 的第 d 行。同样地，我们使用矩阵 $\Theta_{D\times E}^{E}$ 表示 AD- 表达的主题分布情况，也假设其符合一个多项式分布。与每个主题相关的词的分布情况也符合一个多项式分布，并通过矩阵 $\Phi_{T\times V}^{T}$ 表示，矩阵中的元素 $\varphi_{t,v}^{T}$ 表示从主题 t 生成 v 的概率。同样地，与每一个 AD-表达类型相关联的词也符合多项式分布，并通过矩阵 $\Phi_{E\times V}^{E}$ 表示。

我们现在给出 JTE 的生成过程（见图 10-1）。

1. For each AD-expression type e, draw $\varphi_e^E \sim Dir(\beta_E)$
2. For each topic t, draw $\varphi_t^T \sim Dir(\beta_T)$
3. For each forum discussion post $d \in \{1\ldots D\}$:
   i. Draw $\theta_d^E \sim Dir(\alpha_E)$
   ii. Draw $\theta_d^T \sim Dir(\alpha_T)$
   iii. For each term $w_{d,j}, j \in \{1\ldots N_d\}$:
      a. Set $\psi_{dj} \leftarrow MaxEnt(x_{d,j}; \lambda)$
      b. Draw $r_{d,j} \sim Bernoulli(\psi_{dj})$
      c. If ($r_{d,j} = \hat{e}$)　　　// $w_{d,j}$ is an AD-expression term
         Draw $z_{d,j} \sim Mult(\theta_d^E)$
         else // $r_{d,j} = \hat{t}$, $w_{d,j}$ is a topical term
         Draw $z_{d,j} \sim Mult(\theta_d^T)$
      d. Emit $w_{d,j} \sim Mult\left(\varphi_{z_{d,j}}^{r_{d,j}}\right)$

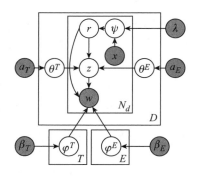

图 10-1　JTE 模型的盘式记法图。阴影和非阴影节点分别表示观察变量和潜在变量

最大熵（Max-Ent）模型用来设置 $\psi_{d,j}$。Max-Ent 模型中的参数可以通过少量标记过主题或 AD- 表达的词进行学习，与 Zhao 等人（2010）使用的方法类似，其模型输出可以作为先验知识。这个想法的基本出发点是：表示主题与 AD- 表达的词通常在句子中具有不同

的句法角色，表示主题的词（例如，U. S. Senate、sea level、marriage、income tax 等）大部分是名词或名词短语，而表示 AD-表达的词（例如，I refute、how can you say、probably agree 等）通常包括代词、动词、限定词以及情态动词。为了利用 POS 标记信息，在模型中，我们将 $\psi_{d,j}$（指标变量 $r_{d,j}$ 的先验）放在表示词的框中（见图 10-1）。我们可以以观察到的 $w_{d,j}$ 的上下文 $x_{d,j}$ 作为特征，训练一个最大熵分类器，从而得到该值。这一最大熵分类器是判别式的，其特征可以基于任意定义在上下文信息 $x_{d,j}$ 的特征函数中得到，训练得到的特征权重是 λ。在 Mukherjee 和 Liu（2012）中，作者将词 $w_{d,j}$ 之前、当前与下一个词性标记以及词形作为上下文特征，即 $x_{d,j} = [POS_{w_{d,j-1}}, POS_{w_{d,j}}, POS_{w_{d,j+1}}, w_{d,j-1}, w_{d,j}, w_{d,j+1}]$，对于短语性的词（n-gram），短语中所有词的词性标记以及词形都包含在特征中。要从数据中训练 JTE 模型，很难做到准确推断，我们通常采用基于 collapsed 吉布斯采样（collapsed Gibbs sampling）的近似推断（Griffiths and Steyvers，2004）。在下面几段中，我们先给出要求解的联合分布，再给出吉布斯采样的具体过程。

为了推出联合分布，我们通过所给出的生成模型，利用贝叶斯网络下的条件分布（因果关系）对联合概率进行分解 [R 表示语料库中所有词的主题（$\hat{t}$）或 AD-表达（$\hat{e}$）的分布信息]：

$$P(W, Z, R) = P(W \mid Z, R) \times P(Z \mid R) \times P(R) \tag{10-1}$$

280 ~ 281

在 collapsed 吉布斯采样过程中，θ 和 φ 被积分掉后则有：

$$P(W, Z, R) = \left[\prod_{t=1}^{T} \frac{B(n_t^{TV} + \beta_T)}{B(\beta_T)} \times \prod_{e=1}^{E} \frac{B(n_e^{EV} + \beta_E)}{B(\beta_E)} \right]$$
$$\times \left[\prod_{d=1}^{D} \left(\frac{B(n_d^{DT} + \alpha_T)}{B(\alpha_T)} \times \frac{B(n_d^{DE} + \alpha_E)}{B(\alpha_E)} \right) \right] \tag{10-2}$$
$$\times \left[\prod_{d=1}^{D} \prod_{j=1}^{N_d} p(r_{d,j} \mid \psi_{d,j}) \right]$$

其中，$p(r_{d,j} \mid \psi_{d,j}) = (\psi_{d,j,\hat{t}})^u (\psi_{d,j,\hat{e}})^{1-u}$；$u = \begin{cases} 1, r_{d,j} = \hat{t} \\ 0, r_{d,j} = \hat{e} \end{cases}$，Max-Ent 模型的输出概率是由下式得到的（y 是预测 / 类变量）：

$$\psi_{d,j,\hat{t}} = p(y = \hat{t} \mid x_{d,j})$$
$$\psi_{d,j,\hat{e}} = p(y = \hat{e} \mid x_{d,j})$$
$$p(y \mid x_{d,j}) = \frac{\exp(\sum_{i=1}^{n} \lambda_i f_i(x_{d,j}, y))}{\sum_{y \in \{\hat{t}, \hat{e}\}} \exp(\sum_{i=1}^{n} \lambda_i f_i(x_{d,j}, y))}$$

$\lambda_{1......n}$ 是在 Max-Ent 模型中学习到的与 n 元特征函数 $f_{1......n}$ 相对应的特征权重参数。$n_{t,v}^{TV}$ 与 $n_{e,v}^{EV}$ 分别表示分配到主题 t 与表达类型 e 的词 v 的数量。$B(.)$ 是多项式 Beta 函数 $B(\vec{x}) = \dfrac{\prod_{i=1}^{\dim(\vec{x})} \Gamma(x_i)}{\Gamma\left(\sum_{i=1}^{\dim(\vec{x})} x_i\right)}$，

$n_{d,t}^{DT}$ 与 $n_{d,e}^{DE}$ 分别表示文档 d 中分配到主题 t 与 AD-表达类型 e 的词的数量。n_t^{TV}、n_e^{EV}、n_d^{DT}、n_d^{DE} 表示相对应的行向量。

后验推断是通过吉布斯采样得到的，这是马尔可夫链蒙特卡罗（Markov Chain Monte Carlo，MCMC）方法的一种。其中，马尔可夫链被用来构造特定的平稳分布。在这个问题中，我们希望构造这样一个马尔可夫链：基于可观察的数据，能够收敛于基于 R 和 Z 的后验概率。我们仅仅需要使用 collapsed 吉布斯采样对 z 与 r 进行采样，并且 θ 和 φ 的依存关系已经在联合模型中被积分掉了。用单一下标 $\{w_k, z_k, r_k\}$，$k_{1\ldots k}$，$K = \sum_d N_d$ 表示随机变量 $\{w, z, r\}$，一个单次迭代的采样如下：

[282]

$$p(z_k = t, r_k = \hat{t} \,|\, Z_{-k}, W_{-k}, R_{-k}, w_k = v) \propto$$

$$\frac{n_{d,t-k}^{DT} + \alpha_T}{n_{d,(\cdot)-k}^{DT} + T\alpha_T} \times \frac{n_{t,v-k}^{TT} + \beta_T}{n_{t,(\cdot)-k}^{TV} + V\beta_T} \times \frac{\exp(\sum\limits_{i=1}^n \lambda_i f_i(x_{d,j}, \hat{t}))}{\sum\limits_{y \in \{\hat{t}, \hat{e}\}} \exp(\sum\limits_{i=1}^n \lambda_i f_i(x_{d,j}, y))} \qquad (10\text{-}3)$$

$$p(z_k = e, r_k = \hat{e} \,|\, Z_{-k}, W_{-k}, R_{-k}, w_k = v) \propto$$

$$\frac{n_{d,e-k}^{DE} + \alpha_E}{n_{d,(\cdot)-k}^{DE} + E\alpha_E} \times \frac{n_{e,v-k}^{EV} + \beta_E}{n_{e,(\cdot)-k}^{EV} + V\beta_E} \times \frac{\exp(\sum\limits_{i=1}^n \lambda_i f_i(x_{d,j}, \hat{e}))}{\sum\limits_{y \in \{\hat{t}, \hat{e}\}} \exp(\sum\limits_{i=1}^n \lambda_i f_i(x_{d,j}, y))} \qquad (10\text{-}4)$$

其中，$k = (d, j)$ 表示文档 d 中的第 j 个词，$\neg k$ 下标表示除 k 下标外其他词的分配情况。在下标中用（·）表示对后一项进行求和。式（10-3）与式（10-4）中的条件概率是通过在联合分布中应用链式规则导出的。在实际过程中，对 r 与 z 进行联合采样能够提高模型的收敛性，同时减少吉布斯采样器的自相关问题（Rosen-Zvi et al.，2004）。

这里给出了通过 JTE 从辩论数据集中得到的表示不赞同的 AD- 表达以及表示赞同的 AD- 表达的词、短语的列表：

1. **表示辩论的表达**，$\Phi_{Contention}^E$：disagree, I don't, oppose, I disagree, reject, I reject, I refute, I refuse, doubt, nonsense, I contest, dispute, completely disagree, don't accept, don't agree, your claim isn't, incorrect, hogwash, ridiculous, I would disagree, false, I don't buy your, I really doubt, your nonsense, can you prove, argument fails, you fail to, your assertions, bullshit, sheer nonsense, doesn't make sense, why do you, you have no clue, how can you say, do you even, absolute nonsense, contradict yourself, absolutely not, you don't understand 等。

2. **表示赞同的表达**，$\Phi_{Agreement}^E$：agree, correct, yes, true, accept, I agree, right, indeed correct, I accept, are right, valid, I concede, is valid, you are right, would agree, agree completely, yes indeed, you're correct, valid point, proves, do accept, support, agree with you, I do support, rightly said, absolutely, completely agree, well put, very true, well said, personally agree, exactly, very well put, absolutely correct, kudos, acknowledge, point taken, partially agree, agree entirely 等。

[283]

10.2.2　JTE-R 模型：对回复关系进行建模

　　JTE 模型没有考虑参与者之间的交互信息，这种交互信息能够为数据建模提供丰富的信息。在论坛中，作者直接显式地提及其他用户名，比如 @name，或引用别人的帖子来回复其他人的观点。利用这种关系能够有效提升 JTE 模型的精度。为了方便表示，我们从现在起将这两种情况都称为引用。考虑到上述回复关系，新模型称作 JTE-R（图 10-2），该模型的基本情况如下：

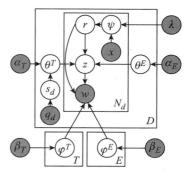

图 10-2　JTE-R 模型

　　观察：无论何时，帖子 d 通过引用的方式对其他帖子中的观点进行回复，d 和被 d 引用的帖子应该有相似的主题分布。

　　这种观察表明 JTE-R 模型有别于传统的主题模型，传统的主题模型没有考虑文档之间主题的交互性，也就是说它们单独处理各个文档。我们将 q_d 看作被帖子 d 引用的帖子集合。很显然，q_d 已经被观察到。将这种回复关系建模到 JTE-R 模型中，关键的挑战是以某种方式对文档 d 的主题分布进行约束，即 θ_d^T 与 q_d 中的帖子的主题分布相似。详细地说，就是当推断 θ_d^T 与 $\theta_{d'}^T$ 的主题分布时，如何限制 θ_d^T，使其与 $\theta_{d'}^T$ 相似（$d' \in q_d$，即约束文档的主题分配），其中 $d' \in q_d$ 是潜在和未知的先验。为了解决这个问题，Mukherjee 和 Liu（2012）设计了如下基于狄利克雷分布的有效特征：

284

　　1. 因为 $\theta_d^T \sim Dir(\alpha_T)$，我们有 $\sum_t \theta_{d,t}^T = 1$。因此，这使得 θ_d^T 成为一个具有相同狄利克雷分布的基本度量。

　　2. 同时，符合狄利克雷分布的每个维度上的期望值与其基本度量成正比。即，取 $(X_1 \ldots\ldots X_n) \sim Dir(\alpha_1 \ldots\ldots \alpha_n)$ 的矩，我们可以得到 $E[X_i] = \dfrac{\alpha_i}{\sum \alpha_i}$，即 $E[X_i] \propto \alpha_i$。

因此，为了使一个帖子 d 的主题分布与其回复或引用的帖子（即 q_d 中的帖子）的主题分布相似，我们需要上述基本度量，这些度量指标控制着与 θ_d^T 中每一个主题维度相关的度量值。一种得到上述基本度量的方法是依据 $\theta_d^T \sim Dir(\alpha_T s_d)$，其中 $s_d = \sum\limits_{d' \in q_d} \theta_{d'}^T / |q_d|$（$q_d$ 中帖子期望的主题分布）。对于那些没有引用其他帖子的帖子，我们可以将上式简化为 $\theta_d^T \sim Dir(\alpha_T)$。

　　对于基于狄利克雷基本度量的模型，由于现有帖子与被引用的帖子之间存在主题的交互，对其进行采样是十分困难的。具体地，文档主题分布 θ_d^T 已经不再是一个简单的、可预测的分布；当采样 z_n^d 时，需要考虑与文档 d 具有引用关系的被引用文档以及其主题分布情况，这是因为文档 d 中 z_n^d 的采样分布必须考虑其对整个模型的联合概率的影响。然而不幸的是，这对于一个大语料库来说在计算上是非常复杂的。

　　为了绕开这个问题，我们可以使用序列化的蒙特卡罗方法（Canini et al., 2009），基于回复关系网络对文档进行层次化采样。或者通过更新原始平滑参数（α_T）逼近吉布斯采样分布，从而得到被引用文档 $(s_{d,t}, \alpha_T)$ 期望的主题分布，其中 $s_{d,t}$ 是基本度量的第 t 个部分，s_d 在采样过程中被实时计算出来。Mukherjee 和 Liu（2012）采用了后一种方法（见式 10-5）。实验表明近似方法效果更好。当 $z_k^d = t$ 时，JTE-R 的逼近吉布斯分布由下式给出：

$$p(z_k = t, r_k = \hat{t} \mid Z_{-k}, W_{-k}, R_{-k}, w_k = v) \propto$$

$$\frac{n_{d,t-k}^{DT} + s_{d,t}\alpha_T}{\sum\limits_{t=1}^{T}(n_{d,t-k}^{DT} + s_{d,t}\alpha_T)} \times \frac{n_{t,v-k}^{TV} + \beta_T}{n_{t,(\cdot)-k}^{TV} + V\beta_T} \times \frac{\exp(\sum\limits_{i=1}^{n}\lambda_i f_i(x_{d,j}, \hat{t}))}{\sum\limits_{y \in \{\hat{t}, \hat{e}\}}\exp(\sum\limits_{i=1}^{n}\lambda_i f_i(x_{d,j}, y))} \qquad (10\text{-}5)$$

发现辩论点：在模型结果的基础上，我们可以识别辩论的焦点，也就是发现那些表达了辩论或不赞同的主题词。基于估计得到的 θ_d^T，可以用如下方式使用 JTE 和 JTE-R 模型。

给出一个有争议的帖子 d，算法首先根据 d 的主题分布 θ_d^T，选择其中前 m 个主题。T_d 表示 d 中前 k 个主题集。然后，对每一个不赞同的文本表达 $e \in d \cap \varphi_{Disagreement}^E$，我们在 d 中 e 的周围大小为 h 的窗口中根据 T_d 生成主题词。更准确地说，生成一个集合 $H = \{w \mid w \in d \cap \varphi_t^T, t \in T_d, |\,posi(w) - posi(e)\,| \leqslant v\}$，其中 posi($\cdot$) 返回 d 中词语或短语的位置索引。为了计算 $d \cap \varphi_t^T$（以及 $d \cap \varphi_{Disagreement}^E$），我们需要一个阈值。这是因为狄利克雷分布会为每一个主题 t 的每个主题词给定一个非零的概率值，这起到了平滑的作用。所以计算上述交集时，我们仅仅考虑 φ_t^T 中的词，其中每个词具有 $p(v \mid t) = \varphi_{t,v}^T > 0.001$，如果该概率值小于 0.001，其原因可能是平滑作用产生了影响，而并不是由于真正的相关性。在实际的应用中，用户可以根据需求自己设定 m 与 h 的值。在实验中，m=3、h=5 是比较合理的，因为在实际中一个帖子不可能讨论许多话题（k），并且辩论的焦点（主题词）应该与辩论或不赞同的文本表达相近。实验表明，JTE-R 模型有比 JTE 模型更好的辩论点识别结果。

10.2.3　JTE-P 模型：考虑作者之间的交互关系

JTE-R 在 JTE 的基础上，通过考虑回复关系对一个帖子中的主题分布进行约束，约束其与所引用的帖子有相似的主题分布。另一个处理策略是将 θ^T 与 θ^E 的作者一一对应，这种策略可以用来对帖子之间的交互关系进行建模和估计。这个想法基于以下观察。

观察：当回复其他作者的观点时（通过 @name 或引用其他作者的帖子），作者一般直接通过对其他作者赞同或不赞同（辩论）的文本来表达自己的观点。这种交互可以在作者之间来回进行。其中所讨论的主题和 AD-表达是由作者们共同感兴趣的主题以及他们之间的交互引发的。

用 α_d 表示帖子 d 的作者，并且 $b_d = [b_{1 \ldots \ldots g}]$ 是 d 中 α_d 引用或回复的目标作者（为了简便，我们称之为目标）列表。$p = (a_d, c), c \in b_d$ 对文档 d 中的主题信息和 AD-表达进行了刻画，文档 d 中针对某一主题观点的反对或赞同意见通常会直接指向确定的目标作者。例如，如果 c 声明了一些东西，α_d 在其帖子中引用了这个声明，并且发出一些类似于"you have no clue""yes, I agree""I don't think"等表示赞同或者反对的 AD-表达。显然，这种对结构是讨论或辩论论坛中一个重要的特征。每一个对都有独有和共同讨论的主题，以及自然的交互（包括辩论、反对和赞同）。因此，这非常适合用于在作者对上与 θ^T、θ^E 相结合。而标准的主题模型并不考虑这种信息。

在 JTE 模型中加入这种对结构。新模型叫作 JTE-P，这个模型与 JTE 和 JTE-R 模型不同，它不是对文档建模，而是对作者与目标建模，假设其主题和 AD-表达符合多项式分布。在生成过程中，对于每一个帖子，作者 α_d 和目标 b_d 的集合都是可观测的。为了生成每一个词 $w_{d,j}$，目标 $c \sim Uni(b_d)$ 符合参数为 b_d 的均匀分布，从而生成一个对 $p = (a_d, c)$。然后，依赖于转换变量 $r_{d,j}$，从基于主题分布 θ_p^T 与 AD-表达类型分布 θ_p^E 的多项式中选出具有索引 z 的主题或表达类型。其中，下标 p 表示当前的分布是针对作者目标对 p 的，这个对包含了主题与 AD-表达。最终，通过主题与 AD-表达的多项式分布 $\varphi_{Z_{d,j}}^{r_{d,j}}$ 采样生成每一个词。

图 10-3 描述了与之前的过程相对应的图形化模型。

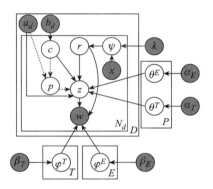

图 10-3　JTE-P 模型。注意，为了推导方便，引入了表示对的变量 p。在图中，点线表示变量 p 和其他变量之间的因果关系

显然，在 JTE-P 中，对主题与 AD-表达的挖掘是由所生成的帖子集合中基于回复关系的对结构引导的。对于后验推断，我们再一次使用吉布斯采样进行近似求解。值得一提的是，这里 a_d 是可观测的，这样的话，对于 c 采样等于对 $p = (a_d, c)$ 采样。吉布斯采样过程如下：

$$p(z_k = t, p_k = p, r_k = \hat{t} \mid Z_{-k}, W_{-k}, P_{-k}, R_{-k}, w_k = v) \propto$$

$$\frac{1}{|b_d|} \times \frac{n_{p,t-k}^{PT} + \alpha_T}{(n_{p,(\cdot)-k}^{PT} + T\alpha_T)} \times \frac{n_{t,v-k}^{TV} + \beta_T}{n_{t,(\cdot)-k}^{TV} + V\beta_T} \times \frac{\exp(\sum_{i=1}^{n} \lambda_i f_i(x_{d,j}, \hat{t}))}{\sum_{y \in \{\hat{t}, \hat{e}\}} \exp(\sum_{i=1}^{n} \lambda_i f_i(x_{d,j}, y))} \tag{10-6}$$

$$p(z_k = e, p_k = p, r_k = \hat{e} \mid Z_{-k}, W_{-k}, P_{-k}, R_{-k}, w_k = v) \propto$$

$$\frac{1}{|b_d|} \times \frac{n_{p,e-k}^{PE} + \alpha_E}{(n_{p,(\cdot)-k}^{PE} + E\alpha_E)} \times \frac{n_{e,v-k}^{EV} + \beta_E}{n_{e,(\cdot)-k}^{EV} + V\beta_E} \times \frac{\exp(\sum_{i=1}^{n} \lambda_i f_i(x_{d,j}, \hat{e}))}{\sum_{y \in \{\hat{t}, \hat{e}\}} \exp(\sum_{i=1}^{n} \lambda_i f_i(x_{d,j}, y))} \tag{10-7}$$

其中，$n_{p,t}^{PT}$ 和 $n_{p,e}^{PE}$ 分别表示对 p 匹配给主题 t 与表达类型 e 的次数。如 JTE-P 假设的那样，每一个对都有一个专有的主题与表达分布，在公式 10-6 与公式 10-7 中，对间主题与表达类型是共享的。同样值得注意的是，给出 A 作者，则有 $\binom{A}{2}$ 个可能的对。然而，实际的对的数量（即作者至少交流一次的）比 $\binom{A}{2}$ 少得多。在 Mukherjee 和 Liu（2012b）的实验数据中，总共包括 1824 个作者以及 7684 个实际的对。

对交互分类：JTE-P 的模型后验概率 θ_p^E 实际上估计了一个对的整体自然交互。也就是说，将这一概率值赋给 $e=Ag$(Agreement) 与 $e=DisAg$(Disagreement)。因为 $\theta_p^E \sim Dir(\alpha_E)$，我们有 $\theta_{p,e=Ag}^E + \theta_{p,e=DisAg}^E = 1$。因此，根据模型的后验概率，如果任何一个表达类型（赞同、反对）的概率值大于 0.5，那么这个表达类型在该数据集中是占优势的。也就是说，如果 $\theta_{p,Ag}^E > 0.5$，这个对中的作者是互相赞同或者互相反对的。然而，这种方法并不是最好的。

Mukherjee 和 Liu（2013）采用了一种监督学习方法，该方法取得了更好的结果。作者在数据中随机采样 500 个对进行标注。手工标注的结果是 320 个反对对与 152 个赞同对。剩余的对很难由人工标注，并且在评估中也没有使用。采用 φ^E 中前 2000 个 AD-表达作为特征。使用 SVM 五折交叉验证得到的赞同类别的 F 值为 0.78，反对类别的 F 值为 0.89。

10.2.4 在线讨论的容忍力分析

287
~
288
我们现在讨论一个有关辩论的重要概念：容忍力，这是一个心理现象。容忍是一种深思熟虑的表现，指的是通过仔细的思考，参与讨论者之间交换合理的论点，从而就一个问题达成共识或者得出解决方法的过程（Habermas，1984）。

Gastil（2005,2007）所给出的关于容忍力的定义是最被人们广泛接受的定义。作者将容忍力定义成通过建设性的讨论，而不是通过强迫 / 自我意识形态等手段，进行深度思维、清晰举证、充分推断和合理主张的方式。Mukherjee 等人（2013）采用了这个定义，并且使用了如下有关容忍力的特征（行为编码）（Gutmann and Thompson，1996；Crocker，2005），进而判断一个辩论参与者是否具有容忍力。

1. 相互性：每一个成员（参与者）针对一个主题提供其他人可以理解和接受的建议和判断。

2. 公开性：每一个成员的参与过程是公开的，从而使其他成员都知道他赞同谁或反对谁。

3. 责任性：每一个成员针对其不同声明或观点给出一个可接受、充分的原因。

4. 相互尊重与思域完整性：每一个成员的发言在道德上应该是可接受的，也就是说，无论是否赞同该观点，都应使用适当的语言。

过去 20 年，在交际领域中，人们已经从很多角度对容忍力的问题进行了大量研究。现有的研究主要是从定性以及社会语言学理论的角度对容忍力进行理论研究（Mukherjee et al.，2013）。

随着社交媒体的快速增长，大量在线讨论与辩论中的真实数据为研究参与者隐含的心理状态提供了一个很好的机会。他们的容忍力水平以及辩论行为，为很多领域的研究提供了基础，如交际、市场营销、政治和社会等（Moxey and Sanford，2000；Dahlgren，2005；Gastil，2005）。交际与政治学者希望这一领域的技术能够用于识别参与者在某些社会问题（经常在在线论坛上进行讨论的社会问题）上的容忍水平，从而预测选举、投票的结果，这将为赢得选举提供有力的数据保障（Dahlgren，2002）。

Mukherjee 等人（2013c）研究了在论坛中识别具有容忍力和不具有容忍力的参与者的问题。在这个分类实验中，他们手工标注 436 个政治领域参与者与 501 个宗教领域参与者，这些参与者是否具有容忍力是通过他们在 volconvo.com 论坛上的帖子来判断的。标记的标准是之前提到的"行为编码"。由于辩论、讨论过程中的复杂性与自然交互性，传统 n-gram 特征对于准确分类来说并不是很有效。

Mukherjee 等人（2013c）提出了一个叫作辩论主题模型（Debate Topic Model，DTM）的生成模型，来发现一些关键信息片段。DTM 是 JTE 模型的一种改进模型。这些信息片段被用来从 DTM 估计的潜在变量中生成一组新的特征，这些 DTM 中的变量可以捕获讨论中的参与者在心理上的容忍能力。这些特征包括词语、基于词性的 n-gram、表明容忍或非容忍的因素、AD-表达、全体参与者本身的辩论能力、行为回应，平等对话与话题转变等。这些特征之后会被用来识别作者是否具有容忍力。这些特征与那些能直接从文本或帖子行为中获得的浅层特征完全不同。它们中的大多数特征需要通过 DMT 模型的多种后验结果来抽取。有兴趣的读者可以参考原论文，了解其详细的特性解释与特征形式。最后基于如上特征集，使用 SVM 分类器进行分类。他们发现这个特征集高度有效，优于传统特性集。

10.3　评论建模

现在我们对评论进行建模。本节基于 Mukherjee 和 Liu（2012b）的工作，对在线评论进行建模。在线评论能够使消费者评价他们所使用的产品和服务。这些评论也被其他消费者与商家作为有价值的观点来源。然而，评论仅仅给出评论人的评价和经验。直接运用这些评论信息可能会有问题，因为评论者并不是了解这款产品的专家，可能会错误地使用产品或者产生其他错误。其评论也可能并未提到对于该产品中大众都感兴趣的属性的观点。一些评论者甚至可能写假的评论来抬高或贬低一些产品，这种叫作观点垃圾（Jindal and Liu，2008）。

为了改进在线评论系统，改善用户体验，许多评论网站允许读者写评论。然而，也允许网友对这些评论进行进一轮的评价和反馈。这使得读者很难抓住其中的要点，所以构建一个自动化的评论分析系统将会非常有帮助。

针对用户评论的评价主要包含以下信息：

1. 赞成或反对：一些读者会讨论已有的评论对他们做出购买决定是否有所帮助。

2. 同意或不同意：一些对产品评论进行评论的读者可能是这个产品的使用者。他们可以表达自己同意还是不同意当前评论中的观点。这样的评论是有价值的，因为它们提供了第二个观点，这甚至可以帮助我们识别虚假评论，因为一个真正的用户通常可以很容易地发现从未使用过这个产品的评论者。

3. 问答：评论者可以询问有关某些当前评论没有涉及的产品属性的观点。

与辩论建模类似，在这里我们想对评论中的主题与表明不同类型评论帖子的各种文本表达进行建模：

1. 赞成（例如，"review helped me"）

2. 反对（例如，"poor review"）

3. 问题（例如"how to"）

4. 答案致谢（例如"thank you for clarifying"）。值得注意的是，在评论文本中，没有用来表示答案的文本表达，因为除了刚开始提问人的帖子之外，通常没有特定的短语能够表明当前这个帖子回答了问题。但是，有专门用于确定当前答案的短语，即答案致谢表达。

5. 反对（辩论）（例如，"I disagree"）

6. 赞同（例如，"I agree"）

这些类型的表达被称作评论表达（或者是 C-表达）。JTE 模型可以用来对评论进行建模。唯一的不同是 C- 表达有 6 种类型（$E=6$），而辩论表达仅仅有两种类型（$E=2$）。因此，JTE 也提供一个模型，用于抽取这 6 类信息和辩论主题。同样，该模型也是一个生成式模型，将帖子当作一个潜在主题与 C- 表达的随机混合物，通过一个转换变量将主题与 C- 表达类型（6 种）分开处理。同样也利用了基于最大熵的先验控制主题、C-表达的转换。评论文本中的主题通常是所评论产品的属性。

从评论中抽取出来的 C-表达与主题在实际中非常有用。首先，C-表达有助于进行更准确的评论分类。赞同、反对与不赞同的帖子可以让我们对评论质量与信誉有一个很好的评估。例如，一个有着许多不赞同与反对的评论是可疑的。其次，被抽取的 C- 表达与主题可以帮助识别关键的产品属性，这些属性在不赞同类型的评论和问题类型的评论中，是常常使读者产生困惑的关键属性。有了这些信息片段，就可以对评论的评价进行摘要。这个摘要如下，但不仅仅限于这些：

1. 赞同与反对者的比例；

2. 评论一致或不一致的比例；

3. 有争议（不赞同）的属性（或主题）；

4. 人们对其产生许多问题的产品属性。

这些摘要与其他基于主题和相关文章聚类的评论摘要工作具有相关性，但也有很多不同之处（Hu et al., 2008；Khabiri et al., 2011；Ma et al., 2012）。

10.4 小结

在本章中，我们对辩论、讨论与评论等很重要的社交媒体形式文本的挖掘与分析技术进行了讨论。现有的研究都尚处于初级阶段，并且大多数是在计算机科学领域进行的。要让这个领域蓬勃发展，我们需要社会科学家的参与，因为他们真正理解此领域的问题及其含义，也可以设置有意义的研究方案。我很幸运能有机会与一些社会科学研究人员合作。

通过合作，我意识到我们还有很多事情需要做。接下来，我将用政治领域的一个例子来描述一些研究问题，这些问题也是政治领域的科学家们非常感兴趣的一些问题。目前，针对这些问题的研究方法主要基于关键词匹配，以及人工的标注和分析，已有工作还很初级，难以满足政治话题的在线讨论以及参与者爆炸式的增长对自动化精准分析的需求。

政治科学家们感兴趣的是在线对话中问题、观点和参与者的动态变化过程。他们也想了解应该如何改变参与的范围和方式，从而影响政治议程、公众态度和偏好，以及了解冲突的解决方案。针对本章所提及的内容，他们想分析辩论和讨论中的许多属性，例如，立场、有争议的问题、用于描述问题的框架或解释、对政策的观点等，也包括检测参与者之间交流互动的动态变化。他们相信互联网是保证公众对某些有争议的问题进行热烈讨论的重要场所，但重要的是研究网络是否能够包含公众讨论的标志性特征：对一些问题提供特别的理解和解释，是否能够通过对话达成共识？表示不赞同的参与者能否对不同的观点表现出容忍力？换句话说，公众愿意在多大程度上同政治团体就某些政治热点问题展开讨论？

他们也想了解为什么某些观念能得到大家的赞同，以及为什么一些人能够成为网红。对辩论、讨论和评论的大数据分析可以帮助他们理解不同论点、不同政治观点之间辩论的本质，特别是相应观点、内容、框架及所表达的其他信息能否被大家接受，以及多长时间内能够接受。通过分析所获得的知识可以帮助政治家、政治组织、智库和政府更好地理解在线舆论的变化趋势，以便通过对公众对于社会的、政治的、经济等问题的观点的数据分析，做出更明智的决策。

计算机科学领域中的一些工作已经对这些领域进行了初步尝试。我在这一章中已经对此进行了介绍，但是这些工作仍然很初步，还有更多的研究尚待完成。我们期望能够与社会科学家进行更大范围的合作，进而产生一些基础性的、有影响的研究。尽管在这里我仅仅使用了政治领域的例子，但是我可以肯定地说相关的研究在社会科学的其他领域也有很大的用途。

292

293

第 11 章

意 图 挖 掘

在执行一个操作之前，我们几乎总是要先生成执行该操作的意图。在很多情况下，我们也谈论或记录下我们的意图。虽然哲学和心理学已经对意图的概念有过研究，但是这些领域的研究人员通常不关心用来表达意图的语言，或者如何从书面语言中通过计算推断出意图。而这正是我们本章学习的目标。目前，从计算语言学的角度针对意图挖掘的研究才刚刚起步，我们对问题的理解也非常有限。

意图和情感通常被视为两个完全不同的概念，但它们却是紧密相关的，我们将在 11.1 节对这一点展开讨论。在实际场景中，对意图挖掘也有很多实际需求。例如，如果我们发现大量的推特（Twitter）帖子说："I am dying to see the Life of Pi"，那么我们可以预测这部电影的票房会很好。如果某人说："I am looking for a car to replace my old Ford Focus, any suggestions?"，那么说明此人明确地想要买一辆汽车，汽车经销商可以迅速为其推荐一些新的车型。如果商家也有关于这些车的评论，可以将评论同时展示给当前买家，用来说服其购买车辆。意图挖掘得到的信息对社交媒体网站也非常有用，这些网站经常利用用户生成的内容进行广告推送。如果可以自动识别用户的意图，就可以根据这个意图推送广告，使得广告更有针对性和实效性。

本章的组织结构如下。11.1 节对意图挖掘进行定义。11.2 节介绍一种现有的基于迁移学习的社交媒体上的意图挖掘方法。11.3 节介绍一种简单的意图挖掘方法，这种方法可以从任何社交媒体网站进行大规模细粒度的意图挖掘。

11.1 意图挖掘定义

本节将对意图的概念进行定义。我们分别从两个角度给出两种定义，一种是从人类理解的角度给出意图定义；另外一种是从计算机识别和进行意图挖掘的角度给出结构化的意图定义。

定义 11.1（意图）：意图有两种主要的含义$^\ominus$：

1. 一个或一组人打算进行的一组动作流程。

2. 一种或一组特定动作的目的或目标

下面的句子中包含的意图具有第一种含义：

"I really want to buy an iPhone 5."
"I am in the market for a new car."

下面的句子中包含的意图具有第二种含义：

"He bought this car just to please his girlfriend."
"This policy is to help the smart kids."

对于第二种含义，一些意图（特别是那些不诚实的意图）会采用隐含的方式进行表达，例如：

"I love this car and it is definitely the best car ever."

这句话的作者可能有如下两个意图之一：提供关于这辆车的诚实意见；通过写一个虚假的评论来推动汽车销售。

在这一章中，我们关注的是意图的第一种含义，主要是因为第一种含义有更多的商业利益。第二种含义中的意图可能是隐藏的，对其进行的分析是高度主观的。在第 12 章中，我们将通过检测伪造或欺骗性的评论来处理这种隐藏的意图。从现在开始，当使用意图这个词的时候，我们指的是第一种含义。

虽然意图和情感是不同的概念，但它们在许多方面是相关联的。首先，许多包含意图的句子都表达情感或情绪，例如，

"I am dying to see *Life of Pi*."
"I am going to join the PROTEST in the city square tomorrow!!!!!!"

第一句中的意图具有情感，作者可能对《Life of Pi》这部电影有褒义的感情。第二句中也包含情感，因为作者对 protest 这个单词的每一个字母都使用了大写，并使用了多个感叹号。他显然支持这一抗议活动。我们把这两句话中所表达的意图称为情感意图。

其次，当一个人表达想要得到某个具体事物的愿望时，他通常对该事物有一个褒义的印象，例如，

"I want to buy an iPhone 5."

虽然这句话没有明确的情感或情绪迹象，但可以确切地推断说这句话的人对 iPhone5 有褒义的印象，因为她有购买的欲望。

事实上，上面两个例子中所表示的情感不同于传统的评估或评价类型的感情，因为这句话的作者对于渴望得到的东西没有第一手的经验。这种期望类型的情感对于许多应用都非常重要。例如，可以用它们来评估某个营销活动是否成功地激发了人们的购买兴趣或有多少人可能是一个政治候选人的热情选民。

一个有趣的事情是，在前面的例句中，作者想买一个特定的产品，即 iPhone5，我们称之为意图目标。意图目标也可能是不具体的，例如

$\ominus$　www.thefreedictionary.com/

"I need to get a new camera."

"I am in the market for a new car."

在这种情况下，作者是否表达了情感是不明确的。我们称上面三个例句中所隐含的意图为合理的意图，其中可能没有暗示任何情感信息。

第三,一些评价意见被表示为意图，例如:

"I want to throw this camera out of the window."

"I am going to return this camera to the shop."

第一句的作者可能并不是如字面意思一样想把相机扔到窗口，而是对相机表达了强烈的负面情感。这种"伪"意图在包含观点的文档中是很普遍的。

我们现在可以为意图提供一个结构化的定义，这将有助于明晰面向文本的意图挖掘任务。

定义 11.2（意图）：意图可以用一个五元组来表示

（意图动作，意图目标，意图强度，持有人，时间）

其中，**意图动作**是意图采取的动作。**意图目标**是意图的客体。**意图强度**是意图的强度，例如，理性的意图或情绪型意图。持有人是持有意图的人或群体。时间是意图表达的时间。

例如，在"I plan to buy a camera"这个句子中，持有人是 I，意图动作是 buy，意图目标是 a camera，意图强度是理性的。以下是关于这个定义的一些解释:

1. 虽然在实际应用中，上述五元组的第一个和第二个组件是整个意图的核心组件，可能更加重要，但是，所有五个组件都是十分有用的。意图动作非常重要，因为不同的动作意味着非常不同的事情。例如，购买和修理电脑有完全不同的含义。同样，意图目标也很重要。例如，同买一台相机相比，买一台电脑的目标是不一样的。意图持有人也很重要，因为同作者所描述的另外一个人的意图相比，作者自己的意图对实际应用来说更有意义。例如，"I plan to buy a new car"和"my friend plans to buy a new car"对广告商来说意味着不同的东西，因为作者可能会也可能不会对她的朋友有任何影响。因此，对作者展示一个广告可能影响不大。另外，意图的强度和时间也是非常有用的。

2. 意图目标可以是具体的（例如，iPhone5）或者非具体的（例如，一部智能手机），它们对实际应用来说有着不同的意义。例如，对于广告来说，两种不同的目标需要不同的广告。因此找出这种信息非常有用。

3. 意图强度的规模可以根据应用的需要来确定。在上面的讨论中，我们使用了两种意图强度——理性和感性意图，类似于 2.1.3 节中介绍的理性和感性评价。

下面给出显式和隐式意图的定义。

定义 11.3（显式意图和隐式意图）：显式意图指的是在文本中显式给出的意图。隐式意图指的是文本中蕴含或者可以从中推断出的意图。隐式意图是不确定的。

例如，"I want to buy a new phone"显式地表达了购买的意图。句子"How long is the battery life of an iPhone?"可能包含也可能不包含购买 iPhone 的意图。这个句子明确地指出想知道 iPhone 的电池能用多久这个显式意图。

许多疑问句实际上有两个意图，一个是显式意图，即想得到一个问题的答案，另一个是隐式意图，即在所得到答案的基础上做一些事情。当然，疑问句中的这两种意图都可以显式地表达。例如，"Anyone knows where I can buy an iPhone?"，作者想找一家商店，同时想买一部 iPhone。因为显式意图并不意味着该意图是完全确定的，因此在显式和隐式意图之间没有明确的分界线，人们通常基于常识对其进行区分。

意图挖掘可以看作信息抽取的一个任务（Sarawagi，2008；Hobbs and Riloff，2010）。传统的监督序列标注方法，例如条件随机场（CRF）（Lafferty et al.，2001）和隐马尔可夫模型（HMM）（Rabiner，1989）可以用来解决这个问题。从上面的例子中我们可以看出，大多数包含意图的句子都具有某种语言模式，所以基于模板的方法也可以用来解决这个问题。我的课题组的初步研究表明，在论坛讨论的语料上使用一系列人工编辑的模板，我们可以找到购买的意图，召回率能达到 95%，准确率约为 30%。 297

下一节我们主要讨论基于机器学习的意图挖掘方法，其目的是在社交媒体文本中识别出所表达的意图信息（Chen et al.，2013）。这个任务就是意图分类，可以将其看作解决意图挖掘问题的第一步，这是由于提取组成意图的各个组件的工作必须在那些表达了意图的帖子中进行。现在有一家叫作 Aiaioo Labs 的初创公司，已经开始通过意图的挖掘与分析进行商业应用。他们在 Coling-2012 会议上做过系统展示（Carlos and Yalamanchi，2012）。然而，这些系统还不能提取出前面所定义的意图五元组。

11.2　意图分类

在 Chen 等人（2013c）的工作中，意图分类被看作一个两分类问题，因为某些应用可能只对某个特定意图感兴趣。意图帖子（正类）被定义为显式表达特定意图的帖子。尽管有些其他帖子可能表达了某种意图，但也被当作没有意图的帖子（负类）。在他们的实验中，正类代表"购买（to buy）"的意图。

由于意图的重要特点，这个问题适合使用迁移学习来解决。这是由于对于一个特殊的意图，如购买意图，不同的应用领域表达意图的方式是非常相似的。基于这个想法，我们可以利用其他领域的标注数据来建立一个分类器，并将其应用到任何新的、没有标注数据的目标领域。然而，这个问题也面临两种困难，使它很难使用现有的通用迁移学习方法：

1. 在一条含有意图的帖子中，意图通常只通过一个或两个句子表达，而大多数句子并不表达意图。此外，与其他类型的文本表达相比，表示意图的单词或短语是有限的。这意味着，不同领域的共享特征很少。由于大多数迁移学习方法尝试提取和利用这些不同领域的共享特征，只有少量的共享特征会导致很难有效地找出它们，进而导致所训练的分类器性能变差。 298

2. 正如前面所述，不同的领域表达相同意图的方式通常是很相似的。因此，只有正类（或意图）特征在不同的领域之间是共享的，而负类特征（没有意图）在不同的领域间可能完全不同。这会导致特征不平衡的问题，即共享特征主要表示正类，也使得一般的迁移学习方法难以准确地工作。

Chen 等人（2013c）提出了一种专门的迁移学习（或领域自适应）方法来进行意图分类，称为 Co-Class，以解决上面提到的难点。该算法的工作原理是使用来自一个或多个领域（称为源领域或源数据）的标注数据，以辅助对目标领域内没有标签的数据进行分类。

为解决第一个问题，Co-Class 采用类似于朴素贝叶斯期望最大（Nigam et al.，2000）（a naïve Bayes-based EM）的算法，通过迭代将源领域迁移到目标领域，同时在目标领域执行特征选择，以找出目标领域的重要特征。Co-Class 的思想受到协同训练（Co-Training）（Blum et al.，2004）的启发，该方法同时训练两个分类器，让它们共同作用于目标数据。该算法首先使用标记数据，并利用所有源域的数据建立一个分类器 h，然后利用训练好的分类器对未标记的目标域数据分类。再根据 h 对目标数据的标记或分类输出结果，对目标数据进行特征选择。选取的特征用来建立两个分类器，h_s 分类器来自标注的源领域数据，h_T 来自使用分类器 h 标注的目标领域数据。这两个分类器（h_s 和 h_T）共同对目标域数据进行分类。这个过程一直迭代下去，直到给定目标域数据的标签稳定为止。因为在每一轮迭代中，这两个分类器都使用相同的来自目标域的特征，就使得该过程训练的目标被强制聚焦于目标域，而源领域中的信息被逐步迁移到了目标域中。

Co-Class 算法的详细过程如图 11-1 所示。首先，从标注好的源数据 D_L 中选择特征集合 Δ，并用此特征建立一个初始化的贝叶斯分类器 h（第 1、2 行）。特征选择采用信息增益（Information Gain，IG）方法（Yang and Pedersen，1997）。之后，分类器 h 对目标域 D_U 中的每篇文档分类以得到预测的标签（第 3～5 行）。第 6 行得到新的目标域数据 D_P，D_P 是在 D_U 上加上类别标签（第 4 行预测）后得到。第 8 行从 D_P 中选择新的特征集合 Δ。并建立朴素贝叶斯分类器 h_L 和 h_P，这两个分类器分别由源数据 D_L 和通过预测得到的目标数据 D_P 在同一个特征集合上训练得到（第 9～10 行）。第 11～13 行再次使用这两个分类器对目标域的每篇文档 d_i 进行分类。

Algorithm Co-class
Input:　　Labeled data D_L and unlabeled data D_U
1　　Select a feature set Δ based on IG from D_L;
2　　Learn an initial naïve Bayes classifier h from D_L based on Δ;
3　　**for** each document d_i in D_U **do**
4　　　　$c_i = h(d_i)$; // predict the class of d_i using h
5　　**end**
6　　Produce data D_P based on the predicted classed of D_U;
7　　**repeat**
8　　　　Select a new feature set Δ from D_P;
9　　　　Build a naïve Bayes classifier h_L using Δ and D_L;
10　　　Build a naïve Bayes classifier h_P using Δ and D_P;
11　　　**for** each document d_i in D_U **do**
12　　　　　$c_i = \Phi(h_L(d_i), h_P(d_i))$; // Aggregate function
13　　　**end**
14　　　Produce data D_P based on the predicted class of D_U;
15　**until** the predicted classes of D_U stabilize

图 11-1　Co-Class 算法

$\Phi(h_L(d_i)$，$h_P(d_i))$ 是用来聚合这两个分类器的输出结果的函数，其定义如下：

$$\Phi(h_L(d_i), h_P(d_i)) = \begin{cases} + & h_L(d_i) = h_P(d_i) = + \\ - & 其他 \end{cases}$$

当两个分类器都判定文档 d_i 为正类时，函数 Φ 则判定文档 d_i 为正类。否则，判定它为负类。这是对解决第二个难点（特征不平衡问题）来说非常关键的一步，即加强正类特征，削弱负类特征。这个函数会限制正类，必须在两个分类器都给出正类标签时才判别当前文档为正类。算法收敛后，目标域的分类结果就是由最后一次迭代得到的类别标签。

最后，我们注意到，虽然从文档中进行意图挖掘的研究刚刚起步，但是许多研究人员已经开始研究网页搜索中的用户（查询）意图分类问题。他们的任务是对用户提交给搜索引擎的每一个查询的意图进行分类，确定其中是否有如购买和出售的商业意图。这样的意图通常是高度隐藏的，因为人们通常不输入包含有显式意图的搜索查询，像"I want to buy a digital camera"相反，他们可能只是键入"digital camera"。目前的分类方法使用用户关键字查询、点击数据和外部数据源（如维基百科）建立机器学习模型来进行分类（Chen et al., 2002; Dai et al., 2006; Shen et al., 2006; Li et al., 2008; Arguello et al., 2009; Hu et al.,2009）。本章所讨论的意图是不同的，因为它们显式地包含在文档中。

11.3　细粒度意图挖掘

如前所述，研究人员很少按照 11.1 节定义的意图对组成意图的各个部分进行细粒度挖掘。在这一节中，我们将介绍一种简单的方法来进行细粒度观点挖掘。这一方法主要是在社交媒体平台上进行意图挖掘，这类平台通常包含大量数据或用户的帖子。

在一个典型的社交媒体平台上，比如 Twitter 或 Meta，人们有意识或无意识地表达他们的意图。如果你在推特上面搜索"I want to buy"，你会发现大量的推特帖子（推文），表达购买各种产品的愿望或意图。如果你在推特上面搜索"I want to watch"，你会发现有很多人想看各种各样的电影和电视节目。如果你使用不同的查询，则会得到更多这种有意图的帖子。

了解用户的意图，可以帮助商家和广告主更准确地推广他们的产品和服务。它也可以为用户或发布者节省时间和精力，他们不必使用通用的搜索引擎找到所需的信息、产品或服务，比如使用谷歌搜索和以传统的方式浏览大量返回页面，因为商家或广告商可以直接响应用户的意图，显示与他们相关的产品和服务。

前面提到的搜索查询采用一个简单的模式匹配方法就能挖掘出细粒度的意图。这种基于搜索或模式匹配的方法是合理，由于早前的一项研究表明，使用人工编辑的模式能以 95% 的召回率确定含有意图的句子。由于任何一个社交媒体网站上都包含大量帖子，搜索也许是获取相关信息的最有效的方法。但是，由于搜索得到的精确度只有 30% 左右，所以我们需要的不仅仅是搜索。通过搜索也不能提取意图目标和其他所需的信息。

作为替代方案，我们建议使用以下简单的方法：

1. 使用一组人工编辑模式提取候选意图句。意图的类型可以非常广泛（例如，购买意向、看、去、吃和留下），这些模式应反映实际用户所需的意图。

2. 从搜索结果中人工标注一些具有意图和无意图的训练句子，并训练用分类器。用分类器对候选意图句进行判断，找出那些真正有意图的句子。

3. 使用监督序列学习方法（如条件随机场）从有意图的句子中提取意图目标。我们不需要提取意图类型，因为模式中已经包含了关于意图类型的信息。例如，如果我们使用"I

want to buy"或其相应的一些变化，如"I plan to purchase"或"I intend to buy"寻找含有购买意向的帖子，那么我们其实已经知道了意图的类型，即购买。因此，我们只需要在这一步中提取意图目标。

如果一个应用程序还需要意图持有人和意图发布的时间，这些数据也可以被提取出来。它们通常是文章的作者和帖子发布的时间，很容易从任何社交媒体网站的帖子中提取。

这种方法还没有在真实的实验中被测试或验证过。希望有人能在不久的将来建立一个基于此方法的系统。也可以使用这种方法做一个应用程序。例如，一旦细粒度的意图被提取出来，该网站的广告客户可以提供意图持有人（或作者）所需的产品或服务。例如，如果我想吃法国菜，我在推特上发布了"I want to eat French food this evening"。推特立刻获取到我的意图，并给我有关当地的法国餐馆和餐馆顾客评论的信息。从技术上来看，建立这样一个系统是可行的。

这种简单的方法可以在一个或多个社交媒体网站上做大规模的意图挖掘，因为搜索（模式匹配）和分类可以非常高效地进行。更广泛的应用对于社交媒体网站和它们的广告主来说，可能是一个很好的商业机会。

11.4　小结

意图挖掘有巨大的潜力或商业应用范围。广告和推荐也许是最直接的两种应用。在社交媒体平台，如 Meta、Twitter、论坛，人们不断地表达自己的意图。然而，目前对意图挖掘的研究刚刚起步。

本章讨论了基于机器学习的识别具有意图的帖子的方法。但是，我们仍然无法如 11.1 节中的定义 11.2 定义的那样，对意图的各个组件进行细粒度的挖掘。我们提出了一种简单的基于模式细粒度意图挖掘方法。因为所有可能的领域设计挖掘模式很容易，所以这种方法可以进行大规模的意图挖掘。

[302] 最后，我们注意到本章只研究了显式表达的意图。由于隐式意图的主观性很强，评价的难度也很高，因此对隐式意图的研究面临着极大的挑战。然而，最近对话系统和聊天机器人的普及使得意图挖掘变得更加重要：为了回答用户问题或仅仅与用户聊天，系统必须根据用户的话语理解用户的意图。大多数面向任务的对话系统都是使用深度学习模型来解[303] 决这个问题的。此外，还有一些独立系统对意图进行了分类。

第 12 章

虚假观点检测

来自社交媒体的观点越来越多地被个人和组织用于制定购买决策、选举、销售和产品设计。对于企业和个人，正面的观点往往意味着利润和好的名声。不幸的是，这也给了骗子们强烈的动机，通过发布虚假评论或观点来推销或抹黑某些目标产品、服务、组织、个人，甚至想法，并掩盖自己的真实意图或者他们暗地效力的个人或组织。这样的人被称为垃圾评论者，他们的活动被称为发布垃圾评论（Jindal and Liu，2007，2008）。在社交媒体环境中，垃圾评论者也被称为托儿、马甲或傀儡，发布垃圾评论的行为也被称为雇托儿或草根运动。垃圾评论不仅有害于消费者和企业，也扭曲了观点并将群众调动到了法律或道德的对立面。这是很可怕的，尤其当这些垃圾评论是针对社会和政治问题时。我们可以有把握地说，随着社交媒体的观点在实际中被越来越多地应用，垃圾评论活动正变得越来越复杂，如何检测垃圾评论正逐渐成为一项重大挑战。但是，必须要对垃圾评论进行检测，以确保社交媒体仍然是一个值得信赖的公众意见来源，而不是充满着虚假、谎言、欺骗的平台。

好消息是，无论是工业界还是研究界都在打击垃圾评论上取得了巨大的进步。据我所知，几个主要评论网站能够检测到大部分虚假评论和虚假评论者。这些努力已经能够有效地遏制垃圾评论活动，并使经验不足的垃圾评论者难以成功。然而，问题仍然很严峻，研究人员们还需要做大量的研究。

一般而言，很多领域中都对垃圾检测进行了研究。垃圾网页和垃圾邮件可以算作研究最为广泛的两类垃圾信息了。然而垃圾评论与之相比却截然不同。垃圾网页有两种主要类型：链接垃圾、内容垃圾（Liu，2006，2011；Castillo and Davison，2010）。链接垃圾是一种基于超链接的垃圾信息，几乎不存在于在线评论中。虽然广告链接在 Twitter 和论坛讨论中很常见，但它们相对容易检测，并且不被认为是垃圾评论。内容垃圾在目标网页中增加流行（但不相关）的词语，从而使搜索引擎的内容与许多搜索查询相关。但这种类型的垃圾信息几乎不会出现在观点评论中，因为观点评论是供用户而不是机器阅读的，添加无关的词没有意义。

垃圾邮件是指那些未请求的显式广告邮件。垃圾评论主要是那些为了促销某些目标产品和服务的评论，可以被看作某种形式的广告。然而，这种评论的表达非常含蓄，假装它是来自真实用户或客户的真实观点评论。这给我们检测垃圾评论时带来了重大挑战：

垃圾评论检测中的挑战。不同于其他形式的垃圾信息，通过人工阅读来识别垃圾评论是十分困难的。这使得我们难以构建出黄金标准的数据集，以帮助设计和评估检测算法。然而，对于其他形式的垃圾信息，人们却可以很容易地识别它们。

事实上，在极端情况下，只通过简单地阅读就识别出垃圾评论在逻辑上是不可能的。例如，我们可以为一个很好的餐馆写一个真实评论，然后将它作为一个虚假评论发布给一个糟糕的餐厅以达到促销的目的。如果不考虑评论文本以外的信息，是无法检测出这种垃圾评论的，因为同一评论不可能同时是真实评论和虚假评论。以下是三个示例评论。作为一个读者，你能找出哪些评语是假的吗？

Review 1. I want to make this review to comment on the excellent service that my mother and I received on the Serenade of the Seas, a cruise line for Royal Caribbean. There was a lot of things to do in the morning and afternoon portion for the 7 days that we were on the ship. We went to 6 different islands and saw some amazing sites! It was definitely worth the effort of planning beforehand. The dinner service was 5 star for sure. One of our main waiters, Muhammad was one of the nicest people I have ever met. However, I am not one for clubbing, drinking, or gambling, so the nights were pretty slow for me because there was not much else to do. Either than that, I recommend the Serenade to anyone who is looking for excellent service, excellent food, and a week full of amazing dayactivities!

Review 2. This movie starring big names – Tom Hanks, Sandra Bullock, Viola Davis, and John Goodman – is one of the most emotionally endearing films of 2012. While some might argue that this film was "too Hollywood" and others might see the film solely because of the cast, it is Thomas Horn's performance as young Oskar that is deserving of awards. The story is about a 9-year-old boy on a journey to make sense of his father's tragic death in the 9/11 attacks on the World Trade Center. Oskar is a bright and nervous adventurer calmed only by the rattle of a tambourine in his ear. "I got tested once to see if I had Asperger's disease," the boy offers in explanation of his odd behavior. "The tests weren't definitive." One year after the tragedy, Oskar finds a key in his father's closet and thus begins a quest to find the missing lock. Oskar's battle to control his emotional anxiety and form and mend relationships proves difficult, even with his mother. "If the sun were to explode, you wouldn't even know about it for eight minutes," Oskar narrates. "For eight minutes, the world would still be bright and it would still feel warm." Those fleeting eight minutes Oskar has left of his father make for two hours and nine minutes of Extremely Emotional and Incredibly Inspiring film. Leaving the theater, emotionally drained, it is a wonder where a movie like this has been. We saw *Fahrenheit 9/11* and *United 93*, but finally here is the story of a New York family's struggle to understand why on "the worst day" innocent people would die. I highly recommend this movie as a must see.

Review 3. High Points: Guacamole burger was quite tall; clam chowder was tasty. The decor was pretty good, but not worth the downsides. Low Points: Noisy, noisy, noisy. The appetizers weren't very good at all. And the service kind of lagged. A cross between Las Vegas and Disney world, but on the cheesy side. This Cafe is a place where you eat inside a plastic rain forest. The walls are lined with fake trees, plants, and wildlife, including animatronic animals. A flowing waterfall makes sure that you won't hear the conversations of your neighbors without yelling. I could see it being fun for a child's birthday party (there were several that occurred during our meal), but not a place to go if you're looking for a good meal.

实在是很难判断出哪些评论是垃圾评论，我相信你会同意我的说法。本章将使用在线评论的上下文来研究垃圾评论检测问题。并没有太多针对其他类型社交媒体的上下文的研究。然而，在这一章中所述的观点也适用于其他类型的社交媒体，如论坛讨论、博客和微博。当然，其中每一种媒体类型都有其特殊的特征，这些特征可以在检测过程中被进一步研究。例如，社交网络结构非常有助于对微博开展检测工作。同样地，各种媒体类型也有其特有的、在线评论中没有的挑战。评分在检测虚假评论时相当有帮助，但其他社交媒体没有评分这样的信息。如果检测算法中需要用到情感评分，那么就需要一个准确的情感分析系统。

近年来，新闻媒体报道了许多知名的虚假评论案例。在某些案例中，虚假评论者甚至直言不讳地承认他们写了大量虚假评论。大多数涉案企业（甚至有一些享有很高声誉的企业）支付报酬让水军写虚假评论，来为他们推广自己的产品／服务或诋毁竞争对手。虚假评论不仅危害消费者，也同样危害企业。我个人知道有一些虚假评论确实给企业造成了伤害。由于小型企业往往只有少量的评论，虚假评论便专门去攻击这些小型企业。一个讨厌的虚假评论者有可能毁掉一个小型企业。

越来越多的消费者开始警惕虚假评论。谷歌上搜索查询"虚假评论"的趋势图（见图 12-1）清楚地表明虚假评论日益受到公众的关注。本章将探讨这个问题，并呈现目前最先进的检测算法。

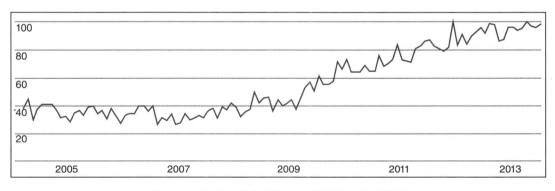

图 12-1　谷歌上搜索查询"虚假评论"的趋势图

12.1　垃圾评论的不同类型

据 Jindal 和 Liu（2008）总结，主要有三种类型的垃圾评论：

类型 1（虚假评论）。这些都是没有基于评论者真实的产品或服务使用经历的非真实评论，但它们都有隐藏的动机。它们通常包含一些目标实体（产品或服务）不应得到的正面意见，以促销实体，或用不公正或虚假的负面评论来诋毁目标实体的声誉。

类型 2（仅关于品牌的评论）。这些评论没有评论具体的产品或服务，而是对品牌或产品的制造商发表评论。虽然可能是真实的，但因为它们没有针对具体的产品，而且往往是有偏见的，所以被视为垃圾评论。例如，一个关于特定型号的 HP 打印机的评论说："I hate HP. I never buy any of their products"。

类型 3（非评论文本）。它们不是评论。它们有两种子类别：广告和不含观点的（例如，问题、答案和随机文本）不相关文本。严格地说，它们不被当作垃圾评论，因为它们不提供用户意见。

Jindal 和 Liu（2008）的工作表明，类型 2 和类型 3 的垃圾评论比较罕见，用监督学习很容易检测到它们。即使没有检测到，也不会造成大问题，因为读者在阅读过程中可以很容易地发现它们。因此本章关注于类型 1 的垃圾评论研究，即虚假评论。

12.1.1　有害虚假评论

并非所有的虚假评论都是有害的。表 12-1 给出了各种不同类别的虚假评论。在这里，假设我们已经知道产品的真实质量。1 区、3 区和 5 区的虚假评论的目的是推广该产品。虽然 1 区中表达的意见可能是真实的，但是评论者没有披露其背后的利益冲突或隐藏的动机。2 区、4 区和 6 区中的虚假评论的目标是破坏产品的声誉。虽然 6 区中的评论可能是真实的，但评价者可能含有恶意的动机。1 区和 6 区的虚假评论不具破坏性，但 2、3、4 区和 5 区的虚假评论是十分有害的。因此，虚假评论检测算法应侧重于检测这些区域的虚假评论。一些现有的检测算法使用评分偏差特征来检测垃圾评论。需要注意的是，虚假的中性评论类别并没有被列入表 12-1，因为这种虚假评论很难达到垃圾攻击的目的，因此很少发生。

表 12-1　虚假评论和产品质量的关系

	虚假正面评论	虚假负面评论
高质量的产品	1	2
一般质量的产品	3	4
质量差的产品	5	6

将 2、3、4、5 区与 1 和 6 区隔开，我们也想强调的是，那些破坏性的虚假评论是所有虚假评论的一个子集。在 2、3、4、5 区中的虚假评论都对消费者有害，但只有 2 和 4 区中的评论对企业来说是有害的。因为没有人知道有害虚假评论的比例，没有人能分辨哪些评论属于哪些区，这使得我们很难评估虚假评论已经造成了多大程度的危害。

然而，我们必须注意到，虽然 1 和 6 区中的评论对消费者无害，但它们确实为试图推广的产品创造了优势，这是不公平的。这就是为什么当一些企业被发现找枪手写假评论时，他们会为自己的行为辩解，声称这是为了防御其他竞争对手也搞同样的活动。毕竟，众所周知，正面评论有助于销售。这些不道德行为确实创造了一个不健康的环境，从长远来看有可能使在线评论变得完全没用，因为评论在很大程度上会成为产品或服务的隐式或隐藏广告，或商家互相攻击的武器。

12.1.2　垃圾评论者以及垃圾评论行为的类型

虚假评论可能来自很多不同类型的人，例如，朋友和家人、企业老板和员工、竞争对手、自由职业虚假评论者、提供虚假评论写作服务的商家、被解雇的前任员工、不满的现有员工，甚至是真正的客户（商家给予其一些好处以换取正面评价），等等。在其他形式的社交媒体中，公共或私人机构也可以雇用水军发帖，从而暗中影响社交媒体中的讨论，同时散播谎言和造谣。

我们将虚假评论者或者说是垃圾评论者分为两大类：职业虚假评论者和非职业虚假评论者。

职业虚假评论者。这类虚假评论者写了大量的虚假评论，并以此获得报酬。他们可能是自由职业虚假评论者，或为提供虚假评论服务的公司工作。这一类虚假评论者往往更容易被检测到，因为他们写了大量的虚假评论，通常会留下容易被数据挖掘算法检测到的语言和行为模式。然而，问题是待发现他们时，损失有可能已经造成，系统检测出异常的写作风格和行为模式需要时间。因此，尽快发现异常模式很重要，也很有挑战性。更糟糕的是，一旦一个虚假评论者的账户被检测到进行了垃圾活动，垃圾评论者可以很轻易地放弃这个账户并注册另一个账户，并从新账户东山再起。

非职业虚假评论者。这些人通常不会写很多虚假评论，而且往往都没有报酬。他们主要是帮助自己、自己的企业，或者他们的朋友写评论。这类人包括一个企业的朋友和家人、企业经营者和员工、竞争对手、被解雇的前员工、不满的现员工和被给予了一定奖励的真实客户。他们写虚假评论主要是为了推广自己或朋友的产品和服务，诋毁自己的竞争对手，中伤他们的前任或现任雇主和企业。也有一些虚假的垃圾评论者就是图乐趣随便写评论。

因为非职业虚假评论者写不了很多评论，他们的评论也许没有职业虚假评论者那样的模式。然而，这并不是说他们的评论没有模式可言。例如，有人经常查看餐厅的评论页面，而不写任何东西。然后，有一天，当看到有负面评论出现在页面上，他很快就写了一个强烈的积极评价。显然，这种积极评价是可疑的，因为该人可能是餐馆老板或其亲近的人，写正面的评价是为了减轻负面评论的影响。

事实上，还有另一群处于边界线上的人。这些人是正常的评论者，甚至贡献了许多真正的评论，在这一过程中已经建立了自己的声誉甚至影响力。但是由于他们的声誉，一些企业会联系到他们，并以经济奖励来要求其推广自己的产品。于是一些评论者开始为这些企业编写垃圾评论。这样，他们发过的评论中就既含有真实评论又含有虚假评论。有些人甚至把自己的账户卖给垃圾评论者。

我们还可以将垃圾评论行为归为两种主要类型：个人垃圾评论行为和群体垃圾评论行为（Mukherjee et al., 2011；Mukherjee et al., 2012）。它们具有不同的特征，可用来帮助检测垃圾评论者。

个人垃圾评论行为。这类垃圾评论者不与任何人合作。他只是自己使用单一账户（或用户 ID）来写虚假评论，例如，一本书的作者。

群体垃圾评论行为。一群相识或不相识的垃圾评论者或账户共同协作，以推销或诋毁

309

某些产品或服务。群体垃圾评论行为主要来自职业评论者或虚假评论撰写企业。然而，非职业垃圾评论者也可以做到这一点。群体垃圾评论者主要采取以下或者两种工作模式都采取。

1. 一组垃圾评论者（人）勾结在一起工作，以达到推销目标实体或诋毁目标实体名誉的目的。该组的个体垃圾评论者之间可能认识或不认识，可能了解也可能不了解彼此之间的行为方式。例如，一本书的作者请了一群朋友为他的一本新书写正面评价。朋友们可能不知道各自之间是如何写的，他们通常也不是职业的垃圾评论者。

2. 一个人或组织注册并使用多个账户（不同的用户 ID）。这些账户（或用户 ID）的行为像是有组织的，这就是所谓的马甲。一个组织中有不同的子模式，即多个人用这些账户发评论，或一个人负责几个账户，或者多个人通过多个账户发表评论。一些所谓的声誉管理公司和政府机构就以这种方式运作。

群体垃圾评论行为是非常有害的，由于一组中成员的数量很多，可以完全掌控产品的评价，完全误导潜在客户，尤其是在一个产品发布伊始时。虽然群体垃圾评论者也可以被看作许多个垃圾评论者，但群体垃圾评论者还是有一些鲜明的特点可以让他们露出马脚的，我们将在 12.6 节介绍相关的检测方法。

显然，垃圾评论者可以单独工作，有时也可以作为一个组的成员工作，他偶尔也可以是一个真正的评论者，因为他也是购买产品的消费者，并根据他的真实经历写评论。这些复杂的情况使得垃圾评论行为成为一个非常具有挑战性且亟待解决的问题。

12.1.3　数据类型、特征和检测

主要有三种数据类型可以用来检测垃圾评论。

评论内容。包括其标题在内的实际评论文本内容，可以用来进行垃圾评论检测。从内容上我们可以提取各种类型的语言特征，如词、基于词性的 n-gram，以及表征欺骗和谎言的句法、语义和行文风格线索。但是，语言学特征往往是不够的，因为人们可以很容易地制作一个像真正的评论一样的虚假评论。在极端的情况下，可以在一个良好的餐厅的真实体验的基础上，为不好的餐厅编写一篇褒义的评价。

每个评论的元数据。包括每个评论的评分、评论的用户 ID、评论的 ID、评论的发布时间 / 日期、有帮助价值的票数、投票的总数等。从这些数据中可以生成许多特征。例如，我们可以计算评论者在一天之内发布的评论数量。如果数目太大，该评论者就比较可疑了。从评论的评分和产品信息中，我们可能会发现评论者通常只给一个品牌写正面评价，而给竞争品牌写负面评论。在 12.4 节，我们将看到许多这样的特征 / 模式，我们可以使用数据挖掘算法自动对其进行挖掘。

Web 使用数据。每个网站都记录了一个人在网站上进行的活动。数据的类型包括点击的顺序、每个点击的时刻、用户停留在页面上的时间、写评论使用的时间，等等。这样的数据也被称为边信息（side information）。它们是由 Web 应用程序服务器自动收集的，表明了访客细粒度的使用行为。具体来说，对应于 HTTP 请求，每次对服务器的访问都会在服务器的访问日志中生成一个条目。每个日志条目（根据日志格式）可含有诸如时间和请求的日期、客户端的 IP 地址、所请求的资源、在调用 Web 应用程序中使用的参数、请求

的状态、使用的 HTTP 方法字段、用户代理（浏览器和操作系统类型和版本）、引用的网络资源，并且，如果有的话，作为重复访问者唯一标识的客户端 Cookie 也可以作为特征。使用 IP 地址信息，也有可能找到与用户计算机近似的地理位置。从这些原始的网络使用数据中，可以定义和挖掘多种类型的评论者和他们评论中的异常行为模式。例如，我们可能会发现，多个用户 ID 在同一台计算机上给一个产品发布多个积极评价。这些评论显然是可疑的。此外，如果一个酒店的正面评价都来自酒店附近的地区，也是不值得信任的。如果一个人关注并不断地浏览某一个商家页面，然后写了一个积极的评价，这个人也是可疑的，因为她太关注商家的页面了，她可能是这个商家的老板。

产品信息。这是与所评价实体相关的信息，例如，产品的品牌、型号、种类 / 类别和描述。这些信息可以被用来生成评论者和评论的异常模式。

销售信息。主要包括与业务相关的信息，如销售量、一个产品在每一段时间内的销售排名。由于销售产品的数量大致与评论贴的数量相关，这些信息对于垃圾评论检测是有用的。如果产品卖得不好，但却有不少正面评价，这是很难让人信服的。这里的产品也可以指一个企业或服务。

这些类型的数据不仅可以单独使用以产生有用的特征，也可以相互结合，为垃圾评论检测产生更强有力的特征。此外，我们可以使用规则挖掘自动发现这些特征（12.4 节）。 〔312〕

我们也可以将前面的数据分为公开数据和网站私有数据。

公开数据：网站评论页面上显示的数据，例如，评论内容、评论元数据，或者一些可用的产品信息。

网站私有数据：网站收集但没有公开显示在评论页面的数据。这些数据主要包括网络使用情况的数据、产品数据和销售数据。

由于评论网站公司的隐私问题，迄今还没有哪个公开发表的算法使用了任何私有数据。所有的算法都是基于公开数据的。

不同类型的检测：现有的研究研究了三种类型的检测，即虚假评论检测、虚假评论者检测和虚假评论群体检测。这些任务彼此密切相关，因为虚假评论来自虚假评论者，虚假评论者也可能来自虚假评论群体。因此，一种类型的检测可以帮助其他类型的检测。显然，每种类型在检测过程中也有值得探索的特殊性。

在接下来的 4 节中，我们将着眼于检测个体虚假评论者和虚假评论，并在 12.6 节介绍群体虚假评论检测。

12.1.4　虚假评论和传统谎言的比较

虚假评论可以被看作一种特殊形式的欺骗（Newman et al.，2003；Hancock et al.，2007；Pennebaker et al.，2007；Vrij，2008；Zhou et al.，2008；Mihalcea and Strapparava，2009）。传统的欺骗通常指的是有关一些事实或个人情感的谎言。研究人员已经确定了许多表示欺骗的文本级别的信号。许多信号是针对特定情况和领域的，但有些是跨领域的宽信号。一般情况下，谎言 / 欺骗的特点是使用更少的第一人称代词、更多的负面情绪词、更少的"专用"词，以及更多表示动作 / 行动的词（Newman et al.，2003）。研究人员从这些研究结果中总结出了欺骗的三大心理状态：

推脱。若干研究者（Knapp and Comaden，1979；Newman et al.，2003；Vrij，2008）已发现骗子常常尽量避免使用关于自身的阐述，将自己与其言论"脱开关系"或者将其归因于缺乏个人经历。这导致他们很少用第一人称代词，如 I（主语）、me（宾语）、my 等，而是更多地采用第三人称代词，如 she、he、they 等。在一些数据中，他们也可能使用更少的第三人称代词（Newman et al.，2003）。

骗子的内疚感。骗子可能会感到不适和内疚，无论是对谎言本身还是对他们讨论的话题（Knapp and Comaden，1979；Vrij，2008）。这通常会使欺骗性对话中包含更多有负面情绪的词（例如，hate、worthless、sad）。

降低认知的复杂性。说谎者需要编造假的故事，这是一个高度复杂的认知任务（Knapp et al.，1974；Vrij，2008）。由于制造故事很有难度，谎言通常表现出两个附加特征。

1. 很少使用排除词，如"but""except""without"。使用这样的字眼的句子往往需要一个人知道一个任务或情景中的复杂细节。如果没有真正的实际经历，是很难知道其中的细节，从而用到这些词的。

2. 使用更多表示移动性的动词。因为谎言是编造的，编造一个可信的故事十分复杂，最简单的方法就是使用动词描述运动，如"walk""move""go"。要发表详细的评估和评论是一件十分困难的事情，在没有真实经历某情形的情况下，完成虚假的评论需要消耗更多的认知资源。

虽然虚假评论与传统的欺骗 / 谎言相关，但在本质上，写这样的虚假评论在某种程度上与编写传统意义上关于事实和感受的谎言的认知过程还是不同的。

1. 在传统的欺骗中，说谎的人倾向于使用更少的第一人称代词，其目的在于将自己与所编写的谎言撇开关系。相反，虚假评论者的行为完全不同。实际上，他们喜欢用更多的第一人称代词而不是第三人称代词，如"I"（主语）、"me"（宾语）、"my"、"we"（主语）、"us"（宾语），等等。这样可以使他们的评论看起来更具有说服力，并且给读者的印象是，他们的评论是基于自己的真实体验和评价的。与传统谎言的"推脱"相对，我们称其为"附着"。

2. 传统的骗子可能会"感到内疚"，从而使用更多包含负面情绪的话。虚假评论者由于持有不同的心态，并且在不同的应用场景下，可能不会有这样的负罪感。他们往往有制造垃圾评论的坚决动机。正 / 负评论或情绪词的使用完全取决于他们写的是不是正 / 负虚假评论。此外，在许多情况下，虚假评论可能不是谎言。例如，一个人写了一本书，他假装自己是一个读者，写了评论以推销这本书。所写评论也许是作者的真实感受。此外，许多虚假评论者可能从未使用过被评价的产品 / 服务，而只是简单地想对其发表正面或负面的评论。他们并没有在他们所知道的事实或自己的真实情感上撒谎。

然而，虚假评论和传统谎言也有相似之处。Mukherjee 等人（2013a）的研究表明，相比于真实评论，表示动作 / 行动的词在虚假评论中的使用频率更高，这与传统的谎言相同。这并不奇怪，因为写虚假评论也是一个复杂和艰巨的认知任务。出于同样的原因，虚假评论者更倾向于使用更通用的观点词，如"great""good"、"wonderful"等，而不是根据自己对产品和服务的实际体验使用专门的评价词。

为了进一步分析，我们也可以大致地将虚假评论者分为两类：那些对产品或企业非常了解的人（如企业主及其员工）和那些不了解产品或企业的人（例如，有偿的专业垃圾评论者）。他们的写作方式相当不同。不幸的是，目前仍然没有关于他们的语言风格和用词差异方面的研究。基于观察，我发现企业主及其员工写出的虚假评论通常看起来太过于了解业务，因此读起来像广告，而来自对企业知之甚少的有偿虚假评论者所写的评论往往包含空洞的赞美，并且缺乏对细节的描画。但是，如果用足够的时间和精力制作一个虚假评论，就像一个真正的评论那样，并不是一件困难的事情。一个简单而有效的方法是回顾关于类似产品／服务的真实经历，针对当前产品／服务编写虚假评论。

12.2　基于监督学习的虚假评论检测

　　虚假评论检测可以自然地被认为是一个二分类问题：虚假的和非虚假的。因而监督学习十分适用。然而，正如我们前面所述，关键难点是通过人为阅读评论来可靠地识别虚假评论是非常困难的，甚至是不可能的。因为垃圾评论者可以仔细地制作一个虚假的评论，就像真正的评论一样（Jindal and Liu，2008）。由于这种困难性，目前尚没有可靠的虚假评论和非虚假评论数据集来供我们训练机器学习模型，从而进行虚假评论的识别。尽管存在这些困难，相关研究人员目前已经提出了几个基于监督学习的虚假评论检测算法，并对这些方法进行了评测。本节将对其中三个具有代表性的方法进行介绍。在12.3节中，我们将介绍利用来自Yelp.com的过滤和未过滤评论所构建的基于监督学习的虚假评论检测算法的实验情况。

　　因为没有标注数据以供学习，Jindal和Liu（2008）利用了重复性评论。在他们的研究中，有来自Amazon.com的580万评论和214万评论者，大量重复和接近重复的评论在他们的研究中被发现，同时也表明垃圾评论的普遍存在性。因为写新的评论耗费精力，很多垃圾评论者会使用相同的评论或对评论稍加修改，将其发布给不同的产品。这些重复和接近重复的评论可以分为四类：

1. 在同一产品上的来自同一评论者 ID 的重复评论。
2. 在同一产品上的来自不同评论者 ID 的重复评论。
3. 在不同产品上的来自同一评论者 ID 的重复评论。
4. 在不同产品上的来自不同评论者 ID 的重复评论。

　　第一种重复评论可能是评论者多次误点击评论结果提交按钮导致的（可基于提交日期作出检查）。不过，后三种类型的重复评论很有可能是虚假评论。因此，Jindal 和 Liu 使用后三种类型的重复评论作为虚假评论，其余部分作为非虚假评论，从而构建集合作为机器学习的训练数据。他们采用三类特征进行学习。

　　1. **以评论为中心的特征**。这些特征是从评论文本中抽取得到的。例如：标题长度、评论长度、评论中褒义和贬义情绪词语的百分比、评论和产品描述文本的余弦相似度、品牌名称被提及的概率、数字、大写字母、全大写词的百分比，以及有帮助的投票数。在许多评论网站（如 Amazon.com）中，读者可以通过回答问题"你觉得这条点评是否有帮助"来提供反馈。

　　2. **以评论者为中心的特征**。这类特征通常是有关评论者的。例如：评论者给出的平均

315

分、评论者评分的标准方差、评论者所写评论为产品第一条评论的比例、评论者是产品唯一的评论者的比例。

3. **以产品为中心的特征**。这类特征是有关产品信息的。例如：该产品的价格、销售排名（Amazon.com 根据销售量为每种产品做出销售排名），以及产品得到的分数的平均分和标准方差。

逻辑回归可以被用于建立分类模型。实验结果表明了一些具有实验性但是非常有趣的结果：

1. 负面的、异常的评论（评分与产品平均分有很大偏差）往往很可能是垃圾评论。正面的、异常的评论却不太可能是垃圾评论。

2. 那些针对某款产品的唯一评论很可能是垃圾评论。可以将其解释为一个卖家总是试图通过虚假评论来推广其不受欢迎的产品。

3. 排名靠前的那些评论者更可能是虚假评论者。Amazon.com 提供了一个评论者排序方法。分析表明，排名靠前的那些评论者一般都写了大量评论。写了大量评论的人自然有很大嫌疑。一些排名靠前的评论者写了成千上万甚至几万条评论，这对一个普通的消费者来说是不可能的。

4. 虚假评论可以得到良好的反馈，真实的评论也可以得到不佳的反馈。这表明，如果基于反馈是否有帮助来定义评论的质量，人们可能会被虚假评论所蒙蔽，因为垃圾评论者可以很容易地制造一个复杂的评论来收到许多其为有用帮助的反馈。

5. 销售排名较低的产品更容易被垃圾评论攻击。这表明垃圾活动似乎仅限于低销售产品。这是直观的，因为热门产品的声誉不易被诋毁，而一个不受欢迎的产品需要一个好的口碑进行宣传。

应该再次强调，这些结果只是初步的，因为首先它没有证实上述三种类型的重复评论是绝对的虚假评论；其次许多虚假评论并不重复，它们在 Jindal 和 Liu（2008）工作中被认为是非虚假评论。

Li 等人（2011）利用另一种监督学习方法来识别虚假评论。他们通过网站 Epinions 来构建手动标注的虚假评论语料。在 Epinions 中，当评论被发布后，用户可以通过给它一个有帮助分数对其进行评价，他们还可以为该评论写意见。作者通过读取评论和意见，手动对虚假和非虚假评论进行标注。在模型学习方面，该方法用到了几种类型特征，这些特征类似于 Jindal 和 Liu（2008）的工作，并在其基础上做了一些补充，例如，主观和客观特征、褒义和贬义特征、评论者的个人资料、PageRank 计算出的权威得分（Page et al.，1999）等。在模型学习方面，他们用朴素贝叶斯分类，并得到了不错的结果。另外，基于垃圾评论者往往会写更多虚假评论这一假设，作者还尝试利用半监督学习进行垃圾评论识别。

Ott 等人（2011）也采用了监督学习的方法。作者使用了 Amazon Mechanical Turk（AMT），以众包的方式为二十个酒店写假评论。同时制定了若干规定，以保证虚假评论的质量。例如，他们只允许每个 Turker（匿名在线工人）提交一份评论，Turker 必须身在美国，等等。他们为每个 Turker 假设了这样的场景：他们在酒店中工作，他们的上司要求他们写虚假评论来推销自己的酒店。每个 Turker 的报酬为每条评论一美元。此后他们在 AMT 上得到四百条关于二十个最受欢迎的芝加哥宾馆的虚假的正面评论。同样从 Tripadvisor.com 上得到四百条关于这二十个芝加哥宾馆的正面评论，被用来作为非虚假评论。

为了分析虚假评论，Ott 等人（2011）试用了相关任务中的若干分类方法，例如体裁识别、心理语言学欺骗检测和文本分类方法。所有这些工作都有一些特征。他们的实验表明，基于评论文本，在 50/50 的虚假评论和非虚假评论的数据集中只使用 unigram 和 bigram 特征表现最佳。使用欺骗领域的相关特征（Newman et al., 2003；Hancock et al., 2007；Pennebaker et al., 2007；Vrij，2008；Zhou et al., 2008；Mihalcea and Strapparava，2009）表现不佳。这项工作在类平衡条件下可以达到 89.6% 的准确率。

Feng 等人（2012b）使用了一些深层次的语法规则作为基础特征，将准确度提高到了 91.2%。基于深层句法的特征包括词汇化（例如，PRP→"you"）和非词汇化（例如，NP2→NP3 SBAR）的生成规则，这些规则包含当前节点或者通过概率上下文无关文法（Probabilistic Context-Free Grammar PCFG）得到的句子句法树上的祖父母节点。同样地，Xu 和 Zhao（2012）也做了类似的工作。

只用 n-gram 特征就能达到极高的精确度，真是令人惊讶和倍受鼓舞。这也表明在写虚假评论时，虚假评论者在语言上的确表现出了与真实评论者的一些差异。但是，如以前的研究所示，垃圾评论检测研究的一个弱点是它的评估数据不够完善。虽然使用 AMT 制作的评论是假的，但它们不是真正的商业网站上的"虚假评论"，因为 Turker 并不了解酒店，而且也不可能与那些拥有真正的商业利益推动目的的虚假评论者有同样的心理状态。如果虚假评论者是一个企业的老板，他会非常了解自己的企业，并能提供足够的细节，而不仅仅是对企业给予赞美。他也会在写作方面很小心，以确保评论看上去是真实的，不容易被读者发现是假冒的。因此，他们的写作也会有很大的不同。此外，使用 50% 虚假评论和 50% 非虚假评论的平衡数据来训练和测试，并不能反映现实中的真实分布。类别分布对所检测的虚假评论的精度有着显著的影响。

12.3　Yelp 数据集上基于监督学习的虚假评论识别实验

Yelp.com 是一个有关在线评论业务的大型网站。为了保证其评论的信誉度和可信性，Yelp 使用了评论过滤算法来过滤可疑的评论，以防止它们显示在网页上。据 Yelp 的 CEO Jeremy Stoppelman 介绍，他们的过滤算法已经发展了很多年，目前仍在不断地被 Yelp 的工程师改进（Stoppelman，2009）。Yelp 还指出，过滤器也会错杀，但他们已经准备好损失一些真实评论，总好过没有过滤算法，使其放任评论而导致用户停用网站以带来巨大损失（Luther，2010；Holloway，2011）。Yelp 故意没有披露它的过滤算法中的细节，因为这样做可能会降低过滤算法的有效性（Luther，2010），虚假评论者会根据所披露的算法细节改变他们的书写策略。

Yelp 从 2005 年开始上线过滤算法，并将其过滤掉的评论以示大众，这充分显示了 Yelp 对它的过滤精度非常有信心。*BusinessWeek* 的一项研究也表明 Yelp 的过滤器是十分准确的（Weise，2011）。我自己的研究组也有一手的亲身经历。我们基于一些内部信息知道的确有一些企业的虚假评论被 Yelp 过滤了。

因此，我们认为，Yelp 的过滤至少是相对可靠的。它的过滤和未过滤评论可能是现实生活中最接近真相（虚假评论和非虚假评论）的了。我也知道，中国互联网公司 Dianping. com 也有类似的过滤系统。除了过滤，大众点评网系统还为那些抱怨他们的"真正的"评论被过滤的评论者提供相关的证据。

Yelp 实际上没有删除那些过滤掉的评论，而是将它们放在一个过滤的列表中，同时这个列表是公开的。Mukherjee 等人（2013b）抓取了芝加哥地区 85 家宾馆和 130 家餐馆的过滤与未过滤评论，并使用监督学习，试图通过反向工程分析 Yelp 的过滤算法。在他们的实验中，那些过滤的评论被视为虚假的，未经过滤评论被视为非虚假的。这便成了一个二分类问题。实验产生了一些有趣的结果。其对 Yelp 数据集的质量进行了分析，结果表明，过滤的评论与异常行为有着很强的关系（12.3.2 节），这使得 Yelp 打出的虚假和非虚假评论标签更具有可信性。

12.3.1 基于语言学特征的监督学习虚假评论识别

在虚假评论识别任务中，通常会用到两种类型的特征：语言特征和行为特征。语言特征关于待识别评论的文本内容，而行为特征则关于评论者和其发表评论的行为。本小节只介绍那些使用语言特征的实验结果。

Ott 等人（2011）指出，在 AMT 生成的酒店数据中使用 unigram 和 bigram 特征能够得到高达 89.6% 的准确率，Mukherjee 等人（2013）使用完全相同的实验设置在 Yelp 数据集（仅是关于芝加哥受欢迎的宾馆和餐馆的积极评价）上做了试验。这两篇论文都用 SVM 作为分类器。不过，Yelp 的酒店数据（表 12-2）的准确率仅为 67.9%，Yelp 的餐馆数据的准确率仅为 67.6%。注意，Ott 等人（2011 年）仅用了宾馆的评论数据。这些结果表明：n-gram 特征确实有用；现实生活中的虚假评论数据检测比使用 AMT 数据更加困难。由于这两篇论文中都使用 50% 虚假评论和 50% 非虚假评论的数据比例来进行训练和测试，随机选择的正确率（accuracy）应为 50%。

表 12-2 宾馆和餐馆领域中 SVM 五折交叉验证的正确率结果

特征设定	宾馆领域数据上的准确率（%）	餐馆领域数据上的准确率（%）
unigram	67.6	67.9
bigram	64.9	68.5

一个有趣的问题是：AMT 的虚假评论和 Yelp 的虚假评论间究竟有什么区别，我们如何发现并描述其中的区别？ Mukherjee 等人（2013b）提出了一种基于信息论的度量方法：KL 散度，这种度量方法具有不对称性。他们发现：

1. 来自 AMT 的虚假评论的词分布和 Tripadvisor 上非虚假评论的词分布是不同的。这意味着两个集合中有大量的词具有不同的频率特征。也就是说，相比于真实评论者，Turker 倾向于使用不同的词汇。这可能是因为 Turker 并不了解宾馆或者他们没有用心去写虚假评论。所以他们并没有做好"造假"的工作。这也解释了为什么 AMT 产生的虚假评论更容易被分类。

2. 然而，对于现实的 Yelp 数据，绝大多数虚假评论和非虚假评论的词的频率分布非常相似。这意味着，Yelp 上的虚假评论者的伪装工作做得很好，因为他们会用和垃圾评论者类似的词，使他们的评论看起来有说服力。然而，不对称 KL 散度表明，相比于非虚假评论，虚假评论中有个别少量的词具有更高的出现频率。这些高频词暗示伪装和欺骗。这表明，Yelp 的虚假评论者使他们的评论看起来像真正的评论的伪装有点过头了。这两个发现共同解释了为什么识别准确度（accuracy）优于 50%（随机猜测），但却比 AMT 数据的准确度低得多。

下一个有趣的问题是：是否有可能提高在真实 Yelp 数据上的分类准确性？　Mukherjee 等人（2013b）提出了一组评论者和评论的行为特征。这组特征大幅度提高了检测效果。

12.3.2　基于行为特征的监督学习虚假评论识别

由于语言特征在 Yelp 评论数据上表现并不好，Mukherjee 等人（2013a）尝试并提出了评论行为特征（Behavioral Feature）。这些特性有助于大幅提高分类准确度。在行为的研究中，作者抓取了宾馆和餐馆领域中所有评论者的简况文件，其所用特征如下。

1. 最大评论数（Maximum Number of Review，MNR）。是指评论者在一天之内发表的评论数量。

2. 褒义评论的百分比（Percentage of Positive Review，PR）。数据中褒义（4 星或 5 星级）评论占所有评论数的百分比。

3. 评论长度（Review Length，RL）。每个评论的字数长度。由于垃圾评论需要编写假的评论经历，他们可能没有太多可以写的，或一个有偿垃圾评论者可能不希望投入过多的时间写评论。

4. 评论者偏差（Reviewer Deviation，RD）。此类特征的计算方法如下：首先，基于评分来评定评论者与其他评论者的偏差。然后，计算评论者所有评论的评分偏差均值。

5. 内容最大相似性（Maximum Content Similarity，MCS）。每次都写一个新的虚假评论是费时的。此特征计算评论者的任意两个评论之间的 MCS（使用余弦相似性），并取最大值。

数据中的每篇评论由其评论者的这五个行为特征来表示。请注意，可以从 Yelp 中提取其他各种元数据以产生更多特征，例如，友好关系和粉丝关系、赞美、有用的投票数、早期被过滤的评论的比例，等等。但是，因为其中有些特征直接或间接地受到了 Yelp 的过滤，使用这些功能进行分类是不公平的。例如，如果这个评论被过滤，得到有用票的机会、点赞、朋友和粉丝请求数会自动降低。前面的特征不会或很少受到 Yelp 过滤的影响。

结果列于表 12-3，这里使用了更大的数据集，包括所有的宾馆和餐馆。我们可以观察到，BF 对分类效果的提升大大超过了语言 n-gram 特征。添加语言特征在一定程度上对餐馆领域是有用的，但在宾馆领域相差不大。本文最后得出的结论是 Yelp 在它们的过滤算法中使用的可能是行为线索。请注意，这并不是说 Yelp 使用的是监督学习。该文章还对 Yelp 中所用到的上述评论行为做了深入的分析，并声称 Yelp 的过滤具有良好的精度，但目前尚不清楚召回率是多少。

表 12-3　宾馆和餐馆领域中基于 BF 和 n-gram 特征的五折交叉分类结果比较

特征设定	宾馆领域数据上的准确率（%）	餐馆领域数据上的准确率（%）
unigram	65.6	66.9
bigram	64.4	67.8
BF	83.2	82.8
unigram+BF	83.6	84.1
bigram+BF	84.8	86.1

12.4　异常行为模式的自动发现

由于人工标记训练样例有很大难度，大多数公布的算法并没有使用任何已标记的虚假评论或非虚假评论数据。在这一节和接下来的几节中，我们将讨论一些这样的方法。在本节中，我们将侧重于介绍一种特定的方法（Jindal et al.，2010），该方法将发现虚假评论者、垃圾评论或其他多种异常，并将其看作一个发现异常类关联规则的数据挖掘任务。具体而言，该方法基于自动化的规则挖掘以及对可疑评论和评论者行为的概率形式的定义。这种评论的行为通常表示为一种例外规则。该方法为不同类型的例外定义了一般性规则，因此可以在任何领域中使用它们。这种方法能自动发现例外模式，无需手动设计例外模式或方案，并编写相应的代码。

12.4.1　类关联规则

类关联规则是一种带有固定类别属性的特殊类型的关联规则（Liu et al.，1998）。要挖掘类关联规则（CAR）需要一组数据记录，它们由一组正常属性 $A=\{A_1, \cdots, A_n\}$ 和包含 m 个离散值（称为类标签）属性的 $C=\{c_1, \cdots, c_m\}$ 组成。CAR 规则的形式为：$X \rightarrow c_i$，其中 X 是一组来自 A 的属性的条件，c_i 是 C 中的一个类标签。这样的规则可计算条件概率 $\Pr(c_i \mid X)$（称为置信度）与联合概率 $\Pr(X \mid c_i)$（称为支持度）。注意，由于类标签已知，CAR 的最初设计是用于监督学习。然而，在这项研究工作中，CAR 挖掘没有被作为一个监督学习方法来检测虚假评论，因为在类别预测中并没有使用虚假和非虚假的类别标签。

对于垃圾评论检测应用，可供 CAR 挖掘使用的一种数据形式如下：每条评论构成一条数据记录，该记录包含一组属性信息，例如，评论者 ID、产品类别、IP 地址、电子邮件地址、品牌 ID、产品 ID 和类别。需要注意的是（评论者的）IP 地址和电子邮件地址通常是网站私有数据。类别是指评论者对产品的态度，即以评分为基础的褒义、贬义或者中立的态度。在大多数评论网站中（如 Amazon.com），每条评论都有一个来自评论者的介于 1（最低）到 5（最高）的打分。4 分或 5 分被视为褒义类别，3 分为中性类别，1 分或 2 分为贬义类别。这样，可以发现如下 CAR 规则：一个评论者（评论者 1）对一个品牌（品牌 1）的产品表达了褒义观点：

评论者 1，品牌 1 → 积极态度（支持度 = 10；置信度 = 100%）

其中，支持度是评论者 1 对品牌 1 的所有积极评价的计数。

在进一步讨论之前，我们注意到前面的数据只是一个例子。在应用程序中，任何属性都可以作为类属性。另外，也可以不使用任何类属性。在这种情况下，问题就简化为挖掘常规关联规则（Agrawal 和 Srikant，1994）的任务。我们可能会发现各种有趣的规则。例如，我们可能会发现多个评论 -ID 共享一个电子邮件（这是非常可疑的），一个特定的评论者 ID 对同一产品发表了多个评论，某个评论者 ID 只评论了一类产品中的一个产品。这种有意思的规则还有很多。

我们现在利用上面的例子中的数据，在 Jindal 等人（2010）的工作的基础上找出不期望得到的规则。为了找到某些规则，我们首先需要定义什么规则是期望得到的。我们的定义先假设类先验概率（$\Pr(c_i)$）是已知的，这很容易从数据中自动计算得出。这个先验说明了数据的原始分布情况。我们给出另外两个原则对期望进行定义：

1. 由于没有先验知识，我们希望该数据属性和类之间没有关系，也就是说，它们是统计独立的。这是有道理的，因为它可以让我们发现那些表现出牢固关系的模式。 [323]

2. 使用较短规则（用更少的条件）来计算较长规则的期望。这也是合乎逻辑的，原因有两个。第一，它使用户能够首先看到的有趣的短规则。第二，更重要的是，这些不期望得到的短规则可以是一些较长规则中异常的起因。因此，如果已经知道了短规则的情况，排除那些不期望得到的短规则，就不太可能再得到那些不期望得到的长规则。

在这两个原则的基础上，我们首先讨论一个单条件规则的例外度，接着讨论双条件规则。对于多条件规则，请参见 Jindal 等人（2010）的工作。

12.4.2　单条件规则例外度

Jindal 等人（2010）的工作中定义了四种类型的例外度。本小节将讨论单条件规则的例外度，该类规则只有单个条件，即属性值对，$A_j = v_{jk}$。

1. 置信度例外度。为简化表示，我们使用了一个值 $v_{jk}(v_{jk} \in dom(A_j))$，来表示属性 A_j 的第 k 个值。单条件规则的格式如下：$v_{jk} \rightarrow c_i$。该规则的期望置信度定义如下。

期望：由于我们考虑的是单条件规则，我们使用零条件规则定义期望

$$\rightarrow c_i,$$

即类别 c_i 的先验概率 $\Pr(c_i)$。已知 $\Pr(c_i)$ 而没有其他先验知识，我们预期属性值和类别之间是独立的。这样，前述规则（$v_{jk} \rightarrow c_i$）的置信度（$\Pr(c_i \mid v_{jk})$）为 $\Pr(c_i)$。我们使用 $E(\Pr(c_i \mid v_{jk}))$ 代表期望置信度，即

$$E(\Pr(c_i \mid v_{jk})) = \Pr(c_i) \tag{12-1}$$

置信度例外度（Confidence unexpectedness，Cu）。规则的置信度例外度定义为其实际置信度相对于期望置信度的偏差比例。规则的实际信度表示为 $\Pr(c_i \mid v_{jk})$。我们使用 $Cu(v_{jk} \rightarrow c_i)$ 表示规则 $v_{jk} \rightarrow c_i$ 的例外度。

$$Cu(v_{jk} \rightarrow c_i) = \frac{\Pr(c_i \mid v_{jk}) - E\left[\Pr(c_i \mid v_{jk})\right]}{E\left[\Pr(c_i \mid v_{jk})\right]} \tag{12-2}$$

例外度的值可以用来对规则进行排序。例如，数据中 20% 的评论是负面的（$\Pr$（负面）＝ 20%），但是某个评论者的评论都是负面的，那么这个评论者很例外且可疑。请注意例外度 [324]

的值可正可负。在应用中，带有正值例外度的规则常常更有用。如果不需要的话，可以丢弃其他规则。

2. 支持度例外度。置信度的衡量标准没有考虑数据记录的比例。因此我们需要支持度的例外度这一指标。

期望：如果没有先验知识，我们期望属性值和类别是独立的。这样，我们有 $\Pr(v_{jk}, c_i)) = \Pr(v_{jk})\Pr(c_i)$。$\Pr(c_i)$ 已知，但 $\Pr(v_{jk})$ 未知。我们可以假设 $\Pr(v_{jk})$ 为所有 A_j 可能性的平均值。这样，我们有 [$\Pr(v_{jk})$ 对于用户是未知的，但却是可以计算的]，

$$E[\Pr(v_{jk}, c_i)] = \Pr(c_i)\frac{\sum_{a=1}^{|A_j|}\Pr(v_{ja})}{|A_j|} \tag{12-3}$$

支持度例外度可以如下定义：

$$Su(v_{jk} \to c_i) = \frac{\Pr(V_{jk}, c_i) - E[\Pr(v_{jk}|c_i)]}{E[\Pr(v_{jk}, c_i)]} \tag{12-4}$$

这个支持度例外度（Support unexpectedness，Su）[公式（12-3）和公式（12-4）] 的定义是合理的，因为它对带有高支持度的规则的排名很高，这也是我们想要的。例如，每个评论者平均写了两条负面评论，但是某些评论者写了上百条负面评论。这些评论者是可疑的，至少是值得进一步调查的。

3. 属性分布例外度。置信度或支持度例外度只考虑了单一规则。在许多情况下，一组规则一起展示了一个有趣的场景。这里我们基于一个属性和类的所有值来定义例外度的度量，这样将覆盖很多规则。这样的例外度显示了数据记录对类别的偏移程度，也就是说，类别下的数据记录是否只集中在了类别的几个值，它们是否按照我们的期望，在未给定先验知识的前提下均匀地分布在所有值上。例如，我们可能会发现，即使有大量评论者评论了该品牌的产品，但一个品牌的大多数正面评论只来自一个评论者。这样的评论者显然有发布垃圾评论的嫌疑。我们使用支持度（或联合概率）来定义属性分布的例外度。将属性记为 A_j，类别为 c_i。A_j 相对于类 c_i 的属性分布表示为：

325

$$A_j \to c_i$$

这表示了所有规则 $v_{jk} \to c_i$，$k=1, 2, \cdots, |A_j|$，其中 $|A_j|$ 是属性 A_j 的值的数目。

期望：这里我们可以用之前计算的 $\Pr(v_{jk}, c_i)$（公式 12-3）的期望值来表示。

属性分布例外度（*Attribute distribution unexpectedness*，ADu）。其定义为 A_j 所有值归一化后支持度偏差的和。

$$ADu(A_j \to c_i) = \sum_{v_{jk}:v_{jk} \in dom(A_j) \wedge Dev>0} \frac{Dev(v_{jk})}{\Pr(c_i)} \tag{12-5}$$

其中，

$$Dev(v_{jk}) = \Pr(v_{jk}, c_i) - E[\Pr(v_{jk}, c_i)] \tag{12-6}$$

在公式 12-5 中，我们使用 $\Pr(c_i)$，因为 $\sum_{k=1}^{|A_j|}\Pr(v_{jk}, c_i) = \Pr(c_i)$。这个定义中没有使用负偏差，

因为正负偏差 $(Dev(v_{jk}))$ 是对称的或者说是相等的，$\Pr(c_i)$ 是常数，且 $\sum_{k=1}^{|A_j|}\Pr(v_{jk},c_i)=\Pr(c_i)$。这样的话，考虑一边就足够了。

4. 属性例外度。在这里，我们想发现一个属性的值是如何预测类别的。表示为

$$A_j \to C$$

其中 A_j 表示属性值，C 表示类别。当没有先验知识时，我们期望 A_j 和 C 是独立的。在完美的情况（或最例外的情况）下，每条规则 $v_{jk} \to c_i$ 都有 100% 的置信度。然后，A_j 就能完全预测类别 C。

从概念上讲，这个想法与在分类学习中测量每个属性的分辨力是一样的。因此，这里可以采用信息增益（Information Gain，IG）的度量（Quinlan，1993）。期望信息是基于熵进行计算的。由于没有知识，原数据 D 的熵如下（注意 $\Pr(c_i)$ 是类 c_i 中零条件规则的置信度）：

$$entropy(D) = -\sum_{i=1}^{m}\Pr(c_i)\log\Pr(c_i) \tag{12-7}$$

期望：期望是数据 D 的熵：

$$E(A_j \to C) = entropy(D)$$

属性例外度（Attribute unexpectedness Au）为增加了 A_j 后的信息。加入 A_j 后，我们获得了以下熵的表达式：

$$entropy_{A_j}(D) = -\sum_{k=1}^{A_j}\frac{|D_k|}{|D|}entropy(D_k) \tag{12-8}$$

基于 A_j 的值，数据集合 D 被划分为 $|A_j|$ 个子集，D_1，D_2，…，$D_{|A_i|}$（即每个子集都有 A_j 的一个特定值）。用下面的公式（IG 度量（Quinlan，1993））计算例外度：

$$Au(A_j \to C) = entropy(D) - entropy_{A_j}(D) \tag{12-9}$$

12.4.3　双条件规则例外度

现在，我们考虑双条件规则。虽然我们仍然可以如单条件规则那样，假设一个规则的预期置信度是类先验概率，但这并不合适的，因为双条件规则是由两个单条件规则组成的。这可能是因为一个双条件规则的例外度是由单条件规则引起的。

让我们用置信度例外度作为例子。我们有两个类别的数据集，每个类别占数据的 50%，即类先验概率是相等的，$\Pr(c_1)=\Pr(c_2)=0.5$。对于规则 $v_1 \to c_1$，有 100% 的置信度（即 $\Pr(c_1|v_2)=1$），根据式（12-2），这是一个我们非常不期望得到的结果。

现在，让我们来看看双条件规则 v_1，$v_2 \to c_1$，这显然也有 100% 的置信度（即 $\Pr(c_1|v_1,v_2)=1$）。如果我们假设没有先验知识，它预期的置信度应为 50%。然后，我们说这条规则是不被期望的。然而，因为我们知道 $v_1 \to c_1$ 有 100% 的置信度，规则 v_1，$v_2 \to c_1$ 的 100% 的置信度是完全可预期的。规则 $v_1 \to c_1$ 的 100% 的置信度是规则 v_1，$v_2 \to c_1$ 的 100% 置信度的起因。基于单条件规则，我们将不同类型双条件规则的例外度形式定义为：

$$v_{jk}, \; v_{gh} \to c_i$$

1. 置信度例外度。我们首先基于两个单条件规则计算双条件规则的预期置信度：

$$v_{jk} \rightarrow c_i \text{ 与 } v_{gh} \rightarrow c_i$$

期望：已知两个规则的置信度 $\Pr(c_i|v_{jk})$ 和 $\Pr(c_i|v_{gh})$，我们使用贝叶斯规则来计算期望概率 $\Pr(c_i|v_{jk}, v_{gh})$，得到：

$$\Pr(c_i \mid v_{jk}, v_{gh}) = \frac{\Pr(v_{jk}, v_{gh} \mid c_i)\Pr(c_i)}{\sum\limits_{r=1}^{m}\Pr(v_{jk}, v_{gh} \mid c_r)\Pr(c_r)} \tag{12-10}$$

分子的第一项可以被进一步写作：

$$\Pr(v_{jk}, v_{gh} \mid c_i) = \Pr(v_{jk} \mid v_{gh}, c_i)\Pr(v_{gh} \mid c_i) \tag{12-11}$$

条件独立假设。在没有先验知识的条件下，可以合理地假设已知类 c_i，所有的属性都是条件独立的。形式化表示为：

$$\Pr(v_k \mid v_{gh}, c_i) = \Pr(v_{jk} \mid c_i) \tag{12-12}$$

在式（12.10）的基础上，$\Pr(c_i|v_{jk}, v_{gh})$ 的期望值是

$$E[\Pr(c_i \mid v_{jk}, v_{gh})] = \frac{\Pr(v_{jk} \mid c_i)\Pr(v_{gh} \mid c_i)\Pr(c_i)}{\sum\limits_{r=1}^{m}\Pr(v_{jk} \mid c_r)\Pr(v_{gh} \mid c_r)\Pr(c_r)} \tag{12-13}$$

因为我们已知 $\Pr(c_i|v_{jk})$ 和 $\Pr(c_i|v_{gh})$，我们最终有

$$E[\Pr(c_i \mid v_{jk}, v_{gh})] = \frac{\Pr(c_i \mid v_{jk})\Pr(c_i \mid v_{gh})}{\Pr(c_i)\sum\limits_{r=1}^{m}\dfrac{\Pr(c_r \mid v_{jk})\Pr(c_r \mid v_{gh})}{\Pr(c_r)}} \tag{12-14}$$

置信度例外度（Cu）。Cu 定义如下：

$$Cu(v_{jk}, v_{gh} \rightarrow c_i) = \frac{\Pr(c_i \mid v_{jk}, v_{gh}) - E[\Pr(c_i \mid v_{jk}, v_{gh})]}{E[\Pr(c_i \mid v_{jk}, v_{gh})]} \tag{12-15}$$

使用此度量，我们能发现那些对一个品牌的产品都给高分的评论者，然而其他大多数评论者一般都给了该品牌负面评价。

2. 支持度例外度。首先计算 $v_{jk}, v_{gh} \rightarrow c_i$ 的期望支持度。

期望：基于以下公式计算 $\Pr(v_{jk}, v_{gh}, c_i)$ 的期望支持度

$$\Pr(v_{jk}, v_{gh}, c_i) = \Pr(c_i \mid v_{jk}, v_{gh})\Pr(v_{jk}, v_{gh}) \tag{12-16}$$

使用条件独立的假设，我们知道了 $\Pr(c_i|v_{jk}, v_{gh})$ 的值。我们基于同样的假设计算 $\Pr(v_{jk}, v_{gh})$ 的值：

$$\Pr(v_{jk}, v_{gh}) = \Pr(v_{jk})\Pr(v_{gh})\sum\limits_{r=1}^{m}\frac{\Pr(c_r \mid v_{jk})\Pr(c_r \mid v_{gh})}{\Pr(c_r)} \tag{12-17}$$

联合公式（12-10）和公式（12-17），我们有

$$E[\Pr(v_{jk}, v_{gh}, c_i)] = \frac{\Pr(v_{jk}, c_i)\Pr(v_{gh}, c_i)}{\Pr(c_i)} \tag{12-18}$$

支持度例外度（Su）。按照下式计算：

$$Su(v_{jk}, v_{gh} \to c_i) = \frac{\Pr(v_{jk}, v_{gh}, c_i) - E[\Pr(v_{jk}, v_{gh}, c_i)]}{E[\Pr(v_{jk}, v_{gh}, c_i)]}$$ （12-19）

使用此度量，能发现对一个产品写了多个正面评价的评论者，然而其他评论者只写了一条评论。

3. 属性分布例外度。因为对于双条件规则，两个属性被包含其中并用来计算属性分布例外度，我们需要固定一个属性。为了不失一般性，我们假设 v_{jk} 固定，并包含（或遍历）属性 A_g 的所有值。我们从而计算下面规则的例外度：

$$v_{jk}, A_g \to c_i$$

此属性分布表示所有的规则，$v_{jk}, v_{gh} \to c_i$，$h=1, 2, \cdots, |A_g|$，其中 $|A_g|$ 是属性 A_g 所有可能的值的个数。

期望：我们能利用式（12-18）中得到的 $\Pr(v_{jk}, v_{gh}, c_i)$ 的期望值。

属性分布例外度（ADu）。定义如下：

$$ADu(v_{jk} A_g \to c_i) = \sum_{v_{gh}: v_{gh} \in dom(A_g) \wedge Dev > 0} \frac{Dev(v_{gh})}{\Pr(v_{jk}, c_i)}$$ （12-20）

其中，$Dev(v_{gh}) = \Pr(v_{jk}, v_{gh}, c_i) - E(\Pr(v_{jk}, v_{gh}, c_i))$。

采用这一度量，我们可以发现，一个品牌的产品的最正面的评论都只来源于一个评论者，即使有大量评论者评论了该品牌的产品。

4. 属性例外度。这种情形下，我们在给定约束下计算属性的例外度，形式如下：

$$v_{jk}, A_g \to C$$

采用这一度量，我们可以发现评论者只给一个品牌写正面评论，只给另一个品牌写负面评论。

规则 1：reviewer-1，brand-1 → positive（confidence = 100%）

规则 2：reviewer-1，brand-2 → negative（confidence = 100%）

12.5　基于模型的行为分析

本节将介绍一些基于模型的方法，从简单的行为模型到复杂的图模型以及贝叶斯概率模型。它们都利用评论者的行为和评论，以识别真假评论和评论者。

我们应该注意到，在已发表的研究论文中，所有行为都是基于各自评论托管网站的评论页面中显示的公共数据。每个评论托管网站收集到的私有数据对普通民众是不可见的，但却非常有用，甚至对垃圾评论检测的有用程度超过了公开的数据。例如，如果来自同一IP地址的多个用户ID针对同一个产品发表了一些正面的评价，那么这些用户ID就是可疑的。如果一个宾馆的正面评价都来自宾馆附近的地区，那它们也是值得怀疑的。如果网站的私有数据是可用的，它们可以不改动或最小程度地改动模型以融入现有的方法中。

12.5.1　基于非典型行为的虚假评论检测

第一个研究来自 Lim 等人（2010 年），其中利用指示垃圾行为的不同评论模式，构建了一些不寻常的评论者行为模型。每个模型都通过测量评论者执行垃圾行为的程度，给评论者分配一个垃圾行为的数值打分。然后组合所有的分数产生最终的垃圾分数。因此，这种方法主要致力于寻找虚假评论者，而不是虚假评论。所构建的垃圾行为模型如下：

1. 以产品为目标。为了对付评论系统，这里假设垃圾评论者将其最大精力对准他要促销或诋毁的几个目标产品。他将密切监测产品，并在时间接近时，通过编写虚假评论来降低产品评分。

2. 以群体为目标。这种垃圾行为模型定义了垃圾评论者在很短的时间跨度内针对一组产品操纵其评分的行为模式，这组产品共有一些产品属性。例如，垃圾评论者可能会在几个小时内针对一个品牌的几款产品进行评论。这种评论模式节省了垃圾评论者的时间，因为他们并不需要登录很多次评论系统。为了达到最好的效果，给这些目标产品群体的评分是非常高或非常低的。

3. 一般性评分偏差。一个真正的评论者给出的评分倾向于和同一产品的其他评论者的评分类似。由于垃圾邮件评论者试图促销或诋毁某些产品，相比于其他评论者，他们的评分通常偏差很大。

4. 早期评分偏差。早期评分偏差捕获到垃圾评论者在产品推出后不久就写了虚假评论的行为。这种评论很容易吸引其他评论者的注意力，使得垃圾评论者影响后续评论者的意见。

Wu 等人（2010）提出了一种基于失真准则的无监督方法来检测虚假评论。它的想法是虚假评论会扭曲一组实体的整体人气排名。随机地删除一组评论不会过度扰乱实体的排序列表，然而在删除虚假评论时，应该会显著地改变实体的排名，从而揭示"真实"的排名。可以比较受欢迎排名在删除评论之前和之后的变化来度量失真程度。与之相似的，Xie 等人（2012）提出了其于时间序列的检测方法，Feng 等人（2012a）提出了基于每个商品的评论的评分分布分析的检测方法。

12.5.2　基于评论图的虚假评论检测

Wang 等人（2011）针对商店或卖家的评论，提出了一种基于图的垃圾评论检测方法。针对商店的评论通常描述了用户的购买经历和对商店的印象。这项研究基于的所有评论数据均为作者 2010 年 10 月 6 日在 resellerratings.com 网站爬取的数据。删除没有评论的商店后，共有 343 603 个评论者写了关于 14 561 个商店的 408 470 条评论。

虽然可以借鉴已有产品垃圾评论检测算法所给出的一些线索，但这些线索在商店评论的上下文环境中还是存在不足。例如，一个人对同样的产品写了很多评论是不寻常的，但一个人因多次购买而对同一个商店发布不止一条评论是很正常的。此外，一个评论者对多个商店发布近重复评价也是正常的，因为不像不同的产品，不同的商店基本上都提供相同类型的服务。因此，检测虚假产品评论和评论者方法中所用到的特征或线索并不都适合用于检测商店评论和垃圾评论者。因此，有必要寻找一种更复杂和互补的框架。

Wang 等人（2011）提出了基于图结构的异构评论检测方法。该图结构包括三个类节点，也就是评论、评论者和商店，以捕捉它们之间的关系，从而对表征垃圾评论的线索进行建模。每个评论者节点都有一个边连接到他所写的每个评论。每个评论节点都有一个边连接到一个与评论有关的商店节点。商店通过评论连接到评论的发布者。每个节点还附有一组特征。例如，一个商店节点有关于它的平均评分、评论数量等特征。

根据评论图结构，定义并计算三个概念，也就是评论者的可信度、评论诚实度、商店的可靠性。一个评论者如果写了更多诚实的评论，那么她是更值得信赖的；如果一个商店有更多来自可信评论者的积极评论，那么它是更可靠的；如果一个评论被很多诚实的评论赞成，那么它更加诚实。此外，如果评论的诚实度有所下滑，那么它会影响评论者的可信度，而这反过来也会对她评论的商店产生影响。这些相互交织的关系反应在评论图的结构当中，并且可以被数学化定义。

Wang 等人（2011）提出了一种迭代计算方法来计算这三个值，然后用其对评论者、商店和评论进行排序。那些排名较高的评论者、商店和评论有可能参与了垃圾评论活动。效果的评估是通过人工比对商店的分数以及商店在商业改进局（Better Business Bureau，BBB）中的数据来进行的，BBB 是美国的一个收集商业可靠性报表，并提醒市民、企业或消费者警惕诈骗的知名组织。

在 Akoglu 等人（2013）的工作中，他们提出了另一种基于图结构的方法，以解决类似的问题。该方法基于马尔可夫随机场（MRF）。

12.5.3　基于贝叶斯模型的虚假评论检测

大多数现有的检测算法基于不同的启发式或依靠特设虚假和非虚假评论标签来构建模型。Mukherjee 等人（2013a）提出了一个理论模型，将此任务作为一个无监督的贝叶斯框架聚类问题来解决。贝叶斯设定能用一组观察到的行为特征对评论者的潜在垃圾程度进行建模。所提出的（图结构的）模型被称为评论者垃圾程度模型（Author Spamicity Model，ASM）。垃圾程度指的是发垃圾评论的程度。关键的动机在于假设垃圾评论者在行为层面与别人不同。这就造成了在两个自然发生的簇的数量分布之间的分离空白：垃圾评论者和非垃圾评论者。ASM 中的推理使我们能基于一组行为特征来学习两个簇（或类）的分布。还有许多扩展的 ASM 可以利用不同的先验概率。

更具体地，ASM 模型属于基于一组可观察特征的生成式聚类模型（Duda et al.，2001）。作者 a 的垃圾程度表示为 s_a（垃圾攻击的程度 / 倾向，区间为 [0, 1]），一条评论 r 的垃圾 / 非垃圾标签表示为潜在变量 π_r。π_r 实质上是类变量，反映每个评论实例的类成员关系（在这里有两个类，$K=2$，即垃圾和非垃圾类）。根据相应的潜在类别分布，每个作者 / 评论者（及各自的评论）都显示出了一组可观察特征（行为线索）。在多种行为维度下，模型推理学习到了两个类别簇的潜在总体分布，以及基于无监督的概率模型的聚类（Smyth，1999）原则的评论的簇分配情况。评论者 / 作者的特征包括内容相似性、评论的最大数、评论突发性、首评论比例。评论特征包括重复 / 近重复评论、极端的评分、评分偏差、早期时间框架，以及滥用评分。这种方法非常复杂，有兴趣的读者可参考 Mukherjee 等人（2013）的工作。

采用贝叶斯推理的一个重要优点是，由于该模型采用了隐变量和后验概率估计来表示各种垃圾评论活动，这有利于在一个单一框架下进行检测和分析，深度地洞察垃圾评论问题。这对于其他方法是很难做到的。

12.6 群体虚假评论检测

群体虚假评论是指一组评论者一起写虚假评论以达到推销或诋毁一些目标产品的目的（Mukherjee et al.，2012）。其理由是在许多情况下，单一的虚假评论不足以推销产品或服务，或改变现有产品的总体评价。因此，一组评论者写了多个虚假评论。一个垃圾评论群体具有高度的破坏性，因为其中有很多人会写虚假评论，因此可以从总体上控制产品的评价好坏。在这种情况下，很难通过评论的文本特征来检测垃圾评论和评论者，甚至使用检测个体垃圾评论者异常行为的特征也很难过滤垃圾评论和评论者，因为一个群体中有很多人发布评论，因此各成员的行为就显得不那么异常了。在这里，一组评论者指的是一组评论者 id。用户 id 背后实际的评论者可能只是一个人操作了多个 id（马甲），也可能是多个人操作或两者的组合。在这里我们没有对此作区分。

在进一步讨论之前，让我们来看看垃圾评论者群组。图 12-2、图 12-3、图 12-4 给出了一个具有三个评论者的群组的评论[⊖]。

1 of 1 people found the following review helpful: ★★★★★ **Practically FREE music**, December 4, 2004 **This review is from: Audio Xtract (CD-ROM)** I can't believe for $10 (after rebate) I got a program that gets me free unlimited music. I was hoping it did half what was ….	2 of 2 people found the following review helpful: ★★★★★ **Like a tape recorder…**, December 8, 2004 **This review is from: Audio Xtract (CD-ROM)** This software really rocks. I can set the program to record music all day long and just let it go. I come home and my ….	★★★★★ **Wow, Internet music!** …, December 4, 2004 **This review is from: Audio Xtract (CD-ROM)** I looked forever for a way to record Internet music. My way took a long time and many steps (frustrtaing). Then I found Audio Xtract. With more than 3,000 songs downloaded in …
3 of 8 people found the following review helpful: ★★★★★ **Yes – it really works**, December 4, 2004 **This review is from: Audio Xtract Pro (CD-ROM)** See my review for Audio Xtract - this PRO is even better. This is the solution I've been looking for. After buying iTunes, ….	3 of 10 people found the following review helpful: ★★★★★ **This is even better than…**, December 8, 2004 **This review is from: Audio Xtract Pro (CD-ROM)** Let me tell you, this has to be one of the coolest products ever on the market. Record 8 Internet radio stations at once, ….	2 of 9 people found the following review helpful: ★★★★★ **Best music just got** …, December 4, 2004 **This review is from: Audio Xtract Pro (CD-ROM)** The other day I upgraded to this TOP NOTCH product. Everyone who loves music needs to get it from Internet …
5 of 5 people found the following review helpful: ★★★★★ **My kids love it**, December 4, 2004 **This review is from: Pond Aquarium 3D Deluxe Edition** This was a bargain at $20 - better than the other ones that have no above water scenes. My kids get a kick out of the ….	5 of 5 people found the following review helpful: ★★★★★ **For the price you…**, December 8, 2004 **This review is from: Pond Aquarium 3D Deluxe Edition** This is one of the coolest screensavers I have ever seen, the fish move realistically, the environments look real, and the ….	3 of 3 people found the following review helpful: ★★★★★ **Cool, looks great…**, December 4, 2004 **This review is from: Pond Aquarium 3D Deluxe Edition** We have this set up on the PC at home and it looks GREAT. The fish and the scenes are really neat. Friends and family ….

图 12-2 Big John 群组 　　　图 12-3 Cletus 群组 　　　图 12-4 John 群组

这个群组有以下可疑模式值得注意：第一，该组所有成员都评论了三个相同的产品，并都给出了五星评价；第二，他们在 4 天（其中两个发布在同一天）的短时间窗口中发布

⊖ www.amazon.com/gp/pdp/profile/A3URRTIZEE8R7W; www.amazon.com/gp/pdp/profile/A254LYRIZUYXZG; www.amazon.com/gp/cdp/member-reviews/A1O70AIHNS4EIY。

了若干评论；第三，他们每个人只评价了三个产品（当亚马逊评论数据被抓取时）（Jindal and Liu，2008）；第四，他们是产品的早期评论者（为了产生较大影响）。所有这些模式一起发生强烈地显示了活动的可疑性。需要注意的是没有任何评论本身类似于任何其他评论（即无重复）或显示出欺骗性。如果我们只独立看三个评论者，他们都显得很真实。事实上，9 条评论中的 5 条都收到了亚马逊用户的 100% 有用性投票，表示这些评论是有用的。显然，这三个评论者完全控制了所评产品集合的总体评价。事实上，该群组还有第四个评论者。由于篇幅有限，在这里我们没有展示。

如果评论组只一起工作一次来推销或诋毁一个产品，是很难根据收集他们的行为来检测到他们的（见 12.7 节）。然而，在最近几年，垃圾评论已成为一个产业。人们编写虚假评论以赚取报酬。这些人不能只写一个评论，这样就赚不到足够多的钱了。相反，他们给很多产品写了很多评论。一个群体的这些共同行为能暴露垃圾评论者本身。本节将重点检测这样的群体。

由于群组中的评论者给多个产品写了评语，数据挖掘技术中的频繁项集挖掘（Frequent Itemset Mining FIM）（Agrawal and Srikant，1994）可以用来发现垃圾评论者。然而，这样发现的群组只是候选垃圾群组，因为许多群组可能是巧合发生的。例如，一些评论者可能凑巧评论了相同的产品，因为其具有同样的品味，以及产品的普及度较高（例如，不少人评论了苹果的所有三个产品 iPod、iPhone 和 iPad）。因此，我们的目标是确定候选集中真正的垃圾评论者群体。

Mukherjee 等人（2012 年）的工作中的算法分为两个步骤：

1. 频繁项集挖掘。此步骤是为了寻找一个频繁项集。每个项集是一组评价了某产品集合的评论者。这样的群组被认为是一个候选垃圾评论群组。FIM（Agrawal and Srikant，1994）曾被用来执行该任务。

FIM 描述如下：用 I 表示一个项目集合，在我们这里表示所有评论者的集合。用 T 表示交易集合。每个交易 t_i（$t_i \in T$）都是 I 中的一个子集（$t_i \subseteq I$），这里指的是已经评论了特定产品的评论者集合。每个产品由此产生一个交易，也就是评论了该产品的所有评论者。通过频繁项集挖掘，我们能发现所有的频繁项集。每个项集是以最小交易次数（称为最小支持数，或简称 minsup_c）出现在交易集合 T 中的评论者集合，每个项目集（组）中必须至少有两个评论者，也就是说，每个组必须至少有两个评论者，他们也至少共同评价了 minsup_c 个产品。在论文中，作者使用的 minsup_c = 3。

2. 基于群体垃圾特征的群体排序。在步骤 1 中发现的组可能不全部是真实的垃圾评论者群体。许多评论者被模板挖掘到可能只是由于巧合。该步骤使用称为 GSRank（群体垃圾排序）的关系模型，依据一个候选群组是垃圾评论者群组的可能性来排序。这种关系模型捕捉了各个组成员以及他们评论的产品之间的关系。关系模型是基于一组旨在捕捉不同类型的异常群组和个人成员行为的垃圾评论指标或特征而定义的。在接下来的两节中，我们将定义这些特征。想了解关系模型的细节，请参阅 Mukherjee 等人（2012）的工作。

该方法是无监督的，因为它不使用任何手动标记的数据进行训练。不过，它使用一组标记的垃圾评论者群体来评估所提出的模型，并得到了不错的结果。显然，使用标注数据，同样可以使用监督学习。事实上，在 Mukherjee 等人（2012）的工作中，作者的确还对该

333
～
336

任务尝试监督分类、回归和学习排名算法。

12.6.1 群体行为特征

本节将介绍群体行为特征，12.6.2 节将介绍一组个体成员的特征。这些特征是垃圾评论活动的指标或线索。

1. 群体时间窗口（Group Time Window，GTW）。同在一个垃圾评论组的成员很可能在很短的时间间隔内对一起目标产品进行评价。一个组的活跃程度被建模为它的 GTW：

$$GTW(g) = \max_{p \in P_g}(GTW_P(g, p))$$

$$GTW_P(g, p) = \begin{cases} 0 & \text{如果} L(g, p) - F(g, p) > \tau \\ 1 - \dfrac{L(g, p) - F(g, p)}{\tau} & \text{其他} \end{cases} \quad （12\text{-}21）$$

其中 $L(g, p)$ 和 $F(g, p)$ 分别是产品 $p \in P_g$ 被群组 g 中的评论者评论的最近和最早的日期。P_g 是群组 g 评论过的所有产品的集合。因此，$GTW_P(g, p)$ 给出了 g 组对于单一产品 p 的评论时间窗口信息。这个定义表明，群组 g 的评论者在很短的时间内突发评论产品 p 更容易被认为是垃圾评论行为（值为 1）。群组在比 τ（这是一个参数）长的一个时间间隔内对同一产品进行评论，则不太可能是垃圾评论行为，得到的值为 0。因为他们不太可能一起工作。群体时间窗口 $GTW(g)$ 考虑了该群体 g 评论过的所有产品 p（$\in P_g$）并取最大值，从而捕捉到该组最严重的行为。因为同样的原因，对于随后的行为都取最大值。

2. 群体偏差（Group Deviation，GD）。当组内成员的评分偏离其他（真实）评论者很多的时候，会发生有严重伤害的群体垃圾评论。该偏差越大，这个群组就越糟糕。这种行为由 GD 在 5 星打分范围内建模（4 分是最大可能的偏差）：

$$GD(g) = \max_{p \in P_g}[D(g, p)]$$

$$D(g, p) = \frac{|r_{p, g} - \bar{r}_{p, g}|}{4} \quad （12\text{-}22）$$

其中，$r_{p, g}$ 和 $\bar{r}_{p, g}$ 分别是 g 组成员和非 g 组成员对产品 p 给出的平均分。$D(g, p)$ 为所述组在单一产品 p 上的偏差。如果没有评论者评论产品 p，那么 $\bar{r}_{p, g} = 0$。

3. 群体内容的相似性（Group Content Similarity，GCS）。当垃圾评论者复制彼此之间的评论时，内容的相似性（重复或接近重复的评论）也能表现出群体纵容。因此，受害的产品有很多内容相似的评论。GCS 对此行为进行了建模：

$$GCS(g) = \max_{p \in P_g}[CS_G(g, p)]$$

$$GC_G(g, p) = \underset{m_i, m_j \in g, i < j}{avg} (\text{cosine}[c(m_i, p), c(m_j, p)]) \quad （12\text{-}23）$$

其中 $c(m_i, p)$ 是评论组成员 $m_i \in g$ 写给产品 p 的评论内容。为简单起见，假定每个成员最多为一个产品写一个评论。CSG(g, p) 通过计算余弦相似性捕捉评论组成员对产品 p 的评论内容之间的成对内容平均相似性。

4. 组内成员内容的相似性（Group Member Content Similarity，GMCS）。内容相似性的另一种体现为 g 组内的成员不认识彼此（并和代理联系）。因为每写一篇新的评论都会耗费精力，组内成员可以复制或修改自己先前类似的产品评论。如果该组的多个成员都如此，该群体更可能是在进行垃圾评论活动。这种行为可以通过 GMCS 如下捕获：

338

$$GMCS(g) = \frac{\sum_{m \in g} CS_M(g, m)}{|g|}$$

$$GS_M(g, m) = \underset{p_i, p_j \in P_g, i < j}{avg} (cosine[c(m, p_i), c(m, p_j)]) \tag{12-24}$$

当一组中所有成员完全复制了他们在不同产品 P_g 上的评论时，该组的 GMCS 值约为 1（表示垃圾邮件）。CSM(g, m) 表示成员 $m \in g$ 在所有产品集合 P_g 中的平均内容上的相似性。

5. **群体时间早晚框架**（Group Early TimeFrame，GETF）。垃圾评论者通常在早期作出评论以造成最大影响。同样，当组成员是第一个评论某产品的人时，他们完全可以劫持产品的总体评价。GETF 对此行为进行了建模：

$$GETF(g) = \max_{p \in P_g}[GTF(g, p)]$$

$$GETF(g, p) = \begin{cases} 0 & \text{如果 } L(g, p) - A(p) > \beta \\ 1 - \dfrac{L(g, p) - A(p)}{\beta} & \text{其他} \end{cases} \tag{12-25}$$

其中，GTF(g, p) 捕获的时间框架为一个组 g 有多早地评论了一个产品 p。$L(g, p)$ 是组 g 对产品 $p \in P_g$ 的最新的评论日期，$A(p)$ 是产品可供评论的日期。β 是一个阈值，即 β 个月后，GTF 为 0 值，也就是说，发布的评论不再被认为是早期评论了。

6. **群体大小比例**（Group Size Ratio，GSR）。组大小相对于一个产品下所有评论者的比例也可以指示垃圾评论行为。在一个极端（最坏）情况下，组成员是该产品的唯一评论者，并彻底控制了产品的评价。还有另一种极端情况，即该产品的评论者总数非常大，但该组的大小非常小。那么该组的影响是很小的。

$$GSR(g) = \underset{p \in P_g}{avg}[GSR_P(g, p)]$$

$$GSR_P(g, p) = \frac{|g|}{|M_p|} \tag{12-26}$$

其中，GSR$_P(g, p)$ 是组大小相对于产品 p 的 M_P（产品 p 的所有评论者集合）的比例。

7. **群体的大小**（Group Size，GS）。群体的勾结也表现在它的大小上面。对于大型的群体，成员碰巧在一起的概率是非常小的。此外，较大的群体破坏性更强。GS 很容易建模。339 我们将它归一化到 [0, 1] 之间。max$(|g_i|)$ 是所有已发现的群体中最大群体的大小。

$$GS(g) = \frac{|g|}{\max(|g_i|)} \tag{12-27}$$

8. **群体支持数**（Group SUPport count，GSUP）。群体支持数是该组评论过的产品的总数。具有高支持数的群体更可能是垃圾评论组，因为一组随机的人碰巧共同评论了许多产品的概率是很小的。GSUP 的建模如下。我们用所有被发现的群组的最大群体支持数 max$(|P_{gi}|)$ 将它归一化到 [0, 1]：

$$GSUP(g) = \frac{|P_g|}{\max(|P_{g_i}|)} \tag{12-28}$$

这 8 个评论组行为在模型或学习中被用作群体垃圾特征。

12.6.2 群体内个体行为特征

虽然群体行为很重要，但它们隐藏了很多关于其成员的详细信息。显然，个别成员的行为也显示出了群体垃圾评论的信号。我们现在描述 Mukherjee 等人（2012）的工作中所用到的个体成员的行为特征。

1. 个体评分偏差（Individual Rating Deviation，IRD）。像 GD 一样，我们将 IRD 建模为

$$IRD(m, p) = \frac{|r_{p, m} - \overline{r}_{p, m}|}{4} \tag{12-29}$$

这里 $r_{p, m}$ 表示评论者 m 发布给产品 p 的评分，$\overline{r}_{p, m}$ 表示其他评论者对产品 p 的平均评分。

2. 单个评论者内容的相似性（Individual Content Similarity，ICS）。个别垃圾评论者可能会多次给产品发布重复或接近重复的评论，以增加产品的流行度。类似于 GMCS，评论者 m 的 ICS 对他给产品 p 的所有评论进行建模：

$$ICS(m, p) = avg(cosine[c(m, p)]) \tag{12-30}$$

对 m 发给 p 的所有评论取平均。$cosine[c(m, p)]$ 表示同一评论者发给同一产品 p 的所有评论内容的相似性度量。

3. 个体评论时间早晚框架（Individual Early Time Frame，IETF）。像 GETF 一样，将一个组成员 m 关于产品 p 的 IETF 定义为：

$$IETF(m, p) = \begin{cases} 0 & \text{如果 } L(m, p) - A(p) > \beta \\ 1 - \dfrac{L(m, p) - A(p)}{\beta} & \text{其他} \end{cases} \tag{12-31}$$

其中 $L(m, p)$ 是成员 m 发布给产品 p 评论的最晚日期，$A(p)$ 是 p 可供评论的日期，β 是阈值参数。

4. 群体内个体成员耦合性（Individual Member Coupling，IMC）。这种行为描述了成员与组内其他成员的亲密程度。如果成员 m 与其他组成员几乎在同一日期发布评论，那么可以说 m 与所在群组是紧密耦合的。然而，如果成员 m 发布评论的日期和组内其他成员相去甚远，那么 m 与所在组是不紧密耦合的。我们发现成员 m 给产品 p 发布评论的日期和该组其他成员的平均评论日期之间的差异。要计算时间差，我们用群组第一次评论产品 p 的时间作为基准。IMC 被建模为：

$$IMC(g, m) = \underset{p \in P_g}{avg}\left(\frac{|T(m, p) - F(g, p) - avg(g, m)|}{L(g, p) - F(g, p)} \right)$$
$$avg(g, m) = \frac{\sum\limits_{m_i \in G - \{m\}} [T(m_i, p) - F(g, p)]}{|g| - 1} \tag{12-32}$$

其中 $L(g, p)$ 和 $F(g, p)$ 分别是群组 g 给产品 p 发布评论的最新和最早日期，$T(m, p)$ 是成员 m 实际评论产品 p 的日期。

12.7　多 ID 评论用户识别

另一种识别虚假评论者或垃圾评论者的方法是识别拥有多个账户或用户 ID 的评论者，这些虚假评论者利用多个账户撰写评论。如我们在 12.6 节所提到的，在许多情况下，单个评论可能不足以建立一个期望的评价或扭转产品现有的不期望评价状况。这往往需要多个垃圾评论。虽然评论者可以给一个产品写多个评论，但是用单个账户给一个产品写多个评论不是一个好主意，因为它很容易被检测到。为了避免被发现，评论者可能注册多个账户或用户 ID，并用每个账户发一条评论。

本节将介绍检测这种多 id 评论的方法。该方法由 Qian 和 Liu（2013）提出。同时，其改进算法可以处理以下两个相关问题。

同一评论者在多个网站发布评论。当一个作者 / 评论者促销产品时，他可能会在多个网站上为其产品写虚假评论以售卖产品。因此，我们要解决和检测来自多个网站的可能属于同一作者的多账户或用户 ID 问题。

作者变更。在网站上有良好信誉的评论者可能会将他的账户或用户 ID 卖给垃圾评论者，然后垃圾评论者使用该账户发布虚假评论。还有一种情况是有人会故意"培养"一个用户 ID（就像培养一个孩子）用来出售。也就是说，人们会在初始的一段时间内发布真实的评论来建立账户的声誉，然后将账户或用户 ID 卖给垃圾评论者。在这种情况下，我们需要检测账户是否出现了作者变更。

在下文中，我们将首先介绍 Qian 和 Liu（2013）的工作来识别多 ID 的作者，然后再讨论如何解决上面提到的两个问题。

12.7.1　基于相似度学习的多 ID 评论用户识别

问题定义：已知一组用户 ID，$ID = \{id_1, \cdots, id_n\}$，每一个 id_i 有一个评论集合 R_i，我们想识别 ID 中属于同一物理作者的用户 ID。

一种应用场景是 ID 中所有的用户 id 都给一个产品发过评论。R_i 是用户 id_i 发给该产品以及其他产品的全部评论。

该任务与作者署名（Authorship Attribution，AA）问题有一定的相似性。传统的 AA 旨在确定一些特定文件的作者，往往使用监督学习解决问题。设 $A = \{a_1, \cdots, a_k\}$ 是一组作者（或类），每个作者 $a_i \in A$ 有一组训练文档 D_i。然后，使用训练文档建立分类器来预测每个测试文档 d 的作者 a，其中 a 一定是 A 中的作者。然而，这种方法并不适用于我们的任务，因为我们只有用户 id 信息而没有作者信息。由于一些用户 id 可能属于同一个作者，我们不能把每一个用户 id 作为一类，因为在这种情况下，我们对不同的用户 id 进行分类并不能解决识别多 ID 同作者的问题。

Qian 和 Liu（2013）提出的算法仍然使用监督学习，但是在相似空间（Similarity Space，LSS）中学习的。在 LSS 中，数据由一组相似性向量组成，称为 s-向量。每个特征都是两条评论之间的相似性。其中一个评论被称为查询评论 q，另一个向量被称为抽样向量 d。如果 q 和 d 是由同一作者写的，s-向量的类别标签则记为 q-positive（或 1），意为 "d 是由作者 q 写的"；否则类别标签是 q-negative（或 –1），意为 "d 不是由作者 q 写的"。

这样 LSS 就给出了一个二分类问题。任何监督学习方法都可以用来建立分类器。Qian

341
342

和 Liu（2013）使用了 SVM。由此产生的分类器可以决定两条评论是否出自同一作者，从而可以解决多 id 问题。

12.7.2 训练数据准备

对于学习，我们有一组训练作者数据 $AR = \{ar_1, \cdots, ar_n\}$。每个作者 ar_i 有一组文档（或评论）DR_i。DR_i 中的每个文档首先被表示为一个文档向量（或 d-vector）。用于产生训练集的算法见图 12-5。

```
1.  for each author ar_i ∈ AR do
2.      select a set of query documents Q_i ⊆ DR_i
3.      for each query q_ij ∈ Q_i do
            // produce positive training examples
4.          select a set of documents from author ar_i, DR_ij ⊆ DR_i − {q_ij}
5.          for each document dr_ijk ∈ DR_ij do
6.              produce a training example for dr_ijk, (Sim(dr_ijk, q_ij), 1)
            // produce negative training examples
7.          select a set of documents from the rest of authors, DR_ij,rest ⊆ (DR_1 ∪ … ∪ DR_n) − DR_i
8.          for each document dr_ijk,rest ∈ DR_ij,rest do
9.              produce a training example for dr_ijk,rest, (Sim(dr_ijk,rest, q_ij), −1)
```

图 12-5　LSS 的训练数据生成算法

该算法首先从每个作者 ar_i 的文档 DR_i 中随机选取一小部分查询 Q_i（第 1、2 行）。对于每个查询 $q_{ij} \in Q_i$（第 3 行），它也从同一作者 DR_i（不含 q_{ij}）中选择一组文档 DR_{ij} 的（第 4 行）作为 q_{ij} 的 q-positive 文档（查询 q_{ij} 的作者写的），并将其标为 1。然后，对于 DR_{ij} 中的每个文档 dr_{ijk}，通过相似度函数 Sim 计算 q_{ij} 和 dr_{ijk} 的相似度，生成 dr_{ijk} 的带有标签 1 的 q-positive 训练样例（第 5、6 行）。在第 7 行中，算法从其他作者那里选择了一组文档作为 q_{ij} 的 q-negative 文档（非 q_{ij} 作者所写）并标为 −1。对于 $DR_{ij, rest}$ 中的每个文档 $dr_{ijk, rest}$（第 8 行），通过相似度函数 Sim 对 q_{ij} 和 $dr_{ijk, rest}$ 的相似度计算生成 dr_{ijk} 的带有标签 −1 的 q-negative 训练样例（第 9 行）。如何选择 Q_i、DR_{ij} 和 $DR_{ij, rest}$（第 2、4、7 行）是一个开放问题，从而使其在不同场景下的实现更具灵活性。

```
// for d_12 of author a_1    // for d_22 of author a_2
    <Sim(d_12, q_11), 1>        <Sim(d_22, q_11), −1>
    <Sim(d_12, q_21), -1>       <Sim(d_22, q_21), 1>
```

图 12-6　LSS 的训练数据样例

让我们来看一个例子。假设我们有两个训练作者 $\{a_1, a_2\}$。每个作者都有两个文档 d_{i1} 和 d_{i2}。我们假设 d_{i1} 被用作查询，并为清楚起见命名它为 q_{i1}。使用两个查询文件 q_{11} 和 q_{21} 和两个非查询文件 d_{12} 和 d_{22}，我们得到四个训练样例以及图 12-6 所示的它们的类标，其中 $Sim(d, q)$ 表示 d 对于 q 的 s-vector。

使用这两个类的四个训练样例（s-vector），可以训练一个二分类器，并用它来确定是否有任何两个文件 / 评论出于同一作者。LSS 的一个非常重要的特性是，在测试中使用的评

论 / 作者不必在训练中使用，因为分类器仅需从两个文件产生 s-vector，并确定它们是否出于同一作者。它并不能像 AA 那样决定一个测试文档是否由训练集中的同一个作者撰写。

12.7.3 *d*-特征和 *s*-特征

d-**特征**。d-vector 中的每一维特征都被称为 *d*-特征（即文档特征）。Qian 和 Liu（2013）使用了四种类型的 *d*-特征，分别关于长度（Gamon，2004；Graham et al.，2005）、频率、tf.idf、丰富性。对于基于频率和 tf.idf 的 *d*-特征，该算法首先从原始文件和解析的句法树中提取词的 unigram、句法和文体符号，然后计算它们的频率和 tf.idf 值。句法特征是 POS n-gram（$1 \leqslant n \leqslant 3$）（Hirst and Feiguina，2007）和重写规则（Halteren et al.，1996）。除了常见的文体特征，如标点符号和功能词（Argamon and Levitan，2004），也包括一些评论特有的文体特征：全大写字母单词、引号、括号、感叹号、缩写、连续两个或多个非字母数字字符、情态助动词和句子的第一个字母大写。对于丰富性，该模型使用了 Burrows（1992）的丰富性指标。

s-**特征**。s-vector 中的每一维特征都被称为一个 *s*-特征，并使用文件 *d* 的 d-vector 和查询 *q* 的 d-vector 之间的相似性来计算。使用五种类型的 *s*-特征：Sim4 长度、Sim7 检索、Sim3 句子、SimC tfidf 和 SimC 丰富性 *s*-特征。Sim7 和 Sim3 是在 Metzler 等人（2005）和 Cao 等人（2006）中定义的。这两个 SimC *s*-特征使用了余弦相度。Sim4 长度 *s*-特征是在 Qian 和 Liu（2013）中定义的。获取有关所有这些特征的详细信息，请参阅相应论文。

让我们来看一个例子。假设我们有以下的一个查询 *q* 的 d-vector：

q:　　1:1 2:1 6:2

这里 *i:j* 是一个 *d*-特征，表示在 *q* 中项 / 符号 *i* 的频率计数为 *j*。*d*-特征中的 0 值被省略了。我们也有两个非查询文档：来自作者 *q* 的 d_1，来自非作者 *q* 的文档 d_2。它们的 d-vector 分别是：

d_1:　　1:2 2:1 3:1　　d_2:　　2:2 3:1 5:2

如果我们使用余弦作为相似性的度量指标，对于 d_1，我们会得到一个 *s*-特征 1:0.50，对于 d_2，我们会得到一个 *s*-特征 1:0.27。使用更多的相似性度量方法，我们能生成更多的 *s*-特征。附加上它们的类标签（1 或 −1），我们得到：

(q, d_1): 1 1:0.50 …　　　(q, d_2): -1 1:0.27 …

其中，*x:y* 是一个 *s*-特征，代表了第 *x* 个相似性度量，以及 *q* 与 d_k 的相似度值。

12.7.4 识别同一用户的多个 ID

我们使用分类器解决同一作者多用户 ID 的识别问题。为了简化问题，Qian 和 Liu（2013）假设最多有两个用户 ID 属于同一个作者，其算法包括如下两步：

1. *候选识别*。对于每个用户 id_i，算法首先找到最可能与 id_i 是同一个作者的用户 ID $id_j(i \neq j)$。id_j 被称为 id_i 的候选。这一过程称为 candid-iden，即 $id_j = candid\text{-}iden(id_i)$。

2. *候选确定*。算法在 id_j 上逆向使用了函数 candid-iden，生成 id_k，即 $id_k = candid\text{-}iden(id_j)$。

决策制定：如果 $k=i$，算法认为 id_i 与 id_j 属于同一作者；否则，id_i 与 id_j 属于不同作者。

图 12-7 给出了算法的具体细节。第 1～2 行对用户集合 $ID=\{id_1, id_2, \cdots, id_n\}$ 中每个 id_i 所对应的集合 D_i 中的文档进行划分。划分是很灵活的。第 4 行是步骤一：候选识别，第 5 行是第二步：候选确定。第 6～7 行执行了第二步的候选确定。这里的关键函数是 candid-iden。其算法参见图 12-8。

```
1. for the document set Di of each idi ∈ ID do
2.    partition Di into two subsets:
         (1) query set Qi and (2) sample set Si;
3. for the document set Di of each idi ∈ ID do
4.    idj = candid-iden(idi, ID), i < j;      // step 1: candidate identification
5.    idk = candid-iden(idj, ID), k ≠ j;      // step 2: candidate confirmation
6.    if k = i then idi and idj are from the same author
7.    else idi and idj are not from the same author
```

图 12-7　从同一用户中识别出多个用户 ID

```
Function candidate-iden(idi, ID)
1. for the sample document set Sj of each idj ∈ ID – {idi} do
2.    pcount[idj], psum[idj], psqsum[idj], max[idj] = 0;
3.    for each query qi ∈ Qi do
4.       for each sample sjf ∈ Sj do
5.          ssjf = <(idi, qi), (Sim(sjf, qi), ?)>;
6.          Classify ssjf using the classifier built earlier;
7.          if ssjf is classified positive, i.e., 1 then
8.             pcount[idj] = pcount[idj] + 1;
9.             psum[idj] = psum[idj] + ssjf.score
10.            psqsum[idj] = psqsum[idj] + (ssjf.score)²
11.          if ssjf.score > max[idj] then
12.             max[idj] = srjf.score
   // 确定哪个idj为id候选的4种方法
13. if for all idj ∈ ID – {idi}, pcount[idi] = 0 then
14.    cid = arg max (max[idj])
              idj∈ID-{idi}
15. else cid = arg max (pcount[idj]/|Sj|)      // 1. Voting
              idj∈ID-{idi}
16.    cid = arg max (psum[idj]/|Sj|)      // 2. ScoreSum
              idj∈ID-{idi}
17.    cid = arg max ((psum[idj])²/|Sj|)   // 3. ScoreSqSum
              idj∈ID-{idi}
18.    cid = arg max (max[idj])            // 4. ScoreMax
              idj∈ID-{idi}
19. return cid;
```

图 12-8　识别候选

345～346

函数 candid-iden 有两个参数：查询用户 id_i 和全体用户集合 ID。它将 $id_j \in ID-\{id_i\}$ 样例集合中的每个样例 ss_{jf} 分类为正例（q_i-positive）或者负例（q_i-negative）（第 4、5、6 行）。然后我们将分类结果聚合起来决定哪些用户 id 可能属于同一个作者。第 2 行对用于记录最后决定步骤的变量进行初始化。

一个简单的聚合方法是投票。它计算了 ID-{id_i} 中每个用户 ID 抽样文档的正分类数目。具有最高计数的用户 id_j 可能与查询 id_i 共享同一作者候选 cid。则 cid 作为候选被返回。

也有一些其他方法，这些方法依赖于分类器产生什么样的输出值。包括前面提到的投票方法，Qian and Liu（2013）共提出了 4 种方法。其他 3 种方法需要用分类器产生一个预测得分以反映正类和负类的确定性。SVM 可以用来给每个分类产生这样一个分数。

为了节省空间，所有 4 个可供选择的方法参见图 12-8，其描述如下。

1. 投票。对于来自用户 id_j 的每个样例，如果它被分类为正例，按一票 / 一个计数加到 $pcount[id_j]$ 中（第 8 行）。具有最高 $pcount$ 的用户被视为候选用户 id cid（第 15 行）。需要注意的是需要归一化，因为样例集 S_j 的大小因不同的用户 id 而不同。第 13、14 行意味着，如果所有的用户 id 的所有文档被分类为负例（$pcount[id_j]=0$），这也意味着 $psum[id_j]=psqsum[id_j]=0$，我们使用方法 4。

2. *ScoreSum*。这种方法的工作方式类似于投票，只不过不是计数正分类数量，这种方法将每个用户 ID 的所有正分类得分累加到 $psum[id_j]$ 中（第 9 行）。决策也是类似的方式（第 16 行）。

3. *ScoreSqSum*。这种方法的工作方式和 ScoreSum 类似，不同之处在于它将每个用户的正例分类得分的平方加到 $psqsum[id_j]$ 中（第 10 行）。决策也是类似的方式（第 17 行）。

4. *ScoreMax*。这种方法的工作方式类似于投票方法，不同之处在于它为每个用户文档寻找最大分类分数（第 11、12 行）。决策制定在第 18 行中。

实验使用了一个大规模的 Amazon.com 图书评论集合。结果表明，即使在 100 个用户 ID 中，F_1 得分也可达到 0.85。当用户 ID 的数量较小时，结果几乎是完美的。

我们现在回到本节开头给出的两个相关问题：

同一评论者在多个网站发布评论。前述算法可直接用来解决这个问题。也有另一种纯粹基于用户行为（Zafarani and Liu，2013）的方法可以解决此问题。

作者变更。也可以用相同的方式解决这个问题。这里，我们假设评论托管站点可检测用户 ID/ 账户使用的 IP 地址的重大改变，这意味着要么评论者已经移动到一个新的地方，要么是作者发生了变化。要找出是哪种情况，我们可以使用变化发生前用户 ID 的评论作为查询，变化后的评论作为抽样。如果分类结果表明大多数抽样为 *q*-negative，那么很可能发生了作者变更。

最后，我想指出的是，识别多个用户 ID 背后的用户在一定程度上和寻找垃圾评论群组相关，因为一个作者有多个用户 ID 可以被视为一个群组问题。在 12.6 节中，群组被定义为全部评论过一组产品的一组用户 ID。由于垃圾评论作者有多个用户 ID，他们通常为多个产品写评论（尤其是有偿评论者），我们可以使用 12.6 节中的算法找到用户 ID 组。也可以在交易数据上使用频繁模式挖掘来完成该任务，其中每个交易表示一个用户已评论过的所有产品。然而，这些方法不能确定一组中的用户 ID 是否属于同一作者或多个作者。显然，这些方法也可以被集成起来，以提升检测的精准度。

347

12.8　基于评论爆发检测的虚假评论识别

本节将介绍对表现为爆发式评论的垃圾评论活动的检测方法。爆发式评论是在短时间内产品评论数量突然增加的一种现象（Fei et al.，2013）。在正常情况下，产品评论发布的时间随机。但是，有时候对一个产品的评论是爆发性的，这意味着在这些时间段有评论集中产生。偶尔评论爆发也发生在个体评论者层面，这意味着评论者在很短的时间内发布了大量评论。这已被几个现有检测算法用作行为特征来进行垃圾评论和垃圾评论者的检测。在本节中，我们只关注产品的爆发性评论。

评论的爆发可能是由于以下一个或两个原因。

产品的知名度突然增加。例如，一个产品可能会突然因为一个成功的电视广告而变得流行起来。如果有大量客户购买产品，该产品很可能会获得更多的评论。在这样的评论爆发中的大多数评论者都可能是真实的评论者。这样的爆发性可通过商户网站（如出售该产品并收集评论的 Amazon.com 网站）很容易地检测到。

产品受到了垃圾评论攻击。许多垃圾评论或虚假评论在很短的时间内发布。正如前面提到的，如果产品已经有一定的正面或负面评论，发布一个虚假的评论可能无法改变产品整体的评价。即使产品没有评论，只发布一个褒义的评论也可能是不够的，这可能是因为读者通常不信任单一褒义评论。垃圾评论的爆发主要有以下两种情况：

1. 一个企业以为自己的产品编写褒义评价为条件，给予客户折扣，来推广其产品或服务。

2. 垃圾评论者群组使用多个账户或评论者 ID 写虚假评论，旨在在很短的时间周期推销或诋毁一些目标产品。

Fei 等人（2013）提出了一个面向爆发式评论的虚假评论检测算法。该算法的前提假设在同一爆发时间内的评论者通常有相似的状态（垃圾或非垃圾）。也就是说，如果一次爆发被认为是垃圾攻击，则爆发中的多数评论者很可能都是垃圾评论者；然而，如果一次爆发不是垃圾攻击，其中的评论者很可能是真实的评论者。通过利用爆发中的若干评论者特征，该算法能够捕捉到他们的垃圾程度（即垃圾评论者的程度）。该算法分为两个步骤：

1. 使用核密度估计（Kernel Density Estimation，KDE）来检测针对每个产品的评论爆发。

2. 利用马尔可夫随机场（MRF）来建模并检测垃圾评论者。
因为使用 KDE 来发现爆发是非常标准的，所以我们只专注于第 2 步。

MRF 是一种特别适合于使用观测数据不确定性来解决推理问题的概率图模型。一个 MRF 包含一个无向图，其中每个节点可以有任何有限数目的状态。假设每个节点的状态依赖于它的每个邻居，并独立于图中的任何其他节点。这种假设产生了成对 MRF，这是一般 MRF 的一种特殊情况。在成对 MRF 中，网络的联合概率可以写成成对因子的乘积，而不是一般 MRF 中的最大团。

在 Fei 等人（2013）的工作中，一个节点可以是以下任意一种评论者：垃圾评论者（S）、非垃圾评论者（NS）或混合状态（M）。使用"混合"状态的理由是，一些评论者有时会（因各种原因）编写虚假评论，但在其他时间却作为合法买家写一些真正的评论。任意两个节点之间的边意味着相应的评论者共同出现在了一次评论爆发中。根据图结构，算法推断出最大似然的状态并分配给节点，也就是计算节点的边际。Fei 等人（2013）使用了环路置信传播（Loopy Belief Propagation，LBP）算法，在一系列垃圾评论者特征的辅助下完成推断，特征如 Amazon 验证购买的比例、评分偏差、爆发式评论的比例、评论内容的相似性，以及评论者的爆发性，爆发性特征如爆发性验证购买的比例、爆发性的陡峭度、爆发性内容的相似性以及爆发性评分的偏差。 349

分类评估。除了前述基于爆发性的垃圾评论检测方法，他们还提出了评估垃圾评论检测结果的客观方法。由于很难获得可用于模型构建和模型测试的垃圾（或虚假）评论和非垃圾（或非虚假）评论的实际数据集，在以往工作中，研究人员主要人工进行评估。然而，人工评估是主观的，即使提供相同的一组评论者行为指标和评论，不同的评估人员往往有不同的确定标准，也会给出不同的标注结果。该方法使用监督分类评估所发现的垃圾评论者，这是对人工评估的补充，从而为我们提供有关检测算法是否有效的更多信息。首先，这里假设如果一个评论者被标记为垃圾评论者，那么他所有的评论都被认为是垃圾评论，如果评论者被标记为非垃圾评论者，那么他所有的评论被认为是非垃圾评论。这是一个二分类问题。接下来就可以建立一个分类器将两类评论分开。Fei 等人（2013）在 unigram 特征的基础上使用了 SVM。这里的一个关键点是，在检测算法中，只有行为特征被采用，但在评论分类时，只有文本特征被采用。如果分类结果精度较高，我们知道，对于基于行为特征被分类为垃圾评论者和非垃圾评论者的用户，他们的评论基于文本特征也被分为了垃圾评论和非垃圾评论。这在一定程度上说明该垃圾评论检测算法是有效的。

Xie 等人（2012）提出了另一种基于爆发性的检测方法，来检测那些有可能参与垃圾评论的单例评论者。单例评论者指的是只写了一条评论的评论者。该工作采用 Wang 等人（2011）的商店评论数据。他们的方法首先为每个商店检测爆发性的评论。如果一次爆发中有许多评论的评分（例如，5 星）与其他评论非常不同，并且许多评论者都是单例评论者，则该算法认为这些单例评论者很可能参与了垃圾评论活动。也就是说，他们发布褒义的评价，可能会收到来自商店的一定的折扣或其他好处。

前面的算法只分析了个别产品或服务的评论爆发性。正如我们在本节开始时提到的，评论爆发也发生在评论者身上，也就是说，一个评论者会在短时间内写许多评论。这样的爆发性也可能表明这是垃圾评论活动。例如，评论者在很短的时间内对一个品牌的许多产品写了很多正面的评价。但是，我不清楚除了有某些监督和无监督检测算法使用一些预定义的评论者爆发性作为特征，在已有文献中是否还有针对这个问题的其他相关研究。 350

12.9 未来研究方向

尽管许多算法被提出来用于检测虚假评论，但在我们可以清除垃圾评论活动之前，还有很长的路要走。还有许多尚未或刚刚被探索的有趣的研究方向。在这里，我简要介绍几个可能的研究方向。

多个网站比较。垃圾评论者促销或诋毁一些目标产品时，会尽可能在多个出售产品的评论网站上写虚假评论，以实现对产品的最大影响。对不同网站上的同一产品评论进行比较来发现异常将会是一个很有意思的问题,例如在同一时间,用相似用户 ID、相同 / 相似的 IP 地址发布的类似的评论(内容或评分)。这对真正的评论者是不太可能的,他们不屑于在多个网站为产品发布正面的评论,因为人们在网站上常常需要注册并登录后才能发表评论。

语言不一致性。为了适应不同的产品和强调亲身经历,虚假评论者在不同的评论中写的东西往往是不一致或有违常识的。例如,为了推销一款女士手表,有偿的评论者可能会写"I bought this watch for my wife and she simply loves it"。不久后,为了推销一款男士衬衫,同样的评论者可能会写"I bought this shirt for my husband yesterday"。为促销尿布,评论者可能会写"my baby loves the diaper"。后来,为了促销新娘礼服,她可能会写"my girlfriend tried the wedding gown yesterday"。第一个和第二个句子显示出了性别不一致性,而第三句和第四句表明,评论者的行为是有违常识的。还有可能检测出许多其他不一致的情况,例如,年龄、有 / 无孩子、种族等。

商业本身情况。在许多情况下,产品或业务本身可以帮助识别真假评论活动。例如,如果一个宾馆的所有正面评论都来自住在宾馆附近地区的人(根据其 IP 地址),那么这些正面评论是可疑的,因为如果家就在附近的话,很少有人会住在宾馆。然而,有这么多类型的企业,手动编写这样的正常和异常行为模式是非常困难的。我们面临的挑战是,如何设计一个算法来为每个领域自动发现此类异常行为模式。

网络使用异常。网站服务器记录一个人在网站上的几乎所有动作,这对于检测虚假评论是很宝贵的。例如,使用 IP 地址信息和点击行为,我们可能会发现,一个产品的所有正面评价都来自相同或相似的 IP 地址,或许多评论者从未浏览过一个网站,却突然来到一个产品页面直接写了一些积极评价。在第一种情况下,所有的评论都可能来自同一个人,在第二种情况下,该产品的卖方可能雇用人们为其产品编写评论,并提供了一个产品页面链接。虚假评论者只需点击该链接并发布虚假评论。

12.4 节中所描述的规则挖掘方法可以进行扩展,用来自动发现许多这样的异常情况。据我所知,一些评论托管网站在使用这些数据检测虚假评论,但仍然没有公开报告的学术研究利用评论者的网络使用数据来检测虚假评论。主要的原因是学术界很难获取这些数据来进行研究,部分原因在于隐私问题,还有部分原因在于评论托管公司不希望发布任何关于其检测方法的文献,因为如果虚假评论者知道了其检测方法,他们会改变自己的行为和写作风格,以避免被发现。

早期检测。大多数现有的算法依赖于检测评论内容和评论者行为的模式。大多数模式的生成都需要时间。然而,当模式最终成型后,可能已经造成了一些破坏。因此,设计一种在理想情况下发布后可以立即检测虚假评论的算法是十分重要的。

12.10 小结

随着社交媒体越来越多地被组织和个人用于制定关键决策,垃圾评论也变得越来越复杂和广泛。对于许多企业来说,自己发布虚假评论或聘请专业虚假评论写手为他们写虚假评论,已经成为市场营销和品牌推广的一种廉价方式。幸运的是,主要的在线评论托管网站都在积极地通过计算机算法检测打击虚假评论。

在过去的几年中，学术界已经提出了许多有效的算法，其中一些算法的简化版本（工业界通常使用简单的算法）已被应用于实践中。我相信，我们已经拥有的主要思路和算法可以捕捉大多数虚假评论和评论者。算法只需要适用于实际场景下的应用环境。例如，已发表的研究论文没有在它们的算法或者评估中使用过任何私有数据，如网站使用数据（如IP地址和点击行为）以及评论者画像数据。如果这样的网站私有数据可以应用在算法中，现有的已发布算法的性能可以在这些附加特征中获得进一步提升。在某些情况下，需要对已公布的算法进行修正。企业还可以在现有的文献中使用大量网络数据挖掘算法来生成有效的特征（Liu，2006，2011）。

展望未来，我认为主要的技术难点在于如何在评论发布之后立即识别虚假评论。这是一个挑战，因为大多数现有算法需要足够的证据来判断评论是否可疑（除了文本分类算法），但这样的证据可能需要一段时间来积累。如果是讨厌的负面评论，这段时间对小型企业的影响可能是毁灭性的。

由于检测算法在发现复杂的虚假评论者上越来越聪明，虚假评论者在写评论时也变得更加谨慎和成熟。他们还试图猜测检测算法所使用的策略，以避免被检测到。这是检测算法和垃圾评论者之间的竞赛。由于研究人员、从业人员、监管机构和执法机构之间的共同努力，我认为今后虚假评论会越来越少。评论托管网站也正在采取措施，使得发布虚假评论越来越困难。例如，某些网站不允许人们对产品或服务写评论，除非他们购买了产品或者使用了该服务。然而，由于背后可以获得的利益实在太高，因此很难彻底根除虚假评论或欺骗性的意见。

第三，我重申一下，垃圾评论活动不仅会出现在评论中，而且会出现在其他形式的社交媒体中，如博客、论坛讨论、评述和微博。虽然关于这些文本很少有直接的相关研究，但许多设计用于检测虚假评论的算法也适用于这些其他形式的社交媒体的垃圾检测问题。但是，对这些形式的社交媒体进行垃圾检测也有一些额外的复杂性。例如，一些现有的检测算法需要评论的评分，这反映了评论者对产品的情感倾向。然而，其他形式的社交媒体没有这样的评分。如果需要这些信息，就必须先进行情感分析。

第 13 章

评论的质量

在本章中，我们将讨论评论的质量问题。这一问题与垃圾评论检测任务密切相关，但也不完全相同。低质量的评论不一定是垃圾评论或者虚假评论，虚假评论在读者看来也不一定质量就很低。如同第 12 章所提到的，我们很难通过简单的阅读就识别出虚假评论。如果虚假评论者精心地编造评论，这些虚假评论很难被识别出来，而往往会被当作高质量、有用的评论信息。

评论质量检测任务的目标是确定每篇评论的质量，确定该评论是否有用、有帮助（Kim et al.，2006；Zhang and Varadarajan，2006；Ghose and Ipeirotis，2007；Liu et al.，2007）。这是一个非常有意义的任务，因为可以根据评论的有用性或者质量对其进行排序，然后再展现给用户。用户可以先阅读那些有用的、高质量的评论文本。事实上，近几年已经有不少网站开始做评论的聚合工作。通过用户的反馈或点击获得目标评论的有用性反馈和质量评分。例如，在 Amazon.com 上，读者可以在所阅读的评论文本下方回答问题："Was the review helpful to you？"来对这篇评论的有用性进行反馈。所有用户的反馈结果也会被反馈在评论的右侧。例如："15 of 16 people found the following review helpful"。尽管很多评论托管网站已经开通了这项功能，但是很多网站还是需要自动识别功能。这是由于通过人工反馈的方式需要较长时间的用户反馈的积累才能获得相应的结果。这样使得很多评论，特别是那些新的真实评论，无法及时获得用户的反馈，其他用户也无法知道该评论的质量是高是低。

13.1 把评论质量预测看作一个回归问题

评论质量的预测可以被看作一个回归问题，利用统计模型对每一篇评论文本进行打分预测，这一分值可以被用来进行评论的排序和推荐。在这一研究领域，对训练和测试数据来说，其真实标注通常来自用户对每篇评论的有用性反馈，这一标注信息在很多评论托管网站上都能获取。因此，相对于虚假评论检测任务，训练和测试数据的标注在这一任务中不是问题。研究者往往关注于在统计模型中应该采用哪些特征。

Kim 等人（2006）利用 SVM 回归来解决这一问题。其中所使用的特征包括

结构特征：评论长度、句子数目、问题句的比例、感叹句的比例、HTML tag 中表示黑体标签以及行终结符的数目。

词汇特征：unigram 和 bigram，每个特征都计算其 TF-IDF 值。

句法特征：经过句法分析后，属于开放类别（即名词、动词、形容词和副词）的词的比例、属于名词的词的比例、属于动词的词的比例、属于第一人称动词的词的比例、属于副词和形容词的词的比例。

语义特征：商品的属性词和情感词。

元数据特征：评论的打分（得到几颗星）。

Zhang 和 Varadarajan（2006）也将这一问题看作一个回归问题，也使用了类似的特征。例如：评论的长度、评论的评分、特定词性词的个数、情感词、TF-IDF 得分、wh 开头的词、商品属性的各种表达方式、与商品说明书的对照、与编辑所写评论的对照等。

不同于之前的方法，Liu 等人（2008）针对电影评论的质量评估考虑了三方面的因素：评论者是否是专家、评论的时间轴、基于词性标签所分析得到的评论风格。他们还利用一个非线性回归模型来综合考虑这三个因素对评论质量的影响。

Ghose 和 Iperiotis（2007，2010）特别使用了三种类型的特征：评论者的个人属性特征，这类特征可以通过评论网站获取；评论者的历史特征，这类特征可以通过该评论者历史上所发表评论的有用性获取；评论可读性特征，包括拼写错误、相关的可读性指标。作者分别利用回归模型和二值分类模型来构建学习模型。

Lu 等人（2010b）从另外一个角度看待这个问题。他们从评论者的社会关系角度来看待这个问题，试图利用评论者的社会关系来提升对所发表评论的质量检测性能。他们认为，社会关系从一定程度上能够反映评论者品质的很多信息，这些信息将从侧面描述他们所发表评论的质量情况。特别地，他们所采用的方法主要基于如下假设。

作者一致性假设：来自同一作者的评论应该具有类似的质量。

信任一致性假设：只有当评论者 r_2 所撰写的评论质量比评论者 r_1 所撰写的评论质量高时，评论者 r_1 才能信任评论者 r_2，他们之间才存在一条链接表示他们之间存在显式的或者隐式的信任。

355

共引一致性假设：人们在信任其他人的方式上是一致的。当两个评论者 r_1 和 r_2 被同一个评论者 r_3 信任时，这两个评论者从 r_3 那里得到的质量打分应该是类似的。

链接一致性假设：如果两个人在社交网络中是相互链接的（r_1 信任 r_2，或者 r_2 信任 r_1，或者他们相互信任），则他们所撰写的评论质量得分应该是类似的。

这些假设可以作为正则项加入一个基于文本特征的线性回归模型中，来约束模型进行评论质量预测。在实验中，作者采用 Ciao 的数据（www.ciao.co.uk），这一数据来自社区评论网站。在这一数据中，用户不仅仅对产品和服务撰写评论，而且对其他用户的评论进行打分。进而，某个用户如果发现其他用户所写的评论符合自己感兴趣的主题且对自己有用，就会把作者加入自己"值得信任"的社交网络中。显然，这项技术对那些不具备信任社交网络功能的网站来说就不实用了。

13.2 其他方法

O'Mahony 和 Smyth（2009）给出了一种基于分类的方法，该方法将目标评论分为有用和没用的类别。所使用的特征包括：

信誉特征：评论者所发表评论得到其他用户的有用性评分的均值（R1）和标准差（R2）、该用户所发表评论得到其他用户最小反馈数目的比例（R3）等。

内容特征：评论的长度（C1）、评论文本中大写字母与小写字母的比例（C3）等。

社会特征：该用户所发评论的数目（SL1）、所有用户所发评论的均值（SL2）和标准差（SL3）等。

情感特征：评论的打分（ST1）、评论者所打的分类得分的均值（ST5）和标准差（ST6）等，这里分类得分值是用户给商品或者服务的各个属性 / 方面的打分。

Liu 等人（2007）将这一问题定义为一个二分类问题。但是，他们认为将网站上该评论得到的有用性得分作为标注是不合适的，主要有如下三个问题：（1）投票不平衡问题（投票比例高的评论是有用的评论）；（2）早投票的偏置问题（越早发表的评论越有可能得到更多的投票）；（3）正反馈偏置问题（如果一条评论获得了很多投票，那么这篇评论将会被排在评论网站靠前的位置，这篇评论将会得到更多的投票）。在这种情况下，排在后面的评论将会得到较少的投票，但是这并不是说这些评论的质量就很低。在这个工作中，作者基于评论是否涉及所评价商品的多个属性、是否提供了可信的观点信息，将评论分为四类：最好的评论、好的评论、一般性评论、质量差的评论。他们通过人工标注的方式获得这些数据的类别信息，从而构建训练和测试数据。然后使用 SVM 进行二分类。只有那些被标注为"质量差的评论"类别的评论才被看作低质量评论，其他三类则属于高质量评论。在特征层面，他们主要考虑了有信息量的文本特征、主观性的文本特征以及指示可读性的特征这三类特征，并针对每一类都专门设计了一组特征。

Tsur 和 Rappoport（2009）针对书评的有用性预测问题给出了一种非监督的学习方法。不同于之前提到的监督学习方法，他们的方法主要包含三个步骤。给定一个评论的集合，该方法首先在评论中识别出一些重要的词。这些词构成一个向量，该向量表示了该评论集最核心的语义内容。然后，对于每一篇评论，该方法通过计算评论中每个词与所抽取出的重要词的共现信息，将其映射到重要词所张成的空间中。最后，计算每个评论映射后的向量与重要词所组成向量的距离，以此对每篇评论进行打分并排序。

Moghaddam 等人（2012）针对有用评论的推荐问题，给出了一种个性化的预测评论质量的新方法。之前所提到的所有方法都假设评论的有用性对所有用户 / 读者来说都是一样的。而在这篇文章中，作者认为这种假设是不正确的。为了解决这个问题，他们给出了好几个模型。其假设评论的打分依赖于评论的潜在特征、评论者、打分者 / 用户以及产品。实际上，这篇文章将这一问题看成一个个性化推荐问题。已有个性化推荐的方法都可以应用到这个问题上。一些有关推荐的背景知识可以参见 Liu（2006，2011）的第 12 章。

迄今为止，所有的方法都基于评论的有用性和质量的评分。但是，Tsaparas 等人（2011）认为以上这些方法都没有考虑到一个问题，就是那些排在前面的高质量评论的内容可能是冗余、重复的信息。在这一工作中，他们致力于从评论中选出一个小的、富含信息的高质量评论集合。这一集合能够涵盖所评论实体各个方面的内容，同时也可以给出不同的观点。他们将这一任务形式化为一个最大覆盖度的问题，并且给出了相应算法来解决这一问题。Lappas 和 Gunopulos（2010）的早期工作也对这一问题进行了研究，他们致力于找出一个小的评论集合，能够尽可能地覆盖所评论商品的所有属性。

357

13.3　一些前沿问题

尽管已有方法在一定程度上能够识别出高质量的评论，但是仍然存在一些新的问题。我曾经有机会跟一些企业的高管交流过，他们的日常工作就是处理这些评论数据。他们告诉我，那些信息过载的问题到现在仍然没有解决。从消费者的角度来说，尽管一些高质量的评论被排在了前面，但是这些评论往往太长了，不方便阅读。所以很多评论托管网站开始对评论按照正面和负面进行分类展示，这是非常有用的一种展示方式，用户可以对整个评论进行快速、粗略的浏览。但是，这样也有问题，即无法展现评论的细节，用户仍然无法进行选择性的浏览，同时也无法准确了解关于他所感兴趣的那些商品属性的观点细节以及相对应的原因（例如，为什么这款产品就是好的或者坏的，好或者坏到什么程度？）。目前没有简便的方法能够得到这种信息，除非你通读完整篇评论。换句话说，对评论按照正面和负面进行划分，无法知道评论的细节。

一个可能的解决方案是按照 2.2 节介绍的方法，挖掘观点的原因并进行观点摘要，同时建立一个链接，点击后能够阅读评论文本的细节。这也会导致另外一个问题，即如何可视化地对用户展示观点信息及其原因，使得用户能够更加方便地阅读观点。迄今为止很少有工作能够做到这一点。我想目前主要有两种解决途径。

第一，我们可以把 Hu 和 Liu（2004）的摘要工作进行扩展，在展示观点的同时挖掘观点的原因。即针对商品、商品属性以及服务，系统在发现褒义句子和贬义句子的同时，对观点进行摘要，使得商品好的方面和存在的问题都能展现出来。但是其缺点在于相关信息的上下文没有被展现，用户无法知晓为什么会得到这样的结论。其实在很多场景下，理解观点以及观点原因所在的上下文是非常重要的。

第二个解决方案是在评论文本中用链接或者彩条标注的方式，对正面观点和负面观点及其原因进行标注。其优点和缺点刚好和第一种解决方案相反。也许将两类方法相结合，能够给用户提供更好的体验。当然，也许会有更好的解决方案。

从商业的角度来说，如同我们之前提到的，观点的原因非常重要。这是因为公司们想知道买过他们产品和服务的用户对其产品和服务细节的评价以及反馈的问题。这也是在很多场景下，负面的评论比正面的评论更加有用的原因。所以，对观点的原因进行挖掘、整理和标注是非常重要的。

358

13.4　小结

总之，确定当前评论的有用性是一个非常重要的研究问题。对于具有大量评论的产品和服务来说，这一点也非常有用。为了帮助读者快速地得到高质量的评论信息，评论网站应该根据评论的质量和可用性对评论进行排序。许多评论托管网站已经开始这样做了。但是，我在这里还是要给出几点建议。

第一，如同我们在第 9 章提到的那样，评论的排序应该反映正面观点和负面观点的自然分布。简单地将所有正面（或者所有负面）评论排在最前面并不是一个好的方案。Tsaparas 等人（2012）提到的信息冗余就是一个大问题。我认为评论的质量和评论的分布（按照正面和负面进行划分）同样重要。

第二，读者通常根据一篇评论是否对商品的多个属性进行了评论来确定它是不是有用。一个垃圾观点发布者精心编写一篇评论就可以满足这个条件，使得这篇评论看上去非常有用。所以利用用户的反馈，将用户点击"有用"的数量作为黄金标准是有问题的。同时，用户的反馈也可能是虚假行为。虚假反馈是搜索广告中虚假点击的一个子问题，这一问题是由人或者机器通过点击在线广告造成一种假的点击现象而造成的。在这个问题上，机器人或者垃圾评论者可以通过点击"有用"的反馈按钮，以增加评论的有用数目。

第三，我们提到，即使评论以排序的方式进行展示，用户还是不喜欢阅读过长的评论。因此，找到观点的原因、商品和服务的优点以及所存在的问题并对其进行摘要，以合适的方式进行展现是亟待解决的问题。但是，迄今为止，针对这些问题的研究还很少。

CHAPTER 14

第 14 章

总　　结

本书介绍了观点挖掘和情感分析这一研究领域，包括其基本概念、主流技术以及最新算法。情感分析存在大量值得探索的研究问题，同时也具有非常广泛的应用需求，因此近些年情感分析这一任务在多个计算机科学相关领域受到了广泛关注，如自然语言处理、数据挖掘、网络挖掘以及信息检索。同时，由于情感分析对整个商业、社会来说也非常重要，在其他领域如管理科学（Hu et al.，2006；Archak et al.，2007；Das and Chen，2007；Dellarocas et al.，2007；Ghose et al.，2007；Park et al.，2007；Chen and Xie，2008），以及其他社会科学领域（如社交、政治等科学）也有相关的研究。随着网络社交媒体的飞速发展，情感分析会变得越来越重要。

在本书中，我首先给出了情感分析的定义（第 2 章）。这一定义给出了一个一般性框架，基本上能够涵盖这一领域不同的研究问题和方向。该章同时针对情感分析问题，给出了一个将非结构化自由文本转化为结构化数据的体系，这有助于对观点信息进行定量和定性的分析。然后，我们对文档级情感分类（第 3 章）这一被广泛研究的问题进行了讨论。文档级情感分类的任务主要是判别一个包含观点的文档（例如：产品评论）中包含的是正面观点还是负面观点。在第 4 章，我们介绍了句子级主客观分类和情感分类任务。其目标是判别给定的一个句子中是否包含观点信息，如果包含观点，那么需要进一步判别这个观点的情感极性是正面的还是负面的。

第 5 章和第 6 章主要介绍基于属性的情感分析问题，主要是基于第 2 章中针对观点的完全结构化定义。从中我们可以看出情感分析这一任务包含多个子问题，每一个子问题都极具挑战性。目前研究者们针对每个子问题已经提出了一些解决方法。由于其中包含的内容十分丰富，因此，我们用了两章的篇幅对其进行介绍。其中，第 5 章主要集中介绍基于属性的情感分类方法。第 6 章集中在观点评价对象抽取任务方面，包括观点所评价的实体及其属性。这两个任务是基于属性的情感分析的核心问题，已经在不同领域中被广泛研究。之后，我们在第 7 章介绍情感词典的生成问题，主要介绍了两类主流的处理方法。

在第 8 章，我们主要介绍了比较级观点和最高级观点的挖掘问题。比较型观点是观点的一种特殊类型，需要特定的方法进行分析和处理。在该章中，我们首先对这一问题进行定义，然后介绍了一些挖掘比较型观点的代表性方法。第 9 章主要介绍观点摘要和观点搜索问题。观点摘要是多文档摘要的一种特殊类型。但是，不同于传统多文档摘要问题，它不再仅仅是将文本进行结构化，而是通过定量和定性的分析，将观点信息进行可视化的展示。同时，在该章中，我们还介绍了观点检索或搜索的相关内容。

第 10 章主要介绍了在线辩论、讨论和评价的相关内容，主要针对评论文本之外其他类型的社交媒体文本。这种类型的文本的主要特点是包含大量观点、证据的交换和交互。其中所蕴含的情感信息也是情感的另一种形态：赞同和反对（或争论）。这一章还介绍了一些最新的挖掘方法。对在线争论和讨论的分析也涉及了很多社会科学领域，例如社交和政治科学。这是因为这些领域中的学者对在线讨论和争论中关于社会与政治的内容非常感兴趣，也非常关心人们在这一过程中的行为方式。

第 11 章主要关注意图挖掘。这也是社交媒体挖掘领域中的一个重要任务，它与情感挖掘非常相关，但也有所区别。迄今为止，这一任务在学术界和工业界还没有受到足够的关注，但是我认为这一任务极具商业应用价值和潜力，例如，在社交媒体中表达的商业意图对广告商和推荐系统来说显然非常有用。

第 12 章主要讨论垃圾观点检测问题。目前，越来越多的用户通过阅读在线评论和观点信息来辅助其制定决策，而相应的虚假或者欺骗性的评论、帖子带来的垃圾观点问题越来越严重。为了保证在线评论的真实度，检测出垃圾观点信息和发表垃圾观点的行为是一个紧迫且重要的问题。

在第 13 章，我们讨论了在线评论的质量以及应用问题。对评论的质量进行研究可以帮助网站将那些高质量的评论排在前面，从而使用户能够快速并且方便地得到有用的观点信息。

在读完本书之后，你应该会感觉到情感分析在技术上是十分具有挑战性的。实际上，尽管在研究界，研究者们针对其中的一些子问题进行了深入的研究，并且提出了许多针对性的解决方法。但是，每一个子问题都没有得到完全的解决。事实上，对每一个子问题都没有一套标准的解决方案。我们对情感分析这一问题的认识以及相对应的解决方案都是不完全和欠缺的。其中最主要的原因在于情感分析是一个自然语言处理问题，这本身就是一个非常困难的问题。另一个原因是我们现有的研究方法都太过依赖于机器学习方法。现有的机器学习方法，如支持向量机（SVM）、朴素贝叶斯、条件随机场（CRF）和深度学习，尽管能够提高分析的准确度，但是产生的结果并不能让人理解。除了从人工特征工程的过程中能够得到一些肤浅的了解之外，我们仍然不知道结果为什么是这样，以及是如何得到这样的结果的。

为了改进这一问题，本书中我们介绍了很多语言学的知识，这些知识会告诉我们人们如何表达观点信息，以及我们如何从可计算的角度识别出这些观点表达。如同本书前面解释的那样，我们并没有像传统语言学那样介绍相关的语言学知识，我们的最终目标是让计算机程序知道哪些知识对于计算来说是有用的，以从文本中抽取出观点和情感信息。我也鼓励语言学家们加入这一研究领域。毕竟，情感是自然语言语义的一个重要方面，在实际应用中非常重要。这也要求我们对观点和情感的计算语言学理论进行研究，包括从自然语

361

言的角度解释相关的概念，例如情绪、心情、情感等。尽管心理学家、神经心理学家、社会学家已经对这些概念进行了广泛而深入的研究，但是他们关注的往往是人们精神方面的心理状态，而不是这些心理以及情感活动在语言层面是如何表达的。

除了对消费者针对某款产品和服务的观点进行挖掘，以及对公众关于某项政策的意见进行挖掘等相关应用之外，这一理论的研究对从社交媒体平台（如 Meta 和 Twitter）上用户的帖子中，挖掘用户的心理状态非常有用，这将对整个社会产生深远的影响。例如，学校总想知道学生们的心理健康情况。他们总想对孩子们的抑郁心理甚至自杀倾向进行检测。司法部门想要知道潜在的罪犯以及那些具有反社会行为的人，这些人将是对社会产生危害的主要人群。例如，在美国的大量枪杀案件中，罪犯往往事先就在社交网络中发出了危险的信号。

我们目前处在一个非常令人激动的时代。来自社交媒体的大量数据可以让我们重新理解和认识人与社会。以前，社会科学家大部分的研究成果都是基于少量实验室数据。有了大量的社交媒体数据，社会科学家们现在可以在大数据上开展研究。这一方面可以使他们对人的自然属性和整个社会有更好的认识，另一方面，也可以使他们对每个个体的理解更加充分。在这之前，要做到这两点是无法想象的。曾经有人说过，在一定程度上，虚拟社会相对于现实社会更加真实。在虚拟社会中，人们藏在匿名 ID 背后，不必像在现实社会中那样在其他人面前遵守社会规范，例如：要礼貌，人们可以真实地表达情感。很多情况下有这种可能，在一个人犯下滔天罪行之前，他周围的人往往认为他是一个非常好的人。我们现在有能力通过对某人在 Meta 以及 Twitter 上的帖子进行分析，从而对他犯罪的可能进行预警。

362

面对垃圾观点检测问题，研究欺骗和谎言的社会科学家们往往集中于研究如何在社交媒体中检测欺骗、谎言以及谣言。这种不道德的帖子经常在网络上广泛传播。将其检测出来对于构建良好的社交媒体环境非常重要，这样可以将社交媒体建设成为可信赖的数据源，而不是人们传播谎言和谣言的场地。尽管目前计算机领域已经对这一问题进行了一定程度的研究，但是计算机科学家目前对于如何达成好的效果依然束手无策。

近二十年来，针对情感分析的研究已经在研究和应用方面取得了极大的进展。大量初创公司和企业不断涌现，提供相关的服务。在实际应用中，商业公司特别想了解消费者如何评价他们以及竞争对手的产品和服务，因此情感分析具有极大的应用需求。同样，普通用户在购买商品时也想知道其他已经购买过该产品的用户对该产品的评价和观点。近几年，政府和私人组织特别想知道公众对相关政策以及企业形象的看法。这些强烈的应用需求以及技术上的挑战将会使这一研究领域在未来充满生命力。

基于现有的研究成果，我认为下面两个研究方向大有可为。

第一，我们可以设计很多新的机器学习方法，从大量文本数据中学习和挖掘一般性以及领域知识，这对于情感分析非常有用。领域知识非常重要，这是由于每一个领域相对于其他领域来说都有不同的地方，不同领域内用户的喜好也会大不相同。我也认为只是针对一个任务进行学习不是一件有建设性的事情。针对多个相关任务，利用任务之间的关联关系，同时进行联合学习则是一个值得考虑的问题，任务本身也非常有趣。学习过程也必须考虑先验知识，这将会指导和约束学习，使学习结果更加准确。

第二，基于已有研究成果，我们需要构建更高级的情感分析系统。实际系统的搭建和应用也会使我们更加广泛和深入地认识情感分析问题。对于系统构建，整体的、融合的方法将更有可能取得成功。这类系统将同时处理多个子问题，利用情感分析各个子问题之间的联系，使得各个子问题都得到更好的解决。我对这一问题在不久的将来会得到解决持乐观态度，我也相信这些研究成果将会得到广泛的应用。

以上内容并不是说我认为一个完全自动的、精准的情感分析解决方案将很快被设计并实现出来。然而，我完全相信针对情感分析任务，人们将很有可能设计出有效的半自动方法。关键是对问题和挑战要有深入的了解、巧妙的管理，并且要确定系统中哪一部分需要自动化处理，哪一部分需要人工参与辅助。在完全自动方法和完全人工方法之间，我们会一步一步地向自动方法推进。我还没有看到，也不会马上看到解决这一问题的万能方法。面对应用领域的多样性，我们也不太可能一下子达到好的效果，我们需要理解任务，逐步设计一般性的解决方案。归根到底，人也是一样的，需要很多年不断地学习和经历才能对自己周围的事物有所了解。

我同时相信计算机学科和社会学科之间的交叉研究很可能对各自领域在这一问题上的研究以及整个社会做出巨大的贡献。许多社会科学家已经意识到需要将社交媒体分析和情感分析结合起来，也已经开始相关研究。但是，他们缺乏处理大数据的能力。与计算机科学家进行合作将会推动这一领域的研究进展。我自己的研究组已经在这一方面开展了两项合作，这对于合作双方在开阔视野以及经验交流方面都十分有益。基于合作的成果，在第10章，我也介绍了相关的研究问题以及目前的解决方案。

最后，我需要指出的是，目前大部分针对情感分析的研究都是针对英语进行的。尽管许多国家的众多研究者都致力于情感分析的研究，但是绝大多数研究还是集中在英文上。本书实际上多是参考了已有的针对英文的研究方法，以及我们在针对英文文本所构建情感分析系统时的经验。我也了解到一些针对其他语言的情感分析系统，但是这些系统通常也是基于面向英文开发的方法，只不过是进行了本地化或者特别处理了一些特殊的语言问题。我期望未来在文献中能看到更多针对其他语言所提出的分析方法，我也期望能够构建一个语言独立的处理系统，用户只要输入一些观点和情感相关的语言知识，系统就能够自动迁移到目标语言，进行情感分析。

APPENDIX

附　　录

这里列出 5.2.1 节没有列出的其他情感组合规则，按 5.2.1 节中所列编号顺序排列。

11. having everything or nothing：如果一个实体涵盖了某个用户想要的全部东西，则该用户会对这个实体表达正面的观点。相反，某个用户想要的全部东西，当前实体一个都没有涵盖，则该用户会对这个实体表达负面的观点。

"This car has everything that my mother really wants."
"This plan has nothing that I need."
"This car has all the features."

所以，组合规则如下：

```
PO            :: = HAVE EVERYTHING
NE            :: = HAVE NOTHING
HAVE          :: = have | has | . . .
EVERYTHING    :: = everything | all | . . .
NOTHING       :: = nothing | . . .
```

在使用这个规则时，我们应该考虑一些难以处理的例外情况，例如：

"This car has everything that is bad."
"This car has nothing bad."
"This program has all the bad features."

12. being exact the way that one wants：如果某东西恰好是某用户想要的东西，则该用户对当前实体表达了正面的观点。

"This phone is designed exactly the way that I wanted."
"They polished the car exactly the way that I wanted."
"My hair looks exact the way that I want."

我们有如下 PO 规则：

```
PO         :: = EXACTLY the way ONE WANT
EXACTLY    :: = exact | exactly | . . .
ONE        :: = I | we | you | one | . . .
WANT       :: = want | need | . . .
```

对于此类情感表达的组合规则是多样的。PO 规则只能覆盖一小部分。

13. having or using some positive or negative potential items，or having something that one wants：如果一个实体包含了一些评价为正面的东西（PPI）或者任何用户想要的东西，

则用户倾向于对这个实体表达正面的观点。如果一个实体包含了一些评价为负面的东西（NPI），则用户倾向于对这个实体表达负面的观点。例如：

"Google has the answer."
"This vacuum cleaner has/uses bag."
"This store has the shoes that I want."

这里 answer 是一个 PPI，bag 在吸尘器领域是一个 NPI（老式的吸尘器才使用尘包（bag），买尘包以及更换它都是一件非常麻烦的事情）。shoes 既不是 PPI，也不是 NPI。PPI 和 NPI 的定义参见 5.2.1 节。

```
PO          :: = USE PPI
 | HAVE NOUN-PHRASE ONE WANT
NE          :: = HAVE NPI
USE         :: = use | have | has | . . .
NOUN-PHRASE means any noun phrase.
```

NOUN-PHRASE 指的是任意名词短语.

14. saving or wasting resources：如果一个实体能够节约资源，则它可以获得正面的评价。但是如果该实体浪费资源，则它得到的评价通常是负面的。例如：

"This device can save electricity."
"Buying this car is wasting of money."
"He has wasted a great opportunity."

所以，我们有如下规则（[ ] 表示可选）

```
PO          :: = SAVE RESOURCE
NE          :: = WASTE [PO] RESOURCE
SAVE        :: = save | . . .
WASTE       :: = drain | waste | . . .
```

15. causing or preventing negative or positive effects or situations：如果一个实体能够引起正面（或者负面）的影响，则针对它的情感则是正面（或者负面）的。如果一个实体能够防止负面（或者正面）的情况发生，则针对它的情感则是正面（或者负面）的。

"The sensitive brake has prevented a major accident."
"This drug caused my back pain."
"This device keeps you away from danger."
"This tool protects you from virus attack."

我们有如下组合规则：

```
PO          :: =  CAUSE PO | PREVENT NE
NE          :: =  CAUSE NE | PREVENT PO
CAUSE       :: =  cause | result in | . . .
PREVENT     :: =  prevent something from | keep someone away | protect against |
                  protect from | . . .
```

16. solving problems or making improvements：这一表达暗含了正面的情感。

```
PO                    : =  SOLVE NE
                      |    MAKE_IMPROVEMENT [NE]
SOLVE                 : =  solve | address | clear up | deal with | fight | fix |
                          handle | help with | give a solution | make up for |
                          tackle | offer a solution | resolve | settle | sort out |
                          tame | . . .
MAKE_IMPROVEMENT      : =  make improvement | improve | make progress | . . .
```

同样，[ ] 表示括号内的内容是可选的。例如：

"The company has fixed the voice quality problem."
"The noise problem has been addressed."
"The programmer has solved the terrible filtering problem."
"The company has made some major improvements to this phone."

17. destroying positive or negative items：如果某人摧毁了某个正面的东西，则表达出的情感是负面的。相反，如果某人摧毁了某个负面的东西，则表达出的情感是正面的。

```
PO     : =  DESTROY NE
NE     : =  DESTROY PO
KILL  :: =  kill | destroy | dash | end | put to death | smash | . . .
```

以下是例句：

"They killed a great idea."
"He dashed my hope."
"They killed the goose that laid the golden eggs."

18. capable of performing some action：如果一个实体能够触发一个有用或者没用的动作，则表达出的情感是正面（或负面的）。我们有如下组合规则：

```
PO              :: = CAPABLE_OF USEFUL_ACTION
NE              :: = CAPABLE_OF NE_ACTION
CAPABLE_OF  :: = can | able to | capable of | have the capability of | . . .
```

367

我们没有特别指定 USEFUL_ACTION，这是由于在不同的领域可能的动作也是不同的。NE_ACTION 通常由一个 NE 表达指示。例如：

"This car can climb very steep hills."
"This drug is capable of treating that disease."
"This software can damage your hard drive."

19. keeping or breaking one's promise：信守诺言通常表达的是正面的情感，相反，违背诺言则表达了负面的情感。

```
P   :: =  keep (promise | word)
N   :: =  break promise
```

例如：

"Their service people always keep their promises."
"Their service people never keep their word."
"They break their promises all the time."

20. taking or enduring pain or abuse：如下面几个例子所示。

"This phone has held up to my daily abuse."
"He can endure the pain."
"Due to its large cash reserves, the company can take a beating."

组合规则如下：

```
PO            :: = ENDURE NE
ENDURE   :: = endure | take | stand | hold up | withstand | sustain | resist
              | . . .
```

这里负面的表达通常与 suffering、pain、abuse、hardship 等相关。

21. throwing away something：如果某个想要（或者不想要）的东西被扔掉了，则表达了负面（或者正面）的情感。组合规则如下：

```
NE              ::= THROW_AWAY (PO | PPI)
PO              ::= THROW_AWAY [NE | NPI]
THROW_AWAY      ::= do away with | get rid of | sell off | throw way | ...
```

例如：

"The company threw away a great idea."
"I got rid of the phone the second day."
"I want to throw this phone out of the window."

22. staying away from，drifting away，or coming back to something：如果我们想要远离某个东西，则这个东西往往是我们不希望得到的。如果我们想要接近某个东西，则这个东西往往是我们希望得到的。远离某个不希望得到的东西所表达的情感是正面的，而远离某个希望得到的东西所表达的情感是负面的。规则如下：

```
NE              ::= STAY_AWAY_FROM (ENTITY | ASPECT)
                |   DRIFT_AWAY_FROM PO
                |   DRIFT_AWAY_FROM NE
PO              ::= COME_BACK_TO ENTITY
STAY_AWAY       ::= avoid | get away from | run away from | stay away from |
                    steer away from | ...
DRIFT_AWAY      ::= (drift | move | slip | slide) away from | ...
COME_BACK_TO    ::= come back to | come to | ...
ENTITY          := this ENTITY_TYPE | ENTITY_NAME
ASPECT          := ASPECT_NAME
```

这里 ENTITY_TYPE 表示一个产品或服务的类型。例如：汽车、电话等。ENTITY_NAME 表示一个命名实体，例如：iPhone 和 Motorola。ASPEC_NAME 表示实体属性的名称。下面是一些例子：

"You should stay away from this car."
"I always come back to Dove."
"The company has drifted away from a profitable situation."

这里 COME_BACK_TO 规则可以应用于很多情况，它通常不表达观点信息。例如："I will come back to office at 5 pm"。

23. supporting or voting for something：如果实体 E1 支持另一个实体 E2，则实体 E1 对实体 E2 表达了正面的观点。如果实体 E1 支持一个负面（或正面）的东西，则对实体 E1 的观点是负面（或正面）的。

```
PO              ::= ENTITY SUPPORT ENTITY
                |   ENTITY SUPPORT PO
NE              ::= ENTITY SUPPORT NE
SUPPORT         ::= support | always there for | cheer for | give the green light to | root for
                    | stand behind | stand by | vote for | ...
```

注意，我们无法使用这种概念层面的规则表示语言在文本中指示出观点评价对象。5.7 节给出了一种表达级别的规则表示语言，使用这种类型的规则原因在于我们可以同时抽取出观点评价对象。例如：

"I will vote for the Republican Party."
"He gave the green light to some criminal activities."
"They are always there for you."
"They always stand behind their products."

369

24. associated or friendly with something：针对这个规则的例句如下。

"He is friendly with the bad guy."

这个句子针对 He 表达了负面的观点，尽管 friendly 是一个正面的情感词。规则如下：

```
NE                :: =  FRIENDLY_WITH NE
FRIENDLY_WITH  :: =  friendly with | associated with | . . .
```

25. choosing this or something else：当进行推荐和建议时，人们通常说"choose this one"（正面的）或者"choose something else"（负面的）。

```
PO        :: =  ENTITY is for you
          |     ENTITY is it
          |     ENTITY is the one
          |     ENTITY is your baby
          |     go (with | for) ENTITY
          |     ENTITY is the way to go
          |     this is it
          |     (search | look) no more
          |     CHOOSE ENTITY
          |     check ENTITY out
NE        :: =  forget (this | it | ENTITY)
          |     keep looking
          |     look elsewhere
          |     CHOOSE (another one | something else)
CHOOSE  :: =  buy | check | check out | choose | get | grab | pick | purchase | select
ENTITY  :: =  this | this ENTITY_TYPE | ENTITY_NAME
```

在进行推荐和建议时，这一规则通常用于条件句中。这一规则在 4.4 节中已经讨论过了。这里重复给出是为了规则集合的完整性。ENTITY_TYPE 以及 ENTITY_NAME 同规则集 22 中定义的相同。下面是一些例子：

"If you want a great phone, choose iPhone."
"If you are in the market for a new phone, choose something else."

第二个句子说明被评论或者被讨论的手机是不好的。

26. under control or out of control：under control 是一个正面的短语，out of control 是一个负面的短语。

370

```
PO                :: =  [NE] UNDER_CONTROL
NE                :: =  [NE] OUT_OF_CONTROL
UNDER_CONTROL  :: =  in control | keep a rein on | under control | . . .
OUT_OF_CONTROL :: =  beyond control | out of control | . . .
```

例如：

"The rescue team got the terrible situation under control."
"This vacuum cleaner keeps a rein on dust."
"The federal spending is out of control."

27. undercutting or undermining some positive effort：

```
NE            ::  =  UNDERMINE [PO]
UNDERMINE  ::  =  undercut | undermine | . . .
```

下面是一些例子：

"The company undercut its own great effort of producing a new smartphone."
"His action is undermining his party's effort to draw more voters."

28. cannot wait to do something to a desirable（PO）or undesirable（NE）item：

```
PO  ::  =  cannot wait PO
NE  ::  =  cannot wait NE
```

例如：

"I cannot wait to get rid of this lousy car."
"I cannot wait to get this beautiful phone."

在这些规则中，cannot 并不意味着否定。同样，当 cannot wait 后面不跟一个负面或者正面的东西时，通常表达正面的情感。例如："I cannot wait to get an iPhone"（参见 5.4 节）。

29. positive or negative（potential）items return：当返回一个正面的东西（PO）或者 PPI 时，通常表达的是正面的情感。当返回一个负面的东西（PO）或者 NPI 时，通常表达的是负面的情感。例如：

"My pain has returned."
"This drug got my life back."

规则如下：

```
NE       ::  =  (NE | NPI) RETURN
PO       ::  =  (PO | PPI) RETURN
RETURN  ::  =  bring back | come back | get back | is back | return | . . .
```

30. emerging from undesirable situation：下面的例句都对公司表达了正面的情感，尽管这些句子中用了负面词。

"This company has emerged from the poor economy."
"The economy has jumped out of recession."
"The company comes out of the bankruptcy."

规则如下：

```
PO                   ::  =  COME_OUT_FROM (NE | NPI)
COME_OUT_FROM  ::  =  back from | come out | emerge from | . . .
```

同样，我们也有规则 "get into an undesirable situation"，但是由于通过不期望达到的状态（NE）已经能够确定情感倾向，因此，这一规则是没有必要的。

31. positive（negative）outweighing negative（positive）：这一规则表示的是对某些实体或者属性的不同极性的情感的比较。

```
PO        ::  =  PO OUTWEIGH NE
NE        ::  =  NE OUTWEIGH PO
OUTWEIGH  ::  =  outweigh | make up for | more significant than | . . .
```

例如，下面的例句都针对 car 表达了正面的情感，尽管关于 car 的不同属性表达了不同的情感。

"For this car, the pros outweigh the cons."
"The beauty of the car well outweighs its high price."
"The beauty of the car makes up for its high price tag."

但是，处理这样的句子，特别是第二句和第三句时要特别注意，这两句中都提到了两个属性，但是作者对它们都没有表达正面的情感。在实际应用中，可以有多重选择，例如，作者对 appearance 以及 car 这个实体表达了正面的情感，而对于属性 price 表达了负面的观点；作者对 appearance 以及 car 这个实体表达了正面的情感，但是没有对 price 表达情感；作者对 car 这个实体表达了正面的情感，但是对其他属性不表达任何情感。

32. changing from positive（or negative）to negative（or positive）：例句如下。

"They changed the good policy to a lousy one."
"The company changed the unreliable switch to a highly reliable one."
"The company changed the previous switch to a highly reliable one."

规则如下：

```
PO              :: =  CHANGE_FROM [NE] to PO
NE              :: =  CHANGE_FROM [PO] to NE
CHANGE_FROM     :: =  change from | switch from | ...
```

[372]

33. something that is going to die：例如

"This company's days are numbered."
"This great company may die next year."

规则如下：

```
NE   :: =  [NE] DIE
PO   :: =  PO DIE
DIE  :: =  days are numbered | die | ...
```

34. extending one's ability or making it difficult：针对扩展某人能力的东西的观点是正面的，针对阻碍某人能力的东西的观点是负面的。例如

"This tool enables me to do filtering easily."
"This security hole allows a hacker to destroy your computer easily."
"This policy makes it very difficult to cheat."
"This system makes it very hard to take multiple pictures quickly."

组合规则如下：

```
PO              :: =  ENABLE (PPI | PO)
                |     MAKE_DIFFICULT (NPI | NE)
NE              :: =  ENABLE (NPI | NE)
                |     MAKE_DIFFICULT (PPI | PO)
ENABLE          :: =  allow | enable | make it easy | ...
MAKE_DIFFICULT  :: =  make it (difficult | hard | impossible) | ...
```

35. forced to do something：例句如下

"The doctor forced me to take the medicine."
"They made you pay for the lunch."

组合规则如下：

```
NE            :: =  FORCE_TO_DO [ PO | NE | PPI | NPI]
FORCE_TO_DO   :: =  forced to | make someone do something | pressurized to | ...
```

36. like something desirable or undesirable：例句如下

"This car is similar to or on par with the best car."
"This furniture is like a piece of art."

组合规则如下：

```
NE        :: = SUB_PAR (PO | NE)
          |    ON_PAR NE
PO        :: = ON_PAR PO
SUB_PAR   :: = subpar | worse than | ...
ON_PAR    :: = better than | like | on par | the same as | ...
```

这组规则与比较句相关，我们在第 8 章对其进行了介绍。

37. high or low on a ranked list：我们有很多种方式来表达这种情况，绝大多数是很难识别的。例句如下

"This car is high on my list."
"This song is in the top ten list."
"This song is now near the top of the chart."

组合规则如下：

```
NE  :: =  AT_BOTTOM_OF_LIST
PO  :: =  ON_TOP_OF_LIST
```

符号 AT_BOTTOM_OF_LIST 和 ON_TOP_OF_LIST 可以有多种表达方式，每一种识别起来都不容易。

38. doing things automatically：做期望得到的事情通常表达正面的观点，相反做不期望得到的事情通常表达负面的观点。

```
PO             :: = (PO | PPI) AUTIMATICALLY
NE             :: = (PE | NPI) AUTIMATICALLY
AUTIMATICALLY  :: = automatically | by itself | ...
```

例句如下：

"The recorder stops suddenly by itself."
"The system automatically avoids obstacles."

39. positive（negative）initially，but become negative（positive）later：这种类型的句子在产品评论中经常出现，特别指的是目标产品的质量非常低，耐用性很差。通常情况下，后半句中的情感覆盖了前半句的情感。例如

"This car was good in the first two months, and then everything started to
  fall apart."
"This phone works quite nicely initially, and then the sound becomes
  unclear."
"I did not like the car at the beginning, but then it impressed me more
  and more."
"The car worked very well until yesterday."
"At first this seemed prohibitive to me, but they do give a lot of discounts."

组合规则如下：

```
NE  : =  PO INITIAILLY NE LATER
PO  : =  NE INITIAILLY PO LATER
```

表达 INITIALLY 和 LATER 的方式有很多种。例句中给出了一些表达方式。由于需要进行句子内的语篇分析，因此这种类型的观点非常难以检测。

40. positive but not positive enough：这一规则类别与规则集 39 非常类似，但是它缺乏时间信息或者序列信息来辅助检测。同样的，在这样的句子中，后半句的情感通常覆盖前半句的情感。例如：

"This car is good but not good enough."
"Although they have made a lot of improvements to the car, it is still lousy."

规则如下：

```
NE  : =  PO BUT_STILL NE
```

这类句子通常使用 but、although 或者类似的词，或者使用表示 BUT_STILL 的文本表达。同样，由于识别这类句子也需要进行文档级别的分析，因此这一任务也很困难。

375

REFERENCES

参考文献

Aarts, Bas. *Oxford Modern English Grammar*. 2011. Oxford: Oxford University Press.

Abbasi, Ahmed, Hsinchun Chen, and Arab Salem. Sentiment Analysis in Multiple Languages: Feature Selection for Opinion Classification in Web Forums. *ACM Transactions on Information Systems*, 2008. 26(3): 1–34.

Abdul-Mageed, Muhammad, and Ungar Lyle. EmoNet: Fine-Grained Emotion Detection with Gated Recurrent Neural Networks. In Proceedings of the Annual Meeting of the Association for Computational Linguistics (ACL-2017). 2017.

Abdul-Mageed, Muhammad, Mona T. Diab, and Mohammed Korayem. Subjectivity and Sentiment Analysis of Modern Standard Arabic. In Proceedings of the 49th Annual Meeting of the Association for Computational Linguistics: Short Papers. 2011.

Abu-Jbara, Amjad, Ben King, Mona Diab, and Dragomir Radev. Identifying Opinion Subgroups in Arabic Online Discussions. In Proceedings of the Annual Meeting of the Association for Computational Linguistics. 2013.

Abu-Jbara, Amjad, Pradeep Dasigi, Mona Diab, and Dragomir Radev. Subgroup Detection in Ideological Discussions. In Proceedings of the 50th Annual Meeting of the Association for Computational Linguistics. 2012.

Agrawal, Rakesh, and Ramakrishnan Srikant. Fast Algorithms for Mining Association Rules. In Proceedings of VLDB. 1994.

Agrawal, Rakesh, Sridhar Rajagopalan, Ramakrishnan Srikant, and Yirong Xu. Mining Newsgroups Using Networks Arising from Social Behavior. In Proceedings of International World Wide Web Conference. 2003.

Akhtar, Md Shad, Abhishek Kumar, Deepanway Ghosal, Asif Ekbal, and Pushpak Bhattacharyya. A Multilayer Perceptron Based Ensemble Technique for Fine-Grained Financial Sentiment Analysis. In Proceedings of the Conference on Empirical Methods on Natural Language Processing (EMNLP-2017). 2017.

Akhtar, Md Shad, Ayush Kumar, Asif Ekbal, and Pushpak Bhattacharyya. A Hybrid Deep Learning Architecture for Sentiment Analysis. In Proceedings of the International Conference on Computational Linguistics (COLING-2016). 2016.

Akkaya, Cem, Janyce Wiebe, and Rada Mihalcea. Subjectivity Word Sense Disambiguation. In Proceedings of the 2009 Conference on Empirical Methods in Natural Language Processing. 2009.

Akoglu, Leman, Rishi Chandy, and Christos Faloutsos. Opinion Fraud Detection in Online Reviews by Network Effects. In Proceedings of the International AAAI Conference on Weblogs and Social Media. 2013.

Alm, Cecilia Ovesdotter, Dan Roth, and Richard Sproat. Emotions from Text: Machine Learning for Text-Based Emotion Prediction. In Proceedings of the Conference on Human Language Technology and Empirical Methods in Natural Language Processing. 2005.

Alm, Ebba Cecilia Ovesdotter. *Affect in Text and Speech*. 2008. PhD thesis, University of Illinois at Urbana–Champaign.

Almuhareb, Abdulrahman. *Attributes in Lexical Acquisition*. 2006. PhD thesis, University of Essex.

Aly, Mohamed, and Amir Atiya. Labr: A Large Scale Arabic Book Reviews Dataset. In Proceedings of the Annual Meeting of the Association for Computational Linguistics. 2013.

Aman, Saima, and Stan Szpakowicz. Identifying Expressions of Emotion in Text. In Text, Speech and Dialogue, 2007.

Amir, Zadeh, Minghai Chen, Soujanya Poria, Erik Cambria, and Louis-Philippe Morency. Tensor Fusion Network for Multimodal Sentiment Analysis. In Proceedings of the Conference on Empirical Methods on Natural Language Processing (EMNLP-2017). 2017.

Andreevskaia, Alina, and Sabine Bergler. Mining Wordnet for Fuzzy Sentiment: Sentiment Tag Extraction from Wordnet Glosses. In Proceedings of the Conference of the European Chapter of the Association for Computational Linguistics. 2006.

Andreevskaia, Alina, and Sabine Bergler. When Specialists and Generalists Work Together: Overcoming Domain Dependence in Sentiment Tagging. In Proceedings of the Annual Meeting of the Association for Computational Linguistics. 2008.

Andrzejewski, David, and David Buttler. Latent Topic Feedback for Information Retrieval. In Proceedings of the 17th ACM SIGKDD International Conference on Knowledge Discovery and Data Mining (KDD-2011). 2011.

Andrzejewski, David, and Xiaojin Zhu. Latent Dirichlet Allocation with Topic-in-Set Knowledge. In Proceedings of NAACL HLT. 2009.

Andrzejewski, David, Xiaojin Zhu, and Mark Craven. A Framework for Incorporating General Domain Knowledge into Latent Dirichlet Allocation Using First-Order Logic. In Proceedings of International Joint Conference on Artificial Intelligence (IJCAI-2011). 2011.

Andrzejewski, David, Xiaojin Zhu, and Mark Craven. Incorporating Domain Knowledge into Topic Modeling via Dirichlet Forest Priors. In Proceedings of ICML. 2009.

Angelidis, Stefanos, and Mirella Lapata. Multiple Instance Learning Networks for Fine-Grained Sentiment Analysis. In Transactions of the Association for Computational Linguistics (TACL), 2018. 6: 17–31.

Archak, Nikolay, Anindya Ghose, and Panagiotis G. Ipeirotis. Show Me the Money! Deriving the Pricing Power of Product Features by Mining Consumer Reviews. In Proceedings of the ACM SIGKDD Conference on Knowledge Discovery and Data Mining (KDD-2007). 2007.

Argamon, Shlomo, and Shlomo Levitan. Measuring the Usefulness of Function Words for Authorship Attribution. In Proceedings of the 2005 ACH/ALLC Conference. 2005.

Arguello, Jaime, Fernando Diaz, Jamie Callan, and Jean-Francois Crespo. Sources of Evidence for Vertical Selection. In Proceedings of the 32st Annual International ACM SIGIR Conference on Research and Development in Information Retrieval (SIGIR-2009). 2009.

Arnold, Magda B. *Emotion and Personality*. 1960. New York: Columbia University Press.

Asher, Nicholas, Farah Benamara, and Yvette Yannick Mathieu. Appraisal of Opinion Expressions in Discourse. *Lingvisticæ Investigationes*, 2009. 32(1): 279–92.

Asher, Nicholas, Farah Benamara, and Yvette Yannick Mathieu. Distilling Opinion in Discourse: A Preliminary Study. In Proceedings of the International Conference on Computational Linguistics (COLING-2008): Companion volume: Posters and Demonstrations. 2008.

Asur, Sitaram, and Bernardo A. Huberman. Predicting the Future with Social Media. ArXiv:1003.5699, 2010.

Aue, Anthony, and Michael Gamon. Customizing Sentiment Classifiers to New Domains: A Case Study. In Proceedings of Recent Advances in Natural Language Processing (RANLP-2005). 2005.

Banea, Carmen, Rada Mihalcea, and Janyce Wiebe. Multilingual Subjectivity: Are

More Languages Better? in Proceedings of the International Conference on Computational Linguistics (COLING-2010). 2010.

Banea, Carmen, Rada Mihalcea, Janyce Wiebe, and Samer Hassan. Multilingual Subjectivity Analysis Using Machine Translation. In Proceedings of the Conference on Empirical Methods in Natural Language Processing (EMNLP-2008). 2008.

Barbosa, Luciano, and Junlan Feng. Robust Sentiment Detection on Twitter from Biased and Noisy Data. In Proceedings of the International Conference on Computational Linguistics (COLING-2010). 2010.

Bar-Haim, Roy, Elad Dinur, Ronen Feldman, Moshe Fresko, and Guy Goldstein. Identifying and Following Expert Investors in Stock Microblogs. In Proceedings of the Conference on Empirical Methods in Natural Language Processing (EMNLP-2011). 2011.

Barnes, Jeremy, Patrik Lambert, and Toni Badia. Exploring Distributional Representations and Machine Translation for Aspect-Based Cross-Lingual Sentiment Classification. In Proceedings of the 27th International Conference on Computational Linguistics (COLING-2016). 2016.

Barrett, L. F., and J. Russell. A. Structure of Current Affect. *Current Directions in Psychological Science*, 1999. 8: 10–14.

Batson, C. Daniel, Laura L. Shaw, and Kathryn C. Oleson. Differentiating Affect, Mood, and Emotion: Toward Functionally Based Conceptual Distinctions. *Review of Personality and Social Psychology*, 1992. 13: 294–326.

Bautin, Mikhail, Lohit Vijayarenu, and Steven Skiena. International Sentiment Analysis for News and Blogs. In Proceedings of the International AAAI Conference on Weblogs and Social Media (ICWSM-2008). 2008.

Becker, Israela, and Vered Aharonson. Last But Definitely Not Least: On the Role of the Last Sentence in Automatic Polarity-Classification. In Proceedings of the ACL 2010 Conference Short Papers. 2010.

Beineke, Philip, Trevor Hastie, Christopher Manning, and Shivakumar Vaithyanathan. An Exploration of Sentiment Summarization. In Proceedings of AAAI Spring Symposium on Exploring Attitude and Affect in Text: Theories and Applications. 2003.

Benamara, Farah, Baptiste Chardon, Yannick Mathieu, and Vladimir Popescu. Towards Context-Based Subjectivity Analysis. In Proceedings of the 5th International Joint Conference on Natural Language Processing (IJCNLP-2011). 2011.

Bermingham, Adam, and Alan F. Smeaton. On Using Twitter to Monitor Political Sentiment and Predict Election Results. In Proceedings of the Workshop on Sentiment Analysis Where AI Meets Psychology. 2011.

Bertero, Dario, Farhad Bin Siddique, Chien-Sheng Wu, Yan Wan, Ricky Ho Yin Chan, and Pascale Fung. Real-Time Speech Emotion and Sentiment Recognition for Interactive Dialogue Systems. In Proceedings of the Conference on Empirical Methods in Natural Language Processing (EMNLP-2016). 2016.

Bespalov, Dmitriy, Bing Bai, Yanjun Qi, and Ali Shokoufandeh. Sentiment Classification Based on Supervised Latent N-Gram Analysis. In Proceedings of the ACM Conference on Information and Knowledge Management (CIKM-2011). 2011.

Bethard, Steven, Hong Yu, Ashley Thornton, Vasileios Hatzivassiloglou, and Dan Jurafsky. Automatic Extraction of Opinion Propositions and Their Holders. In Proceedings of the AAAI Spring Symposium on Exploring Attitude and Affect in Text. 2004.

Bickerstaffe, A., and I. Zukerman. A Hierarchical Classifier Applied to Multi-Way Sentiment Detection. In Proceedings of the 23rd International Conference on Computational Linguistics (COLING-2010). 2010.

Bilgic, Mustafa, Galileo Mark Namata, and Lise Getoor. Combining Collective Classification and Link Prediction. In Proceedings of Workshop on Mining Graphs and Complex Structures. 2007.

Bishop, C. M. *Pattern Recognition and Machine Learning*. Vol. 4. 2006. Singapore: Springer.

Blair-Goldensohn, Sasha, Kerry Hannan, Ryan McDonald, Tyler Neylon, George A. Reis, and Jeff Reynar. Building a Sentiment Summarizer for Local Service

Reviews. In Proceedings of WWW-2008 Workshop on NLP in the Information Explosion Era. 2008.

Blei, David M., and John D. Lafferty, Visualizing Topics with Multi-Word Expressions. ArXiv:0907.1013, 2009.

Blei, David M., and Jon D. McAuliffe. Supervised Topic Models. In Proceedings of NIPS. 2007.

Blei, David M., Andrew Y. Ng, and Michael I. Jordan. Latent Dirichlet Allocation. *Journal of Machine Learning Research*, 2003. 3: 993–1022.

Blitzer, John, Mark Dredze, and Fernando Pereira. Biographies, Bollywood, Boom-Boxes and Blenders: Domain Adaptation for Sentiment Classification. In Proceedings of Annual Meeting of the Association for Computational Linguistics (ACL-2007). 2007.

Blitzer, John, Ryan McDonald, and Fernando Pereira. Domain Adaptation with Structural Correspondence Learning. In Proceedings of the Conference on Empirical Methods in Natural Language Processing (EMNLP-2006). 2006.

Blum, Avrim, and Shuchi Chawla. Learning from Labeled and Unlabeled Data Using Graph Mincuts. In Proceedings of International Conference on Machine Learning (ICML-2001). 2001.

Blum, Avrim, John Lafferty, Mugizi R. Rwebangira, and Rajashekar Reddy. Semi-Supervised Learning Using Randomized Mincuts. In Proceedings of International Conference on Machine Learning (ICML-2004). 2004.

Boiy, Erik, and Marie-Francine Moens. A Machine Learning Approach to Sentiment Analysis in Multilingual Web Texts. *Information Retrieval*, 2009. 12 (5): 526–58.

Bollegala, Danushka, David Weir, and John Carroll. Using Multiple Sources to Construct a Sentiment Sensitive Thesaurus for Cross-Domain Sentiment Classification. In Proceedings of the 49th Annual Meeting of the Association for Computational Linguistics (ACL-2011). 2011.

Bollen, Johan, Huina Mao, and Xiao-Jun Zeng. Twitter Mood Predicts the Stock Market. *Journal of Computational Science*, 2011. 2(1): 1–8.

Boyd-Graber, Jordan, and Philip Resnik. Holistic Sentiment Analysis across Languages: Multilingual Supervised Latent Dirichlet Allocation. In Proceedings of the Conference on Empirical Methods in Natural Language Processing (EMNLP-2010). 2010.

Boyer, Kristy Elizabeth, Joseph Grafsgaard, Eun Young Ha, Robert Phillips, and James Lester. An Affect-Enriched Dialogue Act Classification Model for Task-Oriented Dialogue. In Proceedings of the 49th Annual Meeting of the Association for Computational Linguistics (ACL-2011). 2011.

Branavan, S. R. K., Harr Chen, Jacob Eisenstein, and Regina Barzilay. Learning Document-Level Semantic Properties from Free-Text Annotations. In Proceedings of the Annual Meeting of the Association for Computational Linguistics (ACL-2008). 2008.

Breck, Eric, Yejin Choi, and Claire Cardie. Identifying Expressions of Opinion in Context. In Proceedings of the International Joint Conference on Artificial Intelligence (IJCAI-2007). 2007.

Brody, Samuel, and Nicholas Diakopoulos. Cooooooooooooooollllllllllllll!!!!!!!!!!!!! Using Word Lengthening to Detect Sentiment in Microblogs. In Proceedings of the Conference on Empirical Methods in Natural Language Processing (EMNLP-2011). 2011.

Brody, Samuel, and Noemie Elhadad. An Unsupervised Aspect–Sentiment Model for Online Reviews. In Proceedings of the 2010 Annual Conference of the North American Chapter of the ACL. 2010.

Brooke, Julian, Milan Tofiloski, and Maite Taboada. Cross-Linguistic Sentiment Analysis: From English to Spanish. In Proceedings of RANLP. 2009.

Burfoot, Clinton, Steven Bird, and Timothy Baldwin. Collective Classification of Congressional Floor-Debate Transcripts. In Proceedings of the 49th Annual Meeting of the Association for Computational Linguistics (ACL-2011). 2011.

Burns, Nicola, Yaxin Bi, Hui Wang, and Terry Anderson. Extended Twofold-LDA

Model for Two Aspects in One Sentence. In Advances in Computational Intelligence. In *Advances in Computational Intelligence: IPMU 2012. Communications in Computer and Information Science*, Vol. 298, S. Greco, B. Bouchon-Meunier, G. Coletti, M. Fedrizzi, B. Matarazzo, and R. R. Yager (Eds.). 2012. Berlin/ Heidelberg: Springer.

Burrows, John F. Not Unless You Ask Nicely: The Interpretative Nexus between Analysis and Information. *Literary and Linguistic Computing*, 1992. 7: 91–109.

Cambria, Erik, and Amir Hussain. *Sentic Computing: Techniques, Tools, and Applications*. 2012. Berlin/Heidelberg: Springer.

Canini, Kevin R., Lei Shi, and Thomas L. Griffiths. *Online Inference of Topics with Latent Dirichlet Allocation*. In Proceedings of the Twelth International Conference on Artificial Intelligence and Statistics (PMLR). 2009. 5: 65–72.

Cao, Yunbo, Jun Xu, Tie-Yan Liu, Hang Li, Yalou Huang, and Hsiao-Wuen Hon. Adapting Ranking SVM to Document Retrieval. In Proceedings of the Annual International ACM SIGIR Conference (SIGIR-2006). 2006.

Carenini, Giuseppe, Raymond Ng, and Adam Pauls. Multi-Document Summarization of Evaluative Text. In Proceedings of the European Chapter of the Association for Computational Linguistics (EACL-2006). 2006.

Carenini, Giuseppe, Raymond Ng, and Ed Zwart. Extracting Knowledge from Evaluative Text. In Proceedings of the 3rd International Conference on Knowledge Capture (K-CAP-05). 2005.

Carlos, Cohan Sujay, and Madhulika Yalamanchi. Intention Analysis for Sales, Marketing and Customer Service. In Proceedings of COLING 2012: Demonstration Papers. 2012.

Carpenter, Bob. *Integrating out Multinomial Parameters in Latent Dirichlet Allocation and Naive Bayes for Collapsed Gibbs Sampling*. 2010. Brooklyn: LingPipe, Inc.

Carvalho, Paula, Luís Sarmento, Jorge Teixeira, and Mário J. Silva. Liars and Saviors in a Sentiment Annotated Corpus of Comments to Political Debates. In Proceedings of the 49th Annual Meeting of the Association for Computational Linguistics: Short Papers. 2011.

Castellanos, Malu, Umeshwar Dayal, Meichun Hsu, Riddhiman Ghosh, Mohamed Dekhil, Yue Lu, Lei Zhang, and Mark Schreiman. LCI: A Social Channel Analysis Platform for Live Customer Intelligence. In Proceedings of the 2011 International Conference on Management of Data (SIGMOD-2011). 2011.

Castillo, Carlos, and Brian D. Davison. Adversarial Web Search. *Foundations and Trends in Information Retrieval*, 2010. 4(5): 377–486.

Chaffar, Soumaya, and Diana Inkpen. Using a Heterogeneous Dataset for Emotion Analysis in Text. In Proceedings of the 24th Canadian Conference on Advances in Artificial Intelligence. May 2011. 62–7.

Chaudhuri, Arjun. *Emotion and Reason in Consumer Behavior*. 2006. London: Routledge.

Chen, Bi, Leilei Zhu, Daniel Kifer, and Dongwon Lee. What Is an Opinion about? Exploring Political Standpoints Using Opinion Scoring Model. In Proceeedings of AAAI Conference on Artificial Intelligence (AAAI-2010). 2010.

Chen, Huimin, Maosong Sun, Cunchao Tu, and Yankai Lin, Zhiyuan Liu. Neural Sentiment Classification with User and Product Attention. In Proceedings of the Conference on Empirical Methods in Natural Language Processing (EMNLP-2016). 2016a.

Chen, Peng, Zhongqian Sun, Lidong Bing, Wei Yang. Recurrent Attention Network on Memory for Aspect Sentiment Analysis. In Proceedings of the Conference on Empirical Methods on Natural Language Processing (EMNLP-2017). 2017.

Chen, Wei-Fan, Fang-Yu Lin, and Lun-Wei Ku. WordForce: Visualizing Controversial Words in Debates. In Proceedings of the Conference on Empirical Methods in Natural Language Processing (EMNLP-2016). 2016b.

Chen, Yubo, and Jinhong Xie. Online Consumer Review: Word-of-Mouth As a New Element of Marketing Communication Mix. *Management Science*, 2008. 54(3): 477–91.

Chen, Zheng, Fan Lin, Huan Liu, Yin Liu, Wei-Ying Ma, and Wenyin Liu. User

Intention Modeling in Web Applications Using Data Mining. *World Wide Web: Internet and Web Information Systems*, 2002. 5: 181–91.

Chen, Zhiyuan, and Bing Liu, Topic Modeling Using Topics from Many Domains, Lifelong Learning and Big Data. In Proceedings of the International Conference on Machine Learning (ICML-2014). 2014a.

Chen, Zhiyuan, and Bing Liu. Mining Topics in Documents: Standing on the Shoulders of Big Data. In Proceedings of the SIGKDD International Conference on Knowledge Discovery and Data Mining (KDD-2014). 2014b.

Chen, Zhiyuan, and Bing Liu. *Lifelong Machine Learning*. 1st ed. 2016. San Rafael, CA: Morgan & Claypool Publishers.

Chen, Zhiyuan, and Bing Liu. *Lifelong Machine Learning*. 2nd ed. 2018. San Rafael, CA: Morgan & Claypool Publishers.

Chen, Zhiyuan, Bing Liu, Meichun Hsu, Malu Castellanos, and Riddhiman Ghosh. Identifying Intention Posts in Discussion Forums. In Proceedings of the 2013 Conference of the North American Chapter of the Association for Computational Linguistics: Human Language Technologies (NAACL-HLT-2013). 2013a.

Chen, Zhiyuan, Nianzu Ma, and Bing Liu. Lifelong Learning for Sentiment Classification. Proceedings of the 53st Annual Meeting of the Association for Computational Linguistics (ACL-2015, short paper). July 26–31, 2015.

Chen, Zhiyuan, Arjun Mukherjee, and Bing Liu, Aspect Extraction with Automated Prior Knowledge Learning. In Proceedings of the 52th Annual Meeting of the Association for Computational Linguistics (ACL-2014). 2014.

Chen, Zhiyuan, Arjun Mukherjee, Bing Liu, Meichun Hsu, Malu Castellanos, and Riddhiman Ghosh. Discovering Coherent Topics Using General Knowledge. In Proceedings of the 22nd ACM International Conference on Information and Knowledge Management (CIKM-2013). 2013b.

Chen, Zhiyuan, Arjun Mukherjee, Bing Liu, Meichun Hsu, Malu Castellanos, and Riddhiman Ghosh. Exploiting Domain Knowledge in Aspect Extraction. In Proceedings of the Conference on Empirical Methods in Natural Language Processing (EMNLP-2013). 2013c.

Chen, Zhiyuan, Arjun Mukherjee, Bing Liu, Meichun Hsu, Malu Castellanos, and Riddhiman Ghosh. Leveraging Multi-Domain Prior Knowledge in Topic Models. In Proceedings of the 23rd International Joint Conference on Artificial Intelligence (IJCAI-2013). 2013d.

Chen, Zhuang, and Tieyun Qian. Transfer Capsule Network for Aspect-Level Sentiment Classification. In Proceedings of the 57th Conference of the Association for Computational Linguistics (ACL-2019). 2019.

Cho, Kyunghyun, Bart van Merrienboer, Dzmitry Bahdanau, and Yoshua Bengio. On the Properties of Neural Machine Translation: Encoder–Decoder Approaches. arXiv preprint arXiv:1409.1259, 2014.

Choi, Yejin, Eric Breck, and Claire Cardie. Joint Extraction of Entities and Relations for Opinion Recognition. In Proceedings of the Conference on Empirical Methods in Natural Language Processing (EMNLP-2006). 2006.

Choi, Yejin, and Claire Cardie. Learning with Compositional Semantics As Structural Inference for Subsentential Sentiment Analysis. In Proceedings of the Conference on Empirical Methods in Natural Language Processing (EMNLP-2008). 2008.

Choi, Yejin, and Claire Cardie. Adapting a Polarity Lexicon Using Integer Linear Programming for Domain-Specific Sentiment Classification. In Proceedings of the 2009 Conference on Empirical Methods in Natural Language Processing (EMNLP-2009). 2009.

Choi, Yejin, and Claire Cardie. Hierarchical Sequential Learning for Extracting Opinions and Their Attributes. In Proceedings of Annual Meeting of the Association for Computational Linguistics (ACL-2010). 2010.

Choi, Yejin, Claire Cardie, Ellen Riloff, and Siddharth Patwardhan. Identifying Sources of Opinions with Conditional Random Fields and Extraction Patterns. In Proceedings of the Human Language Technology Conference and the Conference on Empirical Methods in Natural Language Processing (HLT/EMNLP-2005). 2005.

Chung, Jessica, and Eni Mustafaraj. Cam Collective Sentiment Expressed on Twitter Predict Political Elections? In Proceedings of the 25th AAAI Conference on Artificial Intelligence (AAAI-2011). 2011.

Cilibrasi, Rudi L., and Paul M. B. Vitanyi. The Google Similarity Distance. *IEEE Transactions on Knowledge and Data Engineering*, 2007. 19(3): 370–83.

Crocker, David A. *Tolerance and Deliberative Democracy*. Technical Report. 2005. College Park: University of Maryland.

Cui, Hang, Vibhu Mittal, and Mayur Datar. Comparative Experiments on Sentiment Classification for Online Product Reviews. In Proceedings of AAAI-2006. 2006.

Dahlgren, Peter. In Search of the Talkative Public: Media, Deliberative Democracy and Civic Culture. *Javnost*, 2002. 3: 5–25.

Dahlgren, Peter. The Internet, Public Spheres, and Political Communication: Dispersion and Deliberation. *Political Communication*, 2005. 22: 147–62.

Dahou, Abdelghani, Shengwu Xiong, Junwei Zhou, Mohamed Houcine Haddoud, and Pengfei Duan. Word Embeddings and Convolutional Neural Network for Arabic Sentiment Classification. In Proceedings of the International Conference on Computational Linguistics (COLING-2016). 2016.

Dai, Honghua, Zaiqing Nie, Lee Wang, Lingzhi Zhao, Ji-Rong Wen, and Ying Li. Detecting Online Commercial Intention (OCI). In Proceedings of the 15th International Conference on World Wide Web (WWW-2006). 2006.

Damasio, Antonio, and Carvalho Gil B. The Nature of Feelings: Evolutionary and Neurobiological Origins. *Nature Reviews Neuroscience*, 2013. 14(2):143.

Das, Dipanjan. A Survey on Automatic Text Summarization Single-Document Summarization. *Language*, 2007. 4: 1–31.

Das, Sanjiv, and Mike Chen. Yahoo! for Amazon: Extracting Market Sentiment from Stock Message Boards. In Proceedings of APFA-2001. 2001.

Das, Sanjiv, and Mike Chen. Yahoo! for Amazon: Sentiment Extraction from Small Talk on the Web. *Management Science*, 2007. 53(9): 1375–88.

Dasgupta, Sajib, and Vincent Ng. Mine the Easy, Classify the Hard: A Semi-Supervised Approach to Automatic Sentiment Classification. In Proceedings of the 47th Annual Meeting of the ACL and the 4th IJCNLP of the AFNLP (ACL-2009). 2009.

Dave, Kushal, Steve Lawrence, and David M. Pennock. Mining the Peanut Gallery: Opinion Extraction and Semantic Classification of Product Reviews. In Proceedings of the International Conference on the World Wide Web (WWW-2003). 2003.

Davidov, Dmitry, Oren Tsur, and Ari Rappoport. Enhanced Sentiment Learning Using Twitter Hashtags and Smileys. In Proceedings of COLING-2010. 2010.

Davis, Alexandre, Adriano Veloso, Altigran S. da Silva, Wagner Meira Jr., and Alberto H. F. Laender. Named Entity Disambiguation in Streaming Data. In Proceedings of the 50th Annual Meeting of the Association for Computational Linguistics (ACL-2012). 2012.

Dellarocas, C., X. M. Zhang, and N. F. Awad. Exploring the Value of Online Product Reviews in Forecasting Sales: The Case of Motion Pictures. *Journal of Interactive Marketing*, 2007. 21(4): 23–45.

de Marneffe, Marie-Catherine, and Christopher D. Manning. *Stanford Typed Dependencies Manual*. 2008. Stanford, CA: Stanford University.

Desmet, P. M. A., M. H. Vastenburg, D. Van Bel, and N. Romero. Pick-a-Mood: Development and Application of a Pictorial Mood-Reporting Instrument. In *Proceedings of the 8th International Conference on Design and Emotion*, J. Brassett, P. Hekkert, G. Ludden, M. Malpass, and J. McDonnell (Eds.). 2012. London: Central Saint Martin College of Art & Design.

Dey, Lipika, and S. K. Mirajul Haque. Opinion Mining from Noisy Text Data. In Proceedings of the 2nd Workshop on Analytics for Noisy Unstructured Text Data (AND-2008). 2008.

Diakopoulos, Nicholas A., and David A. Shamma. Characterizing Debate Performance via Aggregated Twitter Sentiment. In Proceedings of the Conference on Human Factors in Computing Systems (CHI-2010). 2010.

Ding, Xiaowen, and Bing Liu. Resolving Object and Attribute Coreference in Opinion Mining. In Proceedings of International Conference on Computational Linguistics (COLING-2010). 2010.

Ding, Xiaowen, Bing Liu, and Philip S. Yu. A Holistic Lexicon-Based Approach to Opinion Mining. In Proceedings of the Conference on Web Search and Web Data Mining (WSDM-2008). 2008.

Ding, Xiaowen, Bing Liu, and Lei Zhang. Entity Discovery and Assignment for Opinion Mining Applications. In Proceedings of the ACM SIGKDD International Conference on Knowledge Discovery and Data Mining (KDD-2009). 2009.

Ding, Ying, Jianfei Yu, and Jing Jiang. Recurrent Neural Networks with Auxiliary Labels for Cross-Domain Opinion Target Extraction. In Proceedings of the AAAI Conference on Artificial Intelligence (AAAI-2017). 2017.

Dong, Li, Furu Wei, Chuanqi Tan, Duyu Tang, Ming Zhou, and Ke Xu. Adaptive Recursive Neural Network for Target-Dependent Twitter Sentiment Classification. In Proceedings of the Annual Meeting of the Association for Computational Linguistics (ACL-2014). 2014.

Dou, Zi-Yi. Capturing User and Product Information for Document Level Sentiment Analysis with Deep Memory Network. In Proceedings of the Conference on Empirical Methods on Natural Language Processing (EMNLP-2017). 2017.

Dowty, David R., Robert E. Wall, and Stanley Peters. *Introduction to Montague Semantics*. Vol. 11. 1981. Berlin/Heidelberg: Springer.

Dragut, Eduard, Hong Wang, Clement Yu, Prasad Sistla, and Weiyi Meng. Polarity Consistency Checking for Sentiment Dictionaries. In Proceedings of the Annual Meeting of the Association for Computational Linguistics (ACL-2012). 2012.

Dragut, Eduard C., Clement Yu, Prasad Sistla, and Weiyi Meng. Construction of a Sentimental Word Dictionary. In Proceedings of the ACM International Conference on Information and Knowledge Management (CIKM-2010). 2010.

Dredze, Mark, Paul McNamee, Delip Rao, Adam Gerber, and Tim Finin. Entity Disambiguation for Knowledge Base Population. In Proceedings of the 23rd International Conference on Computational Linguistics. 2010.

Du, Weifu, and Songbo Tan. Building Domain-Oriented Sentiment Lexicon by Improved Information Bottleneck. In Proceedings of the ACM Conference on Information and Knowledge Management (CIKM-2009). 2009.

Du, Weifu, Songbo Tan, Xueqi Cheng, and Xiaochun Yun. Adapting Information Bottleneck Method for Automatic Construction of Domain-Oriented Sentiment Lexicon. In Proceedings of the ACM International Conference on Web Search and Data Mining (WSDM-2010). 2010.

Duda, Richard O., Peter E. Hart, and David G. Stork. *Pattern Recognition*. 2001. New York: John Wiley.

Duh, Kevin, Akinori Fujino, and Masaaki Nagata. Is Machine Translation Ripe for Cross-Lingual Sentiment Classification? In Proceedings of the 49th Annual Meeting of the Association for Computational Linguistics: Short Papers (ACL-2011). 2011.

Eagly, Alice H., and Shelly Chaiken. Attitude Structure and Function. In D. T. Gilbert, S. T. Fisk, and G. Lindsey (Eds.). *Handbook of Social Psychology*. 1998. New York: McGraw-Hill, 269–322.

Eguchi, Koji, and Victor Lavrenko. Sentiment Retrieval Using Generative Models. In Proceedings of the Conference on Empirical Methods in Natural Language Processing (EMNLP-2006). 2006.

Ekman, Paul. Facial Expression and Emotion. *American Psychologist*, 1993. 48(3): 384–92.

Ekman, P., W. V. Friesen, and P. Ellsworth. What Emotion Categories or Dimensions Can Observers Judge from Facial Behavior? In *Emotion in the Human Face*, P. Ekman (Ed.). 1982. Cambridge: Cambridge University Press, 98–110.

Elkan, Charles. (Patent) Method and System for Selecting Documents by Measuring Document Quality. 2001. www.google.com/patents/about?id=WIp_AAAAEBAJ.

Esuli, Andrea, and Fabrizio Sebastiani. Determining the Semantic Orientation of Terms through Gloss Classification. In Proceedings of the ACM International Conference on Information and Knowledge Management (CIKM-2005). 2005.

Esuli, Andrea, and Fabrizio Sebastiani. Determining Term Subjectivity and Term Orientation for Opinion Mining. In Proceedings of the Conference of the European Chapter of the Association for Computational Linguistics (EACL-2006). 2006a.

Esuli, Andrea, and Fabrizio Sebastiani. SentiWordNet: A Publicly Available Lexical Resource for Opinion Mining. In Proceedings of Language Resources and Evaluation (LREC-2006). 2006b.

Fang, Lei, and Minlie Huang. Fine Granular Aspect Analysis Using Latent Structural Models. In Proceedings of the Annual Meeting of the Association for Computational Linguistics (ACL-2012). 2012.

Fei, Geli, Zhiyuan Chen, and Bing Liu. Review Topic Discovery with Phrases Using the Pólya Urn Model. In Proceedings of the 25th International Conference on Computational Linguistics (COLING-2014). 2014.

Fei, Geli, Bing Liu, Meichun Hsu, Malu Castellanos, and Riddhiman Ghosh. A Dictionary-Based Approach to Identifying Aspects Implied by Adjectives for Opinion Mining. In Proceedings of Computational Linguistics (Coling-2012). 2012.

Fei, Geli, Arjun Mukherjee, Bing Liu, Meichun Hsu, Malu Castellanos, and Riddhiman Ghosh. Exploiting Burstiness in Reviews for Review Spammer Detection. In Proceedings of the 7th International AAAI Conference on Weblog and Social Media (ICWSM-2013). 2013.

Felbo, Bjarke, Alan Mislove, Anders Søgaard, Iyad Rahwan, and Sune Lehmann. Using Millions of Emoji Occurrences to Learn Any-Domain Representations for Detecting Sentiment, Emotion and Sarcasm. In Proceedings of the Conference on Empirical Methods on Natural Language Processing (EMNLP-2017). 2017.

Feldman, Ronen, Benjamin Rosenfeld, Roy Bar-Haim, and Moshe Fresko. The Stock Sonar: Sentiment Analysis of Stocks Based on a Hybrid Approach. In Proceedings of the 23rd IAAI Conference on Artificial Intelligence (IAAI-2011). 2011.

Feng, Shi, Le Zhang, Binyang Li, Daling Wang, Ge Yu, and Kam-Fai Wong. Is Twitter a Better Corpus for Measuring Sentiment Similarity? in Proceedings of the 2013 Conference on Empirical Methods on Natural Language Processing (EMNLP-2013). 2013a.

Feng, Song, Jun Seok Kang, Polina Kuznetsova, and Yejin Choi. Connotation Lexicon: A Dash of Sentiment beneath the Surface Meaning. In Proceedings of the Annual Meeting of the Association for Computational Linguistics (ACL-2013). 2013b.

Feng, Song, Longfei Xing, Anupam Gogar, and Yejin Choi. Distributional Footprints of Deceptive Product Reviews. In Proceedings of the 6th International AAAI Conference on Weblogs and Social Media (ICWSM-2012). 2012a.

Feng, Song, Ritwik Banerjee, and Yejin Choi. Syntactic Stylometry for Deception Detection. In Proceedings of ACL: Short Paper. 2012b.

Feng, Song, Ritwik Bose, and Yejin Choi. Learning General Connotation of Words Using Graph-Based Algorithms. In Proceedings of the Conference on Empirical Methods in Natural Language Processing (EMNLP-2011). 2011.

Fiszman, Marcelo, Dina Demner-Fushman, Francois M. Lang, Philip Goetz, and Thomas C. Rindflesch. Interpreting Comparative Constructions in Biomedical Text. In Proceedings of BioNLP. 2007.

Frantzi, Katerina, Sophia Ananiadou, and Hideki Mima. Automatic Recognition of Multi-Word Terms:. The C-Value/NC-Value Method. *International Journal on Digital Libraries*, 2000. 3(2): 115–30.

Fung, Pascale, Anik Dey, Farhad Bin Siddique, Ruixi Lin, Yang Yang, Dario Bertero, Wan Yan, Ricky Chan Ho Yin, Chien-Sheng Wu. Zara: A Virtual Interactive Dialogue System Incorporating Emotion, Sentiment and Personality Recognition. In Proceedings of the International Conference on Computational Linguistics (COLING-2016). 2016.

Galley, Michel, Kathleen McKeown, Julia Hirschberg, and Elizabeth Shriberg. Identifying Agreement and Disagreement in Conversational Speech: Use of Bayesian

Networks to Model Pragmatic Dependencies. In Proceedings of the Annual Meeting of the Association for Computational Linguistics (ACL-2004). 2004.

Gamon, Michael. Linguistic Correlates of Style: Authorship Classification with Deep Linguistic Analysis Features. In Proceedings of the International Conference on Computational Linguistics (COLING-2004). 2004a.

Gamon, Michael. Sentiment Classification on Customer Feedback Data: Noisy Data, Large Feature Vectors, and the Role of Linguistic Analysis. In Proceedings of the International Conference on Computational Linguistics (COLING-2004). 2004b.

Gamon, Michael, Anthony Aue, Simon Corston-Oliver, and Eric Ringger. Pulse: Mining Customer Opinions from Free Text. *Advances in Intelligent Data Analysis*, 2005. VI: 121–32.

Ganapathibhotla, Murthy, and Bing Liu. Mining Opinions in Comparative Sentences. In Proceedings of the International Conference on Computational Linguistics (COLING-2008). 2008.

Ganesan, Kavita, ChengXiang Zhai, and Jiawei Han. Opinosis: A Graph-Based Approach to Abstractive Summarization of Highly Redundant Opinions. In Proceedings of the 23rd International Conference on Computational Linguistics (COLING-2010). 2010.

Ganter, Viola, and Michael Strube. Finding Hedges by Chasing Weasels: Hedge Detection Using Wikipedia Tags and Shallow Linguistic Features. In Proceedings of the ACL-IJCNLP 2009 Conference: Short Papers. 2009.

Gao, Sheng, and Haizhou Li. A Cross-Domain Adaptation Method for Sentiment Classification Using Probabilistic Latent Analysis. In Proceedings of the ACM Conference on Information and Knowledge Management (CIKM-2011). 2011.

Gastil, John. *Communication As Deliberation: A Non-Deliberative Polemic on Communication Theory*. Technical Report. 2005. Seattle: University of Washington.

Gastil, John. *Political Communication and Deliberation*. 2007. Los Angeles: Sage.

Gatti, Lorenzo, and Marco Guerini. Assessing Sentiment Strength in Words' Prior Polarities. In Proceedings of the 24th International Conference on Computational Linguistics (COLING-2012). 2012.

Gayo-Avello, Daniel, Panagiotis T. Metaxas, and Eni Mustafaraj. Limits of Electoral Predictions Using Twitter. In Proceedings of the International Conference on Weblogs and Social Media (ICWSM-2011). 2011.

Ghahramani, Zoubin, and Katherine A. Heller. Bayesian Sets. In Proceedings of Advances in Neural Information Processing Systems 18 (NIPS). 2005.

Ghani, Rayid, Katharina Probst, Yan Liu, Marko Krema, and Andrew Fano. Text Mining for Product Attribute Extraction. *ACM SIGKDD Explorations Newsletter*, 2006. 8(1): 4–48.

Ghose, Anindya, and Panagiotis G. Ipeirotis. Designing Novel Review Ranking Systems: Predicting the Usefulness and Impact of Reviews. In Proceedings of the International Conference on Electronic Commerce. 2007.

Ghose, Anindya, and Panagiotis G. Ipeirotis. Estimating the Helpfulness and Economic Impact of Product Reviews: Mining Text and Reviewer Characteristics. *IEEE Transactions on Knowledge and Data Engineering*. 2010. 23(10): 1498–512.

Ghose, Anindya, Panagiotis G. Ipeirotis, and Arun Sundararajan. Opinion Mining Using Econometrics: A Case Study on Reputation Systems. In Proceedings of the Association for Computational Linguistics (ACL-2007). 2007.

Ghosh, Aniruddha, and Tony Veale. Magnets for Sarcasm: Making Sarcasm Detection Timely, Contextual and Very Personal. In Proceedings of the Conference on Empirical Methods on Natural Language Processing (EMNLP-2017). 2017.

Gibbs, Raymond W. On the Psycholinguistics of Sarcasm. *Journal of Experimental Psychology: General*, 1986. 115(1): 3–15.

Gibbs, Raymond W., and Herbert L. Colston. *Irony in Language and Thought: A Cognitive Science Reader*. 2007. New York: Lawrence Erlbaum.

Girju, Roxana, Adriana Badulescu, and Dan Moldovan. Automatic Discovery of Part–Whole Relations. *Computational Linguistics*, 2006. 32(1): 83–135.

Glorot, Xavier, Antoine Bordes, and Yoshua Bengio. Domain Adaption for Large-Scale Sentiment Classification: A Deep Learning Approach. In Proceedings of the

International Conference on Machine Learning (ICML-2011). 2011.

Goldberg, Andrew B., and Xiaojin Zhu. Seeing Stars When There Aren't Many Stars: Graph-Based Semi-Supervised Learning for Sentiment Categorization. In Proceedings of HLT-NAACL 2006 Workshop on Textgraphs: Graph-Based Algorithms for Natural Language Processing. 2006.

González-Ibáñez, Roberto, Smaranda Muresan, and Nina Wacholder. Identifying Sarcasm in Twitter: A Closer Look. In Proceedings of the 49th Annual Meeting of the Association for Computational Linguistics: Short Papers (ACL-2011). 2011.

Gottipati, Swapna, and Jing Jiang. Linking Entities to a Knowledge Base with Query Expansion. In Proceedings of the 2011 Conference on Empirical Methods in Natural Language Processing. 2011.

Graham, Neil, Graeme Hirst, and Bhaskara. Marthi. Segmenting Documents by Stylistic Character. *Natural Language Engineering*, 2005. 11: 397–415.

Graves, Alex, and Schmidhuber Jurgen. *Framewise Phoneme Classification with Bidirectional LSTM and Other Neural Network Architectures*. Neural Networks, 2005. 18(5–6): 602–10.

Gray, Jeffrey A. *The Neuropsychology of Anxiety*. 1982. Oxford: Oxford University Press.

Greene, Stephan, and Philip Resnik. More Than Words: Syntactic Packaging and Implicit Sentiment. In Proceedings of Human Language Technologies: The 2009 Annual Conference of the North American Chapter of the ACL (NAACL-2009). 2009.

Griffiths, Thomas L., and Mark Steyvers. Prediction and Semantic Association. *Neural Information Processing Systems*, 2003. 15: 11–18.

Griffiths, Thomas L., and Mark Steyvers. Finding Scientific Topics. *Proceedings of the National Academy of Sciences of the United States of America*, 2004. 101(Suppl 1): 5228–35.

Griffiths, Thomas L., Mark Steyvers, David M. Blei, and Joshua B. Tenenbaum. Integrating Topics and Syntax. *Advances in Neural Information Processing Systems*, 2005. 17: 537–44.

Groh, Georg, and Jan Hauffa. Characterizing Social Relations via NLP-Based Sentiment Analysis. In Proceedings of the 5th International AAAI Conference on Weblogs and Social Media (ICWSM-2011). 2011.

Guan, Ziyu, Long Chen, Wei Zhao, Yi Zheng, Shulong Tan, and Deng Cai. Weakly-Supervised Deep Learning for Customer Review Sentiment Classification. In Proceedings of the International Joint Conference on Artificial Intelligence (IJCAI-2016). 2016.

Guerini, Marco, Lorenzo Gatti, and Marco Turchi. Sentiment Analysis: How to Derive Prior Polarities from Sentiwordnet. In Proceedings of the 2013 Conference on Empirical Methods on Natural Language Processing (EMNLP-2013). 2013.

Guggilla, Chinnappa, Tristan Miller, and Iryna Gurevych. CNN-and LSTM-Based Claim Classification in Online User Comments. In Proceedings of the International Conference on Computational Linguistics (COLING-2016). 2016.

Gui, Lin, Jiannan Hu, Yulan He, Ruifeng Xu, Qin Lu, and Jiachen Du. A Question Answering Approach to Emotion Cause Extraction. In Proceedings of the Conference on Empirical Methods on Natural Language Processing (EMNLP-2017). 2017.

Guo, Honglei, Huijia Zhu, Zhili Guo, Xiaoxun Zhang, and Zhong Su. Product Feature Categorization with Multilevel Latent Semantic Association. In Proceedings of ACM International Conference on Information and Knowledge Management (CIKM-2009). 2009.

Guo, Honglei, Huijia Zhu, Zhili Guo, Xiaoxun Zhang, and Zhong Su. Opinionit: A Text Mining System for Cross-Lingual Opinion Analysis. In Proceedings of the ACM Conference on Information and Knowledge Management (CIKM-2010). 2010.

Gutmann, Amy, and Dennis Thompson. *Democracy and Disagreement*. 1996. Cambridge, MA: Harvard University Press.

Habermas, Jürgen. *The Theory of Communicative Action: Vol. 1. Reason and the*

Rationalization of Society, Thomas Mccarthy (Trans.). 1984. Boston: Beacon Press.

Hai, Zhen, Kuiyu Chang, and Gao Cong. One Seed to Find Them All: Mining Opinion Features via Assocaition. In Proceedings of the ACM International Conference on Information and Knowledge Management (CIKM-2012). 2012.

Hai, Zhen, Kuiyu Chang, and Jung-jae Kim. Implicit Feature Identification via Co-occurrence Association Rule Mining. *Computational Linguistics and Intelligent Text Processing*, 2011. LNCS 6608: 393–404.

Halteren, Hans van, Fiona Tweedie, and Harald Baayen. Outside the Cave of Shadows: Using Syntactic Annotation to Enhance Authorship Attribution. *Literary and Linguistic Computing*, 1996. 11: 121–32.

Hamilton, William L, Kevin Clark, Jure Leskovec, and Dan Jurafsky. Inducing Domain-Specific Sentiment Lexicons from Unlabeled Corpora. In Proceedings of Empirical Methods in Natural Language Processing (EMNLP-2016). 2016.

Han, Jiawei, Micheline Kamber, and Pei Jian. *Data Mining: Concepts and Techniques*. 3rd ed. 2011. Waltham, MA: Morgan Kaufmann.

Han, Xianpei, and Le Sun. An Entity–Topic Model for Entity Linking. In Proceedings of the 2012 Joint Conference on Empirical Methods in Natural Language Processing and Computational Natural Language Learning. 2012.

Hancock, Jeffrey T., Lauren E. Curry, Saurabh Goorha, and Michael Woodworth. On Lying and Being Lied to: A Linguistic Analysis of Deception in Computer-Mediated Communication. *Discourse Processes*, 2007. 45(1): 1–23.

Hardisty, Eric A., Jordan Boyd-Graber, and Philip Resnik. Modeling Perspective Using Adaptor Grammars. In Proceedings of the 2010 Conference on Empirical Methods in Natural Language Processing (EMNLP-2010). 2010.

Harmon, Amy. Amazon Glitch Unmasks War of Reviewers. *New York Times*, February 14, 2004. www.nytimes.com/2004/02/14/us/amazon-glitch-unmasks-war-of-reviewers.html

Hartung, Matthias and Anette Frank. A Structured Vector Space Model for Hidden Attribute Meaning in Adjective–Noun Phrases. In Proceedings of the 23rd International Conference on Computational Linguistics (COLING-2010). 2010.

Hartung, Matthias, and Anette Frank. Exploring Supervised LDA Models for Assigning Attributes to Adjective–Noun Phrases. In Proceedings of the Conference on Empirical Methods in Natural Language Processing (EMNLP-2011). 2011.

Hassan, Ahmed, Amjad Abu-Jbara, Rahul Jha, and Dragomir Radev. Identifying the Semantic Orientation of Foreign Words. In Proceedings of the 49th Annual Meeting of the Association for Computational Linguistics: Short Papers (ACL-2011). 2011.

Hassan, Ahmed, Vahed Qazvinian, and Dragomir Radev. What's with the Attitude? Identifying Sentences with Attitude in Online Discussions. In Proceedings of the 2010 Conference on Empirical Methods in Natural Language Processing (EMNLP-2010). 2010.

Hassan, Ahmed, and Dragomir Radev. Identifying Text Polarity Using Random Walks. In Proceedings of the Annual Meeting of the Association for Computational Linguistics (ACL-2010). 2010.

Hatzivassiloglou, Vasileios, Judith L. Klavans, Melissa L. Holcombe, Regina Barzilay, Min-Yen Kan, and Kathleen R. McKeown. Simfinder: A Flexible Clustering Tool for Summarization. In Proceedings of the Workshop on Summarization in NAACL-2001. 2001.

Hatzivassiloglou, Vasileios, and Kathleen R. McKeown. Predicting the Semantic Orientation of Adjectives. In Proceedings of the Annual Meeting of the Association for Computational Linguistics (ACL-1997). 1997.

Hatzivassiloglou, Vasileios, and Janyce Wiebe. Effects of Adjective Orientation and Gradability on Sentence Subjectivity. In Proceedings of the Interntional Conference on Computational Linguistics (COLING-2000). 2000.

He, Ruidan, Wee Sun Lee, and Hwee Tou Ng, Daniel Dahlmeier. An Unsupervised Neural Attention Model for Aspect Extraction. In Proceedings of the Annual Meeting of the Association for Computational Linguistics (ACL-2017). 2017.

He, Yulan. Learning Sentiment Classification Model from Labeled Features. In Proceedings of the ACM Conference on Information and Knowledge Management (CIKM-2011). 2010.

He, Yulan, Chenghua Lin, and Harith Alani. Automatically Extracting Polarity-Bearing Topics for Cross-Domain Sentiment Classification. In Proceedings of the 49th Annual Meeting of the Association for Computational Linguistics (ACL-2011). 2011.

Hearst, Marti. Direction-Based Text Interpretation As an Information Access Refinement. In *Text-Based Intelligent Systems*, P. Jacobs (Ed.). 1992. Mahwah, NJ: Lawrence Erlbaum, 257–74.

Heckman, James J. Sample Selection Bias As a Specification Error. *Econometrica: Journal of the Econometric Society*, 1979. 47(1): 153–61.

Heinrich, Gregor. A Generic Approach to Topic Models. In Proceedings of ECML/ PKDD-2009: Machine Learning and Knowledge Discovery in Databases. 2009.

Hirst, Graeme, and Ol'ga Feiguina. Bigrams of Syntactic Labels for Authorship Discrimination of Short Texts. *Literary and Linguistic Computing*, 2007. 22: 405–17.

Hobbs, Jerry R., and Ellen Riloff. Information Extraction. In *Handbook of Natural Language Processing*, 2nd ed., N. Indurkhya and F. J. Damerau (Eds.). 2010. Boca Raton, FL: Chapman & Hall/CRC Press, 511–32.

Hoffart, Johannes, Mohamed Amir Yosef, Ilaria Bordino, Hagen Furstenau, Manfred Pinkal, Marc Spaniol, Bilyana Taneva, Stefan Thater, and Gerhard Weikum. Robust Disambiguation of Named Entities in Text. In Proceedings of the 2011 Conference on Empirical Methods in Natural Language Processing. 2011.

Hofmann, Thomas. Probabilistic Latent Semantic Indexing. In Proceedings of the Conference on Uncertainty in Artificial Intelligence (UAI-1999). 1999.

Holloway, D. Just Another Reason Why We Have a Review Filter. 2011. http://officialblog .yelp.com/2011/10/just-another-reason-why-wehave-a-review-filter.html.

Hong, Yancheng, and Steven Skiena. The Wisdom of Bookies? Sentiment Analysis vs. the NFL Point Spread. In Proceedings of the International Conference on Weblogs and Social Media (ICWSM-2010). 2010.

Hu, Jian, Gang Wang, Fred Lochovsky, Jian-Tao Sun, and Zheng Chen. Understanding User's Query Intent with Wikipedia. In Proceedings of the 18th International Conference on the World Wide Web (WWW-2009). 2009.

Hu, Meishan, Aixin Sun, and Ee-Peng Lim. Comments-Oriented Document Summarization: Understanding Documents with Readers' Feedback. In Proceedings of the 31st Annual International ACM SIGIR Conference on Research and Development in Information Retrieval (SIGIR-2008). 2008.

Hu, Minqing, and Bing Liu. Mining and Summarizing Customer Reviews. In Proceedings of ACM SIGKDD International Conference on Knowledge Discovery and Data Mining (KDD-2004). 2004.

Hu, Nan, Paul A. Pavlou, and Jennifer Zhang. Can Online Reviews Reveal a Product's True Quality? Empirical Findings and Analytical Modeling of Online Word-of-Mouth Communication. In Proceedings of Electronic Commerce (EC-2006). 2006.

Hu, Xia, Lei Tang, Jiliang Tang, and Huan Liu. Exploiting Social Relations for Sentiment Analysis in Microblogging. In Proceedings of the ACM Interntional Conference on Web Seatch and Data Mining (WSDM-2013). 2013.

Huang, Minlie, Qiao Qian, and Xiaoyan Zhu. Encoding Syntactic Knowledge in Neural Networks for Sentiment Classification. *ACM Transactions on Information Systems*, 2017. 35(3): 1–27.

Huang, Xuanjing, and W. Bruce Croft. A Unified Relevance Model for Opinion Retrieval. In Proceedings of the ACM Conference on Information and Knowledge Management (CIKM-2009). 2009.

HUMAINE. Emotion Annotation and Representation Language. 2006. http://emotion-research.net/projects/humaine/earl.

Ikeda, Daisuke, Hiroya Takamura, Lev-Arie Ratinov, and Manabu Okumura. Learning to Shift the Polarity of Words for Sentiment Classification. In Proceedings of the 3rd International Joint Conference on Natural Language Processing (IJCNLP-2008). 2008.

Indurkhya, Nitin, and Fred J. Damerau. *Handbook of Natural Language Processing*. 2nd ed. 2010. London: Chapman and Hall.

Izard, Carroll Ellis. *The Face of Emotion*. 1971. Norwalk, CT: Appleton-Century-Crofts.

Jagarlamudi, Jagadeesh, Hal Daumé III, and Raghavendra Udupa. Incorporating Lexical Priors into Topic Models. In Proceedings of EACL-2012. 2012.

Jakob, Niklas, and Iryna Gurevych. Extracting Opinion Targets in a Single- and Cross-Domain Setting with Conditional Random Fields. In Proceedings of the Conference on Empirical Methods in Natural Language Processing (EMNLP-2010). 2010.

James, William. What Is an Emotion? *Mind*, 1884. 9: 188–205.

Ji, Heng, Ralph Grishman, Hoa Trang Dang, Kira Griffitt, and Joe Ellis. Overview of the TAC 2010 Knowledge Base Population Track. 2010.

Jia, Lifeng, Clement Yu, and Weiyi Meng. The Effect of Negation on Sentiment Analysis and Retrieval Effectiveness. In Proceedings of the 18th ACM Conference on Information and Knowledge Management (CIKM-2009). 2009.

Jiang, Jay J., and David W. Conrath. Semantic Similarity Based on Corpus Statistics and Lexical Taxonomy. In Proceedings of Research in Computational Linguistics. 1997.

Jiang, Long, Mo Yu, Ming Zhou, Xiaohua Liu, and Tiejun Zhao. Target-Dependent Twitter Sentiment Classification. In Proceedings of the 49th Annual Meeting of the Association for Computational Linguistics (ACL-2011). 2011.

Jijkoun, Valentin, Maarten de Rijke, and Wouter Weerkamp. Generating Focused Topic-Specific Sentiment Lexicons. In Proceedings of the Annual Meeting of the Association for Computational Linguistics (ACL-2010). 2010.

Jin, Wei, and Hung Hay Ho. A Novel Lexicalized HMM-Based Learning Framework for Web Opinion Mining. In Proceedings of the International Conference on Machine Learning (ICML-2009). 2009.

Jindal, Nitin, and Bing Liu. Identifying Comparative Sentences in Text Documents. In Proceedings of ACM SIGIR Conference on Research and Development in Information Retrieval (SIGIR-2006). 2006a.

Jindal, Nitin, and Bing Liu. Mining Comparative Sentences and Relations. In Proceedings of National Conference on Artificial Intelligence (AAAI-2006). 2006b.

Jindal, Nitin, and Bing Liu. Review Spam Detection. In Proceedings of WWW. 2007.

Jindal, Nitin, and Bing Liu. Opinion Spam and Analysis. In Proceedings of the Conference on Web Search and Web Data Mining (WSDM-2008). 2008.

Jindal, Nitin, Bing Liu, and Ee-Peng Lim. *Finding Atypical Review Patterns to Detect Possible Spammers*. Technical Report. 2010a. Chicago: University of Illinois at Chicago.

Jindal, Nitin, Bing Liu, and Ee-Peng Lim. Finding Unusual Review Patterns Using Unexpected Rules. In Proceedings of the ACM International Conference on Information and Knowledge Management (CIKM-2010). 2010b.

Jo, Yohan, and Alice Oh. Aspect and Sentiment Unification Model for Online Review Analysis. In Proceedings of the ACM Conference on Web Search and Data Mining (WSDM-2011). 2011.

Joachims, Thorsten. Making Large-Scale SVM Learning Practical. In *Advances in Kernel Methods: Support Vector Learning*, B. Schölkopf, C. Burges, and A. Smola (Eds.). 1999. Cambridge, MA: MIT Press.

Johansson, Richard, and Alessandro Moschitti. Reranking Models in Fine-Grained Opinion Analysis. In Proceedings of the International Conference on Computational Linguistics (COLING-2010). 2010.

Johnson, Rie, and Tong Zhang. Effective Use of Word Order for Text Categorization with Convolutional Neural Networks. In Proceedings of the Conference of the North American Chapter of the Association for Computational Linguistics: Human Language Technologies (NAACL-HLT-2015). 2015.

Joshi, Aditya, Ameya Prabhu, Manish Shrivastava, and Vasudeva Varma. Towards

Sub-word Level Compositions for Sentiment Analysis of Hindi–English Code Mixed Text. In Proceedings of the International Conference on Computational Linguistics (COLING-2016). 2016a.

Joshi, Aditya, Vaibhav Tripathi, Kevin Patel, Pushpak Bhattacharyya, and Mark Carman. Are Word Embedding-Based Features Useful for Sarcasm Detection? In Proceedings of the Conference on Empirical Methods on Natural Language Processing (EMNLP-2016). 2016b.

Joshi, M., and C. Penstein-Rosé. Generalizing Dependency Features for Opinion Mining. In Proceedings of the ACL-IJCNLP 2009 Conference: Short Papers. 2009.

Joshi, Mahesh, Dipanjan Das, Kevin Gimpel, and Noah A. Smith. Movie Reviews and Revenues: An Experiment in Text Regression. In Proceedings of the North American Chapter of the Association for Computational Linguistics Human Language Technologies Conference (NAACL-2010). 2010.

Kaji, Nobuhiro, and Masaru Kitsuregawa. Automatic Construction of Polarity-Tagged Corpus from HTML Documents. In Proceedings of COLING/ACL 2006 Main Conference Poster Sessions (COLING-ACL-2006). 2006.

Kaji, Nobuhiro, and Masaru Kitsuregawa. Building Lexicon for Sentiment Analysis from Massive Collection of HTML Documents. In Proceedings of the Joint Conference on Empirical Methods in Natural Language Processing and Computational Natural Language Learning (EMNLP-2007). 2007.

Kalchbrenner, Nal, Edward Grefenstette, and Phil Blunsom. A Convolutional Neural Network for Modelling Sentences. In Proceedings of the Annual Meeting of the Association for Computational Linguistics (ACL-2014). 2014.

Kamps, Jaap, Maarten Marx, Robert J. Mokken, and Maarten de Rijke. Using WordNet to Measure Semantic Orientation of Adjectives. In Proceedings of LREC-2004. 2004.

Kamps, Jaap, Maarten Marx, Robert J. Mokken, and Marten de Rijke. Words with Attitude. In Proceedings of the 1st International Conference on Global WordNet. 2002.

Kanayama, Hiroshi, and Tetsuya Nasukawa. Fully Automatic Lexicon Expansion for Domain-Oriented Sentiment Analysis. In Proceedings of the Conference on Empirical Methods in Natural Language Processing (EMNLP-2006). 2006.

Katiyar, Arzoo, and Claire Cardie. Investigating LSTMs for Joint Extraction of Opinion Entities and Relations. In Proceedings of the Annual Meeting of the Association for Computational Linguistics (ACL 2016). 2016.

Kennedy, Alistair, and Diana Inkpen. Sentiment Classification of Movie Reviews Using Contextual Valence Shifters. *Computational Intelligence*, 2006. 22(2): 110–25.

Kennedy, Christopher. Comparatives, Semantics of. In *Encyclopedia of Language and Linguistics*, 2nd ed. 2005. New York: Elsevier.

Kessler, Jason S., and Nicolas Nicolov. Targeting Sentiment Expressions through Supervised Ranking of Linguistic Configurations. In Proceedings of the 3rd International AAAI Conference on Weblogs and Social Media (ICWSM-2009). 2009.

Kessler, Wiltrud, and Hinrich Schütze. Classification of Inconsistent Sentiment Words Using Syntactic Constructions. In Proceedings of the 24th International Conference on Computational Linguistics (COLING-2012). 2012.

Khabiri, Elham, James Caverlee, and Chiao-Fang Hsu. Summarizing User-Contributed Comments. In Proceedings of the 5th International AAAI Conference on Weblogs and Social Media (ICWSM-2011). 2011.

Khoo, Christopher Soo-Guan, Armineh Nourbakhsh, and Jin-Cheon Na. Sentiment Analysis of Online News Text: A Case Study of Appraisal Theory. *Online Information Review*, 2012. 36(6): 858–78.

Kim, Hyun Duk, and ChengXiang Zhai. Generating Comparative Summaries of Contradictory Opinions in Text. In Proceedings of the ACM Conference on Information and Knowledge Management (CIKM-2009). 2009.

Kim, Jungi, Jin-Ji Li, and Jong-Hyeok Lee. Discovering the Discriminative Views:

Measuring Term Weights for Sentiment Analysis. In Proceedings of the 47th Annual Meeting of the ACL and the 4th IJCNLP of the AFNLP (ACL-2009). 2009.

Kim, Jungi, Jin-Ji Li, and Jong-Hyeok Lee. Evaluating Multilanguage-Comparability of Subjectivity Analysis Systems. In Proceedings of the 48th Annual Meeting of the Association for Computational Linguistics (ACL-2010). 2010.

Kim, Seungyeon, Fuxin Li, Guy Lebanon, and Irfan Essa. Beyond Sentiment: The Manifold of Human Emotions. In Proceedings of the 16th International Conference on Artificial Intelligence and Statistics. 2013.

Kim, Soo-Min, and Eduard Hovy. Determining the Sentiment of Opinions. In Proceedings of International Conference on Computational Linguistics (COLING-2004). 2004.

Kim, Soo-Min, and Eduard Hovy. Identifying and Analyzing Judgment Opinions. In Proceedings of Human Language Technology Conference of the North American Chapter of the ACL. 2006a.

Kim, Soo-Min, and Eduard Hovy. Extracting Opinions, Opinion Holders, and Topics Expressed in Online News Media Text. In Proceedings of the Conference on Empirical Methods in Natural Language Processing (EMNLP-2006). 2006b.

Kim, Soo-Min, and Eduard Hovy. Automatic Identification of Pro and Con Reasons in Online Reviews. In Proceedings of COLING/ACL 2006 Main Conference Poster Sessions (ACL-2006). 2006c.

Kim, Soo-Min, and Eduard Hovy. Crystal: Analyzing Predictive Opinions on the Web. In Proceedings of the Joint Conference on Empirical Methods in Natural Language Processing and Computational Natural Language Learning (EMNLP/CoNLL-2007). 2007.

Kim, Soo-Min, Patrick Pantel, Tim Chklovski, and Marco Pennacchiotti. Automatically Assessing Review Helpfulness. In Proceedings of the Conference on Empirical Methods in Natural Language Processing (EMNLP-2006). 2006.

Kim, Su Nam, Lawrence Cavedon, and Timothy Baldwin. Classifying Dialogue Acts in One-on-One Live Chats. In Proceedings of the 2010 Conference on Empirical Methods in Natural Language Processing. 2010.

Kim, Yoon. Convolutional Neural Networks for Sentence Classification. In Proceedings of the Annual Meeting of the Association for Computational Linguistics (ACL-2014). 2014.

Kindermann, Ross, and J. Laurie Snell. *Markov Random Fields and Their Applications*. 1980. Providence, RI: American Mathematical Society.

Kirkpatrick, James, Razvan Pascanu, Neil Rabinowitz, Joel Veness, Guillaume Desjardins, Andrei A. Rusu, Kieran Milan, John Quan, Tiago Ramalho, Agnieszka Grabska-Barwinska, Demis Hassabis, Claudia Clopath, Dharshan Kumaran, and Raia Hadsell. Overcoming Catastrophic Forgetting in Neural Networks. *Proceedings of the National Academy of Sciences of the United States*, 2017. 114: 3521–6.

Kleinberg, Jon M. Authoritative Sources in a Hyperlinked Environment. *Journal of the ACM*, 1999. 46(5): 604–32.

Klinger, Roman, and Philipp Cimiano. Bi-directional Inter-dependencies of Subjective Expressions and Targets and Their Value for a Joint Model. In Proceedings of the Annual Meeting of the Association for Computational Linguistics (ACL-2013). 2013.

Knapp, Mark L., and Mark E. Comaden. Telling It Like It Isn't: A Review of Theory and Research on Deceptive Communications. *Human Communication Research*, 1979. 5: 270–85.

Knapp, Mark L., Roderick P. Hart, and Harry S. Dennis. An Exploration of Deception As a Communication Construct. *Human Communication Research*, 1974. 1: 15–29.

Kobayashi, Nozomi, Ryu Iida, Kentaro Inui, and Yuji Matsumoto. Opinion Mining on the Web by Extracting Subject–Attribute–Value Relations. In Proceedings of AAAI-CAAW'06. 2006.

Kobayashi, Nozomi, Kentaro Inui, and Yuji Matsumoto. Extracting Aspect-Evaluation and Aspect-of Relations in Opinion Mining. In Proceedings of the 2007 Joint

Conference on Empirical Methods in Natural Language Processing and Computational Natural Language Learning. 2007.

Kost, Amanda. Woman Paid to Post Five-Star Google Feedback. ABC7 News. September 15, 2012.

Kouloumpis, Efthymios, Theresa Wilson, and Johanna Moore. Twitter Sentiment Analysis: The Good, the Bad, and the OMG! In Proceedings of the 5th International AAAI Conference on Weblogs and Social Media (ICWSM-2011). 2011.

Kovelamudi, Sudheer, Sethu Ramalingam, Arpit Sood, and Vasudeva Varma. Domain Independent Model for Product Attribute Extraction from User Reviews Using Wikipedia. In Proceedings of the 5th International Joint Conference on Natural Language Processing (IJCNLP-2010). 2011.

Kreuz, Roger J., and Gina M. Caucci. Lexical Influences on the Perception of Sarcasm. In Proceedings of the Workshop on Computational Approaches to Figurative Language. 2007.

Kreuz, Roger J., and Sam Glucksberg. How to Be Sarcastic: The Echoic Reminder Theory of Verbal Irony. *Journal of Experimental Psychology: General*, 1989. 118 (4): 374–86.

Ku, Lun-Wei, Yu-Ting Liang, and Hsin-Hsi Chen. Opinion Extraction, Summarization and Tracking in News and Blog Corpora. In Proceedings of AAAI-CAAW'06. 2006.

Labutov, Igor, and Hod Lipson. Re-embedding Words. In Proceedings of the Annual Meeting of the Association for Computational Linguistics (ACL-2013). 2013.

Lafferty, John, Andrew McCallum, and Fernando Pereira. Conditional Random Fields: Probabilistic Models for Segmenting and Labeling Sequence Data. In Proceedings of International Conference on Machine Learning (ICML-2001). 2001.

Lai, Guo-Hau, Ying-Mei Guo, and Richard Tzong-Han Tsai. Unsupervised Japanese–Chinese Opinion Word Translation Using Dependency Distance and Feature–Opinion Association Weight. In Proceedings of the Conference of the 24th International Conference on Computational Linguistics (COLING-2012). 2012.

Lakkaraju, Himabindu, Chiranjib Bhattacharyya, Indrajit Bhattacharya, and Srujana Merugu. Exploiting Coherence for the Simultaneous Discovery of Latent Facets and Associated Sentiments. In Proceedings of the SIAM Conference on Data Mining (SDM-2011). 2011.

Lappas, Theodoros, and Dimitrios Gunopulos. Efficient Confident Search in Large Review Corpora. In Proceedings of ECML-PKDD 2010. 2010.

Lazaridou, Angeliki, Ivan Titov, and Caroline Sporleder. A Bayesian Model for Joint Unsupervised Induction of Sentiment, Aspect and Discourse Representations. In Proceedings of the Annual Meeting of the Association for Computational Linguistics (ACL-2013). 2013.

Le, Quoc, and Tomas Mikolov. Distributed Representations of Sentences and Documents. In Proceedings of the International Conference on Machine Learning (ICML 2014). 2014.

LeDoux, J. Rethinking the Emotional Brain. *Neuron*, 2012. 73(4):653–76.

Lee, Lillian. Measures of Distributional Similarity. In Proceedings of the Annual Meeting of the Association for Computational Linguistics (ACL-1999). 1999.

Lee, Sophia Yat Mei, Ying Chen, Chu-Ren Huang, and Shoushan Li. Detecting Emotion Causes with a Linguistic Rule-Based Approach. *Computational Intelligence*, 2013. 29(3): 390–416.

Lei, Tao, Regina Barzilay, and Tommi Jaakkola. Rationalizing Neural Predictions. In Proceedings of the Conference on Empirical Methods on Natural Language Processing (EMNLP-2016). 2016.

Lerman, Kevin, Sasha Blair-Goldensohn, and Ryan McDonald. Sentiment Summarization: Evaluating and Learning User Preferences. In Proceedings of the 12th Conference of the European Chapter of the Association for Computational Linguistics (EACL-2009). 2009.

Lerman, Kevin, and Ryan McDonald. Contrastive Summarization: An Experiment with Consumer Reviews. In Proceedings of NAACL HLT 2009: Short Papers. 2009.

Lerner, Jean-Yves, and Manfred Pinkal. Comparatives and Nested Quantification. CLAUS-Report 21. 1992.

Li, Binyang, Lanjun Zhou, Shi Feng, and Kam-Fai Wong. A United Graph Model for

Sentence-Based Opinion Retrieval. In Proceedings of the Annual Meeting of the Association for Computational Linguistics (ACL-2010). 2010a.

Li, Cheng, Xiaoxiao Guo, and Qiaozhu Mei. Deep Memory Networks for Attitude Identification. In Proceedings of the ACM International Conference on Web Search and Data Mining (WSDM-2017). 2017.

Li, Fangtao, Chao Han, Minlie Huang, Xiaoyan Zhu, Ying-Ju Xia, Shu Zhang, and Hao Yu. Structure-Aware Review Mining and Summarization. In Proceedings of the 23rd International Conference on Computational Linguistics (COLING-2010). 2010b.

Li, Fangtao, Minlie Huang, Yi Yang, and Xiaoyan Zhu. Learning to Identify Review Spam. In Proceedings of the International Joint Conference on Artificial Intelligence (IJCAI-2011). 2011a.

Li, Fangtao, Minlie Huang, and Xiaoyan Zhu. Sentiment Analysis with Global Topics and Local Dependency. In Proceedings of the 24th AAAI Conference on Artificial Intelligence (AAAI-2010). 2010c.

Li, Fangtao, Sinno Jialin Pan, Ou Jin, Qiang Yang, and Xiaoyan Zhu. Cross-Domain Co-extraction of Sentiment and Topic Lexicons. In Proceedings of the Annual Meeting of the Association for Computational Linguistics (ACL-2012). 2012a.

Li, Jiwei, and Dan Jurafsky. Do Multi-Sense Embeddings Improve Natural Language Understanding? In Proceedings of the Conference on Empirical Methods in Natural Language Processing (EMNLP-2015). 2015.

Li, Junhui, Guodong Zhou, Hongling Wang, and Qiaoming Zhu. Learning the Scope of Negation via Shallow Semantic Parsing. In Proceedings of the 23rd International Conference on Computational Linguistics (COLING-2010). 2010d.

Li, Shasha, Chin-Yew Lin, Young-In Song, and Zhoujun Li. Comparable Entity Mining from Comparative Questions. In Proceedings of the Annual Meeting of the Association for Computational Linguistics (ACL-2010). 2010e.

Li, Shoushan, Chu-Ren Huang, Guodong Zhou, and Sophia Yat Mei Lee. Employing Personal/Impersonal Views in Supervised and Semi-Supervised Sentiment Classification. In Proceedings of Annual Meeting of the Association for Computational Linguistics (ACL-2010). 2010f.

Li, Shoushan, Shengfeng Ju, Guodong Zhou, and Xiaojun Li. Active Learning for Imbalanced Sentiment Classification. In Proceedings of the 2012 Conference on Empirical Methods on Natural Language Processing (EMNLP-2012). 2012b.

Li, Shoushan, Sophia Yat Mei Lee, Ying Chen, Chu-Ren Huang, and Guodong Zhou. Sentiment Classification and Polarity Shifting. In Proceedings of the 23rd International Conference on Computational Linguistics (COLING-2010). 2010g.

Li, Shoushan, Zhongqing Wang, Guodong Zhou, and Sophia Yat Mei Lee. Semi-Supervised Learning for Imbalanced Sentiment Classification. In Proceedings of International Joint Conference on Artificial Intelligence (IJCAI-2011). 2011b.

Li, Shoushan, and Chengqing Zong. Multi-Domain Sentiment Classification. In Proceedings of ACL-08: HLT, Short Papers (Companion Volume). 2008.

Li, Si, Zheng-Jun Zha, Zhaoyan Ming, Meng Wang, Tat-Seng Chua, Jun Guo, and Weiran Xu. Product Comparison Using Comparative Relations. In Proceedings of SIGIR-2011. 2011c.

Li, Tao, Yi Zhang, and Vikas Sindhwani. A Non-negative Matrix Tri-factorization Approach to Sentiment Classification with Lexical Prior Knowledge. In Proceedings of the Annual Meeting of the Association for Computational Linguistics (ACL-2009). 2009.

Li, Xiao, Ye-Yi Wang, and Alex Acero. Learning Query Intent from Regularized Click Graph. In Proceedings of the 31st Annual International ACM SIGIR Conference on Research and Development in Information Retrieval (SIGIR-2008). 2008.

Li, Xiao-Li, Lei Zhang, Bing Liu, and See-Kiong Ng. Distributional Similarity vs. PU Learning for Entity Set Expansion. In Proceedings of the Annual Meeting of the Association for Computational Linguistics (ACL-2010). 2010h.

Li, Xin, Lidong Bing, Piji Li, Wai Lam, and Zhimou Yang. Aspect Term Extraction with History Attention and Selective Transformation. In Proceedings of the International Confernece on Artificial Intelligence (IJCAI-2018). 2018.

Li, Xin, and Wai Lam. Deep Multi-Task Learning for Aspect Term Extraction with

Memory Interaction. In Proceedings of the Conference on Empirical Methods on Natural Language Processing (EMNLP-2017). 2017.

Li, Zheng, Yu Zhang, Ying Wei, Yuxiang Wu, and Qiang Yang. End-to-End Adversarial Memory Network for Cross-Domain Sentiment Classification. In Proceedings of the International Joint Conference on Artificial Intelligence (IJCAI-2017). 2017.

Lim, Ee-Peng, Viet-An Nguyen, Nitin Jindal, Bing Liu, and Hady W. Lauw. Detecting Product Review Spammers Using Rating Behaviors. In Proceedings of the ACM International Conference on Information and Knowledge Management (CIKM-2010). 2010.

Lin, Chenghua, and Yulan He. Joint Sentiment/Topic Model for Sentiment Analysis. In Proceedings of the ACM International Conference on Information and Knowledge Management (CIKM-2009). 2009.

Lin, Dekang. Automatic Retrieval and Clustering of Similar Words. In Proccedings of the 36th Annual Meeting of the Association for Computational Linguistics and the 17th International Conference on Computational Linguistics (COLING-ACL-1998). 1998.

Lin, Dekang. Minipar. 2007: http://webdocs.cs.ualberta.ca/lindek/minipar.htm.

Lin, Kevin Hsin-Yih, Changhua Yang, and Hsin-Hsi Chen. What Emotions Do News Articles Trigger in Their Readers? In Proceedings of the 30th Annual International ACM SIGIR Conference on Research and Development in Information Retrieval (SIGKR-2007). 2007.

Lin, Wei-Hao, Theresa Wilson, Janyce Wiebe, and Alexander Hauptmann. Which Side Are You on? Identifying Perspectives at the Document and Sentence Levels. In Proceedings of the Conference on Natural Language Learning (CoNLL-2006). 2006.

Liu, Bing. *Web Data Mining: Exploring Hyperlinks, Contents, and Usage Data*. 1st ed. 2006. Heidelberg: Springer.

Liu, Bing. Sentiment Analysis and Subjectivity. In *Handbook of Natural Language Processing*, 2nd ed., N. Indurkhya and F. J. Damerau (Eds.). 2010. London: Chapman and Hall, 627–66.

Liu, Bing. *Web Data Mining: Exploring Hyperlinks, Contents, and Usage Data*. 2nd ed. 2011. Heidelberg: Springer.

Liu, Bing. *Sentiment Analysis and Opinion Mining*. 2012. San Rafael, CA: Morgan and Claypool.

Liu, Bing, Wynne Hsu, and Yiming Ma. Integrating Classification and Association Rule Mining. In Proceedings of the International Conference on Knowledge Discovery and Data Mining (KDD-1998). 1998.

Liu, Bing, Minqing Hu, and Junsheng Cheng. Opinion Observer: Analyzing and Comparing Opinions on the Web. In Proceedings of the International Conference on World Wide Web (WWW-2005). 2005.

Liu, Bing, Wee Sun Lee, Philip S. Yu, and Xiao-Li Li. Partially Supervised Classification of Text Documents. In Proceedings of the International Conference on Machine Learning (ICML-2002). 2002.

Liu, Feifan, Bin Li, and Yang Liu. Finding Opinionated Blogs Using Statistical Classifiers and Lexical Features. In Proceedings of the 3rd International AAAI Conference on Weblogs and Social Media (ICWSM-2009). 2009.

Liu, Feifan, Dong Wang, Bin Li, and Yang Liu. Improving Blog Polarity Classification via Topic Analysis and Adaptive Methods. In Proceedings of Human Language Technologies: The 2010 Annual Conference of the North American Chapter of the ACL (HLT-NAACL-2010). 2010.

Liu, Hugo, Henry Lieberman, and Ted Selker. A Model of Textual Affect Sensing Using Real-World Knowledge. In Proceedings of the 2003 International Conference on Intelligent User Interfaces (IUI-2003). 2003.

Liu, Jiangming, and Yue Zhang. Attention Modeling for Targeted Sentiment. In Proceedings of the Conference of the European Chapter of the Association for Computational Linguistics (EACL-2017). 2017.

Liu, Jingjing, Yunbo Cao, Chin-Yew Lin, Yalou Huang, and Ming Zhou. Low-Quality Product Review Detection in Opinion Summarization. In Proceedings of the Joint Conference on Empirical Methods in Natural Language Processing and Computational Natural Language Learning (EMNLP-CoNLL-2007). 2007.

Liu, Jingjing, and Stephanie Seneff. Review Sentiment Scoring via a Parse-and-Paraphrase Paradigm. In Proceedings of the 2009 Conference on Empirical Methods in Natural Language Processing (EMNLP-2009). 2009.

Liu, Kang, Liheng Xu, and Jun Zhao. Opinion Target Extraction Using Word-Based Translation Model. In Proceedings of the 2012 Conference on Empirical Methods on Natural Language Processing (EMNLP-2012). 2012.

Liu, Kang, Liheng Xu, and Jun Zhao. Syntactic Patterns versus Word Alignment: Extracting Opinion Targets from Online Reviews. In Proceedings of the Annual Meeting of the Association for Computational Linguistics (ACL-2013). 2013.

Liu, Pengfei, Shafiq Joty, and Helen Meng. Fine-Grained Opinion Mining with Recurrent Neural Networks and Word Embeddings. In Proceedings of the Conference on Empirical Methods in Natural Language Processing (EMNLP-2015). 2015.

Liu, Qian, Bing Liu, Yuanlin Zhang, Doo Soon Kim, and Zhiqiang Gao. Improving Opinion Aspect Extraction Using Semantic Similarity and Aspect. Associations. In Proceedings of the 30th AAAI Conference on Artificial Intelligence (AAAI-2016). February 12–17, 2016.

Liu, Xiaohua, Ming Zhou, Furu Wei, Zhongyang Fu, and Xiangyang Zhou. Joint Inference of Named Entity Recognition and Normalization for Tweets. In Proceedings of the 50th Annual Meeting of the Association for Computational Linguistics (ACL-2012). 2012.

Liu, Yang, Xiangji Huang, Aijun An, and Xiaohui Yu. ARSA: A Sentiment-Aware Model for Predicting Sales Performance Using Blogs. In Proceedings of the ACM SIGIR Conference on Research and Development in Information Retrieval (SIGIR-2007). 2007.

Liu, Yang, Xiangji Huang, Aijun An, and Xiaohui Yu. Modeling and Predicting the Helpfulness of Online Reviews. In Proceedings of ICDM-2008. 2008.

Liu, Yang, Xiaohui Yu, Zhongshuai Chen, and Bing Liu. Sentiment Analysis of Sentences with Modalities. In Proceedings of the 2013 International Workshop on Mining Unstructured Big Data Using Natural Language Processing. 2013.

Long, Chong, Jie Zhang, and Xiaoyan Zhu. A Review Selection Approach for Accurate Feature Rating Estimation. In Proceedings of COLING 2010: Poster Volume. 2010.

Long, Yunfei, Qin Lu, Rong Xiang, Minglei Li, and Chu-Ren Huang. A Cognition Based Attention Model for Sentiment Analysis. In Proceedings of the Conference on Empirical Methods on Natural Language Processing (EMNLP-2017). 2017.

Lu, Bin. Identifying Opinion Holders and Targets with Dependency Parser in Chinese News Texts. In Proceedings of Human Language Technologies: The 2010 Annual Conference of the North American Chapter of the ACL (HLT-NAACL-2010). 2010.

Lu, Bin, Chenhao Tan, Claire Cardie, and Benjamin K. Tsou. Joint Bilingual Sentiment Classification with Unlabeled Parallel Corpora. In Proceedings of the 49th Annual Meeting of the Association for Computational Linguistics (ACL-2011). 2011.

Lu, Yue, Malu Castellanos, Umeshwar Dayal, and ChengXiang Zhai. Automatic Construction of a Context-Aware Sentiment Lexicon: An Optimization Approach. In Proceedings of the 20th International Conference on World Wide Web (WWW-2011). 2011.

Lu, Yue, Huizhong Duan, Hongning Wang, and ChengXiang Zhai. Exploiting Structured Ontology to Organize Scattered Online Opinions. In Proceedings of the Interntional Conference on Computational Linguistics (COLING-2010). 2010a.

Lu, Yue, Panayiotis Tsaparas, Alexandros Ntoulas, and Livia Polanyi. Exploiting Social Context for Review Quality Prediction. In Proceedings of the International World Wide Web Conference (WWW-2010). 2010b.

Lu, Yue, and ChengXiang Zhai. Opinion Integration through Semi-Supervised Topic Modeling. In Proceedings of the International Conference on the World Wide Web (WWW-2008). 2008.

Lu, Yue, ChengXiang Zhai, and Neel Sundaresan. Rated Aspect Summarization of

Short Comments. In Proceedings of the International Conference on World Wide Web (WWW-2009). 2009.

Lui, Marco, and Timothy Baldwin. Classifying User Forum Participants: Separating the Gurus from the Hacks, and Other Tales of the Internet. In Proceedings of the Australasian Language Technology Association Workshop. 2010.

Luo, Huaishao, Tianrui Li, Bing Liu, and Junbo Zhang. DOER: Dual Cross-Shared RNN for Aspect Term-Polarity Co-extraction. In Proceedings of the Annual Meeting of the Association for Computational Linguistics (ACL-2019). July 28–August 2, 2019.

Luther. Yelp's Review Filter Explained. 2010. http://officialblog.yelp.com/2010/03/yelp-review-filter-explained.html.

Lv, Guangyi, Shuai Wang, Bing Liu, Enhong Chen, and Kun Zhang. Sentiment Classification by Leveraging the Shared Knowledge from a Sequence of Domains. In Proceedings of the 24th International Conference on Database Systems for Advanced Applications (DASFAA-2019). April 22–25, 2019.

Ma, Dehong, Sujian Li, Xiaodong Zhang, and Houfeng Wang. Interactive Attention Networks for Aspect-Level Sentiment Classification. In Proceedings of the International Joint Conference on Artificial Intelligence (IJCAI-2017). 2017.

Ma, Tengfei, and Xiaojun Wan. Opinion Target Extraction in Chinese News Comments. In Proceedings of COLING 2010 Poster Volume (COLING-2010). 2010.

Ma, Zongyang, Aixin Sun, Quan Yuan, and Gao Cong. Topic-Driven Reader Comments Summarization. In Proceedings of the 21st ACM International Conference on Information and Knowledge Management (CIKM-2012). 2012.

Maas, Andrew L., Raymond E. Daly, Peter T. Pham, Dan Huang, Andrew Y. Ng, and Christopher Potts. Learning Word Vectors for Sentiment Analysis. In Proceedings of the 49th Annual Meeting of the Association for Computational Linguistics (ACL-2011). 2011.

Macdonald, Craig, Iadh Ounis, and Ian Soboroff. Overview of the TREC 2007 Blog Track. 2007.

Mahmoud, Hosam. *Pólya Urn Models*. 2008. Boca Raton, FL: Chapman and Hall/CRC.

Manevitz, Larry M., and Malik Yousef. One-Class SVMs for Document Classification. *Journal of Machine Learning Research*, 2002. 2: 139–54.

Manning, Christopher D., Prabhakar Raghavan, and Hinrich Schutze. *Introduction to Information Retrieval*. Vol. 1. 2008. Cambridge: Cambridge University Press.

Manning, Christopher D., and Hinrich Schutze. *Foundations of Statistical Natural Language Processing*. Vol. 999. 1999. Cambridge, MA: MIT Press.

Martin, J. R., and P. R. R. White. *The Language of Evaluation: Appraisal in English*. 2005. London: Palgrave Macmillan.

Martineau, Justin, and Tim Finin. Delta TFIDF: An Improved Feature Space for Sentiment Analysis. In Proceedings of the 3rd International AAAI Conference on Weblogs and Social Media (ICWSM-2009). 2009.

Mass, Andrew L., Raymond E. Daly, Peter T. Pham, Dan Huang, Andrew Y. Ng, and Christopher Potts. Learning Word Vectors for Sentiment Analysis. In Proceedings of the Annual Meeting of the Association for Computational Linguistics (ACL-2011). 2011.

Mayfield, Elijah, and Carolyn Penstein Rose. Recognizing Authority in Dialogue with an Integer Linear Programming Constrained Model. In Proceedings of the 49th Annual Meeting of the Association for Computational Linguistics (ACL-2011). 2011.

McDonald, Ryan, Kerry Hannan, Tyler Neylon, Mike Wells, and Jeff Reynar. Structured Models for Fine-to-Coarse Sentiment Analysis. In Proceedings of the Annual Meeting of the Association for Computational Linguistics (ACL-2007). 2007.

McDougall, William. *An Introduction to Social Psychology*. 1926. New York: Luce.

McGlohon, Mary, Natalie Glance, and Zach Reiter. Star Quality: Aggregating Reviews to Rank Products and Merchants. In Proceedings of the International Conference on Weblogs and Social Media (ICWSM-2010). 2010.

McNamee, Paul, and Hoa Trang Dang. Overview of the TAC 2009 Knowledge Base Population Track. In Proceedings of the 2nd Text Analysis Conference. 2009.

Medlock, Ben, and Ted Briscoe. Weakly Supervised Learning for Hedge Classification in Scientific Literature. In Proceedings of the 45th Annual Meeting of the Association of Computational Linguistics. 2007.

Mei, Qiaozhu, Xu Ling, Matthew Wondra, Hang Su, and ChengXiang Zhai. Topic Sentiment Mixture: Modeling Facets and Opinions in Weblogs. In Proceedings of the International Conference on the World Wide Web (WWW-2007). 2007.

Mejova, Yelena, and Padmini Srinivasan. Exploring Feature Definition and Selection for Sentiment Classifiers. In Proceedings of the 5th International AAAI Conference on Weblogs and Social Media (ICWSM-2011). 2011.

Meng, Xinfan, and Houfeng Wang. Mining User Reviews: From Specification to Summarization. In Proceedings of the ACL-IJCNLP 2009 Conference: Short Papers. 2009.

Meng, Xinfan, Furu Wei, Ge Xu, Longkai Zhang, Xiaohua Liu, Ming Zhou, and Houfeng Wang. Lost in Translations? Building Sentiment Lexicons Using Context Based Machine Translation. In Proceedings of the 24th International Conference on Computational Linguistics (COLING-2012). 2012.

Metzler, Donald, Yaniv Bernstein, W. Bruce Croft, Alistair Moffat, and Justin Zobel. Similarity Measures for Tracking Information Flow. In Proceedings of the ACM International Conference on Information and Knowledge Management (CIKM-2005). 2005.

Mihalcea, Rada, Carmen Banea, and Janyce Wiebe. Learning Multilingual Subjective Language via Cross-Lingual Projections. In Proceedings of the Annual Meeting of the Association for Computational Linguistics (ACL-2007). 2007.

Mihalcea, Rada, and Hugo Liu. A Corpus-Based Approach to Finding Happiness. In Proceedings of AAAI Spring Symposium: Computational Approaches to Analyzing Weblogs. 2006.

Mihalcea, Rada, and Carlo Strapparava. The Lie Detector: Explorations in the Automatic Recognition of Deceptive Language. In Proceedings of the ACL-IJCNLP 2009 Conference: Short Papers. 2009.

Mikolov, Tomas, Kai Chen, Greg Corrado, and Jeffrey Dean. Efficient Estimation of Word Representations in Vector Space. arXiv:1301.3781 [cs.CL], 2013a.

Mikolov, Tomas, Ilya Sutskever, Kai Chen, Greg Corrado, and Jeffrey Dean. Distributed Representations of Words and Phrases and Their Compositionality. *Advances in Neural Information Processing Systems*, 2013b. 26: 3111–19.

Miller, George A., Richard Beckwith, Christiane Fellbaum, Derek Gross, and Katherine Miller. *WordNet: An On-Line Lexical Database*. 1990. Oxford: Oxford University Press.

Miller, Mahalia, Conal Sathi, Daniel Wiesenthal, Jure Leskovec, and Christopher Potts. Sentiment Flow through Hyperlink Networks. In Proceedings of the 5th International AAAI Conference on Weblogs and Social Media (ICWSM-2011). 2011.

Milne, David, and Ian H. Witten. Learning to Link with Wikipedia. In Proceedings of the ACM International Conference on Information and Knowledge Management (CIKM-2008). 2008.

Min, Hye-Jin, and Jong C. Park. Detecting and Blocking False Sentiment Propagation. In Proceedings of the 5th International Joint Conference on Natural Language Processing (IJCNLP-2010). 2011.

Mishne, Gilad, and Maarten de Rijke. Capturing Global Mood Levels Using Blog Posts. In Proceedings of the AAAI Spring Symposium on Computational Approaches to Analyzing Weblogs. 2006.

Mishne, Gilad, and Natalie Glance. Predicting Movie Sales from Blogger Sentiment. In Proceedings of the AAAI Spring Symposium on Computational Approaches to Analysing Weblogs. 2006.

Mishra, Abhijit, Kuntal Dey, and Pushpak Bhattacharyya. Learning Cognitive Features from Gaze Data for Sentiment and Sarcasm Classification Using Convolutional Neural Network. In Proceedings of the Annual Meeting of the Association for Computational Linguistics (ACL-2017). 2017.

Mitchell, Margaret, Jacqui Aguilar, Theresa Wilson, and Benjamin Van Durme. Open Domain Targeted Sentiment. In Proceedings of the 2013 Conference on Empirical

Methods on Natural Language Processing (EMNLP-2013). 2013.

Mitchell, Tom. *Machine Learning*. 1997. New York: McGraw-Hill.

Moghaddam, Samaneh, and Martin Ester. Opinion Digger: An Unsupervised Opinion Miner from Unstructured Product Reviews. In Proceedings of the ACM Conference on Information and Knowledge Management (CIKM-2010). 2010.

Moghaddam, Samaneh, and Martin Ester. ILDA: Interdependent LDA Model for Learning Latent Aspects and Their Ratings from Online Product Reviews. In Proceedings of the Annual ACM SIGIR International Conference on Research and Development in Information Retrieval (SIGIR-2011). 2011.

Moghaddam, Samaneh, Mohsen Jamali, and Martin Ester. ETF: Extended Tensor Factorization Model for Personalizing Prediction of Review Helpfulness. In Proceedings of the ACM International Conference on Web Search and Data Mining (WSDM-2012). 2012.

Mohammad, Saif. From Once upon a Time to Happily Ever after: Tracking Emotions in Novels and Fairy Tales. In Proceedings of the ACL 2011 Workshop on Language Technology for Cultural Heritage, Social Sciences, and Humanities (LaTeCH-2011). 2011.

Mohammad, Saif M. # Emotional Tweets. In Proceedings of the 1st Joint Conference on Lexical and Computational Semantics (*Sem). 2012.

Mohammad, Saif, Cody Dunne, and Bonnie Dorr. Generating High-Coverage Semantic Orientation Lexicons from Overtly Marked Words and a Thesaurus. In Proceedings of the 2009 Conference on Empirical Methods in Natural Language Processing (EMNLP-2009). 2009.

Mohammad, Saif M., and Peter D. Turney. Emotions Evoked by Common Words and Phrases: Using Mechanical Turk to Create an Emotion Lexicon. In Proceedings of the NAACL HLT 2010 Workshop on Computational Approaches to Analysis and Generation of Emotion in Text. 2010.

Mohammad, Saif, and Tony Yang. Tracking Sentiment in Mail: How Genders Differ on Emotional Axes. In Proceedings of the ACL Workshop on ACL 2011 Workshop on Computational Approaches to Subjectivity and Sentiment Analysis (WASSA-2011). 2011.

Mohtarami, Mitra, Man Lan, and Chew Lim Tan. Probabilistic Sense Sentiment Similarity through Hidden Emotions. In Proceedings of the Annual Meeting of the Association for Computational Linguistics (ACL-2013). 2013.

Moilanen, Karo, and Stephen Pulman. Sentiment Composition. In Proceedings of Recent Advances in Natural Language Processing (RANLP-2007). 2007.

Moldovan, Dan, and Adriana Badulescu. A Semantic Scattering Model for the Automatic Interpretation of Genitives. In Proceedings of the Human Language Technology Conference and the Conference on Empirical Methods in Natural Language Processing (HLT/EMNLP-2005). 2005.

Montague, Richard. *Formal Philosophy: Selected Papers of Richard Montague*. 1974. New Haven, CT: Yale University Press.

Mooney, Raymond J., and Razvan Bunescu. Mining Knowledge from Text Using Information Extraction. *ACM SIGKDD Explorations Newsletter*, 2005. 7(1): 3–10.

Moraes, Rodrigo, João Francisco Valiati, and Wilson P. Gavião Neto. Document-Level Sentiment Classification: An Empirical Comparison between SVM and ANN. *Expert Systems with Applications*, 2013. 40(2): 621–33.

Morbini, Fabrizio, and Kenji Sagae. Joint Identification and Segmentation of Domain-Specific Dialogue Acts for Conversational Dialogue Systems. In Proceedings of the 49th Annual Meeting of the Association for Computational Linguistics (ACL-2011): Short Papers. 2011.

Morinaga, Satoshi, Kenji Yamanishi, Kenji Tateishi, and Toshikazu Fukushima. Mining Product Reputations on the Web. In Proceedings of ACM SIGKDD International Conference on Knowledge Discovery and Data Mining (KDD-2002). 2002.

Mowrer, Orval Hobart. *Learning Theory and Behavior*. 1960. New York: John Wiley.

Moxey, Linda M., and Anthony J. Sanford. Communicating Quantities: A Review of Psycholinguistic Evidence of How Expressions Determine Perspectives. *Applied Cognitive Psychology*, 2000. 14: 197–294.

Mukherjee, Arjun, Abhinav Kumar, Bing Liu, Junhui Wang, Meichun Hsu, Malu Castellanos, and Riddhiman Ghosh. Spotting Opinion Spammers Using Behavioral Footprints. In Proceedings of the 19th ACM SIGKDD Conference on Knowledge Discovery and Data Mining (KDD-2013). 2013a.

Mukherjee, Arjun, and Bing Liu. Aspect Extraction through Semi-Supervised Modeling. In Proceedings of the 50th Annual Meeting of the Association for Computational Linguistics (ACL-2012). 2012a.

Mukherjee, Arjun, and Bing Liu. Mining Contentions from Discussions and Debates. In Proceedings of the SIGKDD International Conference on Knowledge Discovery and Data Mining (KDD-2012). 2012b.

Mukherjee, Arjun, and Bing Liu. Modeling Review Comments. In Proceedings of the 50th Annual Meeting of the Association for Computational Linguistics (ACL-2012). 2012c.

Mukherjee, Arjun, and Bing Liu. Discovering User Interactions in Ideological Discussions. In Proceedings of the 51st Annual Meeting of Association for Computational Linguistics (ACL-2013). 2013.

Mukherjee, Arjun, Bing Liu, and Natalie Glance. Spotting Fake Reviewer Groups in Consumer Reviews. In Proceedings of International World Web Conference (WWW-2012). 2012.

Mukherjee, Arjun, Bing Liu, Junhui Wang, Natalie Glance, and Nitin Jindal. Detecting Group Review Spam. In Proceedings of the International Conference on the World Wide Web (WWW-2011). 2011.

Mukherjee, Arjun, Vivek Venkataraman, Bing Liu, and Natalie Glance. What Yelp's Fake Review Filter Might Be Doing. In Proceedings of the 7th International AAAI Conference on Weblog and Social Media (ICWSM-2013). 2013b.

Mukherjee, Arjun, Vivek Venkataraman, Bing Liu, and Sharon Meraz. Public Dialogue: Analysis of Tolerance in Online Discussions. In Proceedings of the 51st Annual Meeting of the Association for Computational Linguistics (ACL-2013). 2013c.

Mukund, Smruthi, and Rohini K. Srihari. A Vector Space Model for Subjectivity Classification in Urdu Aided by Co-training. In Proceedings of COLING 2010: Poster Volume. 2010.

Mullen, Tony, and Nigel Collier. Sentiment Analysis Using Support Vector Machines with Diverse Information Sources. In Proceedings of EMNLP-2004. 2004.

Murakami, Akiko, and Rudy Raymond. Support or Oppose? Classifying Positions in Online Debates from Reply Activities and Opinion Expressions. In Proceedings of COLING 2010: Poster Volume. 2010.

Na, Seung-Hoon, Yeha Lee, Sang-Hyob Nam, and Jong-Hyeok Lee. Improving Opinion Retrieval Based on Query-Specific Sentiment Lexicon. In *ECIR: Lecture Notes in Computer Science*, Vol. 5478. 2009. Berlin/Heidelberg: Springer, 734–8.

Nakagawa, Tetsuji, Kentaro Inui, and Sadao Kurohashi. Dependency Tree-Based Sentiment Classification Using CRFs with Hidden Variables. In Proceedings of Human Language Technologies: The 2010 Annual Conference of the North American Chapter of the ACL (HAACL-2010). 2010.

Nalisnick, Eric, and Henry Baird. Character-to-Character Sentiment Analysis in Shakespeare's Plays. In Proceedings of the Annual Meeting of the Association for Computational Linguistics (ACL-2013). 2013.

Narayanan, Ramanathan, Bing Liu, and Alok Choudhary. Sentiment Analysis of Conditional Sentences. In Proceedings of the Conference on Empirical Methods in Natural Language Processing (EMNLP-2009). 2009.

Nasukawa, Tetsuya, and Jeonghee Yi. Sentiment Analysis: Capturing Favorability Using Natural Language Processing. In Proceedings of K-CAP-03, the 2nd International Conference on Knowledge Capture. 2003.

Neviarouskaya, Alena, Helmut Prendinger, and Mitsuru Ishizuka. Compositionality Principle in Recognition of Fine-Grained Emotions from Text. In Proceedings of the 3rd International Conference on Weblogs and Social Media (ICWSM-2009). 2009.

Neviarouskaya, Alena, Helmut Prendinger, and Mitsuru Ishizuka. Recognition of

Affect, Judgment, and Appreciation in Text. In Proceedings of the 23rd International Conference on Computational Linguistics (COLING-2010). 2010.

Newman, Matthew L., James W. Pennebaker, Diane S. Berry, and Jane M. Richards. Lying Words: Predicting Deception from Linguistic Styles. *Personality and Social Psychology Bulletin*, 2003. 29(5): 665–75.

Ng, Vincent, and Claire Cardie. Improving Machine Learning Approaches to Coreference Resolution. In Proceedings of the Annual Meeting of the Association for Computational Linguistics (ACL-2002). 2002.

Ng, Vincent, Sajib Dasgupta, and S. M. Niaz Arifin. Examining the Role of Linguistic Knowledge Sources in the Automatic Identification and Classification of Reviews. In Proceedings of COLING/ACL 2006 Main Conference Poster Sessions (COLING/ACL-2006). 2006.

Nigam, Kamal, and Matthew Hurst. Towards a Robust Metric of Opinion. In Proceedings of the AAAI Spring Symposium on Exploring Attitude and Affect in Text. 2004.

Nigam, Kamal, Andrew K. McCallum, Sebastian Thrun, and Tom Mitchell. Text Classification from Labeled and Unlabeled Documents Using EM. *Machine Learning*, 2000. 39(2): 103–34.

Nishikawa, Hitoshi, Takaaki Hasegawa, Yoshihiro Matsuo, and Genichiro Kikui. Opinion Summarization with Integer Linear Programming Formulation for Sentence Extraction and Ordering. In Proceedings of COLING 2010: Poster Volume. 2010a.

Nishikawa, Hitoshi, Takaaki Hasegawa, Yoshihiro Matsuo, and Genichiro Kikui. Optimizing Informativeness and Readability for Sentiment Summarization. In Proceedings of the Annual Meeting of the Association for Computational Linguistics (ACL-2010). 2010b.

Nummenmaa, L., E. Glerean, R. Hari, and J. K. Hietanen. Bodily Maps of Emotions. *Proceedings of the National Academy of Sciences*, 2014. 111(2): 646–51.

Oatley, K., and P. N. Johnson-Laird. Towards a Cognitive Theory of Emotions. *Cognition and Emotion*, 1987. 1: 29–50.

O'Connor, Brendan, Ramnath Balasubramanyan, Bryan R. Routledge, and Noah A. Smith. From Tweets to Polls: Linking Text Sentiment to Public Opinion Time Series. In Proceedings of the International AAAI Conference on Weblogs and Social Media (ICWSM-2010). 2010.

O'Mahony, Michael P., and Barry Smyth. Learning to Recommend Helpful Hotel Reviews. In Proceedings of the 3rd ACM Conference on Recommender Systems. 2009.

Ortony, Andrew, and Terence J. Turner. What's Basic about Basic Emotions? *Psychological Review*, 1990. 97(3): 315–31.

Osgood, Charles E., George J. Succi, and Percy H. Tannenbaum. *The Measurement of Meaning*. 1957. Urbana/Champaign: University of Illinois.

Ott, Myle, Yejin Choi, Claire Cardie, and Jeffrey T. Hancock. Finding Deceptive Opinion Spam by Any Stretch of the Imagination. In Proceedings of the 49th Annual Meeting of the Association for Computational Linguistics (ACL-2011). 2011.

Ounis, Iadh, Craig Macdonald, Maarten de Rijke, Gilad Mishne, and Ian Soboroff. Overview of the TREC-2006 Blog Track. In Proceedings of the 15th Text REtrieval Conference (TREC-2006). 2006.

Ounis, Iadh, Craig Macdonald, and Ian Soboroff. Overview of the TREC-2008 Blog Track. In Proceedings of the 16th Text REtrieval Conference (TREC-2008). 2008.

Page, Lawrence, Sergey Brin, Rajeev Motwani, and Terry Winograd. The Pagerank Citation Ranking: Bringing Order to the Web. 1999.

Paltoglou, Georgios, and Mike Thelwall. A Study of Information Retrieval Weighting Schemes for Sentiment Analysis. In Proceedings of the 48th Annual Meeting of the Association for Computational Linguistics (ACL-2010). 2010.

Pan, Sinno Jialin, Xiaochuan Ni, Jian-Tao Sun, Qiang Yang, and Zheng Chen. Cross-Domain Sentiment Classification via Spectral Feature Alignment. In Proceedings of the International Conference on the World Wide Web (WWW-2010). 2010.

Pang, Bo, and Lillian Lee. A Sentimental Education: Sentiment Analysis Using Subjectivity Summarization Based on Minimum Cuts. In Proceedings of the Meeting of the Association for Computational Linguistics (ACL-2004). 2004.

Pang, Bo, and Lillian Lee. Seeing Stars: Exploiting Class Relationships for Sentiment Categorization with Respect to Rating Scales. In Proceedings of the Meeting of the Association for Computational Linguistics (ACL-2005). 2005.

Pang, Bo, and Lillian Lee. Opinion Mining and Sentiment Analysis. *Foundations and Trends in Information Retrieval*, 2008a. 2(1–2): 1–135.

Pang, Bo, and Lillian Lee. Using Very Simple Statistics for Review Search: An Exploration. In Proceedings of the International Conference on Computational Linguistics (COLING-2008). 2008b.

Pang, Bo, Lillian Lee, and Shivakumar Vaithyanathan. Thumbs Up? Sentiment Classification Using Machine Learning Techniques. In Proceedings of the Conference on Empirical Methods in Natural Language Processing (EMNLP-2002). 2002.

Panksepp, Jaak. Toward a General Psychobiological Theory of Emotions. *Behavioral and Brain Sciences*, 1982. 5(3): 407–22.

Pantel, Patrick, Eric Crestan, Arkady Borkovsky, Ana-Maria Popescu, and Vishnu Vyas. Web-Scale Distributional Similarity and Entity Set Expansion. In Proceedings of the Conference on Empirical Methods in Natural Language Processing (EMNLP-2009). 2009.

Park, Do-Hyung, Jumin Lee, and Ingoo Han. The Effect of On-Line Consumer Reviews on Consumer Purchasing Intention: The Moderating Role of Involvement. *International Journal of Electronic Commerce*, 2007. 11(4): 125–48.

Park, Souneil, KyungSoon Lee, and Junehwa Song. Contrasting Opposing Views of News Articles on Contentious Issues. In Proceedings of the 49th Annual Meeting of the Association for Computational Linguistics (ACL-2011). 2011.

Parrott, W. Gerrod. *Emotions in Social Psychology: Essential Readings*. 2001. New York: Psychology Press.

Paul, Michael J., ChengXiang Zhai, and Roxana Girju. Summarizing Contrastive Viewpoints in Opinionated Text. In Proceedings of the Conference on Empirical Methods in Natural Language Processing (EMNLP-2010). 2010.

Peled Lotem, and Roi Reichart. Sarcasm SIGN: Interpreting Sarcasm with Sentiment Based Monolingual Machine Translation. In Proceedings of the Annual Meeting of the Association for Computational Linguistics (ACL-2017). 2017.

Peng, Wei, and Dae Hoon Park. Generate Adjective Sentiment Dictionary for Social Media Sentiment Analysis Using Constrained Nonnegative Matrix Factorization. In Proceedings of the 5th International AAAI Conference on Weblogs and Social Media (ICWSM-2011). 2011.

Pennebaker, James W., Cindy K. Chung, Molly Ireland, Amy Gonzales, and Roger J. Booth. The Development and Psychometric Properties of LIWC2007. 2007.

Pennington, Jeffrey, Richard Socher, and Christopher D. Manning. GloVe: Global Vectors for Word Representation. 2014.

Perez-Rosas, Veronica, Rada Mihalcea, and Louis-Philippe Morency. Utterance-Level Multimodal Sentiment Analysis. In Proceedings of the Annual Meeting of the Association for Computational Linguistics (ACL-2013). 2013.

Petterson, James, A. J. Smola, Tiberio Caetano, Wray Buntine, and Shravan Narayanamurthy. Word Features for Latent Dirichlet Allocation. In Proceedings of NIPS-2010. 2010.

Picard, Rosalind W. *Affective Computing*. 1997. Cambridge, MA: MIT Press.

Plutchik, Robert. A General Psychoevolutionary Theory of Emotion. In *Emotion: Theory, Research, and Experience*: Vol. 1. Theories of Emotion, R. Plutchik and H. Kellerman (Eds.). 1980. Cambridge, MA: Academic Press, 3–33.

Polanyi, Livia, and Annie Zaenen. Contextual Valence Shifters. In Proceedings of the AAAI Spring Symposium on Exploring Attitude and Affect in Text. 2004.

Ponomareva, Natalia, and Mike Thelwall. Do Neighbours Help? An Exploration of Graph-Based Algorithms for Cross-Domain Sentiment Classification. In Proceedings of the 2012 Conference on Empirical Methods on Natural Language Processing (EMNLP-2012). 2012.

Popat, Kashyap, A. R. Balamurali, Pushpak Bhattacharyya, and Gholamreza Haffari.

The Haves and the Have-Nots: Leveraging Unlabelled Corpora for Sentiment Analysis. In Proceedings of the Annual Meeting of the Association for Computational Linguistics (ACL-2013). 2013.

Popescu, Ana-Maria, and Oren Etzioni. Extracting Product Features and Opinions from Reviews. In Proceedings of the Conference on Empirical Methods in Natural Language Processing (EMNLP-2005). 2005.

Poria, Soujanya, Erik Cambria, and Alexander Gelbukh. Deep Convolutional Neural Text Features and Multiple Kernel Learning for Utterance-Level Multimodal Sentiment Analysis. In Proceedings of the Conference on Empirical Methods on Natural Language Processing (EMNLP-2015). 2015.

Poria, Soujanya, Erik Cambria, and Alexander Gelbukh. Aspect Extraction for Opinion Mining with a Deep Convolutional Neural Network. *Journal of Knowledge-Based Systems*, 2016a. 108: 4–49.

Poria, Soujanya, Erik Cambria, Devamanyu Hazarika, Navonil Mazumder, Amir Zadeh, and Louis-Philippe Morency. Context-Dependent Sentiment Analysis in User-Generated Videos. In Proceedings of the Annual Meeting of the Association for Computational Linguistics (ACL-2017). 2017.

Poria, Soujanya, Erik Cambria, Devamanyu Hazarika, and Prateek Vij. A Deeper Look into Sarcastic Tweets Using Deep Convolutional Neural Networks. In Proceedings of the International Conference on Computational Linguistics (COLING-2016). 2016b.

Qian, Qiao, Minlie Huang, Jinhao Lei, and Xiaoyan Zhu. Linguistically Regularized LSTM for Sentiment Classification. In Proceedings of the Annual Meeting of the Association for Computational Linguistics (ACL-2017). 2017.

Qian, Tieyun, and Bing Liu. Identifying Multiple Userids of the Same Author. In Proceedings of the Conference on Empirical Methods in Natural Language Processing (EMNLP-2013). 2013.

Qian, Qiao, Bo Tian, Minlie Huang, Yang Liu, Xuan Zhu, and Xiaoyan Zhu. Learning Tag Embeddings and Tag-Specific Composition Functions in the Recursive Neural Network. In Proceedings of the Annual Meeting of the Association for Computational Linguistics (ACL-2015). 2015.

Qiu, Guang, Bing Liu, Jiajun Bu, and Chun Chen. Expanding Domain Sentiment Lexicon through Double Propagation. In Proceedings of the International Joint Conference on Artificial Intelligence (IJCAI-2009). 2009a.

Qiu, Guang, Bing Liu, Jiajun Bu, and Chun Chen. Opinion Word Expansion and Target Extraction through Double Propagation. *Computational Linguistics*, 2011. 37(1): 9–27.

Qiu, Likun, Weish Zhang, Changjian Hu, and Kai Zhao. SELC: A Self-Supervised Model for Sentiment Classification. In Proceedings of the 18th ACM Conference on Information and Knowledge Management (CIKM-2009). 2009b.

Qu, Lizhen, Georgiana Ifrim, and Gerhard Weikum. The Bag-of-Opinions Method for Review Rating Prediction from Sparse Text Patterns. In Proceedings of the International Conference on Computational Linguistics (COLING-2010). 2010.

Quinlan, J. Ross. *C4.5: Programs for Machine Learning*. 1993. San Mateo, CA: Morgan Kaufmann.

Raaijmakers, Stephan, and Wessel Kraaij. A Shallow Approach to Subjectivity Classification. In Proceedings of ICWSM-2008. 2008.

Raaijmakers, Stephan, Khiet Truong, and Theresa Wilson. Multimodal Subjectivity Analysis of Multiparty Conversation. In Proceedings of the Conference on Empirical Methods in Natural Language Processing (EMNLP-2008). 2008.

Rabiner, Lawrence R. A. Tutorial on Hidden Markov Models and Selected Applications in Speech Recognition. *Proceedings of the IEEE*, 1989. 77(2): 257–86.

Radev, Dragomir R., Simone Teufel, Horacio Saggion, Wai Lam, John Blitzer, Hong Qi, Arda Celebi, Danyu Liu, and Elliott Drabek. Evaluation Challenges in Large-Scale Document Summarization. In Proceedings of the Annual Meeting of the Association for Computational Linguistics (ACL-2003). 2003.

Rao, Delip, and Deepak Ravichandran. Semi-Supervised Polarity Lexicon Induction. In

Proceedings of the 12th Conference of the European Chapter of the ACL (EACL-2009). 2009.

Ravichandran, Deepak, and Eduard Hovy. Learning Surface Text Patterns for a Question Answering System. In Proceedings of the Annual Meeting of the Association for Computational Linguistics (ACL-2002). 2002.

Ren, Yafeng, Yue Zhang, Meishan Zhang, and Donghong Ji. Improving Twitter Sentiment Classification Using Topic-Enriched Multi-Prototype Word Embeddings. In Proceedings of the AAAI Conference on Artificial Intelligence (AAAI-2016). 2016.

Riloff, Ellen. Automatically Constructing a Dictionary for Information Extraction Tasks. In Proceedings of AAAI-1993. 1993.

Riloff, Ellen. Automatically Generating Extraction Patterns from Untagged Text. In Proceedings of AAAI-1996. 1996.

Riloff, Ellen, Siddharth Patwardhan, and Janyce Wiebe. Feature Subsumption for Opinion Analysis. In Proceedings of the Conference on Empirical Methods in Natural Language Processing (EMNLP-2006). 2006.

Riloff, Ellen, Ashequl Qadir, Prafulla Surve, Lalindra De Silva, Nathan Gilbert, and Ruihong Huang. Sarcasm As Contrast between a Positive Sentiment and Negative Situation. In Proceedings of the 2013 Conference on Empirical Methods on Natural Language Processing (EMNLP-2013). 2013.

Riloff, Ellen, and Janyce Wiebe. Learning Extraction Patterns for Subjective Expressions. In Proceedings of the Conference on Empirical Methods in Natural Language Processing (EMNLP-2003). 2003.

Robertson, Stephen, and Hugo Zaragoza. The Probabilistic Relevance Framework: Bm25 and Beyond. *Foundations and Trends in Information Retrieval*, 2009. 3 (4): 333–89.

Rosenberg, Sabine, and Sabine Bergler. Uconcordia: CLAC Negation Focus Detection at *SEM 2012. In Proceedings of *SEM 2012: The 1st Joint Conference on Lexical and Computational Semantics. 2012.

Rosenberg, Sabine, Halil Kilicoglu, and Sabine Bergler. CLAC Labs Processing Modality and Negation. In Working Notes for QA4MRE Pilot Task at CLEF 2012. 2012.

Rosen-Zvi, Michal, Thomas Griffiths, Mark Steyvers, and Padhraic Smyth. The Author–Topic Model for Authors and Documents. In Proceedings of the 20th Conference on Uncertainty in Artificial Intelligence. 2004.

Ruder, Sebastian, Parsa Ghaffari, and John G. Breslin. A Hierarchical Model of Reviews for Aspect-Based Sentiment Analysis. In Proceedings of the Conference on Empirical Methods on Natural Language Processing (EMNLP-2016). 2016.

Ruppenhofer, Josef, Swapna Somasundaran, and Janyce Wiebe. Finding the Sources and Targets of Subjective Expressions. In Proceedings of LREC. 2008.

Russell, J. A. A Circumplex Model of Affect. *Journal of Personality and Social Psychology*, 1980. 39: 1161–78.

Russell, James A. Core Affect and the Psychological Construction of Emotion. *Psychological Review*, 2003. 110(1): 145–72.

Sadikov, Eldar, Aditya Parameswaran, and Petros Venetis. Blogs As Predictors of Movie Success. In Proceedings of the 3rd International Conference on Weblogs and Social Media (ICWSM-2009). 2009.

Sakunkoo, Patty, and Nathan Sakunkoo. Analysis of Social Influence in Online Book Reviews. In Proceedings of the 3rd International AAAI Conference on Weblogs and Social Media (ICWSM-2009). 2009.

Salton, Gerard. *The Smart Retrieval System: Experiments in Automatic Document Processing*. 1971. Upper Saddle River, NJ: Prentice Hall.

Sang, Tjong Kim, and Johan Bos. Predicting the 2011 Dutch Senate Election Results with Twitter. In Proceedings of the 13th Conference of the European Chapter of the Association for Computational Linguistics. 2012.

Santorini, Beatrice. *Part-of-Speech Tagging Guidelines for the Penn Treebank Project*. 1990. Philadelphia: University of Pennsylvania, School of Engineering and Applied Science, Department of Computer and Information Science.

Santos, Cícero dos, and Maíra Gatti. Deep Convolutional Neural Networks for Sentiment Analysis for Short Texts. In Proceedings of the International Conference on Computational Linguistics (COLING 2014). 2014.

Sarawagi, Sunita. Information Extraction. *Foundations and Trends in Databases*, 2008. 1(3): 261–377.

Sarawagi, Sunita, and William W. Cohen. Semi-Markov Conditional Random Fields for Information Extraction. In Proceedings of NIPS-2004. 2004.

Sauper, Christina, Aria Haghighi, and Regina Barzilay. Content Models with Attitude. In Proceedings of the 49th Annual Meeting of the Association for Computational Linguistics (ACL-2011). 2011.

Scaffidi, Christopher, Kevin Bierhoff, Eric Chang, Mikhael Felker, Herman Ng, and Chun Jin. Red Opal: Product-Feature Scoring from Reviews. In Proceedings of the 12th ACM Conference on Electronic Commerce (EC-2007). 2007.

Schapire, Robert E., and Yoram Singer. Boostexter: A Boosting-Based System for Text Categorization. *Machine Learning*, 2000. 39(2): 135–68.

Scheible, Christian, and Hinrich Schütze. Sentiment Relevance. In Proceedings of the Annual Meeting of the Association for Computational Linguistics (ACL-2013). 2013.

Scholz, Thomas, and Stefan Conrad. Opinion Mining in Newspaper Articles by Entropy-Based Word Connections. In Proceedings of the 2013 Conference on Empirical Methods on Natural Language Processing (EMNLP-2013). 2013.

Seki, Yohei, Koji Eguchi, Noriko Kando, and Masaki Aono. Opinion-Focused Summarization and Its Analysis at DUC 2006. In Proceedings of the Document Understanding Conference (DUC). 2006.

Sen, Prithviraj, Galileo Namata, Mustafa Bilgic, Lise Getoor, Brian Galligher, and Tina Eliassi-Rad. Collective Classification in Network Data. *AI Magazine*, 2008. 29(3): 93–106.

Shanahan, James G., Yan Qu, and Janyce Wiebe. *Computing Attitude and Affect in Text: Theory and Applications*. Vol. 20. 2006. Dordrecht: Springer.

Sharma, Raksha, Arpan Somani, Lakshya Kumar, and Pushpak Bhattacharyya. Sentiment Intensity Ranking among Adjectives Using Sentiment Bearing Word Embeddings. In Proceedings of the Conference on Empirical Methods on Natural Language Processing (EMNLP-2017). 2017.

Shawe-Taylor, John, and Nello Cristianini. *Support Vector Machines*. 2000. Cambridge: Cambridge University Press.

Shen, Dou, Jian-Tao Sun, Qiang Yang, and Zheng Chen. Building Bridges for Web Query Classification. In Proceedings of the 29th Annual International ACM SIGIR Conference on Research and Development in Information Retrieval (SIGIR-2006). 2006.

Shu, Lei, Bing Liu, Hu Xu, and Annice Kim. Lifelong-RL: Lifelong Relaxation Labeling for Separating Entities and Aspects in Opinion Targets. Proceedings of the 2016 Conference on Empirical Methods in Natural Language Processing (EMNLP-2016). 2016.

Shu, Lei, Hu Xu, and Bing Liu. Lifelong Learning CRF for Supervised Aspect Extraction. In Proceedings of the Annual Meeting of the Association for Computational Linguistics (ACL-2017, short paper). 2017.

Si, Jianfeng, Arjun Mukherjee, Bing Liu, Qing Li, Huayi Li, and Xiaotie Deng. Exploiting Topic Based Twitter Sentiment for Stock Prediction. In Proceedings of the 51st Annual Meeting of the Association for Computational Linguistics. 2013.

Siddharthan, Advaith, Nicolas Cherbuin, Paul J. Eslinger, Kasia Kozlowska, Nora A. Murphy, and Leroy Lowe. WordNet-Feelings: A Linguistic Categorisation of Human Feelings. arXiv:1811.02435 [cs.CL], 2019.

Singh, Push. The Public Acquisition of Commonsense Knowledge. In Proceedings of AAAI Spring Symposium: Acquiring (and Using) Linguistic (and World) Knowledge for Information Access. 2002.

Singhal Prerana, and Bhattacharyya Pushpak. Borrow a Little from Your Rich Cousin: Using Embeddings and Polarities of English Words for Multilingual Sentiment Classification. In Proceedings of the International Conference on Computational

Linguistics (COLING-2016). 2016.

Smyth, Padhraic. Probabilistic Model-Based Clustering of Multivariate and Sequential Data. In Proceedings of Artificial Intelligence and Statistics. 1999.

Snyder, Benjamin, and Regina Barzilay. Multiple Aspect Ranking Using the Good Grief Algorithm. In Proceedings of the Conference of the North American Chapter of the Association for Computational Linguistics: Human Language Technologies (NAACL/HLT-2007). 2007.

Socher, Richard, Brody Huval, Christopher D. Manning, and Andrew Y. Ng. Semantic Compositionality through Recursive Matrix-Vector Spaces. In Proceedings of the Conference on Empirical Methods on Natural Language Processing (EMNLP-2012). 2012.

Socher, Richard, Jeffrey Pennington, Eric H. Huang, Andrew Y. Ng, and Christopher D. Manning. Semi-Supervised Recursive Autoencoders for Predicting Sentiment Distributions. In Proceedings of the Conference on Empirical Methods in Natural Language Processing (EMNLP-2011). 2011a.

Socher, Richard, Alex Perelygin, Jean Wu, Christopher Manning, Andrew Ng, and Jason Chuang. Recursive Deep Models for Semantic Compositionality over a Sentiment Treebank. In Proceedings of the 2013 Conference on Empirical Methods on Natural Language Processing (EMNLP-2013). 2013.

Somasundaran, Swapna, Galileo Namata, Lise Getoor, and Janyce Wiebe. Opinion Graphs for Polarity and Discourse Classification. In Proceedings of the 2009 Workshop on Graph-Based Methods for Natural Language Processing. 2009.

Somasundaran, S., J. Ruppenhofer, and J. Wiebe. Discourse Level Opinion Relations: An Annotation Study. In Proceedings of the 9th SIGdial Workshop on Discourse and Dialogue. 2008.

Somasundaran, Swapna, and Janyce Wiebe. Recognizing Stances in Online Debates. In Proceedings of the 47th Annual Meeting of the ACL and the 4th IJCNLP of the AFNLP (ACL-IJCNLP-2009). 2009.

Somasundaran, Swapna, and Janyce Wiebe. Recognizing Stances in Ideological On-Line Debates. In Proceedings of the NAACL HLT 2010 Workshop on Computational Approaches to Analysis and Generation of Emotion in Text. 2010.

Steyvers, Mark, and Thomas L. Griffiths. Probabilistic Topic Models. *Handbook of Latent Semantic Analysis*, 2007. 427(7): 424–40.

Stone, Philip. The General Inquirer: A Computer Approach to Content Analysis. *Journal of Regional Science*, 1968. 8(1): 113–16.

Stoppelman, J. Why Yelp Has a Review Filter. 2009. http://officialblog.yelp.com/2009/10/why-yelp-has-a-reviewfilter.html.

Stoyanov, Veselin, and Claire Cardie. Partially Supervised Coreference Resolution for Opinion Summarization through Structured Rule Learning. In Proceedings of the Conference on Empirical Methods in Natural Language Processing (EMNLP-2006). 2006.

Stoyanov, Veselin, and Claire Cardie. Topic Identification for Fine-Grained Opinion Analysis. In Proceedings of the International Conference on Computational Linguistics (COLING-2008). 2008.

Strapparava, Carlo, and Rada Mihalcea. Learning to Identify Emotions in Text. In Proceedings of the 2008 ACM Symposium on Applied Computing. 2008.

Strapparava, Carlo, and Alessandro Valitutti. WordNet-Affect: An Affective Extension of WordNet. In Proceedings of the International Conference on Language Resources and Evaluation. 2004.

Streitfeld, David. For $2 a Star, an Online Retailer Gets 5-Star Product Reviews. *New York Times*, January 26, 2012. www.nytimes.com/2012/01/27/technology/for-2-a-star-a-retailer-gets-5-star-reviews.html

Streitfeld, David. The Best Book Reviews Money Can Buy. *New York Times*, August 25, 2012. www.nytimes.com/2012/08/26/business/book-reviewers-for-hire-meet-a-demand-for-online-raves.html

Su, Fangzhong, and Katja Markert. From Words to Senses: A Case Study of Subjectivity Recognition. In Proceedings of the 22nd International Conference on Computational Linguistics (COLING-2008). 2008.

Su, Fangzhong, and Katja Markert. Word Sense Subjectivity for Cross-Lingual Lexical Substitution. In Proceedings of Human Language Technologies: The 2010 Annual Conference of the North American Chapter of the ACL (HLT-NAACL-2010). 2010.

Su, Qi, Xinying Xu, Honglei Guo, Zhili Guo, Xian Wu, Xiaoxun Zhang, Bin Swen, and Zhong Su. Hidden Sentiment Association in Chinese Web Opinion Mining. In Proceedings of the International Conference on the World Wide Web (WWW-2008). 2008.

Sutton, Charles, and Andrew McCallum. An Introduction to Conditional Random Fields. *Foundations and Trends in Machine Learning*, 2011. 4(4): 267–373.

Taboada, Maite, Caroline Anthony, and Kimberly Voll. Creating Semantic Orientation Dictionaries. In Proceedings of the 5th International Conference on Language Resources and Evaluation (LREC-2006). 2006.

Taboada, Maite, Julian Brooke, Milan Tofiloski, Kimberly Voll, and Manfred Stede. Lexicon-Based Methods for Sentiment Analysis. *Computational Linguistics*, 2011. 37(2): 267–307.

Täckström, Oscar, and Ryan McDonald. Semi-Supervised Latent Variable Models for Sentence-Level Sentiment Analysis. In Proceedings of the 49th Annual Meeting of the Association for Computational Linguistics: Short Papers (ACL-2011). 2011a.

Täckström, Oscar, and Ryan McDonald. Discovering Fine-Grained Sentiment with Latent Variable Structured Prediction Models. *Advances in Information Retrieval*, 2011b. 368–74.

Takamura, Hiroya, Takashi Inui, and Manabu Okumura. Extracting Semantic Orientations of Words Using Spin Model. In Proceedings of the Annual Meeting of the Association for Computational Linguistics (ACL-2005). 2005.

Takamura, Hiroya, Takashi Inui, and Manabu Okumura. Latent Variable Models for Semantic Orientations of Phrases. In Proceedings of the Conference of the European Chapter of the Association for Computational Linguistics (EACL-2006). 2006.

Takamura, Hiroya, Takashi Inui, and Manabu Okumura. Extracting Semantic Orientations of Phrases from Dictionary. In Proceedings of the Joint Human Language Technology/North American Chapter of the ACL Conference (HLT-NAACL-2007). 2007.

Tan, Pang-Ning, Michael Steinbach, and Vipin Kumar. *Introduction to Data Mining*. 2005. Boston: Addison-Wesley.

Tan, Songbo, Gaowei Wu, Huifeng Tang, and Xueqi Cheng. A Novel Scheme for Domain-Transfer Problem in the Context of Sentiment Analysis. In Proceedings of the ACM Conference on Information and Knowledge Management (CIKM-2007). 2007.

Tang, Duyu, Bing Qin, Xiaocheng Feng, and Ting Liu. Effective LSTMs for Target-Dependent Sentiment Classification. In Proceedings of the International Conference on Computational Linguistics (COLING 2016). 2016a.

Tang, Duyu, Bing Qin, and Ting Liu. Document Modelling with Gated Recurrent Neural Network for Sentiment Classification. In Proceedings of the Conference on Empirical Methods in Natural Language Processing (EMNLP-2015). 2015a.

Tang, Duyu, Bing Qin, and Ting Liu. Learning Semantic Representations of Users and Products for Document Level Sentiment Classification. In Proceedings of the Annual Meeting of the Association for Computational Linguistics (ACL-2015). 2015b.

Tang, Duyu, Bing Qin, and Ting Liu. Aspect Level Sentiment Classification with Deep Memory Network. In Proceedings of the 2016 Conference on Empirical Methods in Natural Language Processing (EMNLP-2016). 2016b.

Tang, Duyu, Furu Wei, Bing Qin, Nan Yang, Ting Liu, and Ming Zhou. Sentiment Embeddings with Applications to Sentiment Analysis. *IEEE Transactions on Knowledge and Data Engineering*. 2016c. 28(2): 496–509.

Tang, Duyu, Furu Wei, Nan Yang, Ming Zhou, Ting Liu, and Bing Qin. Learning Sentiment-Specific Word Embedding for Twitter Sentiment Classification. In Proceedings of the Annual Meeting of the Association for Computational Linguistics (ACL-2014). 2014.

Tata, Swati, and Barbara Di Eugenio. Generating Fine-Grained Reviews of Songs from Album Reviews. In Proceedings of Annual Meeting of the Association for Computational Linguistics (ACL-2010). 2010.

Tay, Yi, Luu Anh Tuan, Siu Cheung Hui. Dyadic Memory Networks for Aspect-Based Sentiment Analysis. In Proceedings of the International Conference on Information and Knowledge Management (CIKM-2017). 2017.

Teng, Zhiyang, Duy-Tin Vo, and Yue Zhang. Context-Sensitive Lexicon Features for Neural Sentiment Analysis. In Proceedings of the Conference on Empirical Methods in Natural Language Processing (EMNLP-2016). 2016.

Thomas, Matt, Bo Pang, and Lillian Lee. Get out the Vote: Determining Support or Opposition from Congressional Floor-Debate Transcripts. In Proceedings of the Conference on Empirical Methods in Natural Language Processing (EMNLP-2006). 2006.

Titov, Ivan, and Ryan McDonald. Modeling Online Reviews with Multi-Grain Topic Models. In Proceedings of the International Conference on the World Wide Web (WWW-2008). 2008a.

Titov, Ivan, and Ryan McDonald. A Joint Model of Text and Aspect Ratings for Sentiment Summarization. In Proceedings of the Annual Meeting of the Association for Computational Linguistics (ACL-2008). 2008b.

Tokuhisa, Ryoko, Kentaro Inui, and Yuji Matsumoto. Emotion Classification Using Massive Examples Extracted from the Web. In Proceedings of the 22nd International Conference on Computational Linguistics (COLING-2008). 2008.

Tomkins, Silvan. Affect Theory. In *Approaches to Emotion*, K. R. Scherer and P. Ekman (Eds.). 1984. Mahwah, NJ: Lawrence Erlbaum, 163–95.

Tong, Richard M. An Operational System for Detecting and Tracking Opinions in On-Line Discussion. In Proceedings of the SIGIR Workshop on Operational Text Classification. 2001.

Toprak, Cigdem, Niklas Jakob, and Iryna Gurevych. Sentence and Expression Level Annotation of Opinions in User-Generated Discourse. In Proceedings of the 48th Annual Meeting of the Association for Computational Linguistics (ACL-2010). 2010.

Tripathi, Samarth, Shrinivas Acharya, Ranti Dev Sharma, Sudhanshi Mittal, and Samit Bhattacharya. Using Deep and Convolutional Neural Networks for Accurate Emotion Classification on DEAP Dataset. In Proceedings of the AAAI Conference on Artificial Intelligence (AAAI-2017). 2017.

Tsaparas, Panayiotis, Alexandros Ntoulas, and Evimaria Terzi. Selecting a Comprehensive Set of Reviews. In Proceedings of the ACM SIGKDD Conference on Knowledge Discovery and Data Mining (KDD-2011). 2011.

Tsur, Oren, Dmitry Davidov, and Ari Rappoport. A Great Catchy Name: Semi-Supervised Recognition of Sarcastic Sentences in Online Product Reviews. In Proceedings of the 4th International AAAI Conference on Weblogs and Social Media (ICWSM-2010). 2010.

Tsur, Oren, and Ari Rappoport. Revrank: A Fully Unsupervised Algorithm for Selecting the Most Helpful Book Reviews. In Proceedings of the International AAAI Conference on Weblogs and Social Media (ICWSM-2009). 2009.

Tumasjan, Andranik, Timm O. Sprenger, Philipp G. Sandner, and Isabell M. Welpe. Predicting Elections with Twitter: What 140 Characters Reveal about Political Sentiment. In Proceedings of the International Conference on Weblogs and Social Media (ICWSM-2010). 2010.

Turney, Peter D. Thumbs Up or Thumbs Down? Semantic Orientation Applied to Unsupervised Classification of Reviews. In Proceedings of the Annual Meeting of the Association for Computational Linguistics (ACL-2002). 2002.

Turney, Peter D., and Michael L. Littman. Measuring Praise and Criticism: Inference of Semantic Orientation from Association. *ACM Transactions on Information Systems*, 2003. 21(4): 315–46.

Utsumi, Akira. Verbal Irony As Implicit Display of Ironic Environment: Distinguishing Ironic Utterances from Nonirony. *Journal of Pragmatics*, 2000. 32(12): 1777–806.

Valitutti, Alessandro, Carlo Strapparava, and Oliviero Stock. Developing Affective Lexical Resources. *PsychNology Journal*, 2004. 2(1): 61–83.

Van Hee, Cynthia, Els Lefever, and Veronique Hoste. Monday Mornings Are My Fave:)# Not: Exploring the Automatic Recognition of Irony in English Tweets. In Proceedings of the International Conference on Computational Linguistics (COLING 2016). 2016.

Velikovich, Leonid, Sasha Blair-Goldensohn, Kerry Hannan, and Ryan McDonald. The Viability of Web-Derived Polarity Lexicons. In Proceedings of the Annual Conference of the North American Chapter of the Association for Computational Linguistics (HAACL-2010). 2010.

Velosoa, Adriano, Wagner Meira Jr., and Mohammed J. Zaki. Lazy Associative Classification. In Proceedings of the 6th IEEE International Conference on Data Mining. 2006.

Vo, Duy-Tin, and Yue Zhang. Target-Dependent Twitter Sentiment Classification with Rich Automatic Features. In Proceedings of the International Joint Conference on Artificial Intelligence (IJCAI-2015). 2015.

Volkova, Svitlana, Theresa Wilson, and David Yarowsky. Exploring Demographic Language Variations to Improve Multilingual Sentiment Analysis in Social Media. In Proceedings of the 2013 Conference on Empirical Methods on Natural Language Processing (EMNLP-2013). 2013a.

Volkova, Svitlana, Theresa Wilson, and David Yarowsky. Exploring Sentiment in Social Media: Bootstrapping Subjectivity Clues from Multilingual Twitter Streams. In Proceedings of the Annual Meeting of the Association for Computational Linguistics (ACL-2013). 2013b.

Vrij, Aldert. *Detecting Lies and Deceit: Pitfalls and Opportunities*. 2008. New York: Wiley-Interscience.

Wallach, Hanna M. Topic Modeling: Beyond Bag-of-Words. In Proceedings of the 23rd International Conference on Machine Learning (ICML-2006). 2006.

Wan, Xiaojun. Using Bilingual Knowledge and Ensemble Techniques for Unsupervised Chinese Sentiment Analysis. In Proceedings of the Conference on Empirical Methods in Natural Language Processing (EMNLP-2008). 2008.

Wan, Xiaojun. Co-training for Cross-Lingual Sentiment Classification. In Proceedings of the 47th Annual Meeting of the ACL and the 4th IJCNLP of the AFNLP (ACL-IJCNLP-2009). 2009.

Wan, Xiaojun. Co-regression for Cross-Language Review Rating Prediction. In Proceedings of the Annual Meeting of the Association for Computational Linguistics (ACL-2013). 2013.

Wang, Bo, and Houfeng Wang. Bootstrapping Both Product Features and Opinion Words from Chinese Customer Reviews with Cross-Inducing. In Proceedings of the International Joint Conference on Natural Language Processing (IJCNLP-2008). 2008.

Wang, Dong, and Yang Liu. A Pilot Study of Opinion Summarization in Conversations. In Proceedings of the 49th Annual Meeting of the Association for Computational Linguistics (ACL-2011). 2011.

Wang, Guan, Sihong Xie, Bing Liu, and Philip S. Yu. Identify Online Store Review Spammers via Social Review Graph. *ACM Transactions on Intelligent Systems and Technology*, 2011. 3(4): 1–21.

Wang, Hao, Bing Liu, Chaozhuo Li, Yan Yang, and Tianrui Li. Learning with Noisy Labels for Sentence-Level Sentiment Classification. In Proceedings of the 2019 Conference on Empirical Methods in Natural Language Processing (EMNLP-2019, short paper). November 3–7, 2019a.

Wang, Hao, Bing Liu, Shuai Wang, Nianzu Ma, and Yan Yang. Forward and Backward Knowledge Transfer for Sentiment Classification. In Proceedings of the Asian Conference on Machine Learning. 2019b.

Wang, Haohan, Aaksha Meghawat, Louis-Philippe Morency and Eric P. Xing. Select-Additive Learning: Improving Generalization in Multimodal Sentiment Analysis. In Proceedings of the International Conference on Multimedia and Expo (ICME-2017). 2017a.

Wang, Hongning, Yue Lu, and Chengxiang Zhai. Latent Aspect Rating Analysis on Review Text Data: A Rating Regression Approach. In Proceedings of the ACM SIGKDD International Conference on Knowledge Discovery and Data Mining (KDD-2010). 2010.

Wang, Jin, Liang-Chih Yu, K. Robert Lai, and Xuejie Zhang. Dimensional Sentiment Analysis Using a Regional CNN-LSTM Model. In Proceedings of the Annual Meeting of the Association for Computational Linguistics (ACL-2016). 2016a.

Wang, Jingwen, Jianlong Fu, Yong Xu, and Tao Mei. Beyond Object Recognition: Visual Sentiment Analysis with Deep Coupled Adjective and Noun Neural Networks. In Proceedings of the International Joint Conference on Artificial Intelligence (IJCAI-2016). 2016b.

Wang, Leyi, and Rui Xia. Sentiment Lexicon Construction with Representation Learning Based on Hierarchical Sentiment Supervision. In Proceedings of the Conference on Empirical Methods on Natural Language Processing (EMNLP-2017). 2017b.

Wang, Li, Marco Lui, Su Nam Kim, Joakim Nivre, and Timothy Baldwin. Predicting Thread Discourse Structure over Technical Web Forums. In Proceedings of the 2011 Conference on Empirical Methods in Natural Language Processing (EMNLP-2011). 2011.

Wang, Shuai, Guangyi Lv, Sahisnu Mazumder, Geli Fei, and Bing Liu. Lifelong Learning Memory Networks for Aspect Sentiment Classification. Proceedings of the 2018 IEEE International Conference on Big Data (IEEE BigData 2018). December 10–13, 2018a.

Wang, Shuai, Sahisnu Mazumder, Bing Liu, Mianwei Zhou, and Yi Chang. Target-Sensitive Memory Networks for Aspect Sentiment Classification. Proceedings of the Annual Meeting of the Association for Computational Linguistics (ACL-2018). 2018b.

Wang, Wenya, Sinno Jialin Pan, Daniel Dahlmeier, and Xiaokui Xiao, Recursive Neural Conditional Random Fields for Aspect-Based Sentiment Analysis. In Proceedings of the Conference on Empirical Methods on Natural Language Processing (EMNLP-2016). 2016c.

Wang, Wenya, Sinno Jialin Pan, Daniel Dahlmeier, and Xiaokui Xiao. Coupled Multi-Layer Attentions for Co-extraction of Aspect and Opinion Terms. In Proceedings of the AAAI Conference on Artificial Intelligence (AAAI-2017). 2017b.

Wang, Xin, Yuanchao Liu, Chengjie Sun, Baoxun Wang, and Xiaolong Wang. Predicting Polarities of Tweets by Composing Word Embeddings with Long Short-Term Memory. In Proceedings of the Annual Meeting of the Association for Computational Linguistics (ACL-2015). 2015.

Wang, Xingyou, Weijie Jiang, and Zhiyong Luo. Combination of Convolutional and Recurrent Neural Network for Sentiment Analysis of Short Texts. In Proceedings of the International Conference on Computational Linguistics (COLING-2016). 2016c.

Wang, Yasheng, Yang Zhang, and Bing Liu. Sentiment Lexicon Expansion Based on Neural PU Learning, Double Dictionary Lookup, and Polarity Association. In Proceedings of the 2017 Conference on Empirical Methods in Natural Language Processing (EMNLP-2017). September 7–11, 2017c.

Wang, Yequan, Minlie Huang, Li Zhao, and Xiaoyan Zhu. Attention-Based LSTM for Aspect-Level Sentiment Classification. In Proceedings of the Conference on Empirical Methods in Natural Language Processing (EMNLP-2016). 2016e.

Wang, Yequan, Aixin Sun, Jialong Han, Ying Liu, and Xiaoyan Zhu. Sentiment Analysis by Capsules. *WWW*, 2018. 1165–74.

Wang, Yong, and Ian H. Witten. *Pace Regression*. Technical Report 99/12. 1999. Hamilton, NZ: Department of Computer Science, University of Waikato.

Wang, Zhongqing, Yue Zhang, Sophia Yat Mei Lee, Shoushan Li, and Guodong Zhou. A Bilingual Attention Network for Code-Switched Emotion Prediction. In Proceedings of the International Conference on Computational Linguistics (COLING-2016). 2016f.

Watson, D. The Vicissitudes of Mood Measurement: Effects of Varying Descriptors,

Time Frames, and Response Formats on Measures of Positive and Negative Affect. *Journal of Personality and Social Psychology*, 1988. 55: 128–41.

Watson, D., L. A. Clark, and A. Tellegen. Development and Validation of Brief Measures of Positive and Negative Affect: The PANAS Scales. *Journal of Personality and Social Psychology*, 1988. 54(6): 1063–70.

Watson, D., and A. Tellegen. Towards a Consensual Structure of Mood. *Psychological Bulletin*, 1985. 98(2): 219–35.

Watson, John B. *Behaviorism*. 1930. Chicago: Chicago University Press.

Wei, Bin, and Christopher Pal. Cross Lingual Adaptation: An Experiment on Sentiment Classifications. In Proceedings of the ACL 2010 Conference Short Papers (ACL-2010). 2010.

Weiner, B., and S. Graham. An Attributional Approach to Emotional Development. In *Emotion, Cognition and Behavior*, C. E. Izard, J. Kagan, and R. B. Zajonc (Eds). 1984. Cambridge: Cambrige University Press, 167–91.

Weise, K. A Lie Detector Test for Online Reviewers. *Businessweek*, 2011. www.businessweek.com/magazine/a-lie-detector-test-for-online-reviewers-09292011.html.

Wen, Miaomiao, and Yunfang Wu. Mining the Sentiment Expectation of Nouns Using Bootstrapping Method. In Proceedings of the 5th International Joint Conference on Natural Language Processing (IJCNLP-2010). 2011.

Wiebe, Janyce. Identifying Subjective Characters in Narrative. In Proceedings of the International Conference on Computational Linguistics (COLING-1990). 1990.

Wiebe, Janyce. Tracking Point of View in Narrative. *Computational Linguistics*, 1994. 20: 233–87.

Wiebe, Janyce. Learning Subjective Adjectives from Corpora. In Proceedings of the National Conference on Artificial Intelligence (AAAI-2000). 2000.

Wiebe, Janyce, Rebecca F. Bruce, and Thomas P. O'Hara. Development and Use of a Gold-Standard Data Set for Subjectivity Classifications. In Proceedings of the Association for Computational Linguistics (ACL-1999). 1999.

Wiebe, Janyce, and Rada Mihalcea. Word Sense and Subjectivity. In Proceedings of the International Conference on Computational Linguistics and 44th Annual Meeting of the ACL (COLING/ACL-2006). 2006.

Wiebe, Janyce, and Ellen Riloff. Creating Subjective and Objective Sentence Classifiers from Unannotated Texts. In *International Conference on Intelligent Text Processing and Computational Linguistics*. 2005. Berlin/Heidelberg: Springer, 486–97.

Wiebe, Janyce, Theresa Wilson, Rebecca F. Bruce, Matthew Bell, and Melanie Martin. Learning Subjective Language. *Computational Linguistics*, 2004. 30(3): 277–308.

Wiebe, Janyce, Theresa Wilson, and Claire Cardie. Annotating Expressions of Opinions and Emotions in Language. *Language Resources and Evaluation*, 2005. 39 (2): 165–210.

Wiegand, M., and D. Klakow. Convolution Kernels for Opinion Holder Extraction. In Proceedings of Human Language Technologies: The 2010 Annual Conference of the North American Chapter of the ACL (HAACL-2010). 2010.

Willcox, Gloria. The Feeling Wheel: A Tool for Expanding Awareness of Emotions and Increasing Spontaneity and Intimacy. *Transactional Analysis Journal*, 1982. 12 (4): 274–6.

Williams, Gbolahan K., and Sarabjot Singh Anand. Predicting the Polarity Strength of Adjectives Using WordNet. In Proceedings of the 3rd International AAAI Conference on Weblogs and Social Media (ICWSM-2009). 2009.

Wilson, Theresa, and Stephan Raaijmakers. Comparing Word, Character, and Phoneme *N*-Grams for Subjective Utterance Recognition. In Proceedings of Interspeech. 2008.

Wilson, Theresa, and Janyce Wiebe. Annotating Attributions and Private States. In Proceedings of the ACL Workshop on Frontiers in Corpus Annotation II: Pie in the Sky. 2005.

Wilson, Theresa, Janyce Wiebe, and Paul Hoffmann. Recognizing Contextual Polarity in Phrase-Level Sentiment Analysis. In Proceedings of the Human Language Technology Conference and the Conference on Empirical Methods in Natural Language Processing (HLT/EMNLP-2005). 2005.

Wilson, Theresa, Janyce Wiebe, and Paul Hoffmann. Recognizing Contextual Polarity: An Exploration of Features for Phrase-Level Sentiment Analysis. *Computational Linguistics*, 2009. 35(3): 399–433.

Wilson, Theresa, Janyce Wiebe, and Rebecca Hwa. Just How Mad Are You? Finding Strong and Weak Opinion Clauses. In Proceedings of the National Conference on Artificial Intelligence (AAAI-2004). 2004.

Wilson, Theresa, Janyce Wiebe, and Rebecca Hwa. Recognizing Strong and Weak Opinion Clauses. *Computational Intelligence*, 2006. 22(2): 73–99.

Wu, Fangzhao, Jia Zhang, Zhigang Yuan, Sixing Wu, Yongfeng Huang, and Jun Yan. Sentence-Level Sentiment Classification with Weak Supervision. In Proceedings of SIGIR, 973–6, 2017.

Wu, Guangyu, Derek Greene, Barry Smyth, and Pádraig Cunningham. Distortion As a Validation Criterion in the Identification of Suspicious Reviews. In Proceedings of Social Media Analytics. 2010.

Wu, Qion, Songbo Tan, and Xueqi Cheng. Graph Ranking for Sentiment Transfer. In Proceedings of the ACL-IJCNLP 2009 Conference" Short Papers (ACL-IJCNLP-2009). 2009a.

Wu, Yuanbin, Qi Zhang, Xuanjing Huang, and Lide Wu. Phrase Dependency Parsing for Opinion Mining. In Proceedings of the Conference on Empirical Methods in Natural Language Processing (EMNLP-2009). 2009b.

Wu, Yuanbin, Qi Zhang, Xuanjing Huang, and Lide Wu. Structural Opinion Mining for Graph-Based Sentiment Representation. In Proceedings of the 2011 Conference on Empirical Methods in Natural Language Processing (EMNLP-2011). 2011.

Wu, Yunfang, and Miaomiao Wen. Disambiguating Dynamic Sentiment Ambiguous Adjectives. In Proceedings of the 23rd International Conference on Computational Linguistics (COLING 2010). 2010.

Xia, Rui, and Zixiang Ding. Emotion-Cause Pair Extraction: A New Task to Emotion Analysis in Texts. In Proceedings of the Annual Meeting of the Association for Computational Linguistics (ACL-2019). 2019.

Xia, Rui, Tao Wang, Xuelei Hu, Shoushan Li, and Chengqing Zong. Dual Training and Dual Prediction for Polarity Classification. In Proceedings of the Annual Meeting of the Association for Computational Linguistics (ACL-2013). 2013.

Xia, Rui, and Chengqing Zong. Exploring the Use of Word Relation Features for Sentiment Classification. In Proceedings of COLING 2010: Poster Volume. 2010.

Xia, Rui, and Chengqing Zong. A POS-Based Ensemble Model for Cross-Domain Sentiment Classification. In Proceedings of the 5th International Joint Conference on Natural Language Processing (IJCNLP-2010). 2011.

Xie, Sihong, Guan Wang, Shuyang Lin, and Philip S. Yu. Review Spam Detection via Temporal Pattern Discovery. In Proceedings of the 18th ACM SIGKDD Conference on Knowledge Discovery and Data Mining (KDD-2012). 2012.

Xiong, Shufeng, Yue Zhang, Donghong Ji, and Yinxia Lou. Distance Metric Learning for Aspect Phrase Grouping. In Proceedings of the International Conference on Computational Linguistics (COLING-2016). 2016.

Xu, G., X. Meng, and H. Wang. Build Chinese Emotion Lexicons Using a Graph-Based Algorithm and Multiple Resources. In Proceedings of the 23rd International Conference on Computational Linguistics (COLING-2010). 2010.

Xu, Hu, Bing Liu, Lei Shu, and Philip S. Yu. Double Embeddings and CNN-Based Sequence Labeling for Aspect Extraction. In Proceedings of the Annual Meeting of the Association for Computational Linguistics (ACL-2018, short paper). July 15–20, 2018.

Xu, Hu, Bing Liu, Lei Shu, and Philip S. Yu. BERT Post-Training for Review Reading Comprehension and Aspect-Based Sentiment Analysis. In Proceedings of the 2019 Annual Conference of the North American Chapter of the Association for Computational Linguistics (NAACL-2019). June 2–7, 2019.

Xu, Jiacheng, Danlu Chen, Xipeng Qiu, and Xuanjing Huang. Cached Long Short-Term Memory Neural Networks for Document-Level Sentiment Classification. In Proceedings of the Conference on Empirical Methods in Natural Language Processing (EMNLP-2016). 2016.

Xu, Liheng, Kang Liu, Siwei Lai, Yubo Chen, and Jun Zhao. Mining Opinion Words and Opinion Targets in a Two-Stage Framework. In Proceedings of the Annual Meeting of the Association for Computational Linguistics (ACL-2013). 2013.

Xu, Qiongkai, and Hai Zhao. Using Deep Linguistic Features for Finding Deceptive Opinion Spam. In Proceedings of the 24th International Conference on Computational Linguistics (COLING-2012). 2012.

Yang, Bishan, and Claire Cardie. Extracting Opinion Expressions with Semi-Markov Conditional Random Fields. In Proceedings of the 2012 Conference on Empirical Methods on Natural Language Processing (EMNLP-2012). 2012.

Yang, Bishan, and Claire Cardie. Joint Inference for Fine-Grained Opinion Extraction. In Proceedings of the Annual Meeting of the Association for Computational Linguistics (ACL-2013). 2013.

Yang, Changhua, Kevin Hsin-Yih Lin Lin, and Hsin-Hsi Chen. Building Emotion Lexicon from Weblog Corpora. In Proceedings of the 45th Annual Meeting of the ACL: Interactive Poster and Demonstration Sessions. 2007.

Yang, Hui, Luo Si, and Jamie Callan. Knowledge Transfer and Opinion Detection in the Trec2006 Blog Track. In Proceedings of TREC. 2006.

Yang, Jufeng, Ming Sun, and Xiaoxiao Sun. Learning Visual Sentiment Distributions via Augmented Conditional Probability Neural Network. In Proceedings of the AAAI Conference on Artificial Intelligence (AAAI-2017). 2017a.

Yang, Min, Wenting Tu, Jingxuan Wang, Fei Xu, and Xiaojun Chen. Attention-Based LSTM for Target-Dependent Sentiment Classification. In Proceedings of the AAAI Conference on Artificial Intelligence (AAAI-2017). 2017b.

Yang, Seon, and Youngjoong Ko. Extracting Comparative Entities and Predicates from Texts Using Comparative Type Classification. In Proceedings of the 49th Annual Meeting of the Association for Computational Linguistics (ACL-2011). 2011.

Yang, Yiming, and Jan O. Pedersen. A Comparative Study on Feature Selection in Text Categorization. In Proceedings of the 14th International Conference on Machine Learning (ICML-1997). 1997.

Yang, Zichao, Diyi Yang, Chris Dyer, Xiaodong He, Alex Smola, and Eduard Hovy. Hierarchical Attention Networks for Document Classification. In Proceedings of the Conference of the North American Chapter of the Association for Computational Linguistics: Human Language Technologies (NAACL-HLT-2016). 2016.

Yano, Tae, and Noah A. Smith. What's Worthy of Comment? Content and Comment Volume in Political Blogs. In Proceedings of the International AAAI Conference on Weblogs and Social Media (ICWSM-2010). 2010.

Yatani, Koji, Michael Novati, Andrew Trusty, and Khai N. Truong. Analysis of Adjective–Noun Word Pair Extraction Methods for Online Review Summarization. In Proceedings of the International Joint Conference on Artificial Intelligence (IJCAI-2011). 2011.

Yessenalina, Ainur, and Claire Cardie. Compositional Matrix-Space Models for Sentiment Analysis. In Proceedings of the Conference on Empirical Methods in Natural Language Processing (EMNLP-2011). 2011.

Yessenalina, Ainur, Yejin Choi, and Claire Cardie. Automatically Generating Annotator Rationales to Improve Sentiment Classification. In Proceedings of the ACL 2010 Conference Short Papers. 2010a.

Yessenalina, Ainur, Yison Yue, and Claire Cardie. Multi-Level Structured Models for Document-Level Sentiment Classification. In Proceedings of the Conference on Empirical Methods in Natural Language Processing (EMNLP-2010). 2010b.

Yi, Jeonghee, Tetsuya Nasukawa, Razvan Bunescu, and Wayne Niblack. Sentiment Analyzer: Extracting Sentiments about a Given Topic Using Natural Language Processing Techniques. In Proceedings of the IEEE International Conference on Data Mining (ICDM-2003). 2003.

Yin, Yichun, Yangqiu Song, and Ming Zhang. Document-Level Multi-Aspect Sentiment Classification As Machine Comprehension. In Proceedings of the Conference on Empirical Methods in Natural Language Processing (EMNLP 2017). 2017.

Yin, Yichun, Furu Wei, Li Dong, Kaimeng Xu, Ming Zhang, and Ming Zhou. Unsupervised Word and Dependency Path Embeddings for Aspect Term Extraction. In Proceedings of the International Joint Conference on Artificial Intelligence (IJCAI-2016). 2016.

Yogatama, Dani, Yanchuan Sim, and Noah A. Smith. A Probabilistic Model for Canonicalizing Named Entity Mentions. In Proceedings of the 50th Annual Meeting of the Association for Computational Linguistics (ACL-2012). 2012.

Yoshida, Yasuhisa, Tsutomu Hirao, Tomoharu Iwata, Masaaki Nagata, and Yuji Matsumoto. Transfer Learning for Multiple-Domain Sentiment Analysis: Identifying Domain Dependent/Independent Word Polarity. In Proceedings of the 25th AAAI Conference on Artificial Intelligence (AAAI-2011). 2011.

You, Quanzeng, Hailin Jin, and Jiebo Luo. Visual Sentiment Analysis by Attending on Local Image Regions. In Proceedings of the AAAI Conference on Artificial Intelligence (AAAI-2017). 2017.

Yu, Chun-Nam, and Thorsten Joachims. Learning Structural SVMs with Latent Variables. In Proceedings of the International Conference on Machine Learning (ICML-2009). 2009.

Yu, Hong, and Vasileios Hatzivassiloglou. Towards Answering Opinion Questions: Separating Facts from Opinions and Identifying the Polarity of Opinion Sentences. In Proceedings of the Conference on Empirical Methods in Natural Language Processing (EMNLP-2003). 2003.

Yu, Jianfei, and Jing Jiang. Learning Sentence Embeddings with Auxiliary Tasks for Cross-Domain Sentiment Classification. In Proceedings of the Conference on Empirical Methods in Natural Language Processing (EMNLP-2016). 2016.

Yu, Jianxing, Zheng-Jun Zha, Meng Wang, and Tat-Seng Chua. Aspect Ranking: Identifying Important Product Aspects from Online Consumer Reviews. In Proceedings of the 49th Annual Meeting of the Association for Computational Linguistics. 2011a.

Yu, Jianxing, Zheng-Jun Zha, Meng Wang, Kai Wang, and Tat-Seng Chua. Domain-Assisted Product Aspect Hierarchy Generation: Towards Hierarchical Organization of Unstructured Consumer Reviews. In Proceedings of the Conference on Empirical Methods in Natural Language Processing (EMNLP-2011). 2011b.

Yu, Liang-Chih, Jin Wang, K. Robert Lai, and Xuejie Zhang. Refining Word Embeddings for Sentiment Analysis. In Proceedings of the Conference on Empirical Methods on Natural Language Processing (EMNLP-2017). 2017.

Zadrozny, Bianca. Learning and Evaluating Classifiers under Sample Selection Bias. In Proceedings of the International Conference on Machine Learning, 2004.

Zafarani, Reza, and Huan Liu. Connecting Users across Social Media Sites: A Behavioral-Modeling Approach. In Proceedings of the SIGKDD International Conference on Knowledge Discovery and Data Mining (KDD-2013). 2013.

Zaidan, Omar F., Jason Eisner, and Christine Piatko. Using "Annotator Rationales" to Improve Machine Learning for Text Categorization. In Proceedings of NAACLHLT-2007. 2007.

Zhai, Shuangfei, and Zhongfei Zhang. Semi-Supervised Autoencoder for Sentiment Analysis. In Proceedings of the AAAI Conference on Artificial Intelligence (AAAI-2016). 2016.

Zhai, Zhongwu, Bing Liu, Hua Xu, and Peifa Jia. Grouping Product Features Using Semi-Supervised Learning with Soft Constraints. In Proceedings of the International Conference on Computational Linguistics (COLING-2010). 2010.

Zhai, Zhongwu, Bing Liu, Hua Xu, and Peifa Jia. Constrained LDA for Grouping Product Features in Opinion Mining. In Proceedings of PAKDD-2011. 2011a.

Zhai, Zhongwu, Bing Liu, Hua Xu, and Peifa Jia. Clustering Product Features for Opinion Mining. In Proceedings of the ACM International Conference on Web Search and Data Mining (WSDM-2011). 2011b.

Zhai, Zhongwu, Bing Liu, Lei Zhang, Hua Xu, and Peifa Jia. Identifying Evaluative Opinions in Online Discussions. In Proceedings of AAAI. 2011c.

Zhang, Lei, and Bing Liu. Extracting Resource Terms for Sentiment Analysis. In Proceedings of IJCNLP-2011. 2011a.

Zhang, Lei, and Bing Liu. Identifying Noun Product Features That Imply Opinions. In Proceedings of the Annual Meeting of the Association for Computational Linguistics (ACL-2011). 2011b.

Zhang, Lei, and Bing Liu. Entity Set Expansion in Opinion Documents. In Proceedings of the ACM Conference on Hypertext and Hypermedia (HT-2011). 2011c.

Zhang, Lei, Bing Liu, Suk Hwan Lim, and Eamonn O'Brien-Strain. Extracting and Ranking Product Features in Opinion Documents. In Proceedings of the International Conference on Computational Linguistics (COLING-2010). 2010a.

Zhang, Lei, Shuai Wang, and Bing Liu. Deep Learning for Sentiment Analysis: A Survey. *Wiley Interdisciplinary Reviews: Data Mining and Knowledge Discovery*, 2018. 8(4). doi: 10.1002/widm.1253.

Zhang, Meishan, Yue Zhang, and Guohong Fu. Tweet Sarcasm Detection Using Deep Neural Network. In Proceedings of the International Conference on Computational Linguistics (COLING-2016). 2016a.

Zhang, Meishan, Yue Zhang, and Duy-Tin Vo. Neural Networks for Open Domain Targeted Sentiment. In Proceedings of the Conference on Empirical Methods in Natural Language Processing (EMNLP-2015). 2015.

Zhang, Meishan, Yue Zhang, and Duy-Tin Vo. Gated Neural Networks for Targeted Sentiment Analysis. In Proceedings of the AAAI Conference on Artificial Intelligence (AAAI-2016). 2016b.

Zhang, Min, and Xingyao Ye. A Generation Model to Unify Topic Relevance and Lexicon-Based Sentiment for Opinion Retrieval. In Proceedings of the Annual ACM SIGIR International Conference on Research and Development in Information Retrieval (SIGIR-2008). 2008.

Zhang, Qi, Jin Qian, Huan Chen, Jihua Kang, and Xuanjing Huang. Discourse Level Explanatory Relation Extraction from Product Reviews Using First-Order Logic. In Proceedings of the Conference on Empirical Methods in Natural Language Processing (EMNLP-2013). 2013.

Zhang, Wei, Lifeng Jia, Clement Yu, and Weiyi Meng. Improve the Effectiveness of the Opinion Retrieval and Opinion Polarity Classification. In Proceedings of the ACM International Conference on Information and Knowledge Management (CIKM-2008). 2008.

Zhang, Wei, Jian Su, Chew Lim Tan, and Wen Ting Wang. Entity Linking Leveraging Automatically Generated Annotation. In Proceedings of the 23rd International Conference on Computational Linguistics (COLING-2010). 2010b.

Zhang, Wei, and Clement Yu, UIC at TREC 2007 Blog Report. 2007.

Zhang, Wei, Quan Yuan, Jiawei Han, and Jianyong Wang. Collaborative Multi-Level Embedding Learning from Reviews for Rating Prediction. In Proceedings of the International Joint Conference on Artificial Intelligence (IJCAI-2016). 2016c.

Zhang, Wenbin, and Steven Skiena. Trading Strategies to Exploit Blog and News Sentiment. In Proceedings of the International Conference on Weblogs and Social Media (ICWSM-2010). 2010.

Zhang, Xue, Hauke Fuehres, and Peter A. Gloor. Predicting Stock Market Indicators through Twitter: "I Hope It Is Not As Bad As I Fear." In Proceedings of the Collaborative Innovations Networks Conference (COINs). 2010c.

Zhang, Zhu, and Balaji Varadarajan. Utility Scoring of Product Reviews. In Proceedings of the ACM International Conference on Information and Knowledge Management (CIKM-2006). 2006.

Zhao, Wayne Xin, Jing Jiang, Jing He, Yang Song, Palakorn Achananuparp, Ee Peng Lim, and Xiaoming Li. Topical Keyphrase Extraction from Twitter. In Proceedings of the Annual Meeting of the Association for Computational Linguistics: Human Language Technologies (ACL-2011). 2011.

Zhao, Wayne Xin, Jing Jiang, Hongfei Yan, and Xiaoming Li. Jointly Modeling Aspects and Opinions with a Maxent-LDA Hybrid. In Proceedings of the Conference on Empirical Methods in Natural Language Processing (EMNLP-2010). 2010.

Zhao, Yanyan, Bing Qin, and Ting Liu. Collocation Polarity Disambiguation Using

Web-Based Pseudo Contexts. In Proceedings of the 2012 Conference on Empirical Methods on Natural Language Processing (EMNLP-2012). 2012.

Zhao, Zhou, Hanqing Lu, Deng Cai, Xiaofei He, and Yueting Zhuang. Microblog Sentiment Classification via Recurrent Random Walk Network Learning. In Proceedings of the International Joint Conference on Artificial Intelligence (IJCAI-2017). 2017.

Zhe, Xu, and A. C. Boucouvalas. Text-to-Emotion Engine for Real Time Internet Communication. In Proceedings of International Symposium on Communication Systems, Networks and DSPs. 2002.

Zheng, Zhicheng, Fangtao Li, Minlie Huang, and Xiaoyan Zhu. Learning to Link Entities with Knowledge Base. In Proceedings of Human Language Technologies: The 2010 Annual Conference of the North American Chapter of the ACL. 2010.

Zhou, Hao, Minlie Huang, Tianyang Zhang, Xiaoyan Zhu, and Bing Liu. Emotional Chatting Machine: Emotional Conversation Generation with Internal and External Memory. In Proceedings of AAAI-2018. 2018.

Zhou, Huiwei, Long Chen, Fulin Shi, and Degen Huang. Learning Bilingual Sentiment Word Embeddings for Cross-Language Sentiment Classification. In Proceedings of the Annual Meeting of the Association for Computational Linguistics (ACL-2015). 2015.

Zhou, Lanjun, Binyang Li, Wei Gao, Zhongyu Wei, and Kam-Fai Wong. Unsupervised Discovery of Discourse Relations for Eliminating Intra-sentence Polarity Ambiguities. In Proceedings of the Conference on Empirical Methods in Natural Language Processing (EMNLP-2011). 2011.

Zhou, Lina, Yongmei Shi, and Dongsong Zhang. A Statistical Language Modeling Approach to Online Deception Detection. *IEEE Transactions on Knowledge and Data Engineering*, 2008. 20(8): 1077–81.

Zhou, Shusen, Qingcai Chen, and Xiaolong Wang. Active Deep Networks for Semi-Supervised Sentiment Classification. In Proceedings of COLING 2010: Poster Volume. 2010.

Zhou, Xinjie, Xiaojun Wan, and Jianguo Xiao. Collective Opinion Target Extraction in Chinese Microblogs. In Proceedings of the 2013 Conference on Empirical Methods on Natural Language Processing (EMNLP-2013). 2013.

Zhou, Xinjie, Xiaojun Wan, and Jianguo Xiao. Representation Learning for Aspect Category Detection in Online Reviews. In Proceedings of the AAAI Conference on Artificial Intelligence (AAAI-2015). 2015.

Zhou, Xinjie, Xiaojun Wan, and Jianguo Xiao. Attention-Based LSTM Network for Cross-Lingual Sentiment Classification. In Proceedings of the Conference on Empirical Methods in Natural Language Processing (EMNLP-2016). 2016.

Zhu, Jingbo, Huizhen Wang, Benjamin K. Tsou, and Muhua Zhu. Multi-Aspect Opinion Polling from Textual Reviews. In Proceedings of the ACM International Conference on Information and Knowledge Management (CIKM-2009). 2009.

Zhu, Xiaojin, and Zoubin Ghahramani. *Learning from Labeled and Unlabeled Data with Label Propagation*. Technical Report CMU-CALD-02-107. 2002. Pittsburgh: Carnegie Mellon University.

Zhu, Xinge, Liang Li, Weigang Zhang, Tianrong Rao, Min Xu, Qingming Huang, and Dong Xu. Dependency Exploitation: A Unified CNN-RNN Approach for Visual Emotion Recognition. In Proceedings of the International Joint Conference on Artificial Intelligence (IJCAI-2017). 2017.

Zhuang, Li, Feng Jing, and Xiaoyan Zhu. Movie Review Mining and Summarization. In Proceedings of the ACM International Conference on Information and Knowledge Management (CIKM-2006). 2006.

Zirn, Cäcilia, Mathias Niepert, Heiner Stuckenschmidt, and Michael Strube. Fine-Grained Sentiment Analysis with Structural Features. In Proceedings of the 5th International Joint Conference on Natural Language Processing (IJCNLP-2011). 2011.

索 引

索引中的页码为英文原书的页码，与书中边栏的页码一致。